U0151066

"十三五"国家重点出版物出版规划项目

火炸药理论与技术丛书

国家出版基金项目
NATIONAL PUBLICATION FOUNDATION

火炸药应用技术

何卫东　等编著

国防工业出版社

·北京·

内 容 简 介

本书系统介绍了火炸药在军事和国民经济中的应用。全书共分为 5 章，重点介绍了发射药在身管武器中的装药技术，推进剂在火箭、导弹中的应用技术，炸药在战斗部的应用技术等，同时简要描述了火炸药在工业炸药等民用领域的应用技术。

本书可为火炸药和相关领域研究工作者提供参考，也可作为火炸药相关专业研究生、本科生教材和教学参考书。

图书在版编目(CIP)数据

火炸药应用技术 / 何卫东等编著. —北京：国防工业出版社，2020.9

（火炸药理论与技术丛书）

ISBN 978 - 7 - 118 - 12197 - 1

Ⅰ.①火…　Ⅱ.①何…　Ⅲ.①火药 ②炸药
Ⅳ.①TQ56

中国版本图书馆 CIP 数据核字(2020)第 192968 号

※

国防工业出版社出版发行

（北京市海淀区紫竹院南路 23 号　邮政编码 100048）
北京龙世杰印刷有限公司印刷
新华书店经售

*

开本 710×1000　1/16	印张 29¼	字数 570 千字
2020 年 9 月第 1 版第 1 次印刷	印数 1—2 000 册	定价 158.00 元

（本书如有印装错误，我社负责调换）

国防书店：(010)88540777	书店传真：(010)88540776
发行业务：(010)88540717	发行传真：(010)88540762

总序

　　国防与安全为国家生存之基。国防现代化是国家发展与强大的保障。火炸药始于中国，它催生了世界热兵器时代的到来。火炸药作为武器发射、推进、毁伤等的动力和能源，是各类武器装备共同需求的技术和产品，在现在和可预见的未来，仍然不可替代。火炸药科学技术已成为我国国防建设的基础学科和武器装备发展的关键技术之一。同时，火炸药又是军民通用产品（工业炸药及民用爆破器材等），直接服务于国民经济建设和发展。

　　经过几十年的不懈努力，我国已形成火炸药研发、工业生产、人才培养等方面较完备的体系。当前，世界新军事变革的发展及我国国防和军队建设的全面推进，都对我国火炸药行业提出了更高的要求。近年来，国家对火炸药行业予以高度关注和大力支持，许多科研成果成功应用，产生了许多新技术和新知识，大大促进了火炸药行业的创新与发展。

　　国防工业出版社组织国内火炸药领域有关专家编写"火炸药理论与技术丛书"，就是在总结和梳理科研成果形成的新知识、新方法，对原有的知识体系进行更新和加强，这很有必要也很及时。

　　本丛书按照火炸药能源材料的本质属性与共性特点，从能量状态、能量释放过程与控制方法、制备加工工艺、性能表征与评价、安全技术、环境治理等方面，对知识体系进行了新的构建，使其更具有知识新颖性、技术先进性、体系完整性和发展可持续性。丛书的出版对火炸药领域新一代人才培养很有意义，对火炸药领域的专业技术人员具有重要的参考价值。

张维民，原国防科学技术工业委员会副主任。

前言

　　火炸药是武器装备的重要组成部分，是武器实现抛射、推进和毁伤的能源，对武器装备的威力起到决定性作用。火炸药技术是武器装备发展的共用基础技术，是武器装备实现远程发射、精确打击和高效毁伤的重要技术保障。由于火炸药具有高温、高压、高速和瞬间一次性效应等特点，其应用环境和作用过程也有其特殊性，对其本质特性和作用过程的科学认识仍在进一步研究发展中。随着武器装备的更新换代速度加快，火炸药的应用技术也获得了较大的进展。

　　火炸药除了在军事中广泛应用外，在国民经济中也发挥着重要的作用。目前，还没有综合和系统介绍火炸药应用技术的专门书籍，作者力图弥补这一空白。本书主要论述火炸药在军事中的应用，重点介绍了发射药、推进剂、炸药等在武器装备中的应用技术——火炸药装药技术。同时，对其在国民经济中的应用也作了简要论述。本书在系统介绍火炸药应用技术的基础上，力求关注其新技术的发展和应用。

　　本书共分为5章：第1章为引言，简要介绍了火炸药的功能转化过程和火炸药的应用范围；第2章为发射药在身管武器（火炮）中的应用技术——发射药装药技术，主要介绍了火药装药在内弹道过程中的作用与弹道设计、火炮火药装药的结构设计和火炮发射药装药新技术进展等内容；第3章为推进剂在火箭、导弹中的应用技术——推进剂装药技术，主要介绍固体火箭发动机装药设计、装药结构完整性分析、固体推进剂燃烧及发动机内弹道性能等；第4章为炸药在战斗部中的应用技术——炸药装药技术，主要论述了炸药装药性能理论基础、炸药装药结构设计等；第5章为火炸药民用技术，简要描述了火炸药在工业炸药、石油勘探、烟花爆竹、航空航天和其他民用领域的应用技术。

　　本书第1章、第2章由何卫东编写，第3章由许进升编写，第4章由周新利、王彬彬编写，第5章由刘志涛编写。希望本书的出版能对广大的火炸药工作者、高等院校相关专业的师生起到一定的帮助作用。本书的完成得到了各方面的指导和帮助，也引用了众多国内外火炸药工作者的研究成果，在此一并表示衷心感谢。

　　因作者能力所限，书中问题和缺陷在所难免，敬请广大读者批评指正。

第4章　炸药应用技术　　　　　　　　　　　　　　　/ 290

第 1 章
引 言

1.1 火炸药的功能转化

最早的火炸药是黑火药，是中国古代四大发明之一，黑火药是现代含能材料火炸药的始祖，是高功率化学能运用的先驱。历史上，黑火药促成了武器由冷兵器向热兵器的发展。

随着近代科学技术的进步，因武器类型、应用场所、应用过程及作用原理等方面的差别，在黑火药的基础上，分别发展了做功形式、组分等不同的药剂，即火药、炸药和烟火剂。火药主要用于枪炮弹丸的发射、火箭导弹的推进，炸药主要用于爆炸做功和毁伤，烟火剂用于产生光、烟效应等。

1935 年现代火药用于军用火箭，成为在第二次世界大战末期发展起来的火箭火药。在此基础上，形成了适于推进火箭和导弹的火药——推进剂。之后，火炸药涵盖火药(发射药、推进剂)、炸药以及烟火剂的概念得以确立，并逐步形成各自的研究和应用领域。

由于火药在组成、结构及在火炮和火箭中应用的差别，因而有发射药和推进剂之分；炸药因其组分及用于起爆和用于摧毁目的的差异，因而有起爆药和猛炸药之分。用高压气体膨胀做功，通过身管发射弹丸等的火药称为发射药；用反作用力推进火箭和导弹的火药称为推进剂。用于提供冲量引发其他炸药爆轰的炸药称为起爆药，而被引爆、用于摧毁目标的炸药称为猛炸药。由氧化剂和可燃物组成，反应产生热、光、烟等效应的混合物称为烟火剂。

火药、炸药和烟火剂的用途和作用原理有明显差别。此外，它们的反应过程也有所不同。炸药被激发后通过冲击波传播发生爆炸反应，并以极高的功率对外做功，使周围介质受到强烈的冲击，并发生变形或破碎。发射药主要用于枪炮弹丸的抛射，推进剂主要用于火箭和导弹的推进。发射药和推进剂是以燃烧的方式释放能量，燃烧波的传播速度通常为几毫米每秒至几十毫米每秒。炸药以爆轰的形式发生剧烈化学反应，传播速度达数千米每秒。由氧化剂和可燃物组成的烟火剂，有自持燃烧的能力，它的燃速因组分、结构和需要的不同而有较大的差别，它是以热、光、声、烟等形式输出能量的。

火药在武器内的工作过程，是通过火药燃烧将其化学能转化为热能，再通过高温高压气体的膨胀，将热能转化为弹丸或火箭的动能。

图1-1是发射药和炸药在身管武器中的工作原理图。

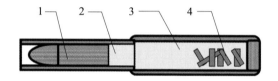

图1-1　发射药和炸药在火炮(身管武器)中的工作原理图

1—载荷(弹丸)；2—燃烧气体；3—药室；4—发射药。

发射药4燃烧后，在燃烧气体不断产生的同时，弹丸1在高压气体作用下加速移动，直至弹丸飞出炮口，完成功能转换过程。此过程将发射药的热能转化为弹丸的动能，通过高压气体膨胀做功完成了对载荷的发射。弹丸1通常称为战斗部，内装填猛炸药，到达目标后炸药被起爆，炸药的内能转变为弹片的动能、冲击波能等，完成所需要的功能转化。针对不同的武器和民用装备，炸药有多种应用形式，有专门的设计理论和应用技术，使炸药在能功转换中获得高的效率。

图1-2是推进剂在火箭武器中的工作原理图。推进剂燃烧后，燃烧气体在定容的燃烧室中形成高压，在燃烧气体不断产生的同时，高压气体从喷管排出，产生的气体和流出的气体通常处于平衡状态。一方面，保持燃烧室压力的恒定，另一方面，从喷管排出气体的反作用力，推进载荷前进。过程中推进剂的化学能转化为热能，再通过高温高压气体的排出，将热能转化为火箭的动能。

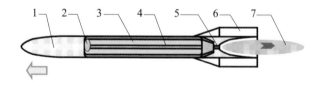

图1-2　推进剂在现代火箭中的工作原理图

1—载荷；2—点火器；3—推进剂；4—燃烧气体；5—喷管；6—尾翼；7—排气羽流。

图1-3是照明弹的结构图，该弹利用了烟火剂中的延期药和有发光效应的照明剂。照明剂在燃烧反应时，将部分化学能转变为光能，并产生强烈的可见光辐射。用于摄影闪光的照明剂，在极短的时间照明弹内能产生数万至数十亿

坎德拉的闪光。

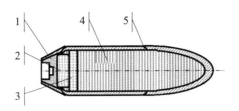

图 1 - 3　照明剂(延期药、烟火剂)的弹药装药

1－延期药；2－点火药；3－过渡药；4－照明剂；5－弹体。

因火药、炸药和烟火剂之间存在差别，历史上曾将主要反应形式是爆轰的火炸药称为炸药，主要反应形式为燃烧的称为低等炸药(或火药)。也曾经将炸药归属于火药，炸药是火药的一种类型。而具有火炸药特征的烟火剂，甚至起爆药，都分别从属于其他的专业。

随着科学技术的发展，在 20 世纪中期，火炸药基本形成了发射药、推进剂、猛炸药、起爆药、烟火剂各自的研究领域。它们分别在武器应用和民间应用等需求下发展，目前已形成为各具特征的几大门类药剂。

1.2 火炸药的应用范围

火炸药主要用于军事，作为武器发射、推进和毁伤的能源。同时，火炸药在国民经济中也有广泛的应用。主要应用如下：

(1)利用火炸药的化学能产生高温高压气体做功，发射火箭弹、导弹或布雷，发射枪、炮弹丸等。

(2)利用火炸药快速爆发化学反应特性，作为弹药战斗部毁伤的能源，产生冲击波、破片等获得毁伤效应。

(3)应用于拆迁、筑路等军事工程，作核武器的引爆装置，以及用作物体加速和控制系统的能源。

(4)利用火炸药热能和声、光、烟效应，制造照明弹、烟幕弹、发烟罐、曳光弹、彩色烟信号弹、红外隐身照明弹、红外诱饵弹等。

(5)用于机械加工，如爆炸包覆、爆炸切割、爆炸成型、爆炸硬化、粉末压实、消除应力、爆炸铆接和焊接等。

(6)用作压力推进器、驱动器及抛射器等的能源；推送载荷，在运输、航天等科学领域应用。

(7)作为气源应用于气体发生器，使用于救生筏、汽车安全气囊等的气体发生器。

(8)发生氧、氢、氟、氮、一氧化碳、二氧化碳等纯气体，应用于激光、电池、航天、核反应、运输、救生和机械加工等系统。

(9)作为民用烟火切割、焊接热源；制造有色火焰观赏烟火制品，应用于民用爆破器材。

本书主要针对发射药、推进剂和炸药的军事应用，论述火炸药及其装药的应用技术，同时也简要介绍火炸药在国民经济中的应用情况。关于军用烟火、火工应用技术，本书不作论述，这部分内容将在"火炸药理论与技术丛书"的其他分册中作专门介绍。

02 / 第 2 章
发射药应用技术

发射药主要应用于身管武器(枪、炮),用于抛射弹丸等物件。本章介绍发射药在身管武器中的应用技术——发射药装药技术。

2.1 身管武器发射装药概述

2.1.1 身管武器发射装药研究的内容

身管武器发射装药是弹药中的发射药以及装药各辅助元件的总称。经过长期的发展,身管武器发射装药(简称火药装药、装药)理论与技术已经发展成为一门学科:火药装药学。它和火药学、弹丸学有密切关系,有系统的和较完整的科学内容和科学方向。目前,火药装药技术发展很快,新原理、新概念、新结构装药不断涌现。高能量密度装药、刚性(模块)装药、随行装药、压实装药、电热化学能装药,以及缓蚀、底排、零梯度等装药技术逐步获得应用。装药技术近期的发展,促进了火炮和弹药技术的发展。

火药装药为武器提供发射能量,它是决定武器威力的关键因素之一。火药装药应满足武器的战术、技术要求,尤其是满足武器威力的要求,为武器装备提供必需的能量,并在发射过程中完成能量的转换。

火药装药应在武器环境中、在武器服役和瞬间发射时准确地发挥效能。装药的可靠性、敏感性和安全性是必须关注的问题;赋予装药低易损性,是武器摧毁目标、保存自己的需求。

勤务处理和机动性有相近的意义。装药简化性和安全性,可在较大程度上影响到武器的机动性和人员的操作环境。

火药装药应从上述的威力、安全可靠性和勤务处理等诸多方面满足武器的战术、技术要求。火药装药的研究内容虽然很多,但归纳起来主要有以下三个方面的理论与技术研究:

(1)满足武器威力要求，提高炮口动能技术。

(2)提高武器的安全性和可靠性技术。

(3)改善武器的勤务处理环境技术。

其中，提高炮口动能和弹道稳定性是装药研究的核心内容，装药研究一直在关注增加炮口动能的理论和技术。有利于武器机动性、武器寿命的装药研究也很重要，如可燃容器、刚性装药、缓蚀技术、整装和分装式装药结构、装药工艺等，都是装药研究的主要内容，它们和武器威力有密切的关系。

近期，火药设计、装药设计、点火系统设计、弹道设计等基础理论的研究都有所进展，有关理论正逐步地改变装药经验和半经验的设计方式。

2.1.2　火药装药的技术目标

火炮内弹道过程是装药潜能转变为弹丸动能的过程。内弹道过程遵循能量转换的规律，装药研究的重要内容是提高炮口动能：

$$\frac{1}{2}\varphi m v_0^2 = \int_0^{l_g} Sp\,\mathrm{d}l \qquad (2-1)$$

式中：p 为火炮膛内压力（MPa）；l 为弹丸的行程（m）；v_0 为弹丸初速（m·s^{-1}）；m 为弹丸质量（kg）；φ 为次要功系数；l_g 为火炮身管总长度（m）；S 为身管截面积（m^2）。

炮口动能在数值上等于 $p-l$ 曲线的面积 $\int_0^{l_g} Sp\,\mathrm{d}l$，用符号▽表示。

下面分析提高▽的方法和可能性，从中确定装药技术所追踪的技术目标。现取身管长 l_g、最大压力 p_m 已给定的火炮。该火炮通常的 $p-l$ 曲线如图2-1所示。要在 $p \leqslant p_m$ 的条件下增加 $p-l$ 曲线的面积，该曲线应尽快地达到最大压力，之后保持此压力至 l_g。这种曲线称为弹道平台曲线（见图2-2，虚线）。它从点火开始就进入最大压力，一直保持到炮口。和通常曲线相比，面积增加Ⅰ、Ⅱ、Ⅲ这3个部分，这种曲线有最大的做功面积，但由于诸如火炮炮口压力、焰烟等的限制，这种曲线对现有火炮目前还没有实际应用价值。在技术发展的条件下，比较有应用价值的曲线是图2-3所示的类平台曲线（虚线）。

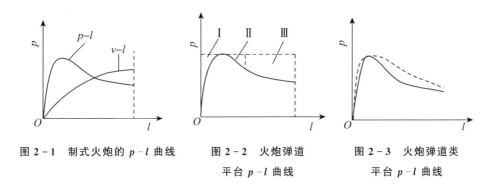

图 2-1　制式火炮的 p-l 曲线　　图 2-2　火炮弹道　　图 2-3　火炮弹道类
　　　　　　　　　　　　　　平台 p-l 曲线　　　　　平台 p-l 曲线

图 2-3 所示的类平台曲线(虚线)增加的面积主要由在压力达到最大值后保持一定时间内维持在最大压力或大大减缓压力下降的速度而获得。它可在保持炮口压力基本不增加的条件下,根据平台效应持续的时间不同,增加曲线的总面积最大可达 80% 左右。

考虑到动能增加值(曲线面积)都受环境温度的影响,如果消除平台压力的温度感度,则常温平台压力还可以再进一步提高。

真正完成做功的力是弹底压力,由于受弹后工质(火药燃气)声速的影响,膛底和弹底存在较大的压力梯度。弹丸初速愈大,压力差愈大,初速损耗也愈大。因此,要考虑温度和声速的影响,希望在各种条件下都能稳定、高效地提高平台效果与炮口动能。

本章将在后续的内容中,叙述装药能量密度、气体生成规律有序控制、补偿装药、随行装药等多种技术,以讨论获取压力平台效应、增加炮口动能的技术途径。

2.1.3　火炮发射装药的组成及作用

火炮发射装药由以下的装药元件组成:

1)发射药

发射药是火药装药的基本元件,是武器转变成弹丸有效功的能源。现有多种发射药,它们的成分不同,形状和尺寸也不相同。装药设计的核心内容是合理地选择和设计发射药。

2)点火具及其元件

点火是火药燃烧的起始条件,点火的好坏直接影响到火药燃烧的状况,从而影响火药装药的弹道性能。点火系统的作用是尽可能快地全面点燃发射药,使发射药正常燃烧并获得稳定的弹道性能。点火过强是造成膛内气体压力骤然增高的原因之一；微弱和缓慢的点火会导致装药不均匀点燃和迟发火，这是造成弹道性能反常和射击烟雾多的主要原因之一。装药的正常燃烧，除选择合适的点火系统外，还必须合理地选定点火系统的结构和它在装药中的位置。随着高装填密度装药技术的发展、低易损性发射药的应用，对装药的点火性能提出了更高的要求。

点火系统通常由两部分组成：一是基本点火具，它对辅助点火药、传火药，或直接对装药进行点火，是提供最初点火热量的点火具。基本点火具有火帽、击发底火、电底火、击发门管等。二是辅助点火具，用于加强点火能力，包括传火药和传火具。传火药有黑火药和速燃无烟药等。传火具（如传火管）内有黑火药或奔荼药条。目前正在发展等离子点火、激光点火等新一代点火技术。

3）其他元件

装药中除发射药和点火系统外，还可能有护膛剂、除铜剂、消焰剂、紧塞具和密封盖等装药元件。各种装药不一定都有这些元件，而是根据武器的要求分别选择采用。各元件的作用分别为：

（1）护膛剂：护膛剂可以减轻火药燃气对炮膛的烧蚀作用，提高火炮身管的使用寿命。大口径火炮普遍使用护膛剂，中小口径火炮在初速或射速很高时也常采用护膛剂。

（2）除铜剂：除铜剂用于清除炮管膛线表面的积铜。射击时，铜质弹带在膛线上受切割和摩擦，使部分铜黏附在膛线上。积铜多，炮膛表面不光滑，影响弹丸的正常运动和降低射击精度，在积铜严重时甚至出现胀膛等现象。使用除铜剂可以明显地提高射击精度。

（3）消焰剂：射击时，火药燃气中的可燃气体与空气混合，有时会产生炮口或炮尾焰。这是射击时发生的有害现象。应尽量消除炮口焰，不允许产生炮尾焰。装药中采用消焰剂可消除火焰或减弱火焰的强度。

（4）紧塞具：包括在药筒口部的厚纸紧塞盖和固定装药用的纸垫或纸筒。用它们固定装药，避免药粒移动或摩擦，保持装药原有结构和弹道性能；在射击时，紧塞具还有密闭火药气体、减轻对膛线烧蚀的作用。

（5）可燃药筒（可消失药筒）：它们是替代金属药筒的装药容器，射击后消失。可燃药筒也具有能量。它们的燃烧性质、质量、结构都对弹道性能有影响，尤其是对弹药的强度、贮存性能和易损性有重要影响。

（6）密封盖：用于弹丸和药筒分开的分装式装药，是一个有提环的盂形纸盖，其上涂有密封油，起防潮作用，在射击时取出。

把火药、点火药和装药的其他元件合理结合在一起，形成完整的结构，即是装药结构。装药结构直接影响火药的点燃、传火过程和火药燃烧规律，也会影响其他元件的作用。装药的总体设计、装药各元件和装药结构与武器的弹道性能、机动性有着十分密切的关系。

2.1.4   装药设计的任务和对装药的要求

装药设计是根据武器系统提供的参数，设计出满足武器要求的装药，装药要经过加工制作和射击等试验的验证。

装药设计应按照设计要求进行。应明确设计计算所需要的火炮和弹丸诸元，如：火炮的口径、药室容积、炮膛横断面积、弹丸行程长、底端面至膛线起始部的长度；弹丸的质量、种类，弹丸初速，初速或然误差，允许的最大膛压，变装药的初速区分和最小装药的最低压力，装药在常、高、低温的初速和膛压的变化规律和变化的范围等。此外，还有火炮寿命，有关射击焰和烟的限制要求，装药的安全性、可靠性和稳定性要求，以及操作和运输与贮存的要求等。

这些要求是对装药设计提出的普遍性的基本要求，必须综合考虑。不同类型、不同用途的武器，还有一些特殊要求。

2.1.5   火炮发射装药的基本类型

按弹药装填和装药构造特点分类，装药的类型包括：

1）定装式装药

定装式装药（定装药）在运输、保管以及发射装填时，装药都在药筒内，药筒与弹丸成为一个整体，装药量是固定的。定装药有时还包含全定装药和减定装药，全定装药射击时可以使弹丸获得最大初速；减定装药射击时可以使弹丸获得比最大初速要小的速度。

定装式装药有：步兵武器（手枪、冲锋枪、步枪、机枪）的枪弹装药；火炮中的加农炮、高射炮、坦克炮、航炮、舰炮等装药。有些火炮同时配有全定装药和减定装药。

2）分装式装药

分装式装药，火药放置在药筒、装药模块或药包内，与弹丸分开保管和运输；装填时，首先把弹丸装入膛内，而后再装药筒、装药模块或药包。分装式装药一般是可变装药，即在射击时可从装药中取出一些装药，改变装药量。该装药能调节初速，在不转移阵地的情况下扩大火炮的射程范围或提高弹丸杀伤效率。

由于战术的需要，有些火炮要求的最大和最小初速差别较大，用一组变装药不能同时满足要求，这时要使用两组变装药。第一组提供武器的最大初速和部分较高的中间初速，该装药称为全变装药；第二组提供武器的最小初速和部分较低的中间初速，称为减变装药。

依据放置发射药容器的特点，分装式装药又可分为药筒分装式装药、药包分装式装药、模块装药和迫击炮装药等。

2.2　火药装药在内弹道过程中的作用与弹道设计

2.2.1　火炮火药装药的点火和燃烧过程

射击过程实质上是通过火药燃烧，将火药的化学能转化为热能，进而转化为弹丸动能的过程。射击时，为实现火药燃气膨胀推动弹丸运动，必须连续、迅速地使装药发生下列变化：火药装药点火、火药燃烧、火焰在装药中传播。实践证明，火炮火药装药的点火与燃烧对整个内弹道循环产生极大的影响。因此，对它们的研究，对于认识射击过程的本质，改进和发展武器都具有现实意义。

1. 装药的点火

装药的点火大致可区分为点火药剂的引发、传火药的燃烧、传火药燃烧产物沿装药表面的传播以及装药中单体火药表面的加热和点燃等四个阶段。点火药剂的引发是指在外加冲量（机械的或电的）作用下，装药点火具（药筒火帽、底火、击发门管或电底火等）中的点火药剂着火燃烧放出气体、固体和热量的过程。击发式火帽药剂的一种配方由雷汞 $Hg(ONC)_2$、氯酸钾 $KClO_3$ 和硫化锑 Sb_2S_3 所组成，其燃烧反应可用下列方程式表示：

$$5KClO_3 + Sb_2S_3 + 3Hg(ONC)_2 =$$
$$3Hg + 5KCl + Sb_2O_3 + 3N_2 + 6CO_2 + 3SO_2 \qquad (2-2)$$

1g 这样的火帽药剂燃烧后可放出约 150mL 气体、0.23mL 固体粒子，同时放出 1400J 左右热量。一个枪、炮火帽所含的药剂质量在 0.02～0.05g 之间，所产生的热量在 40J 左右。它可以直接点燃不超过 10g 的火药，当点燃更多的火药时，这一热量就显得不够，此时需使用传火药（或称辅助点火药）。

传火药通常采用黑火药或多孔硝化棉。它在点火药剂燃烧所生成的火焰作用下被迅速点燃。黑火药（典型的各组分质量百分数为：KNO_3 为 75%，C 为 15%，S 为 10%；折合物质的量分别为 10mol、16.8mol 和 4.2mol）的燃烧反应可分为两步：第一步为迅速的氧化过程；第二步为较缓慢的还原过程。氧化过程可用下式表示：

$$10KNO_3 + 8C + 3S \rightarrow 2K_2CO_3 + 3K_2SO_4 + 6CO_2 + 5N_2 \qquad (2-3)$$

此反应是放热的。多余的 9mol C 及 1mol S 参加第二步还原过程：

$$4K_2CO_3 + 7S \rightarrow K_2SO_4 + 3K_2S_2 + 4CO_2 \qquad (2-4)$$

$$4K_2SO_4 + 7C \rightarrow 2K_2CO_3 + 2K_2S_2 + 5CO_2 \qquad (2-5)$$

它们是吸热的，但由于还原反应进行得相对较缓慢，因此，在火炮发射条件下，黑火药的第二步反应是不完全的。1kg 黑火药燃烧后大约生成固体粒子 0.5kg，产生的气体体积约为 225L（标准状态下），同时释放 3100kJ 左右热量。黑火药的爆温约 2200～2500 ℃，火药力在 245～294kJ/kg。

黑火药在大气压力下的线性燃烧速度约为 1cm/s。线性燃烧速度与黑火药密度及木炭性质等有关。美国人怀特（White）和塞西（Sesse）从实验测试数据推得的黑火药在 300～10000kPa 范围的线性燃速方程为

$$u = 1.72(p/p_0)^{0.614 \pm 0.017} \qquad (2-6)$$

式中：u 为燃速（cm/s）；p 为压力；p_0 为大气压力。

火焰在黑火药床中的传播是很快的。有实验表明，在 19cm 长的开孔管中，黑火药中火焰传播速率约为 20～30m/s，燃烧均匀。如将孔堵上，压力会增高，火焰传播速率可达 100m/s 以上，并可观察到不均匀的燃烧。

传火药燃烧生成的气体和固体粒子以很大的速度沿装药表面运动。例如，100kPa（1atm）下，黑火药燃烧气体沿药管传播的速度可达 1～3m/s。压力增高，速度提高得很快。这些高速运动的热产物在装药床中通过，由于热的传导、对流等而对火药药粒表面加热，使火药表面层发生分解，并进行氧化还原放热反应。当外界供给的热和火药分解反应放出的热足以使火药药粒表面层的温度升高到发火温度时，火药药粒即被点燃。从火药加热开始到火药点燃所需的时间称为点火延迟期。严格地说，火药装药中火药药粒瞬时全面点火的情况是不存在的。但由于在许多场合下，点火延迟时间比火药装药全部燃烧的时间要短得多，"瞬时全面点火"是在这种情况下为处理问题方便所做的一种近似。

2. 火药的燃烧

火药表面被点燃之后，火焰即向火药内部扩展传播，进行燃烧。火药的燃烧是一个复杂的物理化学过程。燃烧过程的特性与火药本身的组成和火药装药条件有着密切的关系。重要的火药燃烧特性有火药的燃速、燃速压力指数、燃

速温度系数以及火焰温度等。长期以来，为有效地控制火药的燃烧性质，适应武器发展对装药的要求，许多学者对火药燃烧机理进行了大量的实验和理论研究，取得了一定的成就。但是，由于火药燃烧是在高温、高压条件下进行的，受外界条件影响又很大，加之燃烧反应速度很快，燃烧区域很薄，这就使得对火药燃烧过程的深入研究变得十分困难。因此，迄今为止所建立的各种燃烧模型都是在一定的实验观察基础上提出一系列假设并经简化得到的，仍属半经验性质。

　　实际在工程上使用的燃速关系式都是实验定律，一般是针对一定的火药给出在已知初温条件下燃速 u 与压力 p 的关系。由于在不同压力下，火药的燃烧机理不同，因此，这种关系式只能适用于一定的压力范围。常见的均质火药燃速-压力关系式有如下几种形式：

$$直线式 \qquad u = a + bp \qquad (2-7)$$

$$正比式 \qquad u = bp \qquad (2-8)$$

$$指数式 \qquad u = bp^n \qquad (2-9)$$

$$综合式 \qquad u = a + bp^n \qquad (2-10)$$

式中：a 为与凝聚相反应特性有关的参数；b 为与火药初温等因素有关的参数；n 为燃速压力指数，定义为 $n = \left(\dfrac{\partial \ln u}{\partial \ln p} \right)_T$。对确定的火药和温度，在一定压力变化范围内，$a$、$b$、$n$ 可视作常数。式(2-7)及式(2-10)都由两项组成，第一项 a 与凝聚相反应有关；第二项 bp 或 bp^n 则与气相反应有关，它们适用于低压条件。由于在高压时气相反应起主导作用，凝聚相反应对燃速的影响可略去不计，因此，在较高压力条件下常用指数式(2-9)。在更高压力（>100MPa）下，均质火药燃速压力指数趋近于 1，为了计算方便，有时用正比式(2-8)。应当指出，对于某些非均质火药(如硝基胍火药)，即使在很高的膛压下燃烧，燃速-压力关系仍遵循指数式。式(2-8)与式(2-9)中的 b 习惯上称为燃速系数，并用 u_1 表示，n 称为燃速压力指数。

3. 火焰在火药装药中的传播

　　所谓"同时点火"是不存在的，点火药或传火药气体不可能同时到达装药的所有部位。因此，火焰在装药床中的传播就成为装药燃烧的一个重要步骤。火焰传播应包括两个方面的含义：一是被局部点燃的单体火药表面处的火焰沿药粒自身表面的传播；二是装药局部点燃区域的火焰向整个装药床中未点燃区域的传播。这两种过程在火焰传播阶段是交织在一起并同时进行的。

　　火焰沿单体火药表面的传播过程可用下述简化模型描述。假定在时间 $t = 0$

时，火药粒表面有一部分正在燃烧。取坐标如图 2 - 4 所示。为了保持点燃点在 $x = 0$ 处，火药必须以火焰传播速度 u 相对于坐标移动。定义在 x 位置处传给火药表面的能量流率为 $q(x)$，这一能量输入将引起表面温度的升高，且由于热传导而使热流传入火药体内。假设热量在火药内只沿 y 方向传导，即 $\partial T / \partial x \leqslant \partial T / \partial y$，使用能量守恒定律，即可得到火药内部的热平衡方程为

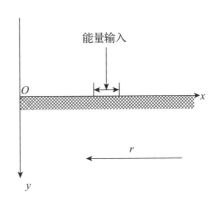

图 2 - 4 火焰沿单体火药表面传播示意图

$$-\lambda \frac{\partial^2 T}{\partial y^2} + u\rho c \frac{\partial T}{\partial x} = 0 \tag{2-11}$$

式中：λ、ρ、c 分别为火药的导热系数、密度和比热容。其初始和边界条件为

$$T = T_{ign} \qquad (x = 0 \ \text{及} \ y = 0) \tag{2-12}$$

$$T = T_0 \quad \begin{pmatrix} x \to \infty, \ 0 < y < \infty \\ y \to \infty, \ 0 < x < \infty \end{pmatrix} \tag{2-13}$$

式(2-12)、式(2-13)中：T_{ign} 为火药的点火温度；T_0 为火药的初始温度。此外，表面处的能量守恒方程为

$$-\lambda \frac{\partial T}{\partial y} = q(x) \tag{2-14}$$

式(2-11)可利用分离变量法求满足式(2-12)及式(2-13)的通解。

$$T = T_0 + (T_{ign} - T_0) e^{-\alpha y} e^{-\frac{\alpha^2 \lambda}{c\rho u} x} \tag{2-15}$$

式中：α 为分离参数。进而由式(2-14)可得

$$q(x) = \alpha \lambda (T_{ign} - T_0) e^{-\frac{\alpha^2 \lambda}{c\rho u} x} \tag{2-16}$$

这说明 $q(x)$ 具有 $q = q_0 e^{\frac{-x}{L}}$ 的形式。与式(2-16)比较，可得

$$q_0 = \alpha \lambda (T_{ign} - T_0) \tag{2-17}$$

$$L = \frac{c\rho u}{\alpha^2 \lambda} \tag{2-18}$$

从而

$$u = \alpha^2 \lambda L / c\rho = \frac{q_0^2 \lambda L}{\lambda^2 (T_{ign} - T_0)^2 c\rho} = \frac{L q_0^2}{\lambda \rho c (T_{ign} - T_0)^2} \tag{2-19}$$

式(2-19)便是火焰传播速度的近似关系式。

注意到在 $x = 0$ 处，$q_0 = h(T_g - T_0)$，此处 h 为对流热交换系数，T_g 为 $x = 0$ 处的气体温度。则式(2-19)可写成

$$u = \frac{Lh^2}{\lambda \rho c} \left(\frac{T_g - T_0}{T_{ign} - T_0} \right)^2 \qquad (2-20)$$

由式(2-20)可知，增加气体与火药表面的热交换系数，提高点火区域周围的气体温度和火药初温，降低火药的导热系数、密度或比热容，降低火药的点燃温度，均可促进火焰沿火药表面的传播，这些结论与实际结果是一致的。

装药床中局部点燃区域的火焰向整个装药中未点燃区域的传播过程是十分复杂的。一般认为，装药中距点火药近的区域最先点火，该区域被点燃的火药所产生的高温高压气体填充，弥补了最初点火药气体在装药中流动时因冷却而造成的点火能量损失，并向装药更远的部分点火。这样，即使在点火药失去作用后，点火还在继续，火焰阵面在整个装药床中不断推进。与之伴随的压力升高一方面促进燃烧，另一方面使燃气对未燃区域的点火更为有效地进行。直至火焰扩展至整个装药床，即达到了装药的全面点火燃烧。

有关考虑点火过程的内弹道两相流数学模型可以描述装药床中火药的点火和火焰传播过程。但是，点火和火焰传播过程具有明显的三维流动特性，而且由于点火时的传热是非稳态的，火药表面温度及吸收的总热量与点火之间也并不是简单的关系，加上对包括燃烧在内的其他一些细节也不清楚，因此，这类模型还停留在理论上的定性和半定量模拟，距离准确预示仍有一定的距离。

2.2.2　火药燃气对炮膛的烧蚀作用

火药装药燃烧放出大量的热，使燃气与膛壁之间存在很大的温度梯度，尽管高温燃气与膛壁表面接触时间极短，但向膛壁传热的速度很高，其结果是使火炮身管迅速加热。这种加热带来的影响是武器使用寿命受到限制的主要原因。同时，在高射速的情况下，身管温度的升高容易引起发射装药的自燃，从而引发事故。因此，燃气对炮膛热传导，即热散失的问题，被内弹道和火药装药工作者所重视。

燃气对膛壁的总传热量 $Q_{\sum}$ 应该和单位装药量的传热表面成正比，即

$$Q_{\sum} \propto \frac{S}{m_p} \qquad (2-21)$$

式中：S 为传热面积；m_p 为装药量。

一般 S/m_p 是随武器口径的增加而减小，所以，总的热散失也是随武器口径的增加而减小的。例如，76mm 加农炮的热散失约占火药全部能量的 6%～8%，而 152mm 加农炮只占 1% 左右。

膛内火药气体流动是非定常的湍流流动，流动情况十分复杂。在此过程中所发生的传热机理，除了对流传热之外，也同时有传导和辐射等传热方式，加之在射击过程中火药气体组成、状态和膛壁温度都是不断变化的，因此，对这一热散失问题进行直接精确的计算有一定的困难。在许多内弹道模型中常采用修正的方法加以间接考虑，例如，引入热散失系数，或对某些参量加以经验修正等。在常规内弹道模型中，可以采用降低火药力 f 或增大 θ 值($\theta = \gamma - 1$，γ 为燃气的绝热指数)的方法计及燃气对膛壁的传热作用，至于 f 和 θ 减小或增大的数值则依据经验决定。

发展了一些定量计算火药燃气对炮膛热散失的理论模型。这些模型都是建立在大量假设之上的，仍属半经验性质。通常的主要假定包括：燃气在膛内的流动是一维的；燃气对炮膛的传热只沿炮膛径向发生等。描述这一传热过程的主要物理量是传热系数、比热流、膛壁温度以及总热流量。

图 2-5 是炮管壁的典型温度分布曲线。

试验和计算表明：射击过程中的传热主要是对流和传导传热，热辐射传热所占比例较小，例如：120mm 镀铬火炮总的热流量约为 $1000MW/m^2$，最大的辐射热流量约为 $10.5MW/m^2$，位置在坡膛附近。所以，火炮射击过程中常常忽略辐射热流量的影响。

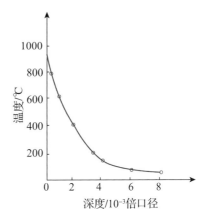

图 2-5 典型的膛壁温度分布

射击过程中的热传导是十分复杂的现象。迄今虽有许多更为详尽的模型，但所采用的数据仍缺乏可靠性。因此，这些模型的实用性和适应性受到很大限制，在众多的场合下，这一传统问题仍采用经验或半经验方法处理。

1. 火药燃气对炮膛的烧蚀与防烧蚀原理

火药燃气对炮膛的烧蚀作用是射击过程中伴随发生的有害现象。烧蚀是指在火炮使用过程中膛内金属表面逐渐生成裂纹、膛线磨损、药室扩大，从而导致膛压下降、弹丸初速降低、射弹散布增大，最后丧失应有的战斗性能，使武器使用寿命终止的过程。

一般线膛火炮的烧蚀现象表现为膛内金属表面形成硬化薄层，并出现裂纹，随着射击次数的增加，裂纹变多、变长、变深，扩展形成烧蚀网；硬脆的薄层则形成小块局部崩落。

如果身管温度波动是由一个热脉冲引起的，则在任何离身管表面的距离 x 点的温度波动可由下式给出：

$$\Delta T = \sqrt{\frac{2}{\pi e}\frac{H_\infty}{\rho c_V x}} \qquad (2-22)$$

式中：ΔT 为温差(K)；H_∞ 为总热传递(J/(m²·rnd⁻¹))，rnd 为射出周期，一发；c_V 为比热容(J/kg)；x 为离表面的距离(m)；ρ 为身管密度(kg/m³)。

由温度波动引起的应力为

$$\sigma = \frac{E\alpha\Delta T}{1-\mu} \qquad (2-23)$$

式中：E 为弹性模量(Pa)；μ 为泊松比；α 为热膨胀系数(K⁻¹)。

对炮钢，当应力强度 $Q\sigma\sqrt{(\pi a_c)}$ 等于临界应力强度 K_{ic} 时，热应力引起一个裂纹长度 $x=a_c$。

由式(2-22)和式(2-23)，可得裂纹长度为

$$a_c = \frac{2}{e}\left[\frac{QE\alpha H_\infty}{K_{ic}(1-\mu)\rho c_V}\right]^2 \qquad (2-24)$$

烧蚀的程度在身管的不同部位是不相同的。药室有药筒保护的部分基本不烧蚀，无药筒的部分易产生烧蚀。烧蚀最严重的区域是膛线起始部至最大膛压出现处的一段距离上。最大膛压后烧蚀逐渐降低，在离炮口约一倍口径处又略有增大。身管寿命终了时烧蚀裂纹的深度可达数毫米，药室增长可达数毫米。滑膛火炮烧蚀后的膛内金属表面出现斑点。

关于烧蚀的机理，较一致的看法是，炮膛烧蚀是多种因素综合作用的结果，包括有热的、机械的、气流和化学的因素。此外，还与装药条件、火炮构造、炮钢材料的性质以及火炮加工工艺等因素有关。火药燃气的热作用对炮膛烧蚀具有决定性影响，它是影响烧蚀最重要的因素。

烧蚀的热作用机理可解释为射击时高温高压的火药气体强烈地加热金属表面，同时弹丸运动时弹带对膛壁摩擦产生的热使膛壁表面加热至高温。当弹丸飞出炮口后，因周围的冷空气及身管自身的热传导又使膛壁金属表面迅速冷却，如热处理中的淬火现象，使金属表面形成一层硬薄层。忽冷忽热的结果，也使金属表面产生相应的收缩与膨胀，当其应力超过弹性限度时，就产生裂纹。

烧蚀的化学作用机理主要认为在高温高压条件下，火药燃气中的 CO_2、

H_2O 和 O_2 与炮膛材料中的铁进行化学作用而生成 Fe_3O_4、FeO 或 Fe_2O_3。

$$Fe + CO_2 \rightarrow FeO + CO \qquad (2-25)$$

$$Fe + H_2O \rightarrow FeO + H_2 \qquad (2-26)$$

$$3Fe + 4CO_2 \rightarrow Fe_3O_4 + 4CO \qquad (2-27)$$

$$3Fe + 4H_2O \rightarrow Fe_3O_4 + 4H_2 \qquad (2-28)$$

这些铁的氧化物密度小、体积大，使原来紧密的金属组织变得松散，有利于氧化反应继续进行。燃气中的 CO 也能与 Fe 进行化学作用，其反应方式是一种渗碳反应：

$$3Fe + 2CO \rightarrow Fe_3C + CO_2 \qquad (2-29)$$

另一种方式是生成五羰基铁 $Fe(CO)_5$。

$$Fe + 5CO \rightleftharpoons Fe(CO)_5 \qquad (2-30)$$

这一反应是放热的，在高压下反应向右进行，生成的 $Fe(CO)_5$ 具有很大的挥发性，可随燃气从裂缝中流出，使裂纹扩大。

有专家认为，燃气中的氮也会与炮膛金属材料发生渗氮作用。由于这一作用而使炮钢表面初期形成的蚀变层，能在一定程度上降低炮膛的磨损速率。例如，用 20mm 的炮管试验，开始发射弹丸时，燃气对炮膛的磨损速率是高的，但射击了大约 30 发弹丸后烧蚀达到了低而稳定的数值。

火药气流对烧蚀也起很大作用。例如，因弹丸与膛壁之间密封不严，射击时高温高速流动的火药气体可从缝隙中猛烈冲刷金属表面，加强了对金属表面的热作用。

机械作用主要是指高速弹丸对膛壁的冲击、挤压和磨损。特别是处在高温条件下，金属材料的强度变低，其作用更为明显。事实上，上述因素是错综复杂、互相影响的。热促使生成硬皮和裂纹，裂纹又扩大了化学反应的面积；气流的冲刷、弹丸的冲击也使裂纹扩大并促使硬皮崩落。膛线的磨损使弹丸起动和旋转条件变劣，又加重了机械磨损作用。显然，热作用是烧蚀的起因，也为加速其他各种作用提供了条件。

大量事实说明，火药的热量（即爆热）愈高，对炮膛的烧蚀愈严重。例如，对 76mm 加农炮进行寿命射击，用爆热（水为液态，下同）为 5230kJ/kg 的火药射击了 180 发，而用爆热为 3340kJ/kg 的火药却射击了 3000 发。热量相差 1890kJ/kg，寿命相差约 17 倍。又如，对 100mm 加农炮进行寿命射击，用爆热为 3200kJ/kg 的火药只射击了 1500 发，而用 2890kJ/kg 的火药却射击了 3900 发。热量相差 310kJ/kg，寿命相差约 2.5 倍。资料报道，硝基胍发射药比等热量的非硝基胍发射药的烧蚀相对要小。

对于热量相同而成分不同的火药，其中含高能量成分愈多者所引起的烧蚀愈严重。如用 76mm 加农炮进行寿命射击，用爆热为 3568kJ/kg 的硝化甘油火药只射击 500 发，而用同样热量的硝化棉火药却射击了 1500 发。

火炮装药量愈大，烧蚀也愈严重。这是因为高温燃气量增多，热作用增强，且由于装药量提高使膛压上升，弹丸初速增加，化学作用、气流作用和机械作用也随之增强。

已经建立了一些经验或半经验的估计烧蚀寿命的技术，但迄今还没有能定量描述火炮烧蚀的完整理论。由于烧蚀现象极其复杂，要想用一般的方法建立用公式表示的完善的烧蚀理论是很困难的。

2. 防烧蚀的有关措施

针对产生炮膛烧蚀的原因，减少烧蚀应从如下几方面入手：减低膛内表面温度；发展低火焰温度和低烧蚀发射药；完善弹带和膛线设计，采用新型弹带材料以减小挤进应力；采用改进的身管材料或在炮管中采用镀覆或衬层等。

1）降低膛内表面温度，减小对身管的热传导

降低膛内表面温度，减小对身管的热传导，其办法主要有：

（1）身管外部冷却；

（2）FISA 防护套；

（3）发射药装药中采用护膛添加剂。

身管外部冷却（例如采用水冷却）带来增加质量和后勤保障上的问题，目前已较少采用。FISA 防护套是一个薄的略带锥度的软钢套，将它套在整装弹上，一端围住药筒，余下部分套住弹丸定心部以下。射击时，药筒口部胀开并封住防护套，以保护膛线起始部不受烧蚀气体的侵蚀，此方法在小口径武器身管上取得一定减蚀作用，但由于结构复杂，未被广泛采用。

护膛添加剂是装药最常用的防烧蚀方法。其基本原理是在发射药气体作用前用惰性油脂等涂覆炮膛表面，以提供一个临时的热障碍层。一种由 45% 氧化钛、53.5% 蜡、0.5% 涤纶纤维和 1.0% 硬脂醇组成的混合物的衬纸放在药筒前端并包裹发射药装药，射击试验证明氧化钛-蜡衬纸对火炮具有明显的减低烧蚀的作用。

Lawton 测定了在使用和不使用护膛材料情况下超射程 AS90 155mm 火炮身管表面的温度和热传递，发现在 50 个弹道循环周期中，添加护膛材料可使身管表面温度波动从约 950℃ 减小到 600℃，总的热传递从约 950 kJ/m² 减小到

$600kJ/m^2$。身管温度波动的降低减小了热应力和初始裂纹长度，由身管温度的降低预计每发对身管的磨损速度可由 $18\mu m$ 降为 $1.6\mu m$，使身管寿命提高约 10 倍。

我国目前在中大口径火炮发射药装药中通常采用的护膛剂是由石蜡、地蜡和凡士林等高分子化合物组成的熔合物，并将它浸在纸上制成一定形状的护膛具，置于装药周围。这种护膛剂的作用机理为：在装药点火时期，主要表现为护膛剂的熔化与蒸发，吸收一定热量，使火药燃气温度有所降低，在装药定容燃烧至膛压达到最大压力之前的时期，膛内压力不断升高，燃气温度也达到最高，护膛剂开始裂解，吸收大量的热，并生成气体物质在膛表形成一层温度较低的界面层。

$$C_{25}H_{52} \rightarrow 26H_2 + 25C(\Delta H_m = 544kJ/mol)(石蜡) \qquad (2-31)$$

在膛压达到最大压力点之后，裂解产物进一步和火药燃气作用：

$$C + CO_2 \rightarrow 2CO(\Delta H_m = 173.6kJ/mol) \qquad (2-32)$$

$$H_2 + CO_2 \rightarrow H_2O + CO(\Delta H_m = 42.7kJ/mol) \qquad (2-33)$$

$$2H_2 + 2CO \rightarrow CH_4 + CO_2(\Delta H_m = -334kJ/mol) \qquad (2-34)$$

$$3H_2 + CO_2 \rightarrow CH_4 + H_2O(\Delta H_m = -205kJ/mol) \qquad (2-35)$$

其中有些反应虽然还会放出一些热量，但由于此时期燃气已做了不少膨胀功，对炮膛的烧蚀已大为减弱，虽有少量热的补偿，但对烧蚀已无多大影响。

护膛剂裂解产物往往反应不完全，常常增大发射时的烟雾。在小口径弹药中采用衬纸是比较困难的。因此，常在发射药中直接加入 $1\% \sim 2\%$ 护膛添加剂，如滑石粉、氧化钛、$CaCO_3$、MoO_3 等，试验证明这些物质的加入是有效的。

2) 采用低火焰温度发射药

一般而言，当发射药火焰温度降低时其能量也降低。在研制和发展低火焰温度而高能量发射药方面，国内外已进行了大量的努力。大多数这类配方都含有一定量的固体硝胺成分，如黑索今或奥克托今。有试验表明，同样火焰温度时，硝胺药比常规药更具烧蚀性。其原因是硝胺颗粒离开发射药表面而继续燃烧，黑索今或奥克托今颗粒自身的燃烧火焰温度远比发射药平均火焰温度要高，而这些热粒子与膛壁的接触使身管烧蚀恶化。因此，在这类发射药中采用细颗粒硝胺对降低烧蚀十分重要。

低火焰温度发射药尽管其能量低，但烧蚀大大降低。美军对 M199 牵引榴弹炮装药进行过试验，将火焰温度约 3000K 的常规药 M30A1 改成火焰温度约 2600K 的棒状药 M31AE1 后（均有衬纸），炮的磨损寿命从 1750 发增加到大于 2700 发。

3）降低对膛壁的挤进压力和减少弹带膛壁间的相互作用

研究证明，弹带以其挤压作用及与钢形成低熔、易磨损合金而使身管产生烧蚀。因此，一直在研究优化弹带设计和研究弹带替代材料以降低挤进压力、减少弹带与膛线间相互作用的方法。有报告报道，联合采用镀铬枪膛和润滑的钢弹带预制膛线槽弹丸可使 12.7mm 枪的烧蚀寿命增加 20 倍，精度寿命增加 8～10 倍。预制膛线槽的一个主要缺点是每发弹射击时须将弹带上的槽齿与膛线对准。

1954 年，第一枚 20mm 尼龙弹带弹问世，它能有效地密闭气体。美国海军和空军的试验都证明，采用尼龙弹带的 GAU - 8 系统中的 M61 炮的烧蚀寿命增加 3 倍，而在此寿命期内，弹丸初速几乎保持常数，尼龙弹带的另一个优点是比铜弹带对高压气体的密闭性好，而且由于熔点低，它们会被涂在膛表，起到减少向膛内表面的热传递的作用。

减少烧蚀的其他方面措施还包括改进身管材料、采用抗烧蚀身管衬里以及身管镀覆等技术。例如，用改变化学成分和热加工处理对钢进行改进；采用钨铬钴等硬质合金作为身管衬里；身管内表面层镀铬或钽、铌等其他耐磨、耐熔金属，但这方面已不属发射药装药技术的范畴。

2.2.3 发射时的其他有害现象

火炮发射时除了会产生烧蚀作用外，还会产生其他一些有害现象，如炮口冲击波、炮口烟和焰、炮尾焰以及发射时的声响等。炮口冲击波、炮口及炮尾焰和发射时的巨大声响等可能会对火炮操作人员及发射阵地附近的设施，包括阵地内放置的弹药构成威胁。强烈的炮口焰会暴露发射阵地，浓厚的炮口烟妨碍射手瞄准，干扰智能弹药的控制，影响打击精度，在白天也易暴露目标。

炮口冲击波、炮口烟、焰及发射时的声响，都与从炮口喷射到周围空气中的高压、高温反应气体——颗粒混合物所产生的非稳态膛口气流现象有关。因此要正确认识这些有害现象的成因，寻求消除或减轻其危害的方法，必须从研究膛口气流及其发展入手。

1. 膛口气流

膛口流场是由从膛内高速流出的膨胀不足的非定常射流及其与膛口空气的

相互作用而形成的。在这一过程中伴随着涡流及冲击波等现象的发生。与此同时，可燃气体与空气中的氧再次作用而发生爆燃，形成了炮口焰。很明显，膛口流场的形成和发展过程是一个带有化学反应的流体力学问题。膛口流场的形成可以分成两个阶段，即初始流场和火药气体的主流场。

初始流场是指弹丸未出炮口前在膛口形成的流场。在弹丸未出炮口以前，弹丸在膛内火药气体的作用下，一方面沿炮膛加速运动；另一方面又不断压缩弹前的空气柱，产生一系列压缩波向炮口方向传播。由于后一个压缩波的传播速度总比前一个大，这些压缩波互相叠加而形成激波。随弹丸的加速运动，激波不断增强，当激波至膛口达到最大值。激波出炮口后称为初始冲击波，它先作轴对称的膨胀运动。由于波后的压力比外界的压力高得多，形成了膨胀不足的初始射流，这就形成了弹丸出炮口前的初始流场（见图 2 - 6）。

当弹丸从膛口射出之后，具有很大压力势能的高温高压火药气体以极高的速度从膛内喷射出来，并迅速推动周围的空气形成冲击波。对一般火炮而言，炮口压力通常在 50～150MPa 之间变化，远远高于环境压力。因此，膛口射流是高度膨胀不足的射流，并在膛口形成极为复杂的波系，如图 2 - 7 所示。可以看出，膛口主流场由斜激波（相交激波）、马赫盘组成了瓶状激波系。主流场，即射流边界包围起来的整个区域可分为以下几个区域：

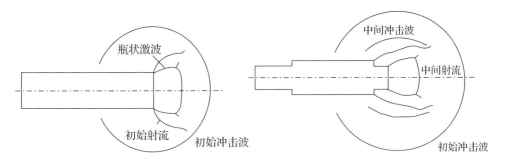

图 2 - 6　膛口初始流场示意图（无炮口制退器）　　图 2 - 7　膛口主流场结构示意图

1 区：瓶状激波内的自由膨胀区，气流主要在此瓶状区内膨胀，压力剧降，速度剧增，马赫数 $Ma > 1$。

2 区：相交激波与射流边界之间的超声速区，$Ma > 1$。

3 区：马赫盘后的亚声速区。气流经正冲击波后，流速下降，温度和压力急增，$Ma < 1$。

4 区：经过两次斜冲击波后，流动情况十分复杂。此区压力与 3 区相同，但 $Ma > 1$。两区之间形成一个速度间断面。

膛口气流的控制主要从装药结构(控制炮口压力)、改进火炮结构等方面入手。

2. 炮口焰

炮口焰是出现在炮口前的闪光。可分为三个区域：初次焰(或称一次焰)、中间焰及二次焰，如图2-8所示。

处于膛口的初次焰空间范围小且强度低。它是由膛口处喷出的膛内气体粒子流的热激发造成的。由于出炮口后火药燃烧产物迅速膨胀冷却，因而光度迅速降低，其后即出现

图2-8　炮口焰的结构
1—一次焰；2—中间焰；3—二次焰。

暗区。初次焰也可能包括流出炮口的火药燃烧产物本身在炮口继续燃烧形成的火焰。

中间焰区辐射强度较大，扩展范围也更广。它位于初次焰前方，在完全形成的内部激波盘之后。这一气流区的辐射是因为气体粒子流通过内部激波盘时，被再次压缩，对流能转换成气流内能，使温度上升到大致接近炮口的温度而发光。

二次焰在内层激波盘法向的下游方向形成，火焰有时可在距炮口20m处出现。其扩展范围之大、闪光之强都远远超过中间焰。这种二次焰是因为未燃尽的火药可燃产物与卷入空气中的氧气重新点火发生爆燃而引起的。与此同时还会产生超压。

通常所说的炮口焰，一般即指二次焰。二次焰形状通常是椭圆形，长度可达 $0.5\sim5m$，宽 $0.2\sim20m$，持续时间可从千分之几秒到百分之几秒，有时夜间在 $10\sim50km$ 外都能观察得到。二次焰的燃烧反应被认为由一种链式机构支配。

链的引发：

$$H_2 + O_2 \rightarrow 2HO^{\cdot} \tag{2-36}$$

链的分支与传递：

$$\begin{cases} OH^{\cdot} + H_2 \rightarrow H_2O + H^{\cdot} \\ H^{\cdot} + O_2 \rightarrow OH^{\cdot} + O^{\cdot} \\ O^{\cdot} + H_2 \rightarrow OH^{\cdot} + H^{\cdot} \\ OH^{\cdot} + CO \rightarrow CO_2 + H^{\cdot} \\ H^{\cdot} + CO + O_2 \rightarrow CO_2 + OH^{\cdot} \end{cases} \tag{2-37}$$

链的中断：

$$\begin{cases} H^{\cdot} + OH^{\cdot} \rightarrow H_2O \\ O^{\cdot} + O^{\cdot} \rightarrow O_2 \\ H^{\cdot} + H^{\cdot} \rightarrow H_2 \\ O^{\cdot} + CO \rightarrow CO_2 \end{cases} \qquad (2-38)$$

由此可见，燃烧产物中存在可燃性气体，与空气混合后如具有足够高的温度与压力以及具备链式反应的条件就可促使二次焰的产生。

研究表明，火药爆热愈高，燃烧产物中可燃性气体成分愈多，产生炮口焰的可能性愈大。大装药量和小装填密度的火炮也易产生炮口焰。这是因为在大装药量的条件下，火炮膛压、初速提高，燃气流出炮口的压力、温度、速度均增加，有利于炮口焰的产生。在小装填密度的情况下，由于膛压降低导致火药燃烧不完全、燃烧结束点移向炮口等，为炮口焰的生成提供了条件。

钾盐对炮口焰有明显的消焰作用，其原因可能是钾盐的存在捕捉了导致链式反应的自由基，从而阻止了反应的传递过程。因此，在许多火炮中将钾盐单独制成消焰剂作为一种装药元件，也有将钾盐直接加入火药组分中使用的。使用黑火药作传火药时，由于其燃烧产物中含有钾盐，故也有消焰作用。

此外，火炮与弹丸的构造情况、射击条件等因素也会影响炮口焰的生成。炮口安装防火帽和制退器，也可减少炮口焰。

3. 炮口烟

射击时生成的烟本质上是一种胶体体系，其分散介质为火药气体与空气，分散相是燃烧产物中的固体粒子和凝聚相的水。研究表明，烟雾的性质，如大小、颜色和稳定性，与火药性质、装药结构、装药燃烧条件、武器诸元及空气条件等有关。但其直接起因是火药装药燃烧所生成的凝聚相物质，它们主要来自于：

1）火药成分中的固体无机物

溶塑火药中都含有少量无机盐类和金属氧化物，如 K_2CO_3、Na_2CO_3、$CaCO_3$、$MgCO_3$、CaO、Fe_2O_3 等，这些物质都是在硝化棉的硝化和安定处理过程中残留在硝化棉内的杂质，当火药燃烧时，大多变为稳定的金属氧化物，成为灰。但由于其在火药中的质量含量一般不超过 0.3%，通常不是烟雾的主要来源。

某些火药为了特殊目的而在组分中使用无机附加物，例如，加入 K_2SO_4 作为消焰剂，会使燃气中固体物质增多，成为烟雾的来源之一。

2）点火药燃烧生成物中的固体粒子

火炮射击时，击发火帽药剂可产生 0.005mL 凝聚粒子，在高速发射情况下与其他因素结合起来也会对烟雾生成产生一定影响。火炮装药中传火药多为黑药，它燃烧时产生约 50% 质量分数的 K_2SO_4、K_2CO_3、K_2S 等固体微粒。在中大口径火炮中，通常使用几十克至上百克传火药，其生成的固体物质就很可观了。可以认为，用黑药作传火药是中大口径火炮射击时产生烟的主要原因之一。

3）火药成分不完全燃烧产生的固体物质

火药成分中的非能量成分如苯二甲酸二丁酯、石蜡、凡士林、中定剂等，以及热稳定性好的能量成分，如二硝基甲苯、三硝基甲苯等，它们在火药的燃烧过程中，相对于活性的能量成分来说分解时间稍迟，因此有可能产生中间有机物、碳粒等凝相颗粒，形成烟雾，对于身管较短的武器，例如枪，由于这些物质的燃烧反应时间更加短暂，这些因素就成为烟的重要来源。

4）其他装药元件产生的固体颗粒

有些火炮用 K_2SO_4 制成消焰剂作为装药元件单独使用，其产生烟雾的道理与将 K_2SO_4 作为火药组分时是一样的。有些火炮装药还使用除铜剂，通常是采用锡铅合金。在射击时，由于除铜剂与膛面上黏附的铜形成共熔物微粒，从而增大了射击时的烟雾。

其他装药元件，如药包布、硬纸紧塞具、钝感衬纸等，在燃烧过程中显然会形成碳粒和其他固体物质，对烟雾生成有很大影响。例如，57mm 加农炮不使用钝感衬纸，射击时无烟，燃气中检测到的碳粒很少。当装药中使用 55g 钝感剂，射击时就产生烟雾，测量到每 1kg 火药气体含 0.5g 分散的碳粒。此外，当火药燃烧不完全而产生 NO 时，由于 NO 与空气中的氧作用生成 NO_2，会出现棕色烟雾。燃烧产物中的水与空气接触后冷凝成凝聚相微滴，也是形成烟的原因之一。但是，烟雾的最终生成，在很大程度上取决于装药的点火条件。当点火不足或燃烧条件不良时，火药燃烧不完全，会生成大量固体碳粒、凝聚相中间产物和 NO 等。另外，烟雾的生成也与武器构造、环境条件等密切相关。装药量愈大，附加元件愈多，身管愈短，产生烟的可能性愈大；气温愈低，风愈小，对烟雾形成愈有利。

目前已有一些预示炮口烟生成的理论模型，但由于问题的复杂性，这些模型显得很不完善，其实用性受到很大限制。

从装药设计的角度来说，要减少烟雾生成的可能性，就是要选用成分简单均一、非能量及热稳定性高的组分含量少、能完全燃烧的火药，选用具有易于分解燃烧的钝感材料，慎重使用装药元件，采用具有良好的点火性能和适当的燃烧压力、能控制燃烧过程的装药结构。此外，从火炮设计的角度可研究机械消烟装置等。

4. 炮尾焰

炮尾焰是火炮射击后在开闩和抽筒时在炮尾部形成的火焰。显然，它危及射手安全。对于坦克炮、自行火炮和自动开闩与闭锁的火炮是绝对不允许有的。

炮尾焰产生的原因是由于火药以及其他装药元件不完全燃烧的产物与空气混合后所发生的二次燃烧，其影响因素及防止方法与炮口焰基本相同。

炮尾烟、焰的形成是极其复杂的过程，要完全搞清烟、焰形成机理的每一细节似乎还要做更大的努力。但是，对于烟、焰形成的主要原因和影响因素已经比较清楚。此外，射击时的烟、炮口与炮尾焰三者具有密切的关系。例如：装药中采用消焰剂，降低了炮口和炮尾焰，但增大了烟雾；使用炮口制退器减弱了炮口焰但助长了炮尾焰。因此，装药设计工作者在确定设计方案时，要结合武器特点和战术技术要求，慎重考虑，统筹兼顾。

2.2.4 火炮发射药装药弹道设计方案的评价

装药的弹道设计是一个多解问题，因此，它必然包含一个方案的选择和优化过程。方案选择的任务是使所选方案不仅能满足战术上的要求，而且其弹道性能还必须是优越的。在方案选择时，可以直接地比较各种不同方案的构造诸元及装填条件，但由于这些量之间有着密切的制约关系，其反映往往是不全面和不深刻的。因此，有必要选取一些能综合反映弹道性能的特征量作为对不同方案弹道性能的评价标准。本节就介绍几种最主要的评价标准，并简要介绍装药诸元和装药结构的优化问题。

1. 弹道效率

火炮是利用火药燃烧后所释放出来的热能使之转变为弹丸动能的一种特殊形式的热机。显然，火药的能量是否能充分利用，应当作为评价火炮性能的一条很重要的标准。这一标准称为热力学效率或弹道效率 γ_g，它定义为火药完成的主要功 $1/2 m v_0^2$ 与火药气体的总能量 $f m_p / \theta$ 之比，即

$$\gamma_g = \frac{\frac{1}{2} m v_0^2}{\frac{f m_p}{\theta}} \qquad (2-39)$$

式中：m 为弹丸质量；v_0 为弹丸初速；f 为火药力；m_p 为装药量；$\theta = \gamma - 1$，γ 为火药燃气的绝热指数，有时亦称 γ_g 为有效功率。

在火药性质一定的条件下（即 f、θ 一定），上述标准可进一步转化为

$$\eta_{mp} = \frac{\frac{1}{2}mv_0^2}{m_p} \qquad (2-40)$$

η_{mp} 称为装药利用系数，显然两者有下式联系：

$$\eta_{mp} = \frac{f}{\theta}\gamma_g \qquad (2-41)$$

它们的本质是一样的。它们的数值大小，表示火药装药能量利用效率的高低。从能量利用效率的角度看，弹道效率 γ_g 或装药利用系数 η_{mp} 应该愈大愈好。在一般火炮中，γ_g 约在 0.16～0.30 之间。

2. 示压效率

示压效率 η_g 定义为整个弹丸行程中产生弹丸初速的平均压力 $\overline{p}$ 与最大膛压 p_m 之比。即

$$\eta_g = \frac{\overline{p}}{p_m} \qquad (2-42)$$

显然，由于平均压力 $\overline{p}$ 总是小于最大膛压 p_m，所以 η_g 的数值小于 1。根据平均压力的定义：

$$\overline{p}_d = \frac{\int_0^{l_g} p\,dl}{l_g} \qquad (2-43)$$

式中：p 为弹后压力；l_g 表示弹丸全行程长。代入式（2-42）即得

$$\eta_g = \frac{\int_0^{l_g} p\,dl}{l_g p_m} = \frac{S\int_0^{l_g} p\,dl}{Sl_g p_m} \qquad (2-44)$$

式中：S 为炮膛断面积。由于 $\int_0^{l_g} p\,dl$ 为 $p-l$ 曲线下的面积，$S\int_0^{l_g} p\,dl$ 为火药气体所做的压力功，而 Sl_g 为炮膛工作容积，因此，示压效率又代表了 p_m 一定时单位炮膛工作容积所做的功，其数值的大小意味着炮膛工作容积利用效率的高低。

由式（2-44）还可看出，示压效率表示了 $p-l$ 曲线下的面积充满 $p_m l_g$ 矩形

面积的程度，如图 2-9 所示。

在相同 p_m 下，示压效率的高低反映了压力曲线的平缓或陡直情况。在满足 p_m 及 v_0 的前提下，示压效率愈高，则弹丸全行程 l_g 愈短，它意味着火炮炮身质量轻、机动性好。所以从炮膛利用效率来看，示压效率也应愈高愈好。

目前的装药技术，大幅度提高示压效率仍有较大的困难。同时，由于火炮本身结构和炮口压力控制等的因素，炮口压力过高的高示压效率装药应用也受到限制，需要与火炮结构设计相结合。

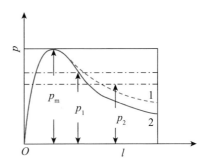

图 2-9　示压效率的图示

3. 火药燃烧相对结束位置

火药燃烧相对结束位置的定义为

$$\eta_k = \frac{l_k}{l_g} \tag{2-45}$$

式中：l_k 为火药燃烧结束位置。

由于火药点火的不均匀性以及药粒厚度的不一致性，不可能所有药粒在同一位置 l_k 燃完。事实上，l_k 仅是一个理论值，各药粒的燃烧结束位置分散在这个理论值附近的一定区域内。因此，当理论计算出的火药燃烧结束位置 l_k 接近炮口时，必然会有一些火药没有燃完即从炮口飞出。在这种情况下，不仅火药的能量不能得到充分利用，而且由于每次射击时未燃完火药的情况不可能一致，因而会造成初速的较大分散，同时增加了炮口烟焰的生成。所以选择方案时，一般火炮的 η_k 应小于 0.70。加农炮 η_k 在 $0.50\sim0.70$ 之间。榴弹炮是分级装药，考虑到小号装药也应能在膛内燃完，其全装药的 η_k 选取 $0.25\sim0.30$ 之间比较合适。表 2-1 列出了一些火炮的 η_k 值。

表 2-1　典型火炮的 η_{mp}、η_g、η_k 和 p_g 值

火炮名称	方案评价标准			
	$\eta_{mp}/(kJ \cdot kg^{-1})$	η_g	η_k	p_g/kPa
1955 年式 57mm 战防炮	1062	0.646	0.612	—
1956 年式 85mm 加农炮	1210	0.640	0.506	73843
1960 年式 122mm 加农炮	1090	0.664	0.548	104440

（续）

火炮名称	方案评价标准			
	$\eta_{mp}/(kJ \cdot kg^{-1})$	η_g	η_k	p_g/kPa
1959 年式 130mm 加农炮	1121	0.650	0.495	100020
1959 年式 152mm 加农炮	1208	0.604	0.540	64920
1955 年式 37mm 高射炮	1339	0.484	0.546	68650
1959 年式 57mm 高射炮	1177	0.558	0.599	78550
1959 年式 100mm 高射炮	1098	0.606	0.564	94140
1954 年式 122mm 榴弹炮	1393	0.479	0.277	42360
1956 年式 152mm 榴弹炮	1483	0.419	0.290	33340

4. 炮口压力

弹丸离开炮口的瞬间，膛内火药气体仍具有较高压力（50～150MPa）和较高温度（1200～1500K）。它们高速流出炮口，与炮口附近的空气发生强烈的相互作用而形成膛口主流场，在周围空气中会形成强度很高的冲击波和声响。炮口压力愈高，冲击波强度也愈大，强度大的冲击波危及炮手安全，也促使炮口焰的生成。因此，对于不同的火炮，炮口压力要有一定的限制。在方案选择时，必须予以考虑。若干种典型火炮的炮口压力 p_g 也已列于表 2-1。

5. 武器寿命

由于火药燃气的烧蚀作用，最终会使火炮性能逐渐衰退到火炮不能继续使用的程度。通常以武器在丧失一定的战术与弹道性能以前所能射击的发数来表示武器寿命。

研究人员对不同口径加农炮的射击试验数据进行了研究，发现身管寿命与膛线起始部阳线最高处首先受到挤压部位的耗损有很大关系。火炮寿命终止时，这一位置的耗损量一般达到原阳线直径的 3.5%～5%。因此，可以将膛线起始部耗损量达到身管原直径的 5% 作为允许极限值。

影响武器寿命的因素很多，也很复杂。但从弹道设计的角度来看，除火药能量（爆温）影响外，最大压力、装药量、弹丸行程等因素是最主要的。膛压愈高，火药气体密度也愈大，从而促进了向炮膛内表面的传热，加剧了火药气体对炮膛的烧蚀。装药量愈大，一般装药量与膛内表面积的比值也愈大，因而烧蚀也就愈严重。弹丸行程长则对武器寿命有着相矛盾的两种影响：一方面，身管愈长，火药气体与膛内表面接触的时间愈长，会加剧烧蚀作用；另一方面，在初速给定的条件下，弹丸行程增长，装药量可以相对地减少，炮膛内表面积增加，却又可以减缓烧蚀作用。在弹道设计中可使用下述半经验半理论公式估算武器寿命：

$$N = K' \frac{\Lambda_g + 1}{\frac{m_p}{m}} \tag{2-46}$$

式中：N 为条件寿命；Λ_g 为弹丸相对行程长；m_p/m 为相对装药量；K' 为系数，对加农炮 $K' \approx 200$ 发。

式(2-46)计算所得的条件寿命，可作为选择装药弹道设计方案的相对标准。

2.2.5 火药装药与弹道性能

1. 火药力与弹道性能

1）火药力与弹道性能的关系

由恒温解法的公式

$$p_m = \frac{f' m_p}{S l_1} \frac{\chi}{\lambda} \left[\left(1 + \frac{l_m}{l_1}\right)^{\frac{\chi\lambda}{B'}} - 1 \right] \left(1 + \frac{l_m}{l_1}\right)^{\frac{\chi\lambda}{B'} - 1} \tag{2-47}$$

$$l_m = l_1 \left[\left(1 - \frac{1}{2 - \frac{B'}{\chi\lambda}}\right)^{\frac{B'}{\chi\lambda}} - 1 \right] \tag{2-48}$$

$$l_k = l_1 \left[\left(\frac{1}{\chi}\right)^{\frac{B'}{\chi\lambda}} - 1 \right] \tag{2-49}$$

设火药在弹丸运动前燃完，则

$$v_0 = \sqrt{\frac{2 m_p f}{\theta \varphi m}} \cdot \sqrt{1 - \left(\frac{V_1}{V_2}\right)^{\theta}} \tag{2-50}$$

式中：f' 为火药气体温度为常量(恒温条件)的火药力，是火药力 f 的符合值；B' 为装填参量，$B' = \frac{S^2 I_k^2}{f' m_p \varphi m}$；$V_1$ 为药室容积；V_2 为全部炮膛容积；m_p 为装药量；m 为弹丸质量。

由式(2-47)～式(2-50)看出，如果调整火药的弧厚，使装填参量 B' 保持不变，则近似有

$$v_0 \propto f^{1/2}$$

$$p \propto f$$

而 l_m、l_k 保持不变。

按照这个关系，当火药力提高 10%、20%、30% 时，其弹丸的初速分别提高 4.9%、9.5% 和 14%。如 1944 年式 100mm 加农炮，控制参数，使 $l_{k12}/f_1 = l_{k22}/f_2$ 成立，这时装填参量 B' 值保持不变，则得出火炮装药计算数据，见表 2-2。

表 2-2　装填参量数值表

$f/(\text{kJ} \cdot \text{kg}^{-1})$	p_m/MPa	$v_0/(\text{m} \cdot \text{s}^{-1})$	l_m/dm	l_k/dm	η_k
950	328	886.6	4.529	30.67	0.65
1079	373	945.1	4.529	30.67	0.65

在 f 变动的同时，火药气体做功的效率也在变化。即使 B 值相同，弹丸动能、最大压力与火药力也不完全遵循正比关系。在火药力 f 和装填参量 B 同时变化的情况下，l_k、l_m、p_m、v_0 也都要改变，p_m 与 f 和 v_0 与 $f^{1/2}$ 也不完全为正比关系，而且火药力对最大压力和对燃烧结束点的影响显著大于对初速的影响。

2）制式火炮装药与火药力

制式火炮是已选定装药并已装备使用的火炮。提高该火炮装药的火药力，在保持原弹道指标的情况下，可以减少装药量，但装药的能量密度并没有明显的提高，这种技术很少被采用。

常希望用提高火药力来增加制式炮的初速，或用制式炮验证高能火药的效果。但在实践中，如果没有其他装药技术的改进（如增面性），所追求提高初速的目的几乎难以实现。

图 2-10 是管状火药保持 p_m 值不变情况下的 $B-f$、$B-m_p$、$B-l_k$ 的计算图。图中 B 值不变点（$B_1 = B_2$）是一个分界点。当 B 值减少（$B_2 < B_1$）时，f_2/f_1 和 l_{k_2}/l_{k_1} 都小于 1，即只能使用低火药力（$f_2 < f_1$）的火药，初速也不可能提高。而在 B 值增加的情况下（$B_2 > B_1$），f_2/f_1 和 l_{k_2}/l_{k_1} 又都大于 1，即可以使用高火药力（$f_2 > f_1$）的火药，但 l_k 值增加，而且 l_k 较 f 增加得快。即提高火药力、p_m 值保持不变，需要增加 B 值，结果又使 l_k 超出。所以，在药型没有变化的情况下，不能用提高火药力的办法提高制式火炮的初速，也不要用这种办法验证和评定装药的能量效果，但可以研究新装药力学、安全等动态性能。在试验中，提高火药力似乎也提高了有限的初速，这主要是因为 l_k 或 p_m 发生了变化，是利用了 l_k 或 p_m 的余量，综合的效果是不明显的。

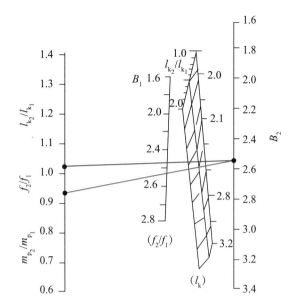

图 2 - 10　管状火药保持 p_m 为定值时 B、f、l_g、l_k 的关系

m_p 一装药量；B 一装填参量；f 一火药力；l_k 一压力气冲量。

要在制式火炮上使用火药力更高的火药，其条件是原装药的药型设计不合理，可应用渐增性更高的火药。原药型和新药型这两种装药要保证 $p_{m'1} = p_{m_2}$ 又使 $f_2/f_1 > 1$ 的必要条件是 $B_2 < B_1$，同时要提高火药的燃烧渐增性。

图 2 - 11 给出了最大压力 p_m 不变时 $f_2/f_1 - B$ 和 $l_{k_2}/l_{k_1} - B$ 的关系。新药型更具有渐增性，其药型系数分别为 $(\chi\lambda)_1 = -0.7$，$(\chi)_1 = 1.7$；$(\chi\lambda)_2 = -0.06$，$(\chi)_2 = 1.06$。原装药的装填参量 $B = 2.18$。

如果使新装药的 l_{k_2}、p_{m_2} 值与原装药的 l_{k_1} 和 p_{m_1} 一致，新装药的装填参量 B 值应为 1.79。这时 $f_2/f_1 = 1.45$。说明：增加火药的渐增性并同时减少火药的装填参量，用高能火药才能在 p_m 和 l_k 不变的情况下提高弹丸的初速。如 1944 年式 100mm 加农炮，采用 $f_2 = 1.45f_1$ 的火药，使初速 v_0 值由 889m/s 提高到 994m/s。

计算结果列于表 2 - 3～表 2 - 5 中。

表 2 - 3　1944 年式 100mm 加农炮的装药参数

装药参数	原装药	新装药
$\chi\lambda$	- 0.7	- 0.06
χ	1.7	1.06
B	2.18	1.79
$f/(\text{kJ} \cdot \text{kg}^{-1})$	949	1376
I_k	1804	1968

表 2 - 4　第一期诸元

l/dm		0.025	0.500	3.000	4.527	6.814	7.000	13.000	24.000	30.670	31.400
原装药	p_1/MPa	7.7	118.0	314.0	328.0		313.0	250.0	171.0	134.0	
	v_1/(m·s^{-1})	3.0	53.3	241.0	320.0		416.0	569.0	725.0	787.0	
新装药	p_2/MPa	5.39 5.4	92.3	284.3		327.2	327.0	301.1			214.1
	v_2/(m·s^{-1})	2.5	47.0	222.0		396.0	403.0	575.0			964.0

表 2 - 5　第二期诸元

l/dm		32	38	44	49.48
原装药	p_1/MPa	136.8	113.8	97.0	89.4
	v_1/(m·s^{-1})	798	838	871	887
新装药	p_2/MPa	204	180	158	147
	v_2/(m·s^{-1})	880	926	971	994

图 2 - 12 是本计算的 $p - l$、$v - l$ 曲线。

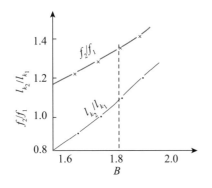

图 2 - 11　p_m 不变，$f_2/f_1 - B$ 和 $l_{k_2}/l_{k_1} - B$ 的关系　　图 2 - 12　$p - l$、$v - l$ 曲线

1、3—新装药 $p - l$、$v - l$；2、4—原装药 $p - l$、$v - l$。

　　计算结果进一步证实：在制式炮上减少 B 值并用燃烧渐增性更强的火药，才能用高火药力的火药提高初速。除初速提高外，装药的其他性能也有变化，性能对比关系如下：

弹道效率　　　　　　　$\gamma_{g_2} = \left(\dfrac{v_{0_2}}{v_{0_1}} \right)^2$，$\dfrac{f_1}{f_2} \gamma_{g_1} = 0.866 \gamma_{g_1}$

示压效率 $\qquad \eta_{g_2} = \left(\dfrac{v_{0_2}}{v_{0_1}}\right)^2 \eta_{g_1} = 1.26\, \eta_{g_1}$

燃烧结束点 $\qquad \eta_{k_2} = \eta_{k_1}$

炮口压力 $\qquad p_{g_2} = 1.65\, p_{g_1}$

当制式火炮的装药设计不够合理，如烧蚀严重，初速散布过大，炮口压力、炮口温度太高等，也可以用降低火药力的办法。只要降低 B 值，并使 $f_2/f_1 < 1$ 和 $l_{k_2}/l_{k_1} < 1$，就有助于上述问题的解决，但初速值要受到影响。

3）新火炮装药与火药力

（1）在弹道设计中火药力的选择。

弹道设计要在给定的 m、d 和 v_0 的条件下确定火炮装药的诸元。各诸元都是关联的，火药力是影响装药整体性能的关键因素。

在新火炮的弹道设计中，火药力可选取的范围较大。选取高火药力火药，有利于装填密度 Δ、装药量 m_p、弹丸质量 m 的选择和满足初速的要求。火药力高，身管也要考虑相应的长度。l_g 大，有利于使用高火药力的火药。l_g 增加可提高装药的 B 值，也适宜增加 f_2/f_1 的比值。选择火药力还应注意武器的类型。从武器烧蚀的角度，大口径线膛炮一般要选用相对火药力较低的火药，滑膛炮可选择火药力高一些的火药。从战术的观点，应综合评定代价和效益的关系。如反坦克火炮，用高火药力的装药，有利于提高摧毁效果，效益优于火炮烧蚀的代价，使用高火药力的火药是合理的。

目前，可用火药的火药力介于 $950 \sim 1250\mathrm{kJ/kg}$，大口径线膛炮所用的火药力通常不高于 $1100\mathrm{kJ/kg}$。每增加 $200\mathrm{kJ/kg}$ 的火药力，爆温一般要上升 $200 \sim 700\mathrm{K}$。利用提高火药力的办法可使初速提高 5% 左右，至少在目前，这个效果还是可观的。

新武器装药，应以制式火药（单基药、双基药和三基药）为主要选择对象。设计过程是合理选择装药量、药型、点火系统和装药结构，避免选用研制中的、性能未完全了解的火药。火药、火炮同时进行的设计，应有较长期的研究和验证过程。

（2）当武器的弹道设计完成后，弹、炮的诸元和火药的种类都已确定，而 Δ、B 值也给出了确定的范围，剩余的问题就是找出更合理的装填密度 Δ 和装填参量 B 以及点火等条件。

2. 装药量

1）装药量与弹道诸元

如果忽略余容 α 的影响，装药量和火药力对 p_m、v_0 的影响效果则是相似的。即在装填参量 B 保持不变的情况下，弹丸动能和最大压力都与火药力和装药量成正比。当装药量提高 10%、20%、30%时，其弹丸的初速分别增加 4.9%、9.5%和 14%左右。

如果 m_p 增加、火药的 I_k 值不变，则 B 值要随之而变，这时 m_p 和 p_m、v_0 的关系符合：

$$\frac{\mathrm{d}p_m}{p_m} = \alpha_1 \frac{\partial m_p}{m_p} + \beta_1 \frac{\partial B}{B} \cdots$$

$$\frac{\mathrm{d}v_0}{v_0} = \alpha' \frac{\partial m_p}{m_p} + \beta' \frac{\partial B}{B} \cdots$$

式中：系数 α、α'、β、β' 可通过试验求出，也可以从"炮用发射药与装药弹道试验技术条件"等文献中查到。各种火炮 $\alpha > \alpha'$，即 m_p 对 p_m 的影响大于对 v_0 的影响。不同装药的系数 α（或 α'）都有差别，也可以用下式对 $m_p - v_0$ 关系进行估算：

$$v_0 \propto m_p^n \tag{2-51}$$

n 是一个常数，数值为

$$n = \frac{\mathrm{dlg}v_0}{\mathrm{dlg}m_p}$$

对各类火炮，通常可取 $n = 0.7$ 左右。用式(2-51)估算的数值如表 2-6 所示。结果显然高于 $v_0 \propto \sqrt{m_p}$，这时 v_0 已不再符合 $v_0 \propto \sqrt{m_p}$ 的关系。

表 2-6　取 $n = 0.7$，用式(2-51)估算 v_0 的变化

$(m_p + \Delta m_p)/m_p$	1.1	1.2	1.3	1.4	1.5
$(v_0 + \Delta v_0)/v_0$	1.069	1.136	1.202	1.266	1.328

2)制式火炮装药量的选择

(1)弹道设计之后，火药品种、火药力都已确定。之后要通过生产进一步精选装填密度 Δ 和装填参量 B。其 Δ 和 B 应满足弹道指标又有利于生产。

对一门火炮，p_m、v_0 和 η_k 都是由 I_k 和 Δ 决定的：

$$p_m = f_1(I_k, \Delta)$$

$$v_0 = f_2(I_k, \Delta)$$

$$\eta_k = f_3(I_k, \Delta)$$

用计算和试验的方法可以作出弹道性能和装药的关系图(见图 2-13)。A 线是弹道要求的等初速线；B 线是弹道要求的平均最大压力线；C 线是弹道要

求的燃尽系数线；E、F 分别是 $v_0 - 4\gamma_{v_0}$ 和 $v_0 + 4\gamma_{v_0}$ 线。

在 B 线的上方，$p_{\mathrm{m}} < p_{\mathrm{mcp}}$；在 C 线的下方，$\eta_k < \eta_{kc}$，弹道设计的 v_0、p_{mcp}、η_k 在图上有一个交点，即 D_1 和 D_1' 应该是重合的。实际的情况与图 2-13 相符。满足要求的方案（Δ、I_k）是落在 $D_1 - D_1'$ 线上。

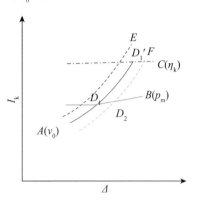

图 2-13 弹道性能和装药关系曲线

选择方案时，如果方案点接近于 D_1，装药的 Δ 值较小，允许的加工偏差 ΔI_k 很小，对火药加工的要求更加严格。方案点接近 D_1'，Δ 值变大，允许 ΔI_k 的偏差加大，放宽了对生产的要求，但装药量可能超过 $B(p_{\mathrm{mcp}})$ 线与 $F(v_0 + 4\gamma_{v_0})$ 线的交点 D_2，Δ 过大也会引起 η_k 的增加。

在方案选择中，考虑经济和装填因素，常希望降低一些装药量。但由此会带来了加工的困难和增加废品量。

制定火药生产与装药的工艺规程时，应对加工和装药量的综合效果进行全面的评定。可用图 2-13 的规律选择工艺规程的装药指标。它有助于精选方案，避免选中弹道性能不稳定的方案。

（2）产品火药的 I_k 值通常要偏离工艺规程的 I_k 值。每批产品都通过装药量的选配来满足膛压和初速的要求。就是用 Δ 值的变化来抵消 I_k 的偏差，使弹道诸元落在图 2-14 的 $D_1 - D_1'$ 线上。如果 ΔI_k 过大，无法用 Δ 值来修正，这种火药不能通过验收。

3）用增加装药量的办法提高制式火炮的初速

（1）保持 p_{m} 不变，通过改变 B 值可以改变装药量 m_p。随 B 值的增加，虽然 m_p 可以增加（$m_{p2} / m_{p1} > 1$），但 l_k 值随之增加了（$l_{k_2} / l_{k_1} > 1$）。所以，用改变 B 值（提高装药量）提高初速的办法难以实现。唯有原装药设计不合理（如 η_k 值偏小）才有少量提高初速的可能。这和提高火药力的效果是一样的，装药量对原装药的改进是有限的。

（2）想在制式火炮上用增加 m_p 的办法提高初速，必须同时进行药型和 B 值的改变，即采用加大 B 值和采用更高渐增性燃烧的火药。

4）弹道设计与装药量

弹道设计要决定炮、弹和装药的有关诸元，以满足给定火炮初速和膛压的要求。装药主要是选择 f、m_p/m 和 Δ 值等。在 f 和 m_p 这两个因素中，m_p/m 的可调范围大，m_p/m 可成倍地增加，而 f 的可调的范围相对较小，只有 10%左右。因为高火药力的火药只能在多年的研究中才能被定型。因此，增加 m_p/m 值就成为提高 v_0 的主要办法之一。近年来，也一直采用这种措施提高初速。根据资料统计，20 世纪 30 年代高炮装药量与弹丸质量的比值 m_p/m 大约为 0.28，装药密度 Δ 约为 0.66g/cm^3。到 70 年代，m_p/m 大于 0.43，在舰炮上甚至大于 0.50，Δ 值也达到了 $0.83\ \text{g/cm}^3$。在这段时间内，加农炮的 m_p/m 值从 0.27 提高到 0.40 以上，Δ 值由 0.63g/cm^3 提高到 0.70g/cm^3 以上。除少数火药的火药力提高 10%之外，各种火炮所用发射药的能量水平基本未变，而这两类火炮的初速约提高 20%。这是包括炮、弹在内的各因素的综合效果，但起主要作用的还是增加装药量，目前，正在研究的高装填密度装药技术，有望使装填密度大于 1.0g/cm^3 的大口径火炮装药获得应用。

2.2.6 火药的爆温、爆热与膛内火药气体温度

1. 火药爆温

火药爆温(绝热火焰温度)是绝热条件下火药燃烧所能达到的最高温度。根据燃烧反应的条件，又可分为定容爆温(T_V)和定压爆温(T_p)。在身管武器装药的研究中，主要使用定容爆温。

爆温是火药性能的重要指标。从能量的角度，总希望提高火药的 T_V 值。对于燃气组分相近的火药，T_V 愈高，火药的潜能愈大，做功的能力也愈强，这一点由公式 $f = nRT_V$ 可以得到证明。通过爆温提高来增加做功能力的途径也有限制，因为爆温高火炮烧蚀严重。烧蚀升高率远远超过爆温的上升率，正如前文所述，热是影响烧蚀的主要因素。图 2-14 表示了某装药烧蚀与热流量的关系。

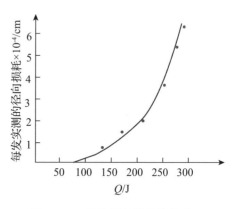

图 2-14   热流量与烧蚀的关系

图中的纵坐标是每发弹实测的烧蚀量，横坐标是计算的热流量。热流量与烧蚀量反映了火药爆温与武器寿命的规律。Q 值(或 T_V)较大时，Q 值(或 T_V)微小的增加，会引起很严重的烧蚀。因此，T_V 成为决定武器烧蚀的关键因素。Q 增加时，通常爆温也提高。所以热或 T_V 往往是评定火药对武器烧蚀的主要指标。

在火药发展中，一直在解决增加能量与降低爆温的矛盾。在这个过程中，出现了冷火药"硝基胍火药"。总的说来，降低爆温仍然是火药研究的目标之一。低爆温发射药是装药首先需要考虑的选择，大口径、高初速和高射速的武器对火药爆温有更严格的限制。

如何选择火药爆温的问题还没有一个可遵循的原则。单基药等爆温较低的火药可用于目前的各类武器。但大口径武器，如 155mm 口径的远程炮，则常常用低爆温火药（如 DNT 增塑的单基药）和硝基胍等冷火药。而某些小口径武器、迫击炮和滑膛炮，可以把爆温提高到 $T_V = 3200 \sim 3800K$ 或更高。随着时代的发展，武器的材料、缓蚀技术也会发展，对武器寿命的认识也会更加深入。

2. 膛内火药气体的温度

研究膛内火药气体的温度及其分布对分析火药气体组分、热散失、烧蚀和弹道效率等问题都是重要的。

弹丸在炮管内的起动瞬间，温度由 T_1 开始，随着弹丸速度的增加，气体温度开始下降。在弹丸出炮口处，温度已降到 $(0.5 \sim 0.7) T_V$，温度降低的速率很快。图 2-15 是某 37mm 高射炮装药温度、行程曲线，$(l/D$ 为行程与火炮口径的比值）。

图 2-15 说明，弹丸开始运动时，相对温度 T' 等于 1。随后下

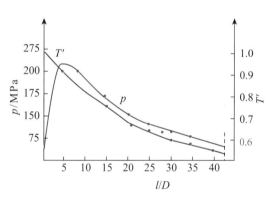

图 2-15　温度与行程曲线

降，到最大压力时 $T' = 0.87$。燃烧结束点 $T' = 0.75$。最后到炮口处 $T' = 0.55$。

3. 火药的爆热

1kg 火药在绝热定容下燃烧，燃气冷至 25 ℃所放出的热量称为爆热，单位是 kJ/kg。爆热可用量热计测量。通常爆热高的火药，其做功的能力也大。

水为液态的爆热 $Q_{V(s)}$ 一般要比水为气态的爆热 $Q_{V(g)}$ 大 10% 左右。爆热是在一定条件下计算或测出的数值（定容燃烧，燃气冷至室温）。这和火炮条件有一定的差别。所以，爆热和火炮所获得的有用功无直接关系，在爆热值低于 3000kJ/kg 时，两者更缺少对应关系。这时，爆热值要比火炮试验算出的热值高 20% 左右。

在长期实践中，也积累了爆热与烧蚀、爆热与火药燃速等一些有用的规律。

如根据爆热值选配武器装药的规律；燃速与爆热的规律，以及爆热与火药烧蚀的规律等。

2.2.7 火药药型、压力全冲量、火药密度、余容

1. 药型

χ 是火药形状的特征量，取决于火药的形状。χ 和气体生成速率的关系如下：

$$\frac{\mathrm{d}\psi}{\mathrm{d}t} = \chi\sigma\frac{\mathrm{d}Z}{\mathrm{d}t} \tag{2-52}$$

$$x = \frac{S_1 e_1}{\Lambda_1} \tag{2-53}$$

式中：S_1、e_1、Λ_1 分别为火药的起始燃面、起始燃烧层厚度和起始体积。

由公式看出，火药形状直接影响膛内的 $p-l$ 曲线。随 χ 值的增加，火药趋向于减面性燃烧，最大压力也随之增加。χ 值减小，火药则趋向于增面性燃烧，最大压力也下降。其规律由图 2-17 反映出来。

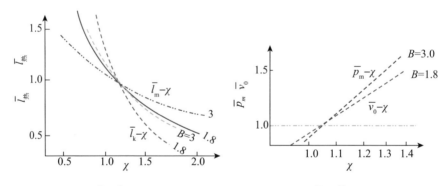

图 2-16　$\bar{l}_k$、$\bar{l}_m$ 与 χ 的关系　　　图 2-17　$\bar{p}_m$、$\bar{v}_0$ 与 χ 的关系

图中的相对值 $\bar{p}_m$、$\bar{v}_0$ 是以管状火药（$\chi = 1.06$）为对照基准。装填参量 B 对 $\bar{p}_m - \chi$、$\bar{v}_0 - \chi$ 曲线的位置和形状有影响，一般随 B 值增大，χ 对 $\bar{p}_m$ 的影响也增强。不同 B 值的曲线交于 $\chi = 1.06$ 点，该点火药和对照基准火药的形状和 B 值一致，$\bar{p}_m = 1$。图 2-17 上的 $\bar{v}_0 - \chi$ 线近似一条平行于横坐标的直线，这条线的位置、形状几乎与 B 值无关。由此看出，χ 值对的 $\bar{v}_0$ 影响相对较小。

图 2-16 以管状火药（$\chi = 1.06$）的 l_m、l_k 值为对照基准。由图看出，随着 χ 值的增加，$\bar{l}_k$、$\bar{l}_m$ 都要减少，而 $\bar{l}_k$ 要比 $\bar{l}_m$ 下降得快。$\chi = 1.06$ 的点是分界

点。$\chi < 1.06$，$\bar{l}_k$、$\bar{l}_m$ 都大于 1；$\chi > 1.06$，$\bar{l}_k$、$\bar{l}_m$ 都小于 1。当 χ 从 1.8 变化到 0.6 时，$\bar{l}_m$ 约增加 2.5 倍，而 $\bar{l}_k$ 则增加 10 倍。

装填参量 B 同样影响 $\bar{l}_k - \chi$ 和 $\bar{l}_m - \chi$ 曲线的形状和位置。在 B 值减少时，χ 对 $\bar{l}_m$ 和 $\bar{l}_k$ 的影响程度增大。

图 2-16 和图 2-17 虽然是以管状火药为对照基准，对于 χ 不同的任何两种火药，图上所显示的规律是相似的。

上述讨论，说明火药形状对弹道性能有较大影响。可通过火药形状来控制火药的气体生成规律，进而达到控制弹道性能的目的。

装药设计，希望选取 χ 较小的火药药型，一些特殊武器（如手枪等）会选用 χ 较大的药型，这能减少枪口的压力。选择药型应该考虑工业生产以及装填密度、点火传火、装药工艺和武器特性等有关因素。但是，要在已有火炮上增加装药量和提高火药力，则必须选用比原 χ 值小的药型。

只通过几何形状来达到"增面性"还不能满足实用的要求。因此，钝感、包覆、阻燃、压实、变燃速等技术也常常在装药设计中采用。

2. 压力全冲量

在其他装填条件不变的情况下，压力全冲量 I_k 愈小，$\mathrm{d}\psi / \mathrm{d}t$ 愈大，压力上升也愈快。在弹道诸元中，对 I_k 最为敏感的量是 p_m 和 l_k。

图 2-18、图 2-19 给出了 I_k 值和弹道性能的关系，也是火药弧厚与弹道性能的关系。图中各曲线所用的参照药型是管状药，取相对值 B'/B 作为变量。

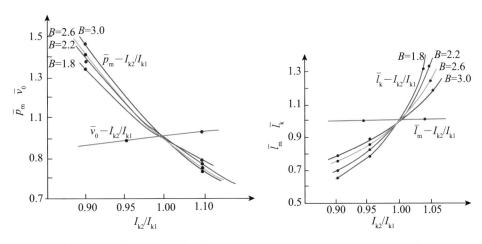

图 2-18　I_k 与弹道诸元的关系　　　**图 2-19　I_k 与 $\bar{l}_k$、$\bar{l}_m$ 的关系**

当 I_k 增加时（见图 2-18），$\bar{p}_m$ 下降很快，而初速 $\bar{v}_0$ 略有上升。$\bar{p}_m$ 下降的

速度与 B 值有关，B 值大的 $\overline{p}_m$ 下降快。如果某火药与对照基准药的 I_k 值差 10%，其 $\overline{p}_m$ 值是 1.4，而 $\overline{v}_0$ 的变化值小于 4%。

图 2-19 是 I_k 和 l_k、l_m 的关系图。I_k 增加时，l_m 几乎没有变化。而 l_k 则有明显的变化。由于 I_k 的增加，使压力行程曲线变得低平。所以，I_k 值对膛容利用系数影响大，而对弹道效率几乎没有影响。

装药的弹道性能主要由 I_k、Δ 值等决定。因此，确定火药工艺规程和装药规程时，应优选 I_k 和 Δ 值。它要落在图 2-13 的弹道稳定区，并确定允许偏差 ΔI_k 值。I_k 值的变化包括了 $2e_1$ 的变化和 u_1 的变化。这两者微小的变化都能带来弹道性能的明显变化。火药加工过程对 $2e_1$ 和 u_1 的变化量起决定作用，u_1 值在使用条件下也有变化。

需要了解药型和 I_k 值同时变化对弹道性能的影响规律，只有同时改变药型和 I_k（或 B）才能更好地控制弹道性能。在实践中这两者也是同时变化的，通过图 2-20 可以了解它们对弹道性能的影响程度。

该图的相对值 $B'/B = 0.8 \sim 1.2$，药型系数 χ 为 $0.6 \sim 2.0$，包括了增面和减面的药型。χ 为 1.06 的管状药为基准药型。

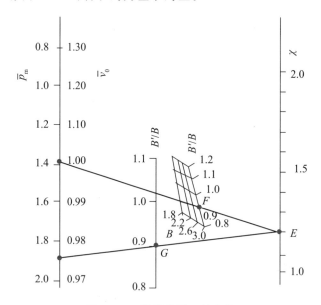

图 2-20　装填参量 B 的变化

如果原设计装药 $B = 2.2$，$\chi = 1.06$。生产后的火药弧厚发生了变化，其装填参量 $B' = 1.90(B'/B = 0.9)$，新药型 $\chi = 1.2$。由图 2-20 可求出最大压力和初速的变化量。

可在 χ 的图线上取 $\chi = 1.2$ 点 E，在网络上取 $B = 2.2$ 和 $B'/B = 0.9$ 的交

点 F，$\overline{v}_0$ 尺上取 $B'/B = 0.9$ 点 G。连结 E、F 和 E、G，延长至 $\overline{p}_m$、$\overline{v}_0$ 线，交点的数值 $\overline{p}_m = 1.38$，$\overline{v}_0 = 0.975$。即最大压力和初速分别是原装药的 1.38 倍和 0.98 倍。

3. 火药密度

火药密度是火药的重要示性数，它关系到装药的能量密度，也影响燃烧规律。

对于一种火药，火药密度 δ 应有一个固定值。由于生产的原因，δ 值有一个范围，但 δ 值的波动不会给装填密度 Δ 带来大的影响，但对 I_k 值影响较大。δ 值比规定值小，说明火药的密实性差，塑化不好，或者有气泡等疵病。由此常引起弹道参数的散布。在火药生产中都对火药的密度进行严格的选查。

我国的火药，δ 值约为 $1.52 \sim 1.67 \text{g/cm}^3$，$\delta$ 值的大小与火药成分和加工方式有关，理论密度值可用下式计算：

$$\delta = \sum n_i \delta_i$$

式中：n_i 为第 i 种成分的质量分数；δ_i 为第 i 种成分的密度。

由上式看出，含晶态炸药组分的火药 δ 值高，硝基胍、黑索今、奥克托今等组分明显地提高了火药的密度。

不同火药的密度差别，可引起 Δ 值变化 8% 左右。对某些火炮，此值是至关重要的，在装药选择时应关注密度这一重要因素。

4. 余容

1) 余容的物理意义

在气体的压力很高时，用理想气体定律会产生较大的偏差。例如，火药燃气压力为 250MPa 时，用理想气体条件算出的固体表面气体密度比固体密度还大，显然这是错误的。实用于高压条件下的状态方程是诺贝尔-阿贝尔方程。如果火药气体质量为 1kg，诺贝尔-阿贝尔方程：

$$p(V - b) = nRT \tag{2-54}$$

式中忽略了分子间引力的修正量（对于高温的火药气体，这个值是可以忽略的）。b 值为考虑分子本身体积的修正量；T 为绝热火焰温度或比它小的任何温度。在密闭条件下研究火药的燃烧时，有如下公式：

$$p_m = f\Delta / (1 - \alpha\Delta) \tag{2-55}$$

在弹道学上称 α 为余容。

比较式(2-54)、式(2-55)可见，诺贝尔-阿贝尔方程中的 b 值即是式(2-55)中的余容 α。因此，余容 α 就是考虑气体分子体积的修正量。在数值上，它等于1kg火药气体分子本身体积的 4 倍，是气体分子本身不可压缩的体积。

2)余容对弹道性能的影响

由式(2-55)看出，α 值直接影响到气体的压力值。在火炮条件下，α 值也直接影响到弹道性能。一般的规律是：随着 α 值的增加，相对应的压力也增加，进而使火炮的初速、最大压力点的位置和炮口压力略有增加，但燃烧结束点的位置则要减小。1944 年式 100mm 加农炮的弹道性能和余容的关系(见图 2-21 和表 2-7)反映了这个规律。

表 2-7   1944 年式 100mm 加农炮弹道性能与余容的关系

$\alpha/(\text{cm}^3 \cdot \text{g}^{-1})$	p_m/MPa	$v_0/(\text{m} \cdot \text{s}^{-1})$	l_m/dm	l_k/dm	p_g/MPa
0.90	315.8	869.4	5.08	33.69	91.6
0.95	324.6	877.3	5.09	32.43	91.8
1.00	334.0	885.5	5.12	31.16	92.0
1.05	344.0	893.7	5.15	29.90	92.2
1.10	354.9	902.2	5.14	28.63	92.5

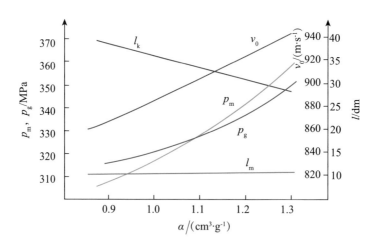

图 2-21   弹道性能和余容的关系

现有火药的余容在 $1.0\text{cm}^3 \cdot \text{g}^{-1}$ 附近，由此带来弹道性能差异并不十分明显，所以，弹道计算常取 $\alpha = 1$。

2.2.8 火炮火药装药的内弹道模型与装药设计步骤

1. 火炮火药装药的内弹道模型

火炮发射过程时间极短,火炮火药装药在膛内瞬间经历了极其复杂的物理化学变化。包括火药的点燃、火药的燃烧、火焰的传播、火药燃气的生成和状态的不断变化,伴随着推动弹丸在膛内不断加速前进,能量转换过程同时发生。内弹道学研究火炮膛内各种弹道参量的变化规律,从 19 世纪中叶经典内弹道学理论体系的基本建立至今,火炮内弹道学有了很大的发展,从以研究膛内弹道参量平均值变化规律为特征的经典内弹道学到以两相乃至多相反应流体力学为基础的现代内弹道学,相应发展起来了各种内弹道模型。如今,现代内弹道学不仅可以研究包括与膛内两相/多相反应流体、火药颗粒床的挤压和药粒破碎、膛内压力波的产生和传播相关的参量在膛内随时间和空间的变化规律,而且也已经在一些非常规新概念火炮(如液体发射药火炮、等离子体电热化学炮等)的应用中取得了令人瞩目的成果。内弹道模型是在一定假设基础上所建立的一组既相互独立又相互关联的数学方程组。通过对内弹道方程组的求解,可以深入地了解膛内压力、弹丸速度等参量的变化规律,现代内弹道模型还可以模拟和预测包括膛内压力波、装药床火药颗粒碰撞破碎等在内的一些内弹道现象。现代内弹道模型也是装药发射安全性评估的一个重要手段。

应当指出,并不是越复杂的模型比简单模型越能提供更好的结果。这是因为复杂模型需要众多的输入参量,由于理论与试验研究方面的困难,其数据可靠性有时较低。虽然,随着科学技术的发展,人们对内弹道现象的本质将会有更透彻的了解,但是由于射击过程的复杂性,在认识发射过程内弹道本质的道路上仍将遇到种种挑战。因此,简单的经验和半经验模型在今后的内弹道研究中将仍然占有重要地位。随着科学技术的发展,现代内弹道模型也将越来越完善,相信将发挥越来越重要的作用。

本节简要介绍目前常用的经典内弹道模型,详细的内弹道计算理论请参阅相关的内弹道学文献。

经典内弹道模型是在对任一瞬间弹后空间的气流及热力学参量取平均值的基础上建立起来的。附加其他不同的假设,即可得到不同形式的经典模型。本节所介绍的经典模型基于如下基本假设:

(1)火药燃烧遵循几何燃烧定律;

(2)装药所有药粒在平均压力下燃烧,且遵循燃烧速度定律;

(3)炮膛表面的热散失忽略不计(或用减小火药力 f 或增加比热比 γ 的方法

间接修正）；

（4）采用系数 φ 考虑各种次要功；

（5）不计及挤进过程，即弹带挤进膛线是瞬时完成的，以一定的挤进压力 p_0 标志弹丸的启动条件；

（6）火药气体在火炮膛内的高温高压下服从诺贝尔—阿贝尔状态方程；

（7）不考虑火药燃气在膨胀做功过程中组分的变化，火药力 f、余容 α 和比热比 γ 均视为常数。

经典模型包含有 5 个方程，它们组成了内弹道方程组：

（1）火药药粒的形状函数方程：

$$\psi = \chi Z(1 + \lambda Z + \mu Z^2) \tag{2-56}$$

式中：ψ 为火药已燃百分数；Z 为火药燃去的相对厚度 $Z = e/e_1$，e_1 为药粒弧厚的 $1/2$；λ、χ、μ 为火药形状特征量。

（2）火药的燃烧速度方程：

$$\frac{\mathrm{d}Z}{\mathrm{d}t} = \frac{u_1 p^n}{e_1} = \frac{1}{I_k} p^n \tag{2-57}$$

式中：u_1 为火药的燃速系数；p 为燃气平均压力；n 为燃速压力指数；t 为时间；I_k 为火药燃烧结束瞬间的压力全冲量。

（3）弹丸运动方程：

$$\varphi m \frac{\mathrm{d}v}{\mathrm{d}t} = Sp \tag{2-58}$$

式中：φ 为次要功系数；m 为弹丸质量；v 为弹丸运动速度；S 为计及膛线的炮膛横断面积。

（4）内弹道基本方程（能量方程）：

$$Sp(l_\psi + l) = f\omega\psi - \frac{\theta}{2}\varphi m v^2 \tag{2-59}$$

式中：l 为弹丸沿炮膛的行程长；$\theta = \gamma - 1$，γ 为火药的绝热指数；l_ψ 为药室自由容积缩颈长，$l_\psi = l_0\left[1 - \dfrac{\Delta}{\rho_p}(1 - \psi) - \alpha\Delta\psi\right]$，$\Delta$ 为火药装药的装填密度，ρ_p 为火药密度；l_0 为药室容积缩颈长；f 为火药力；ω 为火药装药质量。

（5）弹丸速度与行程关系式：

$$\frac{\mathrm{d}l}{\mathrm{d}t} = v \tag{2-60}$$

将式（2-56）~式（2-60）联立起来，就组成了内弹道方程组。在这 5 个方程中

有 p、v、l、t、ψ 和 Z 共 6 个变量，如取其中 1 个为自变量，则其余 5 个变量就可以表达为自变量的函数。所以上述给出的内弹道方程组是封闭的。采用一定的数学方法，从这组方程中解出 $p-l$、$v-l$、$p-t$、$v-t$ 的关系，就获得了膛内压力和弹丸速度变化规律的弹道曲线。这个过程称为内弹道解法。在上述经典模型的基础上进一步附加一些条件，可以扩大模型的适用范围和方便求解。

式(2-56)～式(2-60)组成的经典模型，原则上适用于使用单一品号火药装药的火炮。对于像榴弹炮这样的火炮，在战术技术上要求能将弹丸发射到很大的射程范围，且命中地面目标的落角要足够大，以增强杀伤效果。所以榴弹炮装药常采用混合装药的方法，并将装药按装药量多少区分为若干号。这种装药由厚、薄两种火药组成。小号装药主要由薄火药组成，使膛内达到一定的压力以保证火药在膛内正常燃尽和确保弹丸引信可靠解除保险。大号装药中主要是厚火药，以保证发射时膛内最大压力在容许的限度之下。因此，对混合装药，上述经典模型附加如下假设：

(1)混合装药由 n 种火药组成，各种火药存在性能、形状或尺寸的不同；

(2)不考虑各种火药燃气的混合过程，各种火药燃气的质量和能量具有加和性；

(3)只考虑混合燃气的平均压力，不计及单一火药燃气的分压。

可以得到适用于 n 种火药组成的混合装药火炮内弹道的数学模型：

$$\psi_i = \chi_i Z_i (1 + \lambda_i Z_i + \mu_i Z_i^2) \tag{2-61}$$

$$\frac{dZ_i}{dt} = \frac{u_{1i} p^{n_i}}{e_{1i}} \tag{2-62}$$

$$Sp(l_\psi + l) = \sum_{i=1}^{n} f_i \omega_i \psi_i - \frac{\theta}{2} \varphi m v^2 \tag{2-63}$$

再加上式(2-58)和式(2-60)，其表达形式无须变化。

上述方程组中，$i = 1, 2, \cdots, n$。其中

$$l_\psi = l_0 \left[1 - \sum_{i=1}^{n} \frac{\Delta_i}{\rho_{pi}} (1 - \psi_i) - \sum_{i=1}^{n} \alpha_i \Delta_i \psi_i \right] \tag{2-64}$$

$$\varphi = \varphi_1 + \frac{1}{3} \frac{\sum_{i=1}^{n} \omega_i}{m} \tag{2-65}$$

当应用多孔火药时，形状函数方程应改写为计及分裂点的表达形式：

$$\psi_i = \begin{cases} \chi_i Z_i (1 + \lambda_i Z_i + \mu_i Z_i^2), & 0 \leqslant Z_i < 1 \\ \chi_{si} Z_i (1 + \lambda_{si} Z_i), & 1 \leqslant Z_i < Z_{ki} \\ 1, & Z_i = Z_{ki} \end{cases} \qquad (2-66)$$

式中：下标 s 代表减面燃烧阶段的形状特征量；Z_{ki} 为第 i 种火药分裂后碎粒全部燃完时的燃去相对厚度：

$$Z_{ki} = \frac{e_{1i} + \rho_i}{e_{1i}}$$

式中：ρ_i 为第 i 种火药与碎裂面断面相当的内切圆半径。

可以采取数值解法获得相关的膛内弹丸运动 $p-t$、$p-l$ 等相关曲线和 v_0、p_m 等内弹道参数。对于有气体流出的如迫击炮、无后坐力炮等装药的内弹道计算，还需要增加气体流出方程等其他辅助方程，可参照内弹道学相关文献，本书不再作详细论述。

2. 火药装药设计的步骤

火炮火药装药设计包括火药装药的弹道设计和装药的结构设计。装药的弹道设计是为武器满足所要求的弹道性能而进行的火药能量、装药密度和 I_k 值的运算，最后确定火药的种类、装药量、药型和火药的弧厚。火药装药的结构设计，包括点火系统设计、辅助元件设计与装药整体结构的设计，具体来说就是选择点火剂、装药容器、钝感衬纸、消焰剂、除铜剂、固定元件、传火元件以及确定诸元件的相对位置和装药的整体结构，装药结构设计在很大程度上是为了满足下述要求：

（1）将装药潜能尽可能高效率地转化为有效功；

（2）控制装药的能—功转换过程，使装药的能量释放按预定的过程进行，抑制反常的燃烧；

（3）减少或避免射击中的烟、焰、烧蚀等有害现象；

（4）赋予装药贮存、运输、使用等有利于勤务处理的特性。

由于武器系统对高精度、安全性和可靠性的追求，以及高装药密度、长药室和高膛压等技术的应用，使点火系统的设计显得更加重要。但对于点火系统、辅助元件以及装药结构的设计，目前还缺少完整的设计方法和优化的判据。对于这些设计，还主要依靠经验，往往在弹道设计之后，进行必要的试验并结合经验，选用一些行之有效的装药元件并确定装药结构。

从整体上看，装药的弹道设计是审核装药系统的做功能力与装药潜能，并确定它们间的定量关系。装药的弹道设计是整体装药设计的核心内容之一。

下面介绍火药装药设计的一般步骤。

1. **火药选择**

1）装药设计的基础参数

装药的基础条件由武器提供，其中包括：

（1）火炮条件，如火炮类型（榴弹炮、加榴炮、加农炮、线膛炮、滑膛炮……），火炮主要参数有火炮使用的压力范围、火炮口径、炮膛断面积、药室结构、炮管长度等。

（2）弹条件，如弹的种类（穿甲弹、破甲弹、榴弹或特种弹）、弹丸质量、弹的结构等。

（3）弹道指标，最高膛压与最小膛压、初速、初速分级和分级初速、或然误差、膛压温度系数、速度温度系数等。

（4）射击环境，如使用环境（坦克携带、机载、舰载、野战环境……）、环境温度、火炮寿命、装药方法以及使用容器等。

2）初选火药

根据经验和装药设计的基本参数选择几个可供考虑的火药配方。初选火药时要注意以下几点：

（1）一般要选择制式火药，选择生产的或成熟的火药品种。目前可供选用的火药仍然是单基药、双基药、三基药等，以及由它们派生出来的火药，如混合硝酸酯火药、硝胺火药等。因为火药研制的周期较长，除特殊情况外，新火药设计一般不与武器系统的设计同步进行。

（2）以火炮寿命和炮口动能为依据选取燃温和能量与之相应的火药。寿命要求长的大口径榴弹炮、加农炮，一般不选用热值高的火药。相反，迫击炮、滑膛炮、低膛压火炮，一般不用燃速和能量低的火药。高膛压、高初速的火炮，尽量选择能量高的火药。高能火药包括双基药、混合硝酸酯、硝胺火药等，其火药力为 $1127 \sim 1250 \mathrm{kJ/kg}$。低燃温、能量较低的火药有单基药和含降温剂的双基药，其燃温为 $2600 \sim 2800 \mathrm{K}$，火药力为 $941 \sim 1029 \mathrm{kJ/kg}$。三基药和高氮单基药是中能量级的火药，火药力为 $1029 \sim 1127 \mathrm{kJ/kg}$，燃温为 $2800 \sim 3200 \mathrm{K}$。

（3）火药的力学性质是初选火药的重要依据。高膛压武器，必须选用强度高的火药。力学性质中重点考虑火药的冲击和抗压强度。在现有的火药中，单基药的强度明显高于三基。三基药在高膛压和低温条件下，外加载荷有可能使其脆化和发生碎裂。双基药、混合酯火药的高温冲击韧性和抗压强度比单基药高。但双基药和混合硝酸酯火药在常、低温度段有一个强度转变点，低于转变点，火药的冲击韧性急剧下降，并明显低于单基药的冲击韧性。一般的火炮条件，现有的双基药、单基药、三基药和混合硝酸酯火药的力学性能都能满足要求。但对高膛压武器、超低温条件下使用的武器，都必须将力学性质作为选择火药的最重要依据之一。

（4）满足膛压和速度的温度系数要求。低能量火药的温度系数通常较低，利用这种火药，在环境温度变化时，火炮的初速和膛压变化不大。而高能火药的温度系数一般都很高。所以，要求低温初速降小和要求高温膛压不能高的火炮，都要重点考虑火药的温度系数。在装药结构优化的情况下，低能火药有可能获得好于高能火药的弹道效果。

初选火药的重要依据还是火药的能量。即在装药条件下，火药的潜能能否满足炮口动能的要求。当寿命等其他因素和火药能量要求出现矛盾时，可考虑下述处理原则：

① 利用辅助装药元件，如加钝感衬纸，用钝感火药等。

② 在保证炮口动能和火炮寿命条件下研究装药的能量转换效率，如利用强增面、强增燃等特种装药技术，并考虑用低温感的装药技术等。

③ 要从火炮和弹丸的总系统来考虑发挥炮和弹的潜力。过分地增加装药的负担，将损害武器的整体性能。

经过上述程序，可以去掉多数不能满足要求的火药品种和火药配方。初选的 $1\sim2$ 个火药品种中的数个火药配方，它们是满足强度、寿命和火药能量等性质要求的火药配方。

2. 装药能量密度和火药渐增性的核算

对筛选后留下的火药配方进行弹道计算。取自变量：火药力 f 和装药密度 Δ（或渐增性参数 $\sigma_s = S/S_0$），求出 $p_m < p_{m选定}$ 条件下的 p_m、v_0 和 η_k 值。得到的是多组与自变量对应的弹道参数。上述过程用内弹道计算机程序完成，得到表 $2-8$ 的结果。

表 $2-8$　对应 f、Δ 的多组 p_m、v_0、η_k 值

Δ_i	f_1	f_2	$\cdots$	f_n
Δ_1	p_{m11}、v_{011}、η_{k11}	p_{m21}、v_{021}、η_{k21}	$\cdots$	p_{mn1}、v_{0n1}、η_{kn1}
Δ_2	p_{m12}、v_{012}、η_{k12}	p_{m22}、v_{022}、η_{k22}	$\cdots$	p_{mn2}、v_{0n2}、η_{kn2}
$\vdots$				
Δ_k	p_{m1k}、v_{01k}、η_{k1k}	p_{m2k}、v_{02k}、η_{k2k}	$\cdots$	p_{mnk}、v_{0nk}、η_{knk}

如果还以 σ_s 为自变量，可简单将 σ_s 理解为火药的药型，如单孔、7 孔、19

孔、钝感等。根据表 2-8 的数据继续优选方案：

(1)尽量用低能、强度高的火药；

(2)尽量用杆状、7 孔、19 孔等火药，后考虑其他增燃技术；

(3)在 p_m、v_0 满足要求的情况下尽量选择 Δ 小的方案；

(4)尽量选用 η_k 适合的方案，保证在各种温度下火药都能在膛内燃尽。

此步骤是在弃去火药强度、火药对火炮的使用寿命、火药能量不能满足要求的火药之后，又去掉装药密度过高或装药燃不尽的装药方案，初步选定的 Δ 适合、满足 p_m、v_0 要求的方案。

3. 装药高、低温弹道性能的核算

用现有火药燃烧性能的数据进行高、低温弹道性能计算。计算时，注意式 $u = u_1 p^n$ 中的 u_1 和 n 的数值应分别采用高、低温相应的数据，求出火炮的压力温度系数和速度温度系数。这个步骤可以与步骤 2 同时进行，以获得不同温度下的数据表。

目前，已开发出可以对火药品种、药型尺寸等进行自动筛选，确定优化的弹道设计方案的模拟仿真软件，这将大大提高弹道设计的效率和精度，自动化弹道设计软件的开发和应用是装药弹道设计发展趋势。

新开发的软件介绍如下：

发射装药优化设计及膛内燃烧性能分析平台是综合程序运算、数据库建立、界面优化以及后处理分析为一体的综合性软件，主要由内弹道计算模块、发射装药设计模块、膛内燃烧性能分析模块、火药数据库模块构成。各模块功能如下：

1)内弹道计算模块

发射装药设计是根据火炮内弹道设计所给定内弹道参数要求，选择合适的火药及药型，求解装填条件，即内弹道的反向计算。因此，内弹道计算程序是发射装药设计的核心。为了提高软件的计算精度及适用范围，系统中包含经典内弹道计算及高膛压火炮内弹道修正计算两种模型，根据不同的需求计算进行自动调用。

2)发射装药设计模块

发射装药的弹道设计是根据火炮所需的弹丸初速、膛压以及相对燃烧结束位置等弹道性能，输入相关限定范围，通过已知的固定火炮类型参数以及一部分火药参数，将弧厚、装药量及火药药型设为变量，输入步长变化，运用递归算法循环进行内弹道计算，得出满足弹道性能要求的装药设计方案。

3）膛内燃烧性能分析模块

膛内燃烧性能分析是根据已知的火炮结构装药参数及实测 $p - t$ 曲线数据，通过建立变容状态下的火药燃速计算模型，依次求得火炮的初速、火药燃速、燃气生成猛度等相关数据，从而可以分析火药燃速随压力的变化关系。

4）火药数据库模块

数据库即为构建火炮参数数据库及火药参数数据库。将各火炮所涉及的火炮名称、口径、弹丸行程长、身管截面积、药室容积、弹丸质量等参数以及火药的火药种类、火药力、余容、燃速系数、压力指数、装填密度等分别建立相应的数据库。这样就可以在软件的运算过程中直接从数据库中对所需参数进行选择调用，避免了大量数据的输入，也方便对各种火炮、火药的参数进行查询。数据库根据用户权限可以使管理员用户对数据库内的数据进行更改，方便数据库内更新。

4. 火药样品试制（或选用现有火药）

经过上述步骤的选择，取 2 种或 2 种以上配方作为主选火药，制出（或选出）火药试品，用于密闭爆发器试验。

5. 密闭爆发器试验

密闭爆发器是火药及装药研究的重要手段，它是在定容燃烧条件下，通过测试火药燃烧气体的 $p - t$ 曲线，计算得到发射药火药力、余容、燃速系数、压力指数，反映火药燃烧稳定性和渐增性的 $L - B$、$\Gamma - \psi$、$u - p$、$\mathrm{d}p/\mathrm{d}t - t$ 等曲线，从而定性或定量分析发射药的燃烧情况。

具体处理过程如下：

(1) $\mathrm{d}p/\mathrm{d}t - t(p)$ 曲线。

$\mathrm{d}p/\mathrm{d}t - t(p)$ 由获得的 $p - t$ 曲线直接微分得到。

(2) $L - B$ 曲线。

由 $p - t$ 曲线得到不同时间（压力）点的 L 和 B，绘制得到 $L - B$ 曲线。L 和 B 分别由式（2-67）和式（2-68）得到，即

$$L = \frac{(\mathrm{d}p/\mathrm{d}t)_i}{p_i p_\mathrm{m}} \tag{2-67}$$

$$B = p_i / p_\mathrm{m} \tag{2-68}$$

式（2-67）和式（2-68）中：p_i 为 i 时刻（ms）的压力（MPa）；p_m 为最大压力（MPa）；$(\mathrm{d}p/\mathrm{d}t)_i$ 为 i 时刻的压力对时间的微分值（MPa/ms）。

(3) $\Gamma - \psi$ 曲线。

由 $p - t$ 曲线得到不同时间(压力)点的 Γ 和 ψ，绘制得到 $\Gamma - \psi$ 曲线。Γ 和 ψ 分别由式(2-69)和式(2-70)得到，即

$$\Gamma_i = \frac{1}{p_i} \mathrm{d}\psi_i / \mathrm{d}t \tag{2-69}$$

$$\psi_i = \frac{1/\Delta - 1/\rho}{\dfrac{f}{p_i - p_B} + \alpha - 1/\rho} \tag{2-70}$$

式(2-69)和式(2-70)中：Γ_i、p_i、ψ_i 分别为 i 时刻的 Γ、压力(MPa)和火药相对燃烧质量；f 为火药力(J/g)；α、ρ 分别为火药余容($\mathrm{cm^3/g}$)和密度(g/$\mathrm{cm^3}$)；Δ 为装填密度(g/$\mathrm{cm^3}$)。

(4)燃烧速度和燃速公式。

① 由密闭爆发器试验获得的 $p - t$ 曲线，根据式(2-70)求出不同时刻(压力)下的 ψ_i，从而得到 $\psi - t$ 曲线。

② 再由形状函数公式(2-71)，将 $\psi - t$ 曲线转化为 $Z - t$ 曲线。

$$\psi = \chi Z(1 + \lambda Z + \mu Z^2) \tag{2-71}$$

式中：χ、λ、μ 分别为火药的形状特征量；Z 为火药相对燃烧厚度。

③ 将 $Z - t$ 曲线根据 $Z = e/e_1$ 转化为 $e - t$ 曲线，通过微分处理得到 u($\mathrm{d}e/\mathrm{d}t$)$- t$ 曲线，再根据 $p - t$ 曲线，最后得到 u($\mathrm{d}e/\mathrm{d}t$)$- p$ 曲线，从而获得火药燃速和压力的关系。

燃速定律按符合 $u = u_1 p^n$ 的规律拟合获得。

由获得的 $u - p$ 曲线，取对数，得到 $\ln u - \ln p$ 曲线，对其进行线性回归处理，获得 u_1 和 n。规定：线性回归处理 p 的取值范围通常为 50MPa 到($\mathrm{d}p/\mathrm{d}t$)$_{\max}$时的 p 值。

(5)火药力和余容。

火药力 f 和余容 α 由式(2-72)得到，有

$$\frac{p'_{\mathrm{m}}}{\Delta} = f + \alpha p'_{\mathrm{m}} \tag{2-72}$$

式中：f 为火药力(J/g)；Δ 为装填密度(g/$\mathrm{cm^3}$)；p'_{m} 由式(2-73)确定；α 为火药余容($\mathrm{cm^3/g}$)。

$$p'_{\mathrm{m}} = p_{\mathrm{m}} + \Delta p_{\mathrm{m}} - p_B \tag{2-73}$$

$$\Delta p_{\mathrm{m}} = \frac{0.0451 \times S_0 \sqrt{t}}{V\Delta} p_{\mathrm{m}} \tag{2-74}$$

式(2-73)、式(2-74)中：p_m 为测得的 p-t 曲线的最大压力(MPa)；Δp_m 为热损失压力修正量(MPa)；p_B 为点火压力(MPa)；Δ 为装填密度(g/cm³)；V 为密闭爆发器容积(cm³)；S_0 为密闭爆发器燃烧室内表面积(cm²)；t 为火药燃烧的时间(s)。

具体获得火药力 f 和余容 α 的方法如下：

分别计算每发试验获得的 p'_m/Δ、p'_m，以 p'_m/Δ 为纵坐标，p'_m 为横坐标作图，对 p'_m/Δ 和 p'_m 的关系作线性回归，获得的曲线(线性回归方程)截距即为火药力，斜率即为余容。线性回归的相关系数应大于 0.999，如小于该值，允许剔除 1 个数据进行处理，如仍不能满足线性回归相关系数要求，则数据作废，需要重新试验。

(6)压力全冲量。由式(2-75)获得：

$$I_k = \int_0^{t_k} p \, \mathrm{d}t \tag{2-75}$$

式中：I_k 为压力全冲量(MPa·s)；t_k 为 p-t 曲线 $(\mathrm{d}p/\mathrm{d}t)_{max}$ 处所对应的燃烧时间(s)。

对火药试品，依据发射药尺寸的大小和武器设计的最大压力，选择合适容积和耐压的密闭爆发器，在指定的 p_m 下测出并比较各配方在高、低、常温下的 f、α、n、u_1 值和 p-t 曲线，换算出 Γ-ψ、$\mathrm{d}p/\mathrm{d}t$-t 等曲线，根据曲线判断是否有异常燃烧发生，着重求出不同温度下的火药燃速公式。比较各火药在不同温度下的强度和增面因素 σ_s，从中淘汰强度不适合的火药。

必要时，可以进行中止燃烧试验，直接地观察发射药的燃烧过程及其状态，监测火药的强度，验证发射药的燃烧情况，中止试验能在较宽的压力范围内研究发射药的燃烧性能。

图 2-22 是其中止试验装置图。试验时，将一定量发射药放入在其喷喉部 4 装有泄压破片的快速泄压燃烧室。发射药通过点火器 1 点燃后，泄压片在升高的压力下破裂，释放出燃烧气体。燃烧室压力迅速降低，导致燃烧的药粒瞬间熄火，并且从燃烧室中喷射到室外。喷口前是药粒的回收装置，它由回收网 6、回收水池 5 和阻挡物 7 组成。通过控制泄压片的厚

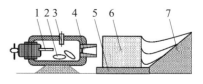

图 2-22　快速泄压的熄火装置

1—点火器；2—发射药；

3—压力传感器；4—喷喉部；

5—回收水池；6—回收网；7—阻挡物。

度、材料、结构等，控制泄压压力，从而获得火药不同燃烧阶段燃烧中止样品，

对试验前的发射药粒和不同压力熄火的药粒进行尺寸比较。药粒的表面状态由光学或扫描电镜获取。

从点火开始到熄火的压力曲线由位于燃烧室顶端的压力传感器 3 记录下来。

6. 寿命模拟

武器的寿命与炮、弹、射击条件以及装药等多种因素有关。其中，火药的烧蚀主要来自于它的热作用和化学作用。用于比较火药烧蚀性能的方法有烧蚀管和模拟烧蚀枪两种试验法。

烧蚀管试验是一种评定发射药烧蚀性质的试验。试验过程是测定一个金属管在燃气冲蚀下的损失量，并用该量定性地判断武器的寿命。试验的主要装置是一个高压容器（密闭爆发器），试验中装置的一端固定有烧蚀管，其内孔允许气体流动。发射药在装置内燃烧后，用通过烧蚀管的高温、高压气体流，模拟射击时的气体流；试验测定烧蚀管受气流作用后的质量损失量。较长期的研究已经形成一些规律，通常借助烧蚀管质量的相对损失量（和标准药对比）来比较装药对武器寿命的影响程度。

烧蚀枪试验是另一种判定发射药烧蚀大小的试验，基本方法是在小口径武器（通常是 12.7mm 机枪）的制式枪管烧蚀最严重的部位附近加装可更换的衬管，经一定数量枪弹的连续射击，根据衬管射击前后的质量变化来衡量发射药烧蚀性的大小。此法除可用于测定不同发射药的烧蚀性能外，还可测定不同抗烧蚀剂的作用效果以及添加方式等对烧蚀的影响。由于该方法是在射击条件下进行的，相比半密闭爆发器烧蚀管试验方法，更能反映实际情况。

目前，正在研究建立更大口径的烧蚀试验装置，除口径变大以使试验条件更加接近实际情况外，其基本原理和烧蚀枪试验相同。

也可用半经验公式（式 2-76）进行烧蚀性能的粗略估算：

$$\Omega = \frac{k m_{\mathrm{p}} \Delta^2 l_{\mathrm{g}}^3}{\xi^2 d^{4.1}} \Big[\frac{(0.145 p_{\mathrm{m}})^2 - 16000^2}{(0.145 p_{\mathrm{m}})^3} \Big] \qquad (2-76)$$

式中：Ω 为射击一发弹引起的直径增大量（cm）；k 为系数，可取 1.093×10^{-2}；m_{p} 为装药量（kg）；Δ 为装填密度（kg/dm³）；l_{g} 为弹丸全行程长（dm）；d 为火炮口径（dm）。p_{m} 为最大膛压（kPa）；ξ 为膨胀比，它定义为

$$\xi = 1 + \frac{S l_{\mathrm{g}}}{V_0} \qquad (2-77)$$

式中：S 为炮膛横断面积；V_0 为药室容积。

7. 将密闭爆发器所获得数据输入内弹道程序进行符合计算

解出 p_m、v_0、η_k、$p-t$、ω、$2e_1$，得到了各火药的药型弧厚、装药密度与 p_m、v_0 的关系。因为它是在密闭爆发器试验和火药试制品的基础上获得的，与表 2-8 的数据相比，这些关系更接近实际的结果。经过以上 7 个步骤，可以基本选定 1~2 种火药配方，即火药强度、高低温性能、弹道性能和身管寿命能满足要求的配方。

8. 试制弹道试验用装药

试制火药时，除计算的弧厚 $2e_1$ 外，再取 $2e_1 \pm 5\%$ 两种弧厚，合计用三种弧厚试制弹道试验用的装药。

9. 选择点火系统和配置装药元件

一般粒状药尽量采用中心传火管的点火系统，而杆状药可选择药包点火系统。之后配用有关装药元件，如衬纸、固定元件、消焰药包等。选择过程可以包括装药元件和点火系统的研究过程。但通常在选药的前期，就设法固定点火和装药元件等有关参数，以突出研究火药与弹道性能关系的内容。

10. 靶场试验

经过选择和制出的试验装药，经必要的理化和密闭爆发器分析后进入靶场试验。测定内容有 p_m（或 v_0）$= F(T，2e_1，\omega，f)$ 以及 $p-t$ 曲线，并尽量测定压力波和药室与膛内不同位置的 $p-t$ 曲线。按试制火药的试验结果和试验条件修正装药的有关系数及内弹道程序，再计算装药诸元，后返回至步骤 8，直到装药能基本满足弹道诸元要求、勤务要求、战术要求和生产要求为止。在此循环中，不断地修改密闭爆发器试验、靶场试验、弹道程序的有关系数，达到预测与试验结果的统一；不断地修改装药元件和装药结构，使装药成为可用于生产、用于实战的装药。

11. 靶场验收与鉴定

在技术文件、生产条件、靶场验收完善的情况下会同有关各方通过鉴定。

12. 装药设计过程框图

装药设计过程框图如图 2-23 所示。

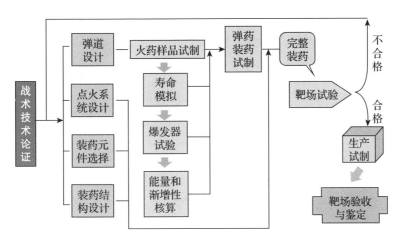

图 2 - 23　装药设计过程框图

13. 变装药的弹道设计

1）变装药的初速分级

弹丸的最大射角取 $45°$，最小射角取 $20°$，其对应射程为 X_{45}、X_{20}，对于不同号装药，因装药量不同，所对应的射程 X_{45}（或 X_{20}）也不同。初速分级要保证相邻号装药之间的射程有重叠，如图 2 - 24 所示，重叠量 d_i 由相邻的大号装药射程 X_{45}、X_{20} 值决定，即

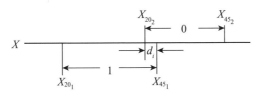

图 2 - 24　射程重叠示意图

0—全装药射程区间；1—1 号装药射程区间；d_i—射程重叠量。

$$d_i = 0.04(X_{45} - X_{20})_{i-1}$$

射程由相邻的大号装药射程 X_{20} 和重叠量 d_i 来决定，即

$$X_{45} = X_{20} + 0.04(X_{45} - X_{20})_{i-1}$$

分级过程是首先确定全装药。根据弹形系数 i 和弹丸质量 m 求出射程 X_{45_0} 和 X_{20_0}。

接着确定全装药相邻的 1 号装药射程：

$$X_{45_1} = X_{20_0} + 0.04(X_{45_0} - X_{20_0})$$

继续利用 X_{45_1}、m、i 求出 1 号装药的初速 v_{0_1} 及射程 X_{20_1}，有了 1 号装药初速之后，继续求 2 号装药的初速和射程，即

$$X_{45_2} = X_{20_1} + 0.04(X_{45_1} - X_{20_1})$$

并由 X_{45_2}、m、i 求出 2 号装药初速 v_{0_2} 及射程 X_{20_2}，依此类推，直到最小号装药为止。

求出分级初速后，再计算各装药的 p_m、η_k。除最小号装药外，降低了对中间号装药的限制程度。但要考虑装填密度，热损失，小号装药解除保险压力，运用射程正比于速度的关系所引起的误差，以及实际使用的药包结构等。要及时修正有关系数。最后保证最小号装药能解脱保险，各号装药能在膛内燃尽，实现采用尽可能简单的分级得到便于使用的变装药结构。

2)变装药弹道设计计算

(1)全装药设计计算。已知量为火炮和弹丸的基本参数、火药力、p_m 和 v_0，求 I_k 和 ω 值。

选定 η_k 值不应太大，以保证减装药在低温下火药的燃尽性。如榴弹炮，通常取 $\eta_k = 0.25 \sim 0.30$，计算所得的 ω 和 I_k 值是混合火药的 ω 和 I_k。

(2)基本装药计算。基本装药的装药密度低，武器系统的热损失较大，一般要进行装药的能量修正。可取火药力为 $0.9f$。初选的 Δ 值，榴弹炮可取 $0.10 \sim 0.15 \text{g/cm}^3$，加农炮取全装药 Δ 值的 $30\% \sim 50\%$。在现代的计算技术面前，这些经验值已不十分重要，计算者可根据所采用的模型，取更多、更合理的拟合方法。基本装药计算值 ω 和 I_k 是专指薄火药的，记为 I'_k、ω'。

(3)确定中间装药号的装药量。对于混合装药，初速和装药量基本是直线关系。有了全装药和基本装药的装药量和初速后，由各号装药的分级初速可算出它们的装药量：

$$\omega_i = \omega_{min} + \frac{v_i - v_{min}}{v_0 - v_{min}}(\omega_0 - \omega_{min})$$

选取中间装药时，尽量调正附加药包，并使其具有同等质量。

(4)检验中间各号装药的弹道性能。由 ω_i、v_i 计算 p_{m_i} 和 η_{k_i}，检查 p_{m_i} 和 η_{k_i} 是否满足火药在膛内燃尽和解脱保险的要求。如果满足不了，可采用两组以上的变装药，即采用可变装药。

(5)确定厚火药的压力全冲量和装药量 I''_k、ω''。根据混合装药和薄火药的 I'_k、ω' 值，求厚火药的装药量和压力全冲量 ω''、I''_k 值，可以参照等面燃烧火药的公式，当 $\alpha' = \frac{\omega'}{\omega}$，$\alpha'' = \frac{\omega''}{\omega}$ 时，有

$$\frac{1}{I_k} = \frac{\alpha'}{I'_k} + \frac{\alpha''}{I''_k}$$

$$I''_k = \frac{I'_k I_k \omega''}{I'_k (\omega' + \omega'') - I_k \omega'}$$

因为混合装药的 ω、I_k 以及薄火药的 I'_k、ω' 是已知的，通过上式可求出厚火药的 ω'' 和 I''_k，此值又可通过密闭爆发器和靶场试验给予修正和核定，并保证厚火药在不同温度下能在炮管内燃尽。

上述计算过程处于整个装药设计循环之中。所有系数、参数甚至计算公式都要根据试验结果进行修正，并且要得到靶场最终试验的证实。

目前，正在开发研究适用于变装药的弹道设计软件。

2.3 火炮火药装药的结构设计

火药装药结构设计是在弹道方案、火药形状尺寸已确定的情况下，选择发射药在药室中的位置、点火具的结构和选用其他装药元件(护膛剂、除铜剂、消焰剂等)，使装药能满足弹道指标和生产、运输、贮存及使用寿命等的要求。

装药结构对装药性能有重要的影响，装药结构设计是火药装药设计的重要组成部分。但结构设计理论还不完善，没有形成系统的设计方法，同时缺少设计所需的基础数据。目前的装药结构设计过程，首先是以现有结构为雏形，再经过试验检验、修改，直到形成满足要求的结构。

装药结构不合理会引起弹道反常。弹道稳定性、勤务操作与弹道指标是进行结构设计时需要考虑的重要内容。

2.3.1   装药结构对火炮性能的影响

射击过程中膛内存在纵向的压力波现象早已为装药工作者所熟知。对于膛压和初速都比较低的火炮，膛内压力波的发生还不很显著。近年来由于大口径高膛压火炮的出现，火药装填密度、最大膛压等明显增大，由压力波而引起的燃烧不稳定性和火药的碎裂，造成膛压反常升高，甚至严重的膛炸事故。因此，在装药结构是否合理的评价中，装药对压力波的敏感度显然是一个最重要的方面。在装药设计中采取必要的措施防止由压力波而发生的弹道反常和膛炸现象，是装药设计工作者面临的一项重要课题。

1. 膛内压力波的产生

膛内压力波形成的物理实质可以作如下定性描述：在火炮射击条件下装药

并非瞬间全面点燃。底火的燃烧产物首先点燃紧挨底火的点火药。点火药的燃烧，在膛底形成一个点火波并同时点燃其附近的一部分装药。点火药和火药燃烧气体渗入装药体，以对流方式加热药粒并使之点燃，随后导致火焰的传播。所形成的压力梯度和相间拽引力使得药粒向前加速撞击弹底，并挤压弹丸的底部。燃烧振荡压力波追及到弹丸底部而滞止，并向膛底反射。这种在弹底和膛底间来回传播的压力波动，其增长或衰减取决于燃气生成速率、膛内有效的自由空间、火药床的渗透性和弹丸的运动等。

对压力波的测量可以在火炮上进行，将一个压电传感器装在膛底，另一个传感器则安装在药室前端的药筒口部（坡膛）附近。在射击过程中同时测出膛底和药室前端的压力曲线，然后在对应的时间上描绘出膛底与药室前端压力差的变化曲线。在理想的没有压力波的情况下，膛底压力总比药室前端压力大，所以压力差曲线就不存在波动现象（见图 2-25）。在一般情况下膛内存在压力波动，图 2-26 所示为一种典型的膛内压力曲线和压力差曲线。压力差曲线不仅形象地描绘了膛内纵向压力波的演变情况，同时也可对压力波的大小进行定量的估计，进而对火炮的弹道稳定性和发射安全性作出评价。通常可以用膛底和弹底压力差-时间曲线上的第一反向压力差 Δp_i（又称起始负压差）的大小作为衡量弹道稳定性和发射安全性的指标。

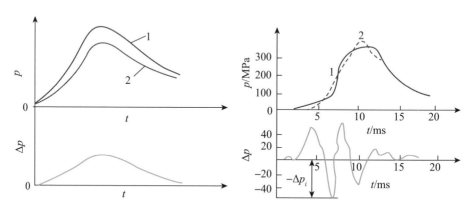

图 2-25　理想的膛内压力和压力差曲线
1—膛底；2—药室前端。

图 2-26　典型的膛内压力和压力差曲线
1—膛底；2—药室前端。

2. 装药设计因素对压力波的影响

1) 点火条件

研究表明，点火引燃条件是产生压力波的主要影响因素。点火激发能量过小，装药最初的点火区域太局限，离起始火点较远的部分装药虽然也能受到加热，但不能进行及时有效的点火。因而这部分火药产生不完全燃烧，其产生的大量燃烧中间产物积聚起来可发生爆炸性点火，结果是不时地产生高的压力波。当点火激发能量过大特别是过分集中时（例如在大口径火炮装药中采用很强的底部点火），也会引起点火和气体压力增长的不均匀性，进而导致高的压力波。大量试验表明，不均匀的局部点火容易产生大振幅的压力波，严重情况下可能引起膛炸现象。而能量适中、均匀一致迅速而分散的点火可以显著地减小压力波的强度。另外，试验研究还表明，点火系统必须具有良好的重现性，否则弹道偏差就要显著增加。

2）初始气体生成速率

初始气体生成速率对压力波的影响已经得到了许多试验的验证。初始气体生成速率越大，越易产生压力波。初始气体生成速率 $d\psi/dt$ 取决于火药燃烧面及火药燃烧速度两个因素。就燃烧速度来说，在低压下不同火药的燃速可以相差数倍，通常具有较大燃速指数的火药在开始点燃情况下燃烧比较慢，这就使得气体生成速率比较低。这样，膛内产生的局部压力波就有较多的时间在药室内消散，从而使压力波衰减下来。霍斯特（Horst）用 NOVA 程序模拟计算了 127mm 火炮装药初始燃气生成速率对压力波增长的影响，其结果表明，火药的燃速压力指数从 0.75 增加到 0.9 时，起始负压差 Δp_i 降低近一半（见图 2-27）。前已提到，具有较大燃速指数的火药在开始点燃情况下燃烧比较缓慢，因此，其计算结果也证明了火药初始燃速越大，越易产生压力波，需要特别指出的是，压力指数大，由燃烧波动造成的受压力的影响变大，极易造成弹道的稳定性差，有时造成严重的后果。因此，虽然高压力指数火药可以减小初始气体生成速率，在实际装药设计中，不建议通过提高发射药压力指数的措施来降低压力波。

温度下降，火药燃速降低，如不考虑温度对点火的影响，在发射药没有破碎的情况下，低温下的压力波应该比高温时的压力波要来得小。需要指出的是，由于温度降低，发射药强度下降，在压力波的作用下，易造成发射药破碎，火药燃烧反常，因此，很多事故都是发生在低温状态。

另外，初始气体生成速率也受到燃烧表面的影响。初始燃烧表面越大，相应的初始气体生成速率也越大，压力波越易产生。可以预测封面堵孔或钝感包覆火药具有降低压力波的效果。在弹道等效的条件下，19 孔和 37 孔火药比 7 孔火药的初始燃烧表面要小，因此，它们也有降低压力波的倾向（见图 2-28）。

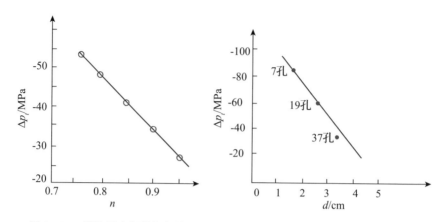

图 2 - 27　燃速压力指数与起始
负压差 Δp_i 的关系(计算值)

图 2 - 28　火药平均有效直径 d 和
孔数与初始负压差的关系图

实践证明，在同样的装药结构条件下，高膛压下应用的装药比低膛压下应用的装药更易出现压力波的问题。这是因为为了得到较高的压力而提高低压下燃气生成速率的结果。在一定药室容积下，为了提高压力，除了增大燃速之外，还可以通过增大装填密度来实现。装填密度越高，初始气体生成速率就越大，压力波也随之增强(见表 2 - 9)，理想最大压力是指无压力波时的最大压力)。

表 2 - 9　装填密度对压力波的影响

弹号	装填密度/(g·cm⁻³)	试验最大压力/MPa	Δp_i/MPa	理想最大压力/MPa
121	0.54	225	27	226
126	0.60	307	51	286
127	0.64	437	84	341

3)装药床的透气性

装药床的透气性或空隙率对压力波的形成有相当敏感的作用。装药床具有良好的透气性，能使点火阶段的火药气体顺利地通过装药床，从而有效地减小压力梯度，使压力波衰减下来。高装填密度的装药床，其压力波的增加，包含有透气性变差的影响。因为在高装填密度的情况下，点火气体受到强烈的滞止作用，促使压力梯度增大，因而使压力波逐渐加强。

采用管状药的中心药束可增加装药床的透气性，对降低压力波具有显著作用。装药床的透气性随药粒尺寸的增大而增加。在总的燃烧表面保持不变的情况下，用 19 孔或 37 孔火药比用 7 孔火药的药粒尺寸有明显的增加。实验表明，膛内压力波的大小，随药粒尺寸增大而减小(见表 2 - 10)。

表 2 - 10　不同尺寸火药对压力波的影响

装药形状	m_p / kg	v_0 /(m·s^{-1})	p_m / MPa	Δp_i /MPa
7 孔(77G - 069805)	10.89	796	340	87
19 孔(PE - 480 - 43)	11.34	802	320	66
37 孔(PE - 480 - 40)	10.89	789	302	34
37 孔(PE - 480 - 41)	11.34	770	299	40

图 2 - 28 也表示了火药的平均有效直径($d = 6V_p/S_p$)和初始负压差的关系图。V_p 表示药粒的体积，S_p 表示药粒的燃烧面积。从该图可看出，随着火药孔数的增多或平均有效直径的增加，初始负压差逐渐减小。将装药床中的药粒全部或部分地排列起来，可以增加装药床的透气性，从而可以降低压力波。装药外形直径小于药室内径时，可造成一环形间隙，增加装药床的透气性，也具有降低压力波的作用。

4）药室内自由空间的影响

通过研究表明，在装药前后存在自由空间将促使压力波的生成。例如在榴弹炮的小号装药条件下，这时装填密度很小（例如 0.1g/cm^3），若装药集中在一端，就会产生严重的压力波。如果将装药分布在整个药室长度方向上，就可以有效地消除压力波。经验表明，当装药高度大于药筒全高的 2/3 时，就可避免产生膛压反常现象。药室中自由空间对压力波的影响主要是由两方面造成的。

一是在点火开始瞬间所产生的压力梯度引起了整个装药床的运动，并且产生药粒相继挤压和堆积的效应，火药床被压缩，空隙率和透气性降低，燃气流动阻力增加，从而易于产生压力波。

二是由于装药床的运动，药粒将以一定速度撞击弹底，或相互挤压而造成破碎，从而使火药燃烧面骤增，气体生成速率增大，促使压力波增强。国外弹道和装药工作者的研究表明，药粒破碎的速度临界值是随温度升高而增大的，并且与火药粒的几何形状和成分有关。常温下，某配方 7 孔火药临界撞击速度（超过此速度时药粒开始破碎）为 40m/s，而 19 孔火药为 30m/s。用 X 射线闪光摄影仪测得点火时膛内药粒的速度分布，观察到有些药粒在撞击弹底之前的速度可能超过 200m/s，已远远超过火药的临界撞击速度。

事实上，上述各因素对压力波的影响是综合的。由于弹丸底部的自由空间而造成的药粒撞击弹丸底部的速度加快，可以导致药粒破碎燃烧面增加，进而造成气体生成速率的突增而促成反常高压的产生。

压力波不仅是膛胀、膛炸等反常内弹道现象的主要原因，而且还会引起其他一系列反常弹道现象。例如，由于压力波而使燃烧速度发生变化，进而使气体生成速率变化，再进一步地影响压力波动，其结果是初速散布增大，射击精度下降。过高速度的药粒撞击在弹丸底部，造成火药药粒破碎，燃面急剧增加，压力急升，其冲击激发作用有时也足以达到引爆弹丸的炸药，造成早爆事故，压力波还会引起武器射频的变化，这对速射自动武器带来了极大的麻烦。因此，在装药设计中，充分考虑诸因素对压力波的影响具有极为重要的意义。

2.3.2　火炮火药装药结构

火药装药结构有多种类型。本节介绍几类常规的装药结构。

1. 线膛火炮的装药结构

线膛火炮的装药可分为药筒定装式、药筒分装式以及药包分装式等几种结构。

1）药筒定装式装药

现有中小口径加农炮、高射炮都采用药筒定装式装药。这种装药的装药量是固定的。无论在保管、运输和发射时，装有一定量火药装药的药筒与弹丸结合成一个整体。该装药的优点是发射速度快，在战场上能迅速形成密集猛烈的火力，装配后的全弹结合牢固，密封性好，运输、贮存和使用方便。

加农炮和高射炮的初速较高，火药装填密度较大。这类装药大部分使用单孔或多孔粒状药，少数使用管状药。

粒状药一般是散装在药筒内，管状药是成捆地装入药筒内。用底火或与辅助点火药一起作为点火器。大部分装药都使用护膛剂和除铜剂。为了固定装药还用了紧塞具。按一定结构将装药元件放在药筒内，再将药筒和弹丸结合成为一个弹药的整体。

某37mm高射炮榴弹的装药就是一个典型的药筒定装式装药，如图2-29所示。火药是7/14的粒状硝化棉火药，散装在药筒内。装药用底-2式底火和5g质量的2♯黑药点火。在药筒内侧和火药之间有一层钝感衬纸，在火药上方放有除铜剂，整个装药用厚纸盖和厚纸圈固定。药筒和弹丸配合后，在药筒口部辊口结合。

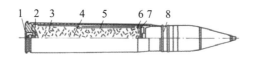

图 2 - 29　某 37mm 高射炮榴弹火药装药结构

1—底火；2—点火药；3—药筒；4—7/14火药；5—钝感衬纸；6—除铜剂；7—紧塞具；8—弹丸。

多孔粒状药的优点是装填密度较高，同一种火药可用在不同的装药中，具有实用性。粒状药的缺点是在药筒较长时，上层药粒点火较困难。粒状药的装药长度大于 500mm 时，离点火药较远一端的药粒可能产生明显的延迟点火。这是因为粒状药传火途径的阻力大，点火距离越长，越难全面同时点火。为了解决这个问题，常采取了以下几个措施：

（1）利用杆状点火具，如中心点火管使点火药沿药筒纵向均匀分布，如图 2−30 所示。

（2）用几个点火药包分别放在装药底部、中部或顶部等不同的部位，进行多点同时点火。

（3）用单孔管状药药束替代传火管改善点火条件。

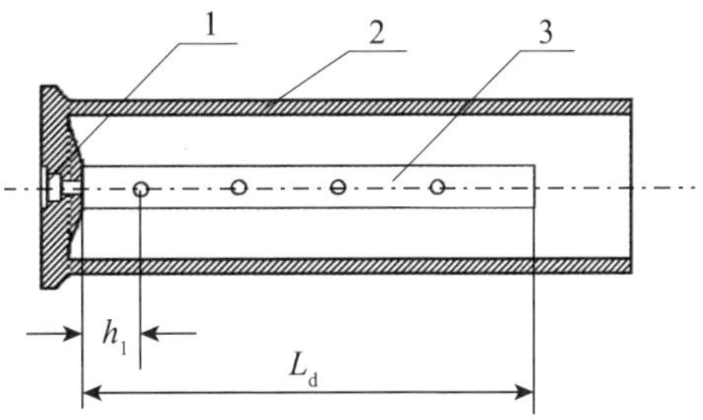

图 2−30　中心点火管示意图

1−底火；2−药筒；3−中心点火管。

37mm 高射炮装药长 210mm，57mm 高射炮装药长 298mm，因此只用底火和点火药点火，没有其他装置。

随着武器发展对弹道稳定性、射击精度等要求的提高和发射装药装填密度的增加，对一些中小口径火炮，也发展了采用短点火管的点火方式。采用短点火管的目的是为发射药提供一个较"温和"的点火行为，缓解火药低温破碎现象，避免由于采用药包而造成的点火过于集中的不足，以提高装药的点火均匀性和同时性。图 2−31 是美国 M552 式 30mm 榴弹采用短点火管的装药结构图。

图 2−31　美国 M552 式 30mm 榴弹的装药结构

某 85mm 加农炮药筒长 558mm，就需要有附加的点火元件。其装药结构如图 2−32 所示。

该 85mm 加农炮的全装药用 14/7 和 18/1 两种火药，14/7 火药占全部火药的 88%，18/1 管状药占 12%。装药时先将 18/1 药束放入药袋内，然后倒入 14/7 火药。再放除铜剂，药袋外包钝感衬纸后装入药筒内。装药用底−4 式底火和 1♯ 黑药制成的点火药包点火，18/1 管状药束起传火管作用。

该 85mm 加农炮杀伤榴弹还配有减装药。装药量减少后，装药高度达不到药筒长度的 2/3。太短的装药燃烧时易产生压力波，使膛压反常增高。当装药高大于药筒长的 2/3 时，有助于避免反常压力波的形成。所以该 85mm 加农炮的减装药采用一束管状药，其长度接近药筒的长度。

　　某 100mm 高射炮弹药使用管状药，是药筒定装式装药（见图 2 - 33）。榴弹用双芳 - 3(18/1 型)火药。火炮的药室长 607mm，用粒状药时比较难实现瞬时同时点火，而管状药可以改善装药的传火条件。因此，大口径加农炮常使用管状火药。100mm 高射炮弹药装药时先把管状药扎成两个药束，依次放入药筒中。药筒和药束间有钝感衬纸，装药上方有除铜剂和紧塞具。装药用底 - 13 式底火和黑火药制成的点火药包点火。

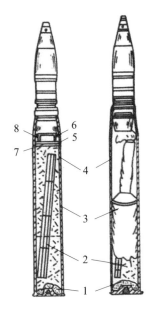 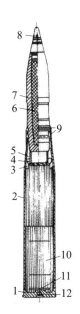

图 2 - 32　某 85mm 加农炮装药结构图

1—点火药；2—火药；3—药包布；4—药筒；
5—厚纸盖；6—紧塞具；7—厚纸筒；8—弹丸。

图 2 - 33　某 100mm 高射炮装药结构图

1—药筒；2—护膛剂；3—除铜剂；4—抑气盖；
5—厚纸筒；6—炸药；7—弹头；8—引信；
9—弹带；10—火药；11—点火药；12—底火。

2)药筒分装式装药

　　药筒分装式装药是将装有火药的药筒和弹丸分开包装，分别贮存。射击时先装弹头，再装发射装药。药筒分装式装药一般是变装药，火药量是可变的。我国大、中口径榴弹炮、加农榴弹炮和大口径加农炮，如 122mm 和 155mm 等榴弹炮，152mm 加农榴弹炮，122mm、130mm 和 152mm 等加农炮都配用药筒分装式装药。使用变装药在炮位不变的情况下即可获得不同的初速，射击距离不同的目标。对近距离目标，用小药量进行射击，有助于减小烧蚀，增加火炮寿命。榴弹炮可通过装药量的适当调节改变弹丸的落角。

药筒分装式装药通常是由混合装药组成的可变装药，少数是单一装药。混合装药中可能有单孔或多孔、单基或双基等不同的药型与火药。常用薄火药制成基本药包，用于近程射击；用厚火药制成附加药包，它与基本药包一起用于远程射击。为了简单和战斗使用方便，附加药包大都是等重量药包。单独使用基本药包，射击时必须达到规定的最低初速和解脱引信保险的最小膛压，全装药必须达到规定的最高初速和不超过允许的最高膛压。

用药筒分装式装药的火炮口径较大，点火都用底火和辅助点火药包。依据不同的装药结构，辅助点火药包可以集中地放在药筒底部，也可以分散地放在药筒的几个地方。变装药装药中常有护膛剂和除铜剂，中威力装药有时只用除铜剂。

变装药的药包布能阻碍药包之间的传火，对药包布的要求包括：有足够的强度；不明显妨碍火焰传播和射击后不留残渣。常用的制备药包布的材料有人造丝、天然丝、亚麻、棉花、硝化纤维素等。

药包结构和位置直接影响点火和弹道性能的稳定程度，也影响阵地操作和射击勤务。

早期的发射装药基本药包和附加药包都是扁圆形的，它们的重叠堆放组成整个装药。药包间有两层药包布垫，点火药气体要穿过十几层药包布才能达到装药的顶端，容易使点火和弹道性能不稳定。因此这种结构已逐渐被淘汰。目前大多采用等重药包并排放置在基本药包之上的结构。

按照战术技术要求，有的火炮最大和最小初速之差太大，只用一组变装药不能满足要求，同时在对近程目标射击时，又要取出大量火药包。为此常采用两组变装药，分别称为全变装药和减变装药。全变装药能满足弹药最大和部分中间初速，减变装药满足弹药的最小和中间某些初速的要求。全变和减变装药中的部分装药射程范围允许有重叠。

我国 PLZ - 96 式 122mm 榴弹炮采用双药筒装药，即用于远程发射的全装药和用于其他射程发射的减变装药。图 2 - 34、图 2 - 35 是我国 PLZ - 96 式 122mm 榴弹炮装药示意图。全装药由管状药和粒状药组成，管状药用于改善点火性能，捆扎后放于装药的中心（见图 2 - 34）。减变装药有内装 4/1 火药的扁圆形中心带孔的基本药包，放在底火上部，药包中心孔中放置内装黑火药的蛇形点火药包。另有 3 个内装 13/7 火药的附加药包。附加药包呈圆柱形。药包间有较大的缝隙，便于点火药气体向上传播，改善了点火条件。装药的上方有除铜剂和紧塞具，为防止火药受潮，顶部还有密封盖。

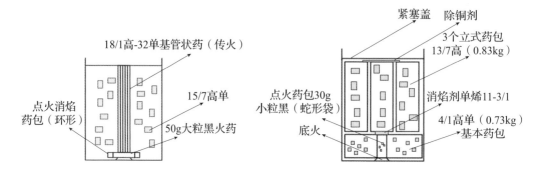

图 2 - 34　PL96 - 122mm 榴弹炮　　　　　图 2 - 35　PL96 - 122mm 榴弹炮减
　　　全装药结构示意图　　　　　　　　　　　变装药结构示意图

　　苏联某 122mm 加农炮的装药是利用管状药组成的药筒分装式装药（见图 2 - 36）。该装药由一个基本药束和三个附加药束组成，都用乙芳 - 3 - 17/1 火药。基本药束和中间附加药束都不用药包布。基本药束底部扎有一个 130g 黑药点火药包，装药的外侧面有钝感衬纸，基本药束放在药筒内，其下面是底 - 4 式底火。中心附加药束放置在基本药束的上方。另两个附加药束为等重药束，用药包布包装成两个药包，每个药包用线缝成三等份，分别装入等重量的管状药。两个药包放在中心药束的两边，两个附加药束（6 个等重药束）就以等边六边形的分布围在中心药束的外侧。在整个装药上方有除铜剂和紧塞具。

　　某 122mm 加农炮的减变装药是由粒状药和管状药组成的（见图 2 - 37）。它的基本药包有 12/1 和 13/7 两种火药，装药有两个瓶颈。附加药包是两个等重 13/7 药包。装药时，先把一个圆环形的消焰药包放在底火凸出部的周围，再放基本药包。由于它有管状药，所以装药能沿药室全长分布。在第二个细颈部上扎有除铜剂。两个等重附加药包内有护膛剂，每个附加药包分成四等份，呈四边形把基本药包围在中间，装药上方有紧塞具和密封盖。

　　为加强点火的同时性，一些装药采用圆环形药包结构。在圆环的中心装有传火管，美国 M413 式 105mm 杀伤子母弹的装药即是该类型装药（见图 2 - 38）。

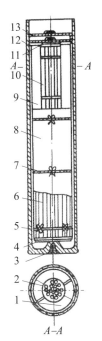

图 2-36 苏联某 122mm 加农炮装药结构图

1—等重药包；2—中间药束；3—底火；4—点火药；
5—药筒；6—基本药包；7—捆紧绳；8—钝感衬纸；
9—等重药包；10—中间药束；11—除铜剂；
12—紧塞盖；13—密封盖。

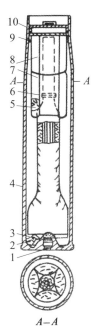

图 2-37 某 122mm 加农炮减变装药结构图

1—底火；2—消焰剂；3—点火药；4—药筒；
5—基本药包；6—除铜剂；7—等重药包；
8—钝感衬纸；9—紧塞盖；10—密封盖。

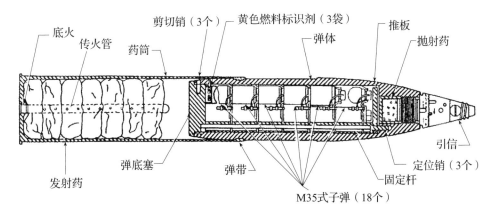

图 2-38 美国 M413 式 105mm 杀伤子母弹的装药结构图

3）药包分装式装药

药包分装式同药筒分装式装药的结构相似，其差别是一个用药包而另一个用药筒装火药。药包分装式用绳子、带子、绳圈把药包绑在一起，平时保存在密封的箱子内，射击时直接放入火炮的药室。用药包分装式装药的火炮的炮闩有特殊的闭气装置。大口径的榴弹炮和加农炮常用这类装药。

美国155mm火炮采用药包分装式装药和模块装药，药包分装式装药包括：

（1）M3系列发射装药。

M3系列发射装药包括M3和M3A1装药，该发射装药为绿色药包装药，由一个基本药包和四个不等重附加药包组成，总长406mm，构成1～5号装药。附加药包用四条缝在基本药包上的布带捆在一起，手工在药包顶部打结，点火药包为红色，缝在基本药包后面。整个M3装药包含大约2.5kg单孔发射药。M3A1和M3装药结构类似，其主要区别在于：M3装药不含消焰药包，点火药为85g黑火药；M3A1装药则包含3个消焰药包，基本药包前方加一个消焰剂药包，每包57g，附加药包4号和5号前各加一个消焰剂药包，每包28.4g。消焰剂为硫酸钾或硝酸钾，其作用是限制炮尾焰、炮口焰和炮口超压冲击波。由于该装药系列膛压低，发射药易发生不完全燃烧，所以消焰剂用量较大，点火药为100gCBI点火药（见图2-39）。

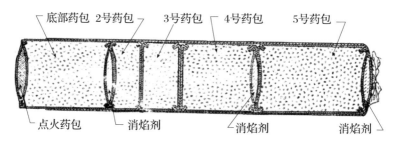

图2-39　美国155mm榴弹炮M3A1装药结构图

（2）M4系列发射装药。

M4系列发射装药包括M4A1和M4A2装药，该发射装药为白色药包装药，由一个基本药包和四个附加药包组成，构成3～7号装药。装药包含大约6.0kg多孔（7孔）发射药，最大长度约534mm，其基本构造与M3A1装药类似。M4A1和M4A2装药的主要区别在于：M4A1装药不含消焰药包，点火药为85g黑火药；如果需要，消焰药包可作为分装件使用；M4A2装药则包含1个消焰药包，质量28.4g。和M3系列相比，由于膛压的升高，消焰剂用量减小。点火药则为100gCBI点火药（见图2-40）。

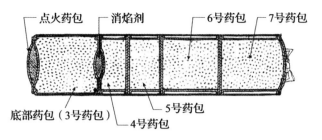

图 2 - 40 美国 155mm 榴弹炮 M4A2 装药结构图

（3）M119 系列发射装药。

M119 系列发射装药包含 M119、M119A1 和 M119A2，该发射装药为单一白色药包 8 号装药，中心传火管穿过整个装药的中心。贮存时必须水平放置，以免中心传火管弯曲或折断。

M119 药包（装 9.3kgM6 发射药）下放有一个装 51gCBI 点火药的圆形点火药包（红色），装药前端缝有消焰剂药包（0.45kg），装药长 660mm。该装药仅用于长身管 155mm 榴弹炮（M19 系列和 M198 系列）。由于装药前端缝有圆形消焰剂药包，对火箭发动机点火可能产生影响，该装药不能用来射击火箭增程弹（见图 2 - 41）。

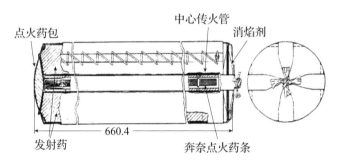

图 2 - 41 美国 155mm 榴弹炮 M119 装药结构图

M119A1 除了前端缝有环形消焰剂药包外，与 M119 装药结构基本相同。环形药包设计免除了射击火箭增程弹时对火箭发动机点火的影响。

M119A2 装药为单一红色药包 8 号装药，用于装有 M185 和 M199 身管的 155mm 榴弹炮。装药前端有 85g 铅箔衬里和四个圆周均布纵向缝在主药包上的消焰剂药包，每个消焰剂药包含有 113g 硫酸钾。M119A2 装药是为与北约现行射表一致而设计的，可与 M119A/M119A1 互换使用，仅有微小的初速差异。

（4）M203 装药。

M203 发射装药为单一红色药包 8 号装药，是为 M198、M109A5/A6 榴弹炮扩展射程而设计的。该装药底部有一点火药包，内装 28.35g 黑火药，中心传火管穿过整个装药的中心，内装 113.4g 黑火药，装药前端缝有环形消焰剂药包，该装药还包括 156g 除铜衬纸，496gTiO$_2$/腊缓蚀剂。该装药共装 11.7kgM30A1 发射药，仅用于射击 M549A1（装填 TNT）火箭增程弹、M825 发烟弹和 M864 底排弹。

美国 203mm 榴弹的装药与 155mm 火炮装药具有类似的结构，主要包括 M1（1～5 号装药）、M2（5～7 号装药）和 M188（为提高 203mm 榴弹（如 M106 式榴弹）的射程而设计）。

图 2-42、图 2-43、图 2-44 是美国 203mm 榴弹炮装药的结构示意图。

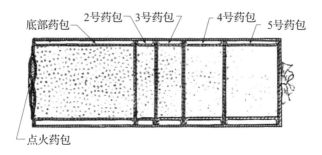

图 2-42　美国 203mm 榴弹炮 M1（1～5 号装药）的结构示意图

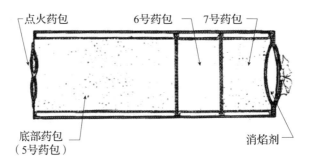

图 2-43　美国 203mm 榴弹炮 M2（5～7 号装药）的结构示意图

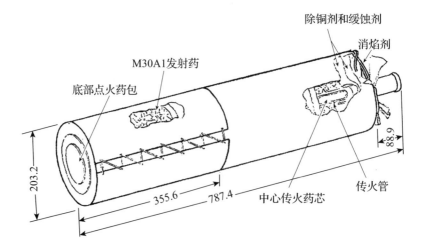

图 2-44　美国 203mm 榴弹炮 M188（8 号装药）的结构示意图

4)模块装药

由于布袋包装药射速低、不适于机械装填等原因，近年来，对布袋装药进行了改进，将软包装变成硬包装。用可燃容器取代布袋装填不同重量的发射药及装药元件，成为装药模块。这些由单一或者几种模块组成的装药称为模块装药。在射击时，可根据不同的射程要求，采用不同模块的组合来获得不同的初速。

模块装药又分为全等式和不等式两类。全等式所用的模块是相同的，改变模块数即可满足不同的初速、射程要求。但是，研究全等式模块装药困难较大。目前，国际上成熟的模块装药是由两种模块组合的双模块装药，它用两种不同模块的组合来满足几种不同的初速要求。

全等模块与多模块装药、布袋装药等相比，它在机械化、射速、武器重量、装药基数、寿命等方面的性能都具有优势，最终效果是大大简化勤务、增大威力。表 2-11 的数据表明，使用等模块装药的一门火炮威力，几乎等价于布袋装药的三门火炮的威力。

表 2-11 布袋装药、模块装药的性能比较

装药类别	1 发弹模块单元数	3min 射击可丢失单元数	射速/(发/min)	等价威力
布袋式	M3A1 等 8 个	168	3~4	1 门炮(基准)
多模块	5 个	72~144	6~8	等价 2 门炮
双模块	10 个	144~288	8~12	等价 2 门炮
全等模块	6 个	0~180	预计 12~15	等价 3 门炮

所以，全等式模块装药是最理想的和最先进性的模块装药，这已成为国内外军械领域的共识。

(1)多模块装药。图 2-45 是美国的 155mm 榴弹炮 XM216 模块装药结构示意图，XM216 装药包括 A、B 两种模块，一个 A 模块可作为 2 号装药；一个 A 模块和一个 B 模块组成 3 号装药；一个 A 模块和两个 B 模块组成 4 号装药；每个模块均由内装的 M31A1E1 三基开槽杆状药和外部的可燃壳体组成。模块 A 长 267mm，装药量 3.42kg，药柱弧厚 1.75mm。模块 A 底部配有点火件，点火药是 85g 速燃药 CBI 和 15g 黑火药，模块 B 内装 M31A1E1 三基开槽杆状药 2.8kg，可燃壳体内放有铅箔除铜剂，质量约 42.6g。

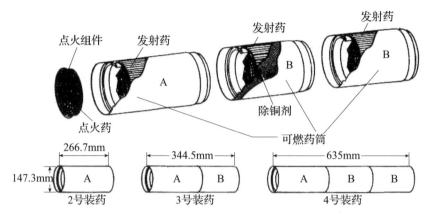

图 2 - 45　美国的 155mm 榴弹炮 XM216 模块装药结构示意图(1)

　　另一种形式的变装药包括 XM215 和 XM216 两种装药:XM216 装药的 A
模块长 127mm,直径 147mm,内装 1.58kgM31A1E1 发射药。由 2、3、4、5
个 A 模块分别构成 2、3、4、5 号装药(见图 2 - 46)。XM215 模块装药(见图
2 - 47)用于小号装药(1 号),由直径 147.3mm、长 152.4mm 的壳体和内装
1.4kg 单孔 M1 单基药组成,在装药底部有 85g CBI 和 14g 黑火药的点火件。

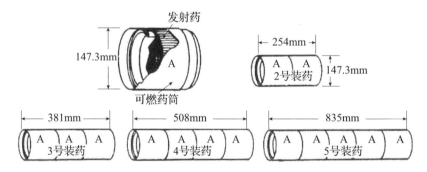

图 2 - 46　美国的 155mm 榴弹炮 XM216 模块装药结构示意图(2)

　　155mm 榴弹炮的 5 号装药是一个模块(XM217),模块长 768.3mm,直径
158.7mm,内装 13.16kgM31A1E1 三基开槽杆状药(见图 2 - 48)。

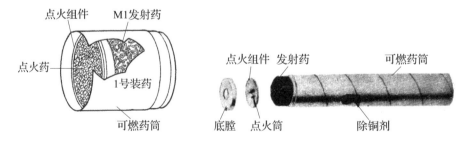

图 2 - 47　美国的 155mm 榴弹炮　　　　图 2 - 48　美国的 155mm 榴弹炮
　　XM215 模块装药结构示意图　　　　　　XM217 模块装药结构示意图

由 XM215、XM216、XM217 组成的 1、2、3、4、5 号装药构成了 155mm 榴弹炮的初速分级，满足了不同的射程要求。

（2）双模块装药。由美国发展的双模块系统 MACS（模块化火炮装药系统）是 155mm 发射装药的替代装药系统，与传统药包装药相比简化了后勤处理。MACS 由 XM231 装药模块和 XM232 装药模块组成。XM231 模块用于小号装药射击（一次使用 1 或 2 个模块），XM232 模块则用于大号装药射击（一次使用 3、4、5 或 6 个模块）。XM231 和 XM232 都是基于单元装药设计，即具有双向中心点火系统，粒状发射药装于刚性可燃容器内等。然而 XM231 和 XM232 两者设计上并不相同，XM231 模块使用的发射药是 M1MP 配方单基药，XM232 模块则使用 M30A2 配方三基药。所有的 XM231 模块都是完全相同可以互换的（XM232 模块也是这样）。这种设计使得 MACS 模块适于手工或自动操作，以满足未来火炮的需要。MACS 装药由美国 ATK 公司专为"十字军战士"设计，同时向下兼容现行的 155mm 野战火炮系统（即 M109A6 帕拉丁、M198 牵引炮等）。MACS 与现行药包装药对比如图 2 - 49 所示。

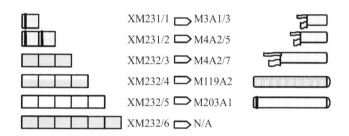

图 2 - 49　美国 MACS 模块装药与对应的药包装药

法国 GIAT 工业公司与 SNPE 公司共同发展了一种与半自动装填和 NATO 联合谅解备忘录相容的 155mm 模块装药系统。这是一种双模块系统，由用于近射程的基础模块（BCM）和用于中远射程的顶层模块（TCM）组成。

① TCM 模块装药。

火药是分段半切割的杆状药，组分为 19 孔或 7 孔的 NC/TEGDN/NQ/RDX 或 NC/NGL。点火具为 30g 黑火药。两种可燃容器的壳体和密封盖都是由制毡工艺完成。

用黑药装填的点火具设置在模块中心轴的空间。在装药模块的研究过程中曾进行了包括压力波、点火延迟、易损性和装填寿命等试验。

TCM 可燃容器组分与结构如表 2 - 12 和图 2 - 50 所示。

表 2 - 12　TCM 可燃容器组分

组成	含量×100
NC	60
纤维素	23
树脂黏合剂	8
安定剂（DPA）	1
缓蚀剂（TiO$_2$）	8

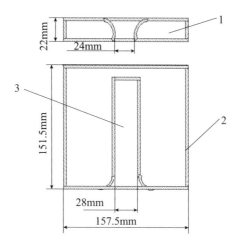

图 2 - 50　TCM 可燃容器结构

1—模块盖；2—模块壳体；3—模块中心通道。

包括 TCM 全装药、高温和常温初速与膛压的选择试验等结果如表 2 - 13、表 2 - 14 所列。

表 2 - 13　TCM，在 52 倍口径 155mm 火炮，6 模块试验(21 ℃)

火药(弧厚/mm)	段切双基 19 孔(2.2)	段切多基 19 孔(2)	段切多基 7 孔(2.1)
质量/kg	13.02	13.89	14.05
或然误差/(m·s⁻¹)	2.5	1.3	0.8
最大压力/MPa	342	341	336

表 2 - 14　TCM，在 52 倍口径 155mm 火炮，6 模块试验(63 ℃)

火药(弧厚/mm)	段切双基 19 孔(2.2)	段切多基 19 孔(2)	段切多基 7 孔(2.1)
最大压力/MPa	410	400	378

经过上述试验确定选用多基 7 孔发射药。

温度对 TCM 发射药装药弹道性能的影响如图 2-51 所示。

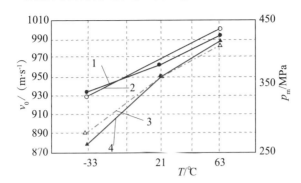

图 2-51　温度对 TCM 发射药装药弹道性能的影响

1—三基药初速；2—双基药初速；3—三基药膛压；4—双基药膛压。

装药压力温度系数，三基药为 $0.5506\% \mathrm{K}^{-1}$（高常温），双基药为 0.5000% K^{-1}（高常温），表 2-15 是 TCM 3 模块的 21℃、-33℃ 的弹道试验结果。

表 2-15　3 模块弹道试验结果

发射药(弧厚/mm)	切双基 19 孔(2.2)	切多基 19 孔(2)	切多基 7 孔(2.1)
21℃ 初速/$(\mathrm{m} \cdot \mathrm{s}^{-1})$	532	532	
21℃ 最大压力/MPa	90	90	
-33℃ 初速/$(\mathrm{m} \cdot \mathrm{s}^{-1})$	536	520	500
-33℃ 最大压力/MPa	80	80	82

在壳体中加缓蚀剂时，射击后在药室与炮管中无残留物。

TCM 壳体组分对弹道温度系数的影响如图 2-52 所示。

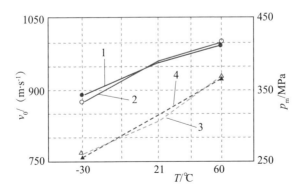

图 2-52　TCM 壳体组分(缓蚀剂)对弹道温度系数的影响

1—含缓蚀剂初速；2—无缓蚀剂初速；3—含缓蚀剂膛压；4—无缓蚀剂膛压。

TCM 155 - 39 口径 3,4 和 5 个模块射击结果表明：TCM 装药与药包装药相接近(见表 2 - 16)，但 TCM 的压力波有所降低。

表 2 - 16　39 倍口径，21℃，TCM - 3、4、5 模块射击结果

装药	初速/(m·s⁻¹)	最大压力/MPa	压差 ±Δp/MPa	作用时间/ms
5 模块	812	280	- 10/ + 20	100
39 倍，装药 7 号	797	294	- 25/ + 30	
4 模块	663	170	- 5/ + 10	90
39 倍，装药 5	685	195	- 20/ + 16	68
3 模块	510	100	- 2/ + 4	90
39 倍，装药 4	488	102	- 5/ + 5	75

TCM 52 倍口径 155mm 火炮，6 模块压力波试验结果如图 2 - 53 和表 2 - 17 所示。

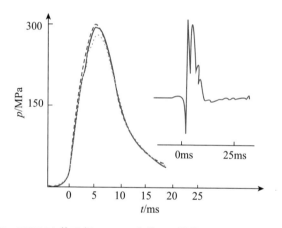

图 2 - 53　TCM 52 倍口径 155mm 火炮，6 模块压力波试验结果(21℃)

表 2 - 17　TCM 52 倍口径 155mm 火炮，6 模块压力波试验结果

压差	结果	最大值
负压差/MPa	< - 30	< - 35
正压差/MPa	<70	<72.5

分段刻槽和点火器合理的自由空间，都对降低 6 号装药的压力波有利。

② 基础模块(BCM)。

BCM 和 TCM 两种模块的结构相似，但两者可以通过颜色和形状加以识别。发射药是粒状单基药，点火药是黑火药。

BCM 可燃容器组分如表 2-18 所列，基础模块的结构与 TCM 相似，如图 2-50 所示。

表 2-18 BCM 可燃容器组分

组成	含量×100
NC	68
纤维素	26
树脂黏合剂	5
安定剂（DPA）	1
缓蚀剂（TiO_2）	

点火药为 45g 黑药。发射药是单孔单基药，组分为：硝化棉/二苯胺/DBP/消焰剂 = 93.7/1.0/4.5/0.8。

表 2-19 是 155-52 倍 1、2 模块的 BCM 射击结果，图 2-54 所示为 $p-t$ 曲线。

表 2-19 155-52 倍 1、2 模块的射击结果

温度	项目	1 模块	2 模块
21 ℃	初速/($m \cdot s^{-1}$)	305	462
	最大压力/MPa	61.2	171
	作用时间/ms	46	40
-33 ℃	初速/($m \cdot s^{-1}$)	301	457
	最大压力/MPa	57	141
	作用时间/ms	81	65

在壳体中加缓蚀剂的射击结果，射击后在药室与炮管中无残留物，压力和速度的温度系数较低。

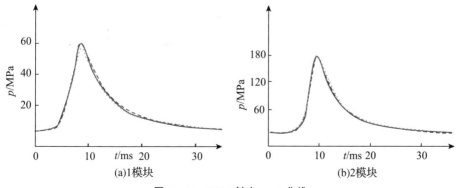

(a)1模块　　　　　　　　(b)2模块

图 2-54 BCM 射击 $p-t$ 曲线

BCM 和 TCM 弹道性能汇总于表 2 - 20 和图 2 - 55 中。

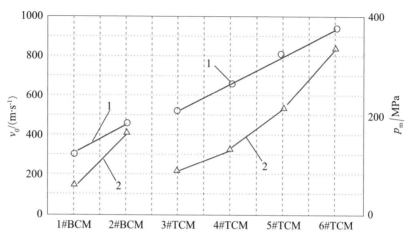

图 2 - 55   BCM 和 TCM 弹道性能

$1 - v_0$；$2 - p_m$。

表 2 - 20   BCM 和 TCM 弹道性能

温度	项目	BCM		TCM			
		1 模块	2 模块	3 模块	4 模块	5 模块	6 模块
21 ℃	初速/(m·s⁻¹)	306	462	532	668	811	946
	最大压力/MPa	61.2	171	90	135	220	336

（3）全等式模块装药。

南非 155mm 加榴炮 M64 双模块装药系统（M64 BMCS），包括获得最小射程的 M64 基础模块（白底色、红色带）和组成 3 至 6 号装药的远程模块 M64 Incr.（白底色、绿色带）（见图 2 - 56）。基本数据如表 2 - 21 所列。

M64 基本模块

M64 Incr. 模块

图 2 - 56   南非 155mm 加榴炮 M64 双模块示意图

表 2 - 21   M64 双模块装药技术数据

装药	质量/kg	长度/mm	直径/mm
M64	6.0	361	159
M64 Incr.	3.5	193	159

基础模块 M64 应用于 39－18（39 倍口径，18L）、45－23、52－23 各类 155mm 加榴炮，但不能用于 52－25－155mm 加榴炮装药。

各类火炮的 3 号至 5 号装药，以及 52－25 的 6 号装药，分别由 3 个、4 个、5 个和 6 个 M64 Incr. 远程模块组成（见表 2－22）。

52 倍口径 25L－155mm 加榴炮的射程：全膛远程弹 ERFB-BT 的远射程是 38.4km，初速 995m/s；全膛远程底排弹 ERFB-BB 的远射程是 50.1km，初速 1015m/s。全膛远程弹 ERFB-BT 的最小射程 13.1km（20°射角），初速 618m/s。

因为基础模块 M64 不能用于 52 倍口径 25L155mm 加榴炮装药，这表明，52 倍口径－25L－155mm 加榴炮使用的是全等式模块装药，最小射程是原来的 2.43 倍，是以损失最小射程来换取远射程和达到等模块化的，因此，这种装药不是理想的等模块装药。

当然，这里突出的两个重点目标是等模块和远射程。这两个目标表明了远射程火炮装药的发展趋势。

表 2－22　南非 155mm－52－25 加榴炮弹道性能

装药	弹种	初速/(m·s⁻¹)	最大射程/m	20°射角最小射程/m
3 个 M64Incr. 模块	ERFB－BT	618	18600	13100
4 个 M64Incr. 模块	ERFB－BT	750	23700	
5 个 M64Incr. 模块	ERFB－BT	876	29700	
6 个 M64Incr. 模块	ERFB－BT	995	38400	
6 个 M64Incr. 模块	ERFB－BB	1015	50100	
6 个 M64Incr. 模块	ERFB－V－LAP	1013	67450	

2. 滑膛火炮的装药结构

1）迫击炮装药

（1）迫击炮一般是滑膛炮，射击时炮弹是从炮口装入，又称为前膛炮。迫击炮装药属于药包分装式装药，由基本装药和附加药包组成。基本药包即是基本药管。平时基本药管、附加药包和弹体、引信分别包装存放，射击时先装上基本药管，再根据射程要求装上适当数量附加药包。基本药管和附加药包的放置位置如图 2－57 所示。

迫击炮的基本装药有黑火药和双基药，它们装在金属壳为底座的厚纸筒内成基本药管，如图 2-58 所示。基本药管置于迫击炮弹的尾管内。迫击炮的辅助装药一般都装在尾管的外面，依弹道要求分成若干个等重药包。药包的形状根据药型和弹尾结构决定。

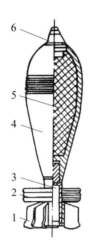 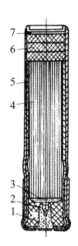

图 2-57　迫击炮装药结构图	图 2-58　迫击炮基本药管结构图
1—尾翼；2—附加药包；3—基本药管； 4—弹体；5—炸药；6—引信。	1—底火；2—发火砧；3—2 号黑药； 4—发射药；5—管壳；6—厚纸塞；7—漆。

射击时，底火点燃基本药管中的火药，达到一定的压力后燃烧气体冲破纸筒经尾管孔流入弹后空间，再引燃辅助装药。基本装药是小号装药，又是辅助装药的点火具。基本药管的性能对弹道稳定性有重要的影响。由于迫击炮膛压低、弹丸行程短、用变装药，所以火药一般是高燃速、薄弧厚的双基药，如片状、带状、环状等双基药，近年开始采用球形药或粒状双基药。

（2）奥地利 SMI 81mm 迫击炮杀伤榴弹、燃烧弹、发烟弹装药结构和弹道数据如表 2-23 和图 2-59 所示。它有 0～8 号共 9 种装药，0 号装药要求平均初速为 (78 ± 2)m/s，由基本药管装药完成。

表 2-23　奥地利 SMI 81mm 迫击炮杀伤榴弹、燃烧弹、发烟弹装药弹道指标

指标	0 号	1 号	2 号	3 号	4 号	5 号	6 号	7 号	8 号
平均初速/$(m \cdot s^{-1})$	78	126	166	199	223	246	270	292	312
初速中间误差/$(m \cdot s^{-1})$	≤1.0	≤1.2	≤1.2	≤1.2	≤1.2	≤1.2	≤1.2	≤1.2	≤1.3
平均最大膛压/MPa	0 号：平均最大膛压≥6.37；最大膛压最小值≥5.88； 8 号：平均最大膛压≤66.6；最大膛压最大值≤69.65								

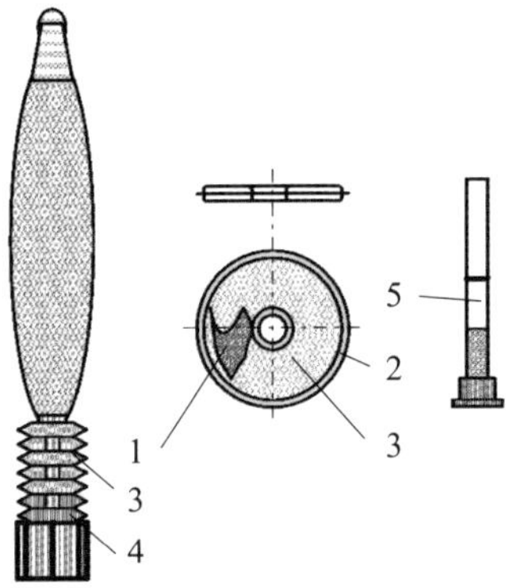

图 2-59 SMI 81mm 迫击炮杀伤榴弹、燃烧弹、发烟弹装药结构
1—小粒药；2—药包边缘；3—附加药盒；4—基本药管；5—尾管。

1~8 号装药除基本药管外，还分别加 1~7 个附加药盒。药盒外径 71mm，内径 27.5mm，厚度 12mm。1、2 号加红色 A 药盒，其火药的弧厚小，燃烧快；继续加的药盒是白色的 B 药盒，内装厚火药。

基本药管包括火药、发火座和传火管。基本药管外径约 16.90mm，长度 85mm。装药是双醋-11-粒 31-100，用药量约 10.6g。

现在的迫击炮常用如双醋-11-粒 11-80($2e_1=0.11$mm，直径 0.80mm)、球 65(直径 0.65mm)等多种小粒药。用可燃的药包盒替代药包布。药盒壳体的成分是硝化棉、药盒布、增塑剂(如癸二酸二烯酯)和安定剂(如Ⅱ号中定剂)等。

2)无后坐炮装药

无后坐炮在炮尾有喷管，射击时有火药气体从炮尾流出，其反作用力能抵消火炮后坐力，这有助于降低武器的重量。有气体由炮尾流出是无后坐炮弹道的特征，反映在装药上：第一，无后坐炮大都是低压火炮，为在低压下的火药能正常燃烧，装药点火器的点火强度要高；第二，火药气体流出可能携带未燃完的药粒，装药结构应当考虑如何减少未燃火药的流失问题；第三，与初速相同的一般火炮相比，装药量大约要多出 2 倍；第四，装药结构需要建立一个稳定的喷口打开压力；第五，为适应低压的弹道特点，大多采用多孔或带状的高热量、高燃速火药。

两种类型无后坐炮装药：

(1)多孔药筒线膛无后坐炮装药。其基本结构与线膛火炮的定装式装药相似。图 2-60 是某 75mm 无后坐炮的装药示意图。

该 75mm 无后坐炮用 9/14 高钾硝化棉火药，多孔的药筒内有一牛皮纸纸筒。由底-41 式底火和装 20g 黑药的传火管组成点火件。射击时底火点燃传火管的黑火药，点火药气体从传火管小孔喷出点燃火药，达到一定压力后火药气体冲破纸筒从小孔流入药筒外面的药室和通过喷管流出。杆状点火具能增加点火强度；用纸筒厚度和药筒孔径控制喷口打开压力；多孔药筒能防止未燃火药流失。无后坐炮装药能获得稳定的弹道性能。

（2）尾翼稳定滑膛无后坐炮装药。某82mm无后坐炮装药如图2-61所示。炮弹由尾杆尾翼稳定，与迫击炮弹药相似，装药结构类似迫击炮全装药结构。在尾杆内有点火器，点火药是大粒黑药，放在纸管内形成点火管5。尾管有传火孔，放置双带火药的药包6绑在尾管8上。在尾翼上端有塑料挡药板4，尾翅下端有塑料定位板2。射击后火药气体打碎定位板从喷口流出，此时的压力是打开喷口的压力。这种装药比75mm无后坐炮装药紧凑，火炮更轻，但火药流失较大，弹道性能不易稳定。

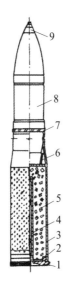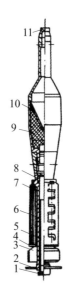

图 2-60　某 75mm 无后坐炮装药结构图　　图 2-61　某轻 82mm 无后坐炮装药结构图

1—底火；2—内衬纸筒；3—药筒；4—传火管；　　1—螺塞；2—定位板；3—尾翼；4—挡药板；

5—火药；6—纸筒；7—弹带；8—弹体；9—引信。　　5—点火管；6—药包；7—传火孔；8—尾管；

9—炸药；10—药型罩；11—防滑帽。

3）高压滑膛炮装药

高膛压火炮能使穿甲弹获得高初速。现有的高膛压火炮膛压可接近600MPa，弹丸初速能达到1800m/s。常用滑膛炮发射高速穿甲弹，这有助于减少炮膛烧蚀，增加火炮使用寿命。该类装药有如下特点：

（1）较高的装填密度，常采用多孔粒状药和中心点火管点火；

（2）有尾翼的弹尾伸入到装药内占据部分装药空间，点火具长度有限制；

（3）常用可燃的药筒和元器件，有助于提高装药总能量；简化抽筒操作，提高发射速度，改善坦克内乘员的操作环境。

图 2 - 62 是某 120mm 高压滑膛炮脱壳穿甲弹装药的结构示意图。

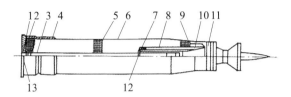

图 2 - 62 某 120mm 高压滑膛炮脱壳穿甲弹的结构示意图

1—底火；2—消焰剂药包；3—可燃传火管；4—可燃药筒；5—粒状药；6—护膛衬纸；7—尾翼药筒；

8—管状药；9—紧塞具；10—火药固定筒；11—穿甲弹丸；12—上点火药包；13—O 形密封圈。

某 125mm 坦克炮穿甲弹装药如图 2 - 63 和图 2 - 64 所示。由于坦克内空间有限，为便于输弹机操作，将药筒分为主、副两个药筒，副药筒和弹丸相连。主药筒装粒状药，底部有消焰药包，传火用中心传火管，主药筒有防烧蚀衬纸。为增加传火效率，在主副药筒间有传火药包。副药筒距底火较远，影响粒状药的瞬时同时点火，所以在副药筒中有用于传火的管状药。副药筒中有防烧蚀衬纸。

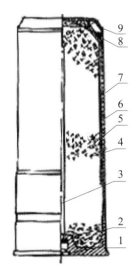

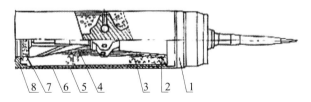

图 2 - 63 某 125mm 坦克炮主药筒装药示意图

1—底火；2—消焰药包；3—可燃传火管；

4，5—粒状发射药；6—可燃药筒；

7—防烧蚀衬纸；8—上点火药包；9—盖。

图 2 - 64 某 125mm 坦克炮副药筒装药示意图

1—弹丸；2，3—粒状发射药；4—管状药；

5—副药筒；6—防烧蚀衬纸；7—点火药包；8—底盖。

3. 特种发射药装药结构

1) 布撒器装药

特种弹药是包括照明弹、宣传弹、发烟弹、诱饵弹、训练弹等用于特殊任务的一类弹药。这类弹药除了具有通常的发射装药之外，在其弹药的"战斗部"中常设有抛撒装药，用于烟幕等子弹的布撒。其原理是在引信作用后点燃抛射装药，所产生的气体驱动活塞或直接推进物体运动，完成特定的抛射布撒动作。抛射装药常使用高燃速火药，如黑火药、迫击炮用发射药等。

美国 MK19Modo 406mm 杀伤子母弹(见图 2-65)的布撒装药是 400gM9 式迫击炮发射药。在布撒装药被点燃后，燃气通过推弹板将子弹推出，完成子弹的布撒过程。利用同样原理，可以完成烟幕剂、照明剂、传单、毒气等的布撒过程。

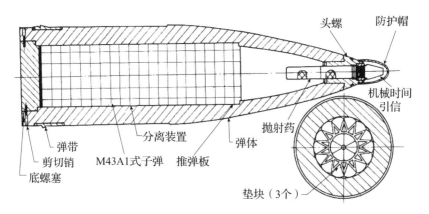

图 2-65　美国 MK19Modo 406mm 杀伤子母弹装药示意图

图 2-66 是美国 M84B1 系列 105mm 含布撒装药的宣传弹结构示意图；图 2-67是美国 M314 系列 105mm 含布撒装药的照明弹结构示意图；图 2-68 是美国 M84 系列 105mm 含布撒装药的发烟弹结构示意图；图 2-69 是美国 XM845 式 155mm 含布撒装药的电视侦察弹结构示意图。这些弹丸的布撒火药都是黑火药。

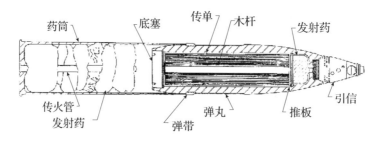

图 2-66　美国 105mmM84B1 宣传弹装药示意图

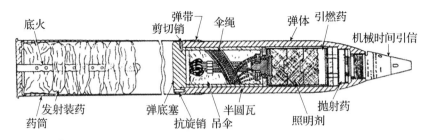

图 2 - 67　美国 M314 系列 105mm 照明弹装药示意图

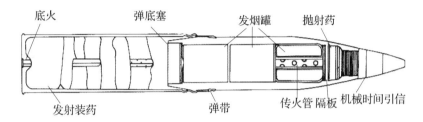

图 2 - 68　美国 M84 系列 105mm 底抛式发烟弹装示意图

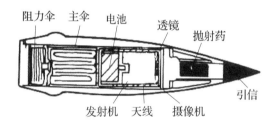

图 2 - 69　美 XM845 式 155mm 电视侦察弹装药

2) 炮射导弹发射装药

炮射导弹是利用火炮发射的一类导弹，具有许多优点。由于导弹火箭发动机及其装药占据了大部分药室容积，其尾部几乎延伸到药筒底部，所剩可装发射药的空间较小，常常是狭长的环状体（见图 2 - 70）。

炮射导弹的初速和膛压一般都较低（$200\sim400$m/s、$40\sim60$MPa），因此，对发射药点火及燃烧也提出一些新要求。由于工作膛压较低，发射药易发生燃烧不完全现象，产生大量有毒气体，危害操作人员的安全，因此，常在装药中增加高压氮气瓶，膛内压力下降达到一定值时，由于压力的作用，氮气瓶阀门打开，当膛内压力低于瓶内压力时，高压氮气流出，将有毒气体从炮口吹出，以防有毒气体从炮尾流出。

图 2 - 71 是一种典型的炮射导弹装药示意图。发射时，点火药点燃发射药推动弹丸运动。为了增加传火效果，常使用管状药，为保证装药的燃尽性，

有时采用具有更高燃烧渐增性的钝感粒状药，必要时在发射药中间加传火药袋。

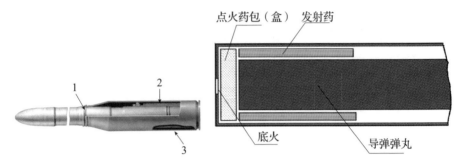

图 2 - 70　一种炮射导弹的装药
1—弹丸；2—发射药；3—药筒。

图 2 - 71　典型的炮射导弹装药结构示意图

图 2 - 72 是某 100mm 炮射导弹装药结构图。该 100mm 炮射导弹的发射装药采用了药筒定装药结构。装药由发射药包和助燃药盒组成，发射药包是把发射药均匀分装在成 6 等份的长方形布袋内，且呈环形放置在药筒底部，助燃药盒是把助燃药同硝基软片药盒装入药筒中心的挡药筒内与弹丸底部的电子感应点火具组成了中心点传火系统，中心的挡药筒壁在距药筒底部约三分之二高处周围有两圈相互错位的 20 个 $\phi 3$ 的喷火孔，可使点火后助燃药的高温高压燃气分散、均匀、瞬时传播至发射药床，实现中上部点火。

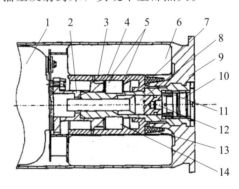

图 2 - 72　某 100mm 火炮炮射导弹发射装药结构图
1—弹丸；2—衬套；3—挡药筒；4—挡片；5—药垫；6—发射药包；7—套管；8—撞杆；
9—药筒；10—底火；11—螺母；12—螺钉；13—塑料垫圈；14—助燃药。

由于火炮膛内工作压力低，药室长径比小，采用这样的装药结构其装填密度小，发射药床的透气好，点传火通道畅通，有利于瞬时、均匀、全面点火；有利于弹丸的发射安全性；有利于弹道性能的稳定性；也有利于发射药能量的充分利用；有利于弹道效率的提高。

图 2 - 73、图 2 - 74 是某 105mm 炮射导弹装药结构图以及主装药包。

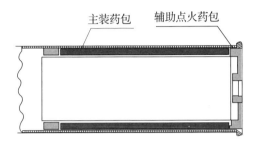

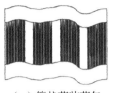

（a）管状药装药包

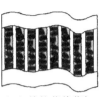

（b）粒状药装药包

图 2 - 73 某 105mm 炮射导弹装药结构图　　图 2 - 74 某 105mm 炮射导弹用主装药药包

图 2 - 75 是某 125mm 炮射导弹装药结构图。装药采用多孔粒状药，装药中加入气瓶吹散火药燃气。

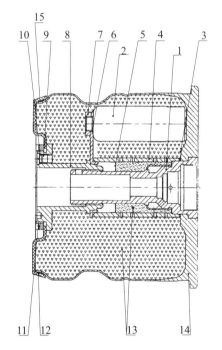

图 2 - 75 某 125mm 火炮炮射导弹发射装药结构图

1—传火管；2—气瓶；3—垫片；4—挡药筒；5—药垫；6—固定件；7—螺帽；8—堵盖；9—气帽；
10—密封圈；11—大螺环；12—紧塞具；13—发射药；14—药筒；15—密封胶。

3）高低压药室装药

一些小口径榴弹发射器的身管较短，为了保证发射药在膛内燃完，同时降低枪口压力，通常采用速燃发射药，如使用多-125 发射药等。但速燃发射药趋向于增加膛压，从而增大武器的质量。

高低压药室装药结构有助于该问题的解决(见图 2 - 76)。

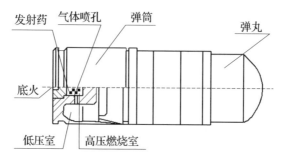

图2 - 76   一种具有高低压药室的发射装药结构示意图

装药在高压室中燃烧产生的气体通过喷口到达低压室，然后推动弹丸运动。该结构可保证发射药在高压室燃完，充分利用了发射药的能量，同时，由于火药装药在高压室中燃烧，武器承受压力较低，减少了身管厚度和武器的质量。

4)"金属风暴"系统

"金属风暴"武器系统是澳大利亚金属风暴公司与美国合作研制的一种新概念速射武器系统。虽然"金属风暴"武器系统仍然使用的是常规发射药，采用"金属风暴"技术的武器，没有任何活动的零件，没有单独的弹夹，不需要装弹和排弹，也不需要退壳装置。"金属风暴"在工作时，唯一的动作就是射出弹丸，一切控制完全依靠电子电路。在发射时，依靠电子装置控制设置在身管中的节点点燃发射药，发射药的燃烧气体膨胀做功，推动弹丸高速飞出身管，后面的弹丸会在燃烧气体的高压作用下而膨胀，密封住身管，使燃烧气体不向后面泄漏，更不会造成后面的发射药意外点燃。身管既可以单管使用，也可以多管组合使用，为武器的速射提供了便利条件，因此，"金属风暴"武器系统的射速极高，杀伤威力极大，射速范围为 600～100 万发/min。图 2 - 77 所示为一种多管"金属风暴"系统。

目前研究和发展的"金属风暴"武器从发射装药结构来说，可分为弹药串联装填方式和侧装式两种。

图 2 - 77   一种多管"金属风暴"系统

侧装式发射装药的发射药装填在身管的侧面药室中，发射时依次点燃药室中的发射装药，推动弹丸运动，侧装式发射装药的特点是：由于发射药装填在身管的侧面，相同的身管长度条件下可以装填更多的弹丸(见图 2 - 78)。

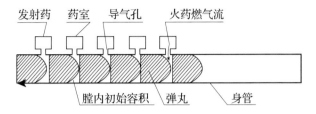

图 2 - 78　侧装式发射装药结构示意图

串联式发射装药发射药装填在弹丸的后方，其特点是：武器结构相对简单(见图 2 - 79)。

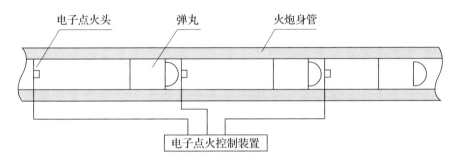

图 2 - 79　串联式发射装药结构示意图

"金属风暴"武器系统的内弹道过程与普通有壳弹的内弹道过程相类似，但由于"金属风暴"特殊的装药结构，产生了与常规装药不同的弹道特征。药室容积在射击过程中不断发生变化，在嵌入膛线之前，"金属风暴"弹药系统中各发弹的运动情况是不同的。第 1 发弹从启动至嵌入膛线的过程与普通有壳弹相类似，但第 2 发弹及后续弹与此不同。第 2 发弹在其装药点燃后，在燃气压力作用下先滑行至少一个弹长加一个装药长的距离后(串联式)再进入坡膛，完成挤进过程，进入常规内弹道时期；第 3 发弹在其发射药点燃后，先滑行至少两个弹长加两个装药长的距离后，再进入坡膛，完成挤进过程，进入常规内弹道时期，依此类推。"金属风暴"武器身管中各发弹之间由于在启动至进入坡膛这一过程中存在差异以及各发弹后的装药结构的差异，会导致各发弹内弹道结果的差异。同时，由于高的射速，常常在前面弹丸没有出炮口时，后面弹丸的发射装药已点燃，弹道过程相互影响，产生所谓的"偶合"效应。因此，装药设计需要根据不同的弹道要求，调整各弹丸发射药装药药型和装药量。

2.3.3　火药装药中的点火系统

火药装药中的点火系统对武器性能具有至关重要的影响。对火药装药中的点火系统的要求是：第一要能提供点燃装药所必需的能量；第二要能实现对装药的均匀而分散的点火；第三要点火性能有重现性。本节将介绍常用的点火器材、影响点火过程的因素以及装药中点火系统设计的一般知识。

1. 点火器件

火药受到一定的外来能量激发后才能引起燃烧。因此，火炮射击时要利用点火器材。这些点火器材在受到简单的激发冲量(如冲击、电刺激、加热等)后能迅速释放热冲量以点燃火药装药。目前常用的点火具有药筒火帽、底火、中心点火管、辅助点火药包等。

1)药筒火帽

目前常用的药筒火帽大体由三或四个构件组成。三个构件的火帽如图 2-80 所示。它由火帽壳、击发剂和盖片组成。火帽壳是一个有一定形状和准确尺寸的铜制凹形壳体。击发剂是由雷汞 $Hg(ONC)_2$ (起爆药)、氯酸钾 $KClO_3$ (氧化剂)和硫化梯 Sb_2S_3 (可燃物)混合而成，火帽的点火能力主要取决于击发剂的成分比例、药剂重量、混合的均一性和装入火帽壳的压装压力；盖片是锡或铅或羊皮纸制成的小圆片，平时起防潮作用，射击时它的厚薄对火帽性能也有影响。

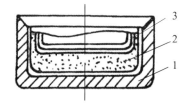

图 2-80　药筒火帽结构
示意图(三构件)

1—火帽壳；2—击发剂；3—盖片。

四构件的火帽比三构件火帽多了一个击砧，击砧是锥形或拱形金属片，它的尖端抵在击发剂上，后部为帽壳所固定。击砧和击针夹击击发剂使得火帽作用更可靠。

射击时，击针撞击药筒火帽的外壳，火帽壳产生了变形，使激发剂所受的压力增大，击针的动能转化为热能。当热能足够大时即引起了击发剂的燃烧，从而生成热量和气体物质，使压力增强，冲破盖片，高温气体物质和灼热粒子进入药筒或药室，进而引燃了辅助点火药或装药。

药筒火帽的性能会影响到弹丸的弹道性能，甚至影响火炮的发射情况，所以对它必须提出严格要求：

(1)药筒火帽应具有一定的外廓尺寸，尺寸应与枪炮的药筒结构紧密配合。

(2)有适当的感度，在击针冲击之下能产生一定的冲击能量保证火帽的可靠作用。

（3）有良好的点火能力，能可靠地点燃辅助点火药和火药。实践证明，火帽产生的火焰温度和火焰强度（即火焰长度及燃烧生成物气体的压力）是火帽点火能力的主要标志。火帽的火焰温度愈高，装药愈接近于瞬时发火；火焰强度愈大和作用于火药的时间愈长，火帽可以点燃的表面愈大。如果火帽点火能力不够时，可能发生"迟发火"现象。

（4）点火作用一致，具有良好的重现性。为了保证弹丸有良好的弹道性能，火帽作用必须一致，点燃火药的能力应有再现性和可靠性。

（5）使用安全，火帽应能足以承受制造、运输和勤务处理中不可避免的振动和撞击。

（6）保存时性能安定。

（7）构造简单，制造容易，成本低廉。

2）底火

口径在 25mm 以下的火炮可以单独使用药筒火帽作为点火具；37mm 口径以上的火炮火药量较大，需要更大的激发冲量才能保证正常点火，因此往往需要用少量有烟火药作为辅助点火剂。

将火帽与有烟火药结合成一体的装置称为底火。

各种底火的构造基本上是类似的，主要组成部分包括底火本体、有烟火药装药、击发火帽和击砧，此外，还有封闭火药气体的专门装置。

在定装式和药筒分装式的弹药中底火安装在药筒底部的驻室中，而在药包分装式的弹药中则装在炮闩的门管驻室中，相应的点火元件即称为击发门管。

底火的有烟火药量应保证底火有足够的点火能力，使发射装药可靠点火并得到正常的弹道性能。底火本体应有足够的强度，要能够承受火药气体的压力，防止火药气体由炮闩冲出。底火必须保证在运输、勤务处理和装填时的振动情况下不会着火，以免发生危险。

图 2-81 是底-4 式底火的构造示意图。这种底火由黄铜或钢制成底火体，在底火体底部装有用螺套压紧的火帽。火帽上方是发火砧，射击时它可以使火帽可靠作用。在发火砧中间装有紫铜锥形塞，它起到一个单向

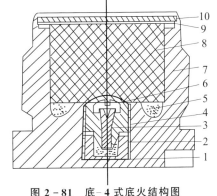

图 2-81 底-4 式底火结构图

1—内帽；2—螺套；3—锥形塞；4—发火砧；
5—粒状黑火药；6—纸片；7—底火体；
8—黑药饼；9—垫片；10—盖片。

活门的作用。击发后，火帽火焰将锥形塞抬起，气体冲入底火体上部，把装在上部的黑药饼(6.1g)点燃。黑药燃烧后，火药气体压力反过来把紫铜锥形塞压紧，防止了火药气体从底火底部冲出。在黑药饼上方有起防潮作用的盖片、垫片。底-4式底火可承受的最大膛压为350MPa，它用在57mm到122mm等口径火炮的药筒上。

3) 中心点火管

图2-82、图2-83所示为两种不同的中心点火管。一种中心点火管(见图2-82(a)、图2-83(a))管本体内部充以黑火药或其他适用的点火材料，靠管尾安装的底火引燃。点火管安放在装有散装粒状药药筒的中心轴位置，由几个沿管体轴向开列的径向孔传播点火能量。影响装药床点火的因素有：火药初温、点火管内装药的数量和类型、点火管伸入药床的长度以及孔的数量和位置等。图2-82(b)所示为中心点火管用于药包分装式装药。它被直接放入火炮药室腔内。这种点火管有一个点火具(见图2-83(b))，安放于武器的击发闩体上。发射时，点火具通过喷孔输入能量，点燃一个贴在发射装药包上的黑药底垫，从而点燃中心点火管内蛇形袋中的黑火药，使火焰沿轴向的传播得以增强。药包分装式火药床的点火受如下因素的影响：火药初温、药包脱开的距离、喷孔与黑火药底垫的不同心度等。

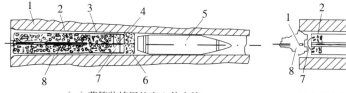
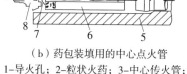

(a) 药筒装填用的中心传火管
1-身管；2-中心点火管；3-药筒；4-空隙；
5-弹丸；6-软木塞；7-衬垫；8-药床。

(b) 药包装填用的中心点火管
1-导火孔；2-粒状火药；3-中心传火管；
4-弹丸；5-炮管；6-火药；
7-黑火药底垫；8-闩体。

图2-82 典型的中心点火管在装药中的安放位置示意图

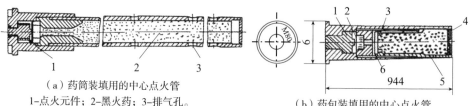

(a) 药筒装填用的中心点火管
1-点火元件；2-黑火药；3-排气孔。

(b) 药包装填用的中心点火管
1-击针；2-底火；3-垫圈；4-壳体；
5-组件；6-密封圈。

图2-83 中心点火管结构图

4）火药装药的新型点火装置

目前，随着高装填密度装药等技术的发展，对装药的点火提出了更高的要求。由此，正在研究和发展一系列的新型点火装置，如激光点火、等离子体点火、低速爆轰点火等，这些内容将在火炮火药装药技术的发展章节中介绍。

2. 影响点火过程的因素

影响点火过程的因素大致可分为来自点火系统和来自装药结构这两大方面。点火过程中两方面因素不是孤立的，而是相互影响和制约的。一个良好的点火过程不仅取决于点火系统气相和固相产物的物化特性和流动特性，也取决于火药床的结构和它的物理化学因素。

1）点火药的物理化学性质

目前在火药装药点火系统中使用的点火药有黑火药、多孔性硝化棉和烟火剂等。作为点火系统核心部分的点火药，其点火能力是影响点火过程的重要因素。黑火药的组分简单，至今仍是应用最为广泛的点火药。黑火药中的硝酸钾为氧化剂，木炭是可燃物，硫磺既是黏结剂又起氧化剂和燃烧催化剂的作用。黑火药的燃烧反应机理十分复杂，至今尚未完全搞清。但是试验研究已揭示了影响黑火药燃烧性能的一些规律。

黑火药的燃烧速度与它的组成和密度有很大关系，密度增加时燃速降低。黑火药中含水量达到 2% 时点火就会发生困难。

黑火药自身的火焰传播速度对于点火药用量较多的装药床点火十分重要。研究表明，黑火药床中火焰传播速度与黑火药粒能否运动相关，自由药粒比固定药粒的火焰传播速度快，就药粒尺寸而言，小粒黑火药的火焰传播速度比大粒黑火药快。黑火药自身火焰传播性能的差异可归结为药粒结构的影响。不同的原材料、不同的加工工艺直接影响黑火药的结构，从而影响火焰传播速度。黑火药粒密度小、空隙多、比表面积大，火焰传播速度就快。不同厂家生产的，甚至同一厂家生产的不同批号的黑火药的燃烧性能都可能不一致。这种不一致性会影响火药床的点火，进而影响火炮的弹道一致性。这也是黑火药的缺点之一。

为改善点火药的点火能力，国内外已使用一些高燃速的新型点火药。奔奈药条就是其中的一种。它是黑火药与硝化纤维素采用溶剂法压制的药条状火药。用它取代大口径火炮装药中部分黑火药，可以明显地增强火焰传播速度。采用高燃速点火剂点火可使装药床更接近于瞬时全面着火，一方面可消除压力波，另一方面也可减轻药粒间的相互挤压作用，使火药粒不易破碎，从而改善射击时的弹道一致性。点火药量显然会影响点火系统的点火能力。点火药量过小，容易造成装药局部点火，从而促使装药床产生较强的压力波。当点火药量过大特别是过于集中时，不但膛压将显著增高，压力波也易于生成。

2）点火药位置及点火具结构

试验结果表明，点火药位置对装药的燃烧有极为重要的影响。迅速而分散的点火有利于降低压力波并获得较好的点火重现性，从而获得较为稳定的弹道性能。表 2-24 是某火炮的不同点传火结构膛内压力波的试验结果。

表 2-24　某火炮的不同点传火结构膛内压力波的试验结果

序号	装药量/kg	点传火结构	最大负压差/MPa
1	单基药，5kg	内装奔奈药条的可燃传火管	-32.8
2	单基药，5kg	16/1 管状药	-33.6
3	单基药，5kg	内装 2 号大粒黑的可燃传火管	-118.0
4	单基药，5kg	底部点火药包	-153.3

由表 2-24 可以看出：在装药量相同的情况下，采用内装奔奈药条的可燃传火管和 16/1 管状药的点传火结构，最大负压差较小，而采用底部点火药包出现了较大的负压差。当将可燃传火管内装的奔萘药条换成 2 号大粒黑后，最大负压差出现了较大幅度的增长。这是由于传火管内装入 2 号大粒黑后，药管内药粒堆积密度增大，点火药产生的气体自然流通通道减小，同时，可燃传火管强度低，破裂早，使装药的点火均匀性变差。可以预计：当将 2 号大粒黑装入蛇形药袋后再装入传火管中、采用金属结构传火管等措施后，装药的点传火性能将获得较大幅度的提高。

一般当装药长度超过 0.7～0.8m 时，仅用一个底部点火药包就不能保证装药的良好点火，应考虑在装药纵向其他部位配置附加的点火药包或使用中心点火管。点火管的几何结构，如点火管内径、长度、传火孔的孔径及其分布情况等都对点火性能有影响。特别是点火管的细长比（传火孔径与点火管长度之比）对点火性能的影响尤为明显。细长比过小，对气体流动阻力就较大，因而会妨害火焰在管内的传播，其结果是影响装药的全面着火，同时由于点火管底部压力较高，也容易促使膛内压力波的增长。点火管传火孔的排列方式、传火孔径以及传火孔总面积都需在设计时予以考虑。点火管第一排传火孔的高度 h_1 对装药的点火也有显著的影响。如果 h_1 比较小，则第一排孔在点火过程中破孔较早，使管压上升缓慢；反之，当 h_1 增大，破孔时间随之延迟，管压相应增高。

3）火药的理化性能及火药床结构

从被点燃的火药床方面考虑，火药的理化性能和火药床的结构对点火也具有显著的影响。火药的理化性能包括火药组分、爆热、燃烧温度、分解温度、燃速、火药表面性质、粒度及热传导性质等。各种火药依据其是否容易点燃，大体可排成下列顺序：

有烟药＞热量较高的硝化甘油火药＞硝化纤维素火药＞经石墨光泽和钝化处理过的硝化纤维素火药。

一般来说，火药的几项因素和点燃性能有关：

（1）火药的气化和分解温度。当外界条件一定时，这两个量愈高，说明火药开始燃烧所需的点火热量也就愈高，火药也就愈不容易点燃。

（2）燃速愈大的火药愈容易点燃。

（3）火药的热传导系数 λ 对点火的影响是复杂的。λ 如果过大，点火热量刚刚传给火药表面，火药局部加热尚未达到发火程度，热量又很快向火药深处传递散失，因此 λ 过大时点火是困难的。λ 如果过小，点火药气体不容易把热量传给火药表面，因此点火也会发生困难。

（4）火药的密度 δ 与 λ 值有密切关系。在一般情况下，δ 大时 λ 也大。因此火药密度对点火的影响也是复杂的。但是火药密度是火药紧密程度的标志，火药结构愈疏松的愈容易点火。

（5）火药的形状和表面状况与点火也有关，火药表面愈粗糙的愈容易点火，而经过石墨滚光和钝化处理过的火药难点火。

这一系列影响点火的因素不是孤立地起作用，而是互相关联的。点火难易是多因素的综合影响。

除了火药本身的物理化学性质对点火有着明显影响外，火药的初始温度对点火也有显著影响，在设计辅助点火药用量时，不仅要保证常温下的点火一致性，而且要保证低温条件下能有可靠的和一致的点火条件。

在装药床结构方面，除装药床的空隙率（或装填密度）、药室的长径比和药室的自由空间等对点火过程的影响外，火药装药的起始总燃烧面积对点火过程有明显的影响。起始总燃烧面积大的装药结构在点火阶段易于产生压力波。在弹道等效条件下，19 孔和 37 孔火药的起始燃面要比 7 孔火药小，因此，国外广泛采用 19 孔大颗粒火药，它不仅可以减少起始燃烧表面积，而且同时改善了装药床的透气性，有利于火焰的传播和实现点火的一致性。

在使用药包的情况下，药包布能减弱点火传火气体的气流速度，当气体穿透或破坏厚的和致密的药包布时，要消耗一定的能量，因此装药中的药包布必须选用不严重阻碍点火的丝织物或薄的棉织物为材料。

3. 装药点火系统设计的一般知识

实际装药的点燃与理想的"瞬时全面点火"总是有差别的，并非所有火药表面温度都达到发火点时才开始点燃，而是点火药燃气和灼热的固体粒子先点燃靠近点火药附近的一部分火药，而这部分火药点燃后所产生的燃气又参与其余部分火药的点燃。究竟装药中应有多大火药表面被点燃才能维持火药装药的稳定燃烧，从理论上和实验上都很难确定。通常的办法是用点火压力达到一定值或点火延迟期最小时的点火药量作为选择点火药的标准。

1) 强迫点火理论与点火强度指标

为建立点火压力与火药装药点燃所需热量间的关系，假定一种非常简单的点火过程模型。这一模型假设：

(1) 火药的点火只取决于点火药气体对火药表面的传热，当火药表面从点火药气体中吸收的热量达到足够大时火药即可着火，这个热量的最小值一般表示为 Q_{min}；

(2) 点火热源的温度 T_i 是一个恒定数值，均匀地对火药加热；

(3) 点火药气体服从理想气体状态方程，则

$$T_i = p_i / (R_{ign} \rho_i) \tag{2-78}$$

式中：T_i 为点火药气体温度；R_{ign} 为点火药气体常数；p_i 为点火药气体压力；ρ_i 为点火药气体密度。

单位时间内点火药气体传给火药表面的热量，用传热公式可以表示为

$$dQ/dt = cu\rho_i(T_i - T_0)S_0 \tag{2-79}$$

式中：T_0 为火药的初温；c 为点火气体的比热容；u 为火药气体流向火药表面的法向平均速度；S_0 为火药的受热表面积；t 为传热时间。

如令 $\xi = 1 - T_0/T_i$，从状态方程得知：

$$T_i \rho_i = p_i / R_{ign} \tag{2-80}$$

则式(2-79)可改写成：

$$dQ/dt = cu\xi S_0 p_i / R_{ign} \tag{2-81}$$

令 $\alpha_1 = cu\xi/R$，称为理论传热系数，则

$$dQ/dt = \alpha_1 S_0 p_i \tag{2-82}$$

由于在上式中没有考虑点火药气体沿火药表面的湍流流动和点火药气体中

含有炽热的固体粒子等因素，因此在传热系数中应引入大于 1 的系数 α_2，又由于点火药气体传播是有一个过程的，因而装药各部分加热情况并不一致。为了简化起见，假设火药表面的点火药气体温度是一致的，并对点火药气体压力取平均值。由于这一假设引起的误差由系数 α_3 修正，所以

$$\mathrm{d}Q/\mathrm{d}t = \alpha_1 \alpha_2 \alpha_3 S_0 p_i \tag{2-83}$$

令

$$\alpha = \alpha_1 \alpha_2 \alpha_3 = cu\xi\alpha_2\alpha_3/R$$
$$\mathrm{d}Q/\mathrm{d}t = \alpha S_0 p_i \tag{2-84}$$

式中：α 称为总传热系数，是与点火药气体性质、火药初温、点火过程、点火温度、点火结构和装药结构有关的一个量。

从式(2-84)可以看出，为了保证正常的点火条件，必须根据装药中火药的形状尺寸和装药量来选择点火药的种类、用量和合理的点火结构。而点火药气体的压力是点火强度的重要标志之一。但点火压力只代表了点火强度条件的一个方面，要使火药点燃，火药吸收的热量应大于某一个最低热量 Q_{min}。若 t_{min} 为点火药气体把这么多热量传给火药表面所需时间，从式(2-84)积分得

$$Q_{min} = \alpha S_0 \int_0^{t_{min}} p_i \mathrm{d}t \tag{2-85}$$

令 $q_{min} = Q_{min}/S_0$，则

$$q_{min} = \alpha \int_0^{t_{min}} p_i \mathrm{d}t \tag{2-86}$$

式中：q_{min} 表示要使火药点燃，火药的单位表面应当吸收的最低热量。

因此要能得到有效的点火，火药单位表面实际分配的热量 q_i 应大于 q_{min}。所以 q_i 就成为点火设计中的重要依据，这是点火强度的又一重要指标。用微量量热计可以直接测得一般火药表面加热层的热量，试验证明有效点火时，q_i 约在 $7.6 \sim 9.6 \mathrm{J/cm^2}$。

从式(2-86)还可以看出若要保证 q_{min} 大于某一个数值，在总传热系数 a 一定时，对点火 $p_i - t$ 曲线下的面积也必须有一定的要求。但是为了方便起见，经常用点火的最大压力 p_B（p_i 的最大值）、点火压力 p_i 达到最大值 p_B 的点火时间 t_B 以及点火药气体压力上升后的变化趋势来判别。点火药压力 p_i 不仅影响点火药热量向火药传递的情况，而且还标志着点火药气体在装药中的传播能力，所以点火药气体压力的最大值 p_B 往往作为点火强度的指标，它必须大于一定的

数值。在一定的点火气体压力 p_B 下，为了使热量及时传给火药，还必须保证一定的点火时间。因为形成点火最大压力 p_B 也是有一个过程的，点火过程的压力曲线也必须是近似一致的，即各发点火压力和点火时间跳动不大，点火压力曲线上升的趋势应该接近一致。

因此在点火系统设计中经常提出以下几条作为点火强度的指标：

(1)点火药气体压力平均最大值 p_B；

(2)点火时间 t_B；

(3)点火药气体压力曲线上升的趋势；

(4)装药单位表面积所吸收的热量 q_i；

(5)点火压力曲线的重现性。

这些指标都是从点火药方面提出的，由于装药的具体条件不同，对这些指标的要求也会有所不同。对于一般线膛武器，主要是控制点火压力、点火时间和点火热量，因为在控制这些量后其他两项指标就比较容易满足了。而对于有气体流出的低压火炮，这五项指标都必须考虑。为了达到点火指标的要求，应当控制好点火的条件。对于一般武器，选择好点火药的种类、控制点火药量和合理安排点火结构是控制各项点火指标最有效的方法。

2)点火系统设计的一般知识

(1)点火药种类的选择。

最常用的点火药是黑火药。黑火药燃烧后产生占其产物重量 55.7% 的固体粒子，这些微粒上聚集了一部分热量成为灼热粒子。当这些粒子接触到火药表面时，把热量集中地传给火药的某一区域，能较好地使装药局部加热，使这部分装药迅速引燃，再扩大到其他部分。因此黑火药的点火能力较强。黑火药生成物中有大量的钾离子 K^+，它是一种消焰剂。所以利用黑火药点火本身就可以起到消焰作用。但黑火药的热量较低，射击时会产生烟，射击后膛内残留物质较多，容易污染炮膛，在运输保管中容易磨碎和吸潮，所以也有不少缺点。

多孔性硝化棉火药的热量较高，燃烧时不产生固体粒子，点火能力虽然不如黑火药强，但有利于无烟射击的要求。在半自动炮闩和有炮口制退器的火炮上采用这种点火药容易产生炮尾焰，为了消除炮尾焰，如在装药中另加入消焰剂，又增加了发射时的烟，将抵消使用多孔性硝化棉火药的优点，更重要的是多孔性硝化棉火药的燃烧性能不稳定。因此这种点火药主要在低压火炮中配合黑火药使用，以弥补黑火药热量不足的缺点。

奔奈药条是由黑火药与硝化纤维素以溶剂法压制的药条状火药，兼具黑火药与硝化棉火药的优点，国外在大口径火炮中已广泛地用来部分取代黑火药。

(2)点火药量的选择。

在密闭爆发器进行试验时按照下列公式，在指定最大点火压力 p_B 的条件下来估算火药用量：

$$p_B = \frac{f_B m_B}{V_0 - \dfrac{m_p}{\delta} - \alpha_B m_B} \qquad (2-87)$$

式中：m_B、f_B、α_B 分别为点火药用量、火药力及余容；m_p、δ 分别为点燃火药的装药量及密度；V_0 为密闭爆发器容积。

由式（2-87），指定一个点火压力，即可求得一个点火药用量，它对应一个点火时间。试验证明，点火药气体压力愈低，点火时间就愈长。当 $p_B = 12.5\text{MPa}$ 时，可以认为火药在密闭爆发器中是瞬时点燃的，如表 2-25 所示。

表 2 – 25　密闭爆发器中点火压力与点火时间的关系

点火压力 p_B/MPa	2	4	6	12.5
点火时间 t_B/s	0.02	0.008	0.004	瞬时（近似）

但是，在密闭爆发器中由计算所得的点火药气体压力并没有考虑爆发器和火药表面对点火药气体压力的影响。所以实测的点火药气体压力数值比理论计算值要低。装药中火药的总表面积愈大，实测的点火药气体压力就愈低。所以，不应当仅仅依靠理论的估算就来确定点火药量，还必须考虑具体的结构情况，才能正确选择点火药用量。把密闭爆发器试验中得出的规律推广到火炮中同样是适用的。在为火药装药选择点火药量时，简单地用状态方程估算当然也不能得到满意的结果。目前火炮装药选择点火药用量主要是依靠经验公式或实验方法。

经验公式（1）：

$$m_B = \frac{S_0 q_i}{\varphi Q_V}(1 + K) \qquad (2-88)$$

式中：m_B 为点火药量（g）；S_0 为装药的总表面积（cm²）；q_i 为点燃每平方厘米装药表面所需的热量（J/cm²）；φ 为热损失系数；Q_V 为水为液态的火药爆热（J/g）；K 为取决于装药结构和装药尺寸的系数。

系数 φ、K 和 q_i 的大小应根据试验来定，在一般情况下可取 $\varphi = 1$，$K = 0$，$q_i = 1.5\text{J/cm}^2$ 作为估算火炮点火药量的一次近似值。

这一经验公式完全是根据装药单位表面积所需的热量 q_i 作为估算的基础。表 2-26 列举了几种火炮的点火药诸元，可作为设计的参考。

表 2-26　几种火炮的点火药诸元

火炮名称	装药量 (m)/g	装药总表面积 (S_0)/cm²	点火药质量 (m_B)/g	点火药总热量 (Q_B)/J	单位面积装药表面吸收的热量 (q_1)/(J·cm⁻²)
20mm 空军炮	19	291	0.52	1424	4.90
37mm 高射炮	220	2478	5.01	13837	5.57
57mm 反坦克炮	1500	12125	7.53	20792	1.72
85mm 高射炮	2480	16452	32.53	89870	5.44
85mm 加农炮	2520	23672	23.73	94027	3.98
152mm 榴弹炮	3480	56036	51.53	158956	2.85

经验公式(2):

$$\frac{m_B}{m_p} = \frac{17.6 \times 2e_1\left(\dfrac{\delta}{\Delta} - 1\right)}{Q_{V(l)}} \qquad (2-89)$$

式中：m_B 为点火药量(g)；m_p 为火药装药量(g)；$2e_1$ 为火药燃烧层厚度(mm)；δ 为火药密度(g/cm³)；Δ 为火药装填密度(g/cm³)。

采用弹道试验法确定点火药用量的方法，是在试验时在其他装填条件不变的情况下只改变点火药用量，同时测定火炮的最大膛压、初速和装药的引燃时间，即自击发底火开始到弹丸出炮口为止。尽管这个时间不是点火时间，点火过程仅是装药引燃时间中的一小段，但是这个时间比较容易测得，可以作为参考。以德国 155mm 加农炮为例，试验结果列于表 2-27 中。点火药量与弹道诸元的关系绘于图 2-84 中。

表 2-27　德国 155mm 加农炮点火药量对主要弹道诸元的影响

点火药量 m_B/g	25	50	75	100	125	150
最大膛压 p_m/MPa	238	263	268	272	279	283
初速 v_0/(m·s⁻¹)	751	749	753	755	767	759
装药引燃时间 t/ms	882	312	83	92	75	78

由图 2-84 可以看出，最大膛压是随点火药量的增长成直线增加的；初速的变化范围不大，随着点火药量增加而略有增加，均在初速的误差范围以内；装药的引燃时间在点火药量少时变化非常剧烈，当点火药量为 75g 时，引燃时

间达到某一数值，此后再增加点火药量，装药引燃时间不再变化。因此，可以选取 75g 为该炮的点火药量。小于这个量装药引燃时间随点火药量减少而显著增加，在这种情况下装药燃烧就很不稳定，会使膛压和初速产生显著的跳动。如果大于这个量，在弹道上会引起膛压增高而初速却并不相应地增加，点火药用量过多还会引起射击时烟多、膛内残渣多等缺点。显然这种情况是有害于火炮性能的。

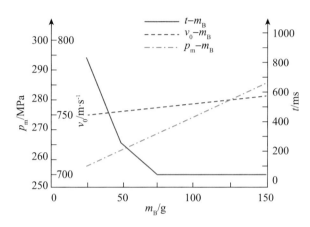

图 2-84　德国 155mm 加农炮点火药量对主要弹道性能的影响

（3）点火药位置的选择。

点火药的点燃效果不仅和点火药量有关，而且与放在装药中的位置有密切关系。当装药的药筒或药包不很长时，辅助点火药一般都是放置在底火和火药之间。如果由粒状药组成而用较长的药筒或药包时，可以把辅助点火药装在一定长度的中心点火管中。

不论什么形状的火药，当装药长度超过了 0.7～0.8m 时，如果仅在底火上放置一个点火药包，往往不能保证装药瞬时全面点燃，会造成膛压初速的反常跳动。为了避免这种现象，可把辅助点火药分成两个药包，一个放在底火上部，一个放在装药将近一半的地方。实践表明，第二个药包不宜放置在装药的最上端，因为这样的话，点火药就起不到"接力"点火作用，又容易使装药两头受压而使药粒破碎。分成两个点火药包时，点火药量要调节适当，可以均分，中间点火药包药量也可以多一些。但下点火药包药量不能太少，否则会使起始点火能力过弱。

在变装药中，因为有大量的附加药包，射击时这些附加药包可能要取出，所以辅助点火药包一般不固定在附加药包上。分成两个点火药包时，分别放置在基本药包的上面和下面。

如果装药的尺寸更大，也可以将点火药包分成三个以上。

(4)点火管设计的主要原则。

一般情况下，如果装药床长度为 L，则点火管长度取 $L_d = (0.6 \sim 1.0)L$。点火管的细长比，即点火管内径与点火管长度之比 $\Lambda_d = D_d/L_d$ 要适当，一般在 $1/25 \sim 1/45$。对于粒状火药床，点火管的传火孔一般是交叉分布。对于带状火药或管状火药床，传火孔分布在点火管两端较为有利。因为从点火管中间孔内横向流出的气体会把带状或管状药型破坏，易造成弹道性能反常跳动。传火孔径 d 通常取 $2 \sim 6mm$。点火药颗粒较小时，d 也取较小值；点火火焰太短，于点火不利；传火孔径过大，药粒又易喷出点火管。单位点火药重量的传火孔，总面积可控制在 $11 \sim 22mm^2/g$ 范围。一般地说，对装填密度较大的火药床，点火较为困难，为提高点火压力，传火孔的总面积可以取得小些。点火管第一排孔的位置对点传火性能至关重要。如果第一排孔离点火管底部较近，则第一排孔在点火过程中破孔时间比较早，管压上升较慢；反之，当第一排孔离点火管底部较远时，则其破孔时间将稍后延迟，管压上升较快。中心点火管内点火药纸筒的强度和与点火管的配合公差也会影响点火性能。如果纸筒不能紧密地贴在点火管内壁上，就不能保证打开传火孔时冲成圆形或窄长形的孔，有可能在不高的压力下就使纸筒断裂，因此就达不到所要求的打开传火孔的压力。而当点火药纸筒在长度上比点火管内腔长度要短时，容易造成空腔一端局部压力升高和点火管性能不稳定，这些在设计时都需注意。

2.3.4 火炮火药装药附加元件

火药装药中的火药和点火系统是装药的两种最主要的元件。在实际使用中，为满足装药贮存、运输、发射的要求，改进和完善火炮性能，需要使用其他附加元件，如护膛剂、除铜剂、消烟剂以及紧塞具和密封装置等。

1. 护膛剂

在装药中加入 1% 的护膛剂，火药气体的温度降低 $100 \sim 120℃$，热量降低 $125 \sim 167kJ/kg$，比容增加 $20 \sim 25dm^3/kg$，相当于火药力降低 1%。但对不同性质的火药，护膛剂的效果是不同的。对于低热量火药，由于护膛剂产生相变化和热裂解，吸收了大量的热，可以较显著地降低火药气体温度。但对于高热量火药装药，由于护膛剂产生相变化和热裂解后的产物容易进一步与火药气体作用而放出一些热量，因此火药气体温度降低的幅度较低。当火药热量增至 $4200kJ/kg$ 或更高时，护膛剂的实际效果大大降低。

设计护膛剂应考虑到装填条件、火炮口径、装药质量、火药性质和牌号、药室的结构等。选择护膛剂主要是确定护膛剂的质量、类型和装填方式，其主要依据应当是试验结果，在试验前可依据下列一些原则进行初步的估算。

1）护膛剂用量的确定

一种护膛剂的成分：石蜡 24%～26%；凡士林 18%～20%；地蜡55%～37%。

护膛剂用量主要依据火药的性质和装药质量。护膛剂用量和内膛表面温度有关。随着护膛剂用量增多，后膛表面温度明显地下降。但不是护膛剂愈多愈好，护膛剂过多将增加射击时的烟雾，降低火药的能量。

通过试验得出了某火炮装药不同火药的护膛剂用量和身管磨损的关系曲线（见图 2‑85）。由图看出，比较恰当的护膛剂用量：双芳型火药应为装药量的 2%～3%；硝化棉火药应为装药量的 3%～5%；高热量硝化甘油火药应为装药量的5%～8%。

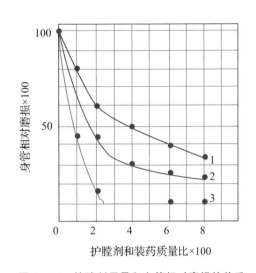

图 2‑85　护膛剂用量和身管相对磨损的关系

1—高能 NG 火药；2—一般 NC 火药；3—双芳型火药。

除了从考虑效果决定护膛剂的用量之外，要考虑射击时护膛剂的额外损耗，因此通常取合理用量的上限。

2）护膛剂类型的选择

护膛剂有片状钝感衬纸、刻纹状钝感衬纸、薄片状护膛剂等（见图 2‑86、图 2‑87）。片状钝感衬纸主要用在中小口径的粒状火药装药中，因为这类火炮大都使用药筒，比较薄的片状钝感衬纸可以放在药筒的内壁。

刻纹状钝感衬纸由若干片状钝感衬纸压制而成，它的强度较好，主要用在大中口径管状火药的装药中。

如果在药包分装式的大口径火炮中使用护膛剂，由于各号装药量是不同的，护膛剂用量较难随装药量而变。因此，常把护膛剂直接涂在药包布上，这就是附在药包布上的薄片护膛剂。

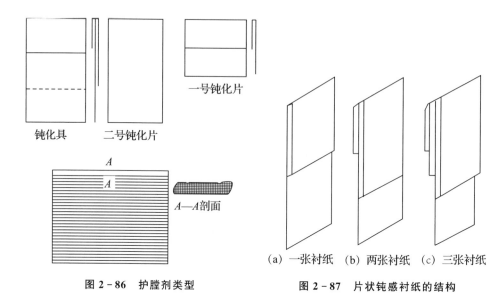

钝化具　　　二号钝化片

一号钝化片

A

A

$A—A$剖面

图 2 - 86　护膛剂类型

(a) 一张衬纸　(b) 两张衬纸　(c) 三张衬纸

图 2 - 87　片状钝感衬纸的结构

3)护膛剂在装药中的位置

护膛剂的作用效果不仅与护膛剂用量有关，而且还与护膛剂在装药中的位置有关。以 57mm 加农炮为例，如果把护膛剂放在装药周围，身管尾部温度下降是明显的；如果把护膛剂放在装药的中间，炮膛尾部温度降低很少，而在炮口部分温度降低较多。从表 2 - 28 中可以看出护膛剂位置对火炮寿命的影响。

表 2 - 28　护膛剂在装药中的位置对防烧蚀效果的影响

装药	护膛剂放置位置	发数	$\Delta v_0 \times 100$	$\Delta p_m \times 100$	药室增长量/mm
12/7	-	676	- 7.7	- 16.0	427
12/7 + 护膛剂	放在装药周围	3600	- 5.9	- 14.7	357
12/7 + 护膛剂	放在装药中心	1900	- 8.9	- 23.0	386

从护膛剂放在装药周围和放在中心的射击发数、膛压、初速、药室增长量的比较可以看出，护膛剂放置在装药周围的效果要好。

片状钝感衬纸一般分布在整个装药的表面上，因此片状钝感衬纸大都制成长方形。它的长度就相当于装药的长度，它的宽度相当于药筒上端的内圆周长。装药时把片状钝感衬纸紧贴在药筒的内侧面，不折叠。在锥形的药筒中，使用梯形片状钝感衬纸。梯形的上底长即等于药筒上端的内圆周长，梯形的下底长即等于药筒下端的内圆周长。

片状钝感衬纸上护膛剂的厚度与用量、表面密度有关。极限表面密度为

$3.5\sim4.0g/dm^2$，超过这一数值容易损坏护膛剂层或反应不完全。可以用两张或三张片状钝感衬纸替代厚衬纸。

根据火药气体速度在膛内的分布，可将大部分护膛剂安排在接近药筒口部的位置上，小部分护膛剂在药筒下半部。

图 2-87 中列举了片状钝感衬纸的结构。即一张、两张和三张衬纸的状态。

刻纹状钝感衬纸一般放置在装药的上半部。压制刻纹钝感衬纸的每片衬纸的表面密度不要超过 $4.5g/dm^2$。管状药装药要考虑刻纹状钝感衬纸的放置空间和位置。装药药束应起到固定衬纸的作用，使之不移动。

涂在药包布上的薄片护膛剂，应在药包布上均一分布和厚度一致。

4）护膛剂选择实例

确定 76mm 和 100mm 加农炮的护膛剂。

(1)确定 76mm 加农炮装药护膛剂。装药是 12/7 硝化棉火药制成药筒式定装药，$m_p=1.80kg$，装药的长度 $L=470mm$，药筒内圆周长 265mm。

①计算护膛剂质量：硝化棉火药使用护膛剂应为装药的 5%，则护膛剂质量：$1800\times0.05=90g$；

②因装药是药筒定装式装药，火药形状为多孔粒状，选用片状钝感衬纸；

③钝感衬纸的表面积：$4.70\times2.65=12dm^2$；

④护膛剂的表面密度：$\delta_s=90/12=7.5g/dm^2$；

由于片状钝感衬纸的极限密度不要超过 $4.0g/dm^2$，所以用两张片状钝感衬纸，每张表面密度为 $7.5/2=3.75g/dm^2$；

⑤在结构上选用图 2-87(b)所示的放置方式。

(2)确定 100mm 加农炮的护膛剂。100mm 加农炮选用双芳-31-8/ll 火药，装药是药筒定装式装药，$m_p=5.70kg$，分上下两束，每束药长 $L=260mm$，药筒内圆周长 405mm。

①确定护膛剂质量：双芳型火药的护膛剂为装药量的 3%，即 $5700\times0.03=170g$；

②用管状火药组成药筒定装式装药，用刻纹状钝感衬纸放于药筒上部；

③钝感衬纸表面积为：$2.6\times4.05=10.5dm^2$；

④护膛剂的表面密度：$\delta_s=170/10.5=16.2g/dm^2$；

用四张 $4.05g/dm^2$ 的片状衬纸压制成刻纹钝感衬纸。

表 2-29 是某些火炮护膛剂的数据。护膛剂效率系数 K_h 是有与无护膛剂的火炮寿命发数之比。

表 2 - 29　火炮护膛剂诸元

火炮	护膛剂形式	护膛剂成分分数×100			质量/g	效率系数 K_h
		石蜡	石油酯	地蜡		
37mm 高射炮	片状钝感衬纸	24～26	18～20	55～57	9	4～5
57mm 反坦克炮	片状钝感衬纸	24～26	18～20	55～57	54	3
85mm 加农炮	片状钝感衬纸	24～26	18～20	55～57	40	4～5
100mm 加农炮	刻纹状钝感衬纸	24～26	18～20	55～57	175	2～2.5
130mm 海军炮	刻纹状钝感衬纸	24～26	18～20	55～57	350	2～2.5
180/57 海军炮	薄片状护膛剂	24～26	18～20	55～57	1720	2.5

5) 新型护膛剂简介

(1) 金属氧化物护膛剂。

在装药中添加某些金属氧化物、氟化物、硅酸盐、氮化物等对防烧蚀都有一定成效。现在武器普遍使用金属氧化物型护膛剂。具有防烧蚀能力的化合物有二氧化钛（TiO_2）、氧化钨（WO_3）、氧化铌（Nb_2O_5）、氧化钽（Ta_2O_5）、二氯氧化锆、氧化钼、氧化锌、氧化铪（HfO_2）、氧化铀（UO_2）、氧化钍（ThO_2）、硝酸铬、碳酸锌（$ZnCO_3$）、磷酸锌（$Zn_3(PO_4)_2$）、铬酸锌（$ZnCrO_4$）、草酸锌（ZnC_2O_4）、砷酸锌（$Zn_3(AsO_4)_2$）、硫酸钙（$CaSO_4$）、硫酸钡、硫酸钨、硫铬酸锌、钒酸盐、钨酸盐、铌酸盐、碱的钽酸盐和钛酸盐、碱土金属及 V（钒）、W（钨）、Nb（铌）、Ta（钽）及 Ti（钛）的碳化物、氮化物、硫化物及硅化物等。

TiO_2 -石蜡护膛剂已成为一些国家的制式护膛剂。石蜡和无机添加剂体系具有防烧蚀作用有几种解释：

① 高分子聚合物的降温效果；

② 流动的火药燃气将 TiO_2 粒子均匀地喷向内膛表面，减少热传递；

③ 生成的氧化物、氮化物和碳化物沉积在炮管内壁，成耐烧蚀耐磨损的覆层；在 800℃ 条件下将发生如下的化学作用：

$$3TiO_2 + 2CO \rightarrow Ti_3O_4 + 2CO_2$$

将火药气体中的 CO 转化为 CO_2，CO 是引起炮膛烧蚀的主要成分。

国外曾利用 105mm 坦克炮发射同一形式的脱壳穿甲弹，比较使用和不使用 TiO_2 -石蜡护膛剂的内膛烧蚀量。用纯度为 99% 的 TiO_2（锐钛矿的变体），倒入固化点 58～73℃ 熔化的石蜡中，24 份石蜡、20 份 TiO_2，再加入少量表面活性剂，涂在人造丝或纯纤维的药袋布上。布片尺寸 406.4mm×482.6mm，每平方厘米护膛剂 0.015g，共 33g。涂层上部厚约 1mm，下部约 0.5mm。将有涂层的布卷插入药筒，倒入火药，有涂层的布盖片压在火药顶部（见图 2-88）。

　　射击试验对比结果如图 2-89 所示。不使用护膛剂的身管寿命一般为 200～250 发，加 TiO_2-石蜡护膛剂后，发射了 601 发，炮膛磨损仍然很小，估算寿命不会少于 2000 发。

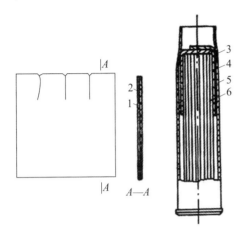

图 2-88　涂有 TiO_2-石蜡的护膛剂
及其在装药中的位置

1、4—涂层；2、3—布片；5—药筒；6—火药。

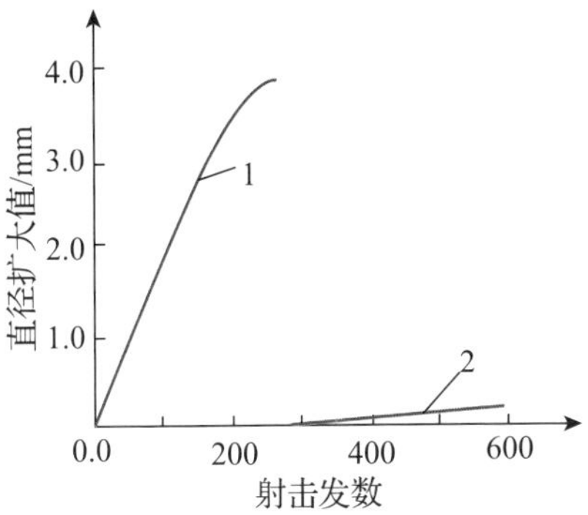

图 2-89　使用 TiO_2-石蜡护膛剂和
不使用护膛剂对火炮烧蚀的比较

1—不使用护膛剂；2—使用 TiO_2-石蜡护膛剂。

　　这种护膛剂对高热值火药的效果较明显，对冷火药防烧蚀效果下降。此种护膛剂能在内膛表面形成灰白色的粉末层，可能是 TiO_2 与火药气体反应的生成物。TiO_2 的粒度对防烧蚀效果有很大影响，范围应在 $0.1～60\mu m$，一般为 $1～5\mu m$。护膛剂的用量大多为装药量的 1%～5%，有的资料认为可为装药量的 0.05%～30%。

　　为了改进防烧蚀效果和降低成本，也研究用滑石粉（硅酸镁）代替 TiO_2。初步发现滑石粉比 TiO_2 具有更好的防烧蚀作用。滑石粉粒度对防烧蚀性能有显著的影响，对不同武器，粒度应有所差别。

　　75 倍口径 37mm 高射炮装药用三基药，用天然滑石粉 34%、地蜡 53% 和石油脂 13% 组成的护膛剂，当射击发数达到 1300～1600 时初速下降 2.2%，而没使用护膛剂射击 400 发时，初速就下降了 2.2%。

　　（2）有机硅护膛剂。

　　有机硅材料是又一种新型的护膛剂。其基本作用原理为：一方面在高温下有机硅降蚀剂的分解（或蒸发）吸热可以降低发射药的爆温，从而降低装药对武器内膛的烧蚀；另一方面，有机硅降蚀剂材料在高温下分解后产生硅的氧化物具有耐机械烧蚀的同时还具有较低的导热率，可以在膛壁表面沉留形成隔热层，从而降低由于热和机械因素引起的烧蚀；最后有机化合物在高温分解后形成的无机粒子可以减弱膛壁附近涡流扰动，降低由于燃气冲刷而形成的烧蚀。

一种有机硅护膛剂结构如图 2-90 所示。

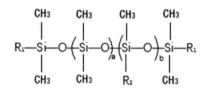

图 2-90   一种有机硅护膛剂的结构

其中，R_1，$R_2 = CH_3$，$(CH_2)_n CH_3$，分子量约为 4000。有研究表明：这种有机硅护膛剂较常用的石蜡类护膛剂，护膛效率提高 10% 以上。

如何解决有机硅在装药贮存过程中的泄漏问题是该类护膛剂应用需要解决的问题之一。

2. 除铜剂

1）除铜剂的作用

弹丸在膛内运动时，铜弹带会在内膛表面形成金属铜的积累层，在膛线上更严重，影响弹丸在膛内运动的规则性，并会造成外弹道不稳定，降低射击精度。

使用除铜剂能除去膛内的积铜。除铜剂是一种低熔点的合金，由锡、铅等熔合而成。除铜剂在发射时受火药燃气的热作用，变成蒸气状态和积铜生成共熔物附在膛面上，它很容易被燃气或下一发弹带走。试验证明，使用除铜剂的弹丸射击精度好。其副作用是除铜剂的共熔物会增加发射时的烟雾，除铜剂对炮口燃气的二次反应有催化作用，易形成炮口焰。

2）除铜剂的选用

除铜剂有丝、带和片状等三种形式。一般使用丝状除铜剂。装药时把它缠成小于药筒直径的金属圈，放在火药和紧塞盖的中间。采用瓶形装药结构时，可把除铜剂套在火药束上部的瓶颈部。

带状除铜剂扎在装药上，或直接插入装药内。资料统计，除铜剂的用量大约为装药量的 0.5%～2.0%。准确的用量应当用实弹射击试验方法确定，试验时可先取装药量的 1.0% 为除铜剂用量初始值。一些火炮除铜剂的用量列于表 2-30 中。

表 2-30　火炮除铜剂尺寸和用量表

序号	火炮名称	除铜剂用量/g	圈的直径/mm
1	1955 年式 37mm 高射炮	3～5	33～35
2	苏 1942 年式 45mm 反坦克炮穿甲弹	4～6	40～42
3	1957 年式 57mm 反坦克炮弹	18	52～55
4	1959 年式 57mm 高射炮榴弹	12～15	50～55
5	1954 年式 76mm 加农炮弹	10～14	65～70
6	苏 1931 年和 1938 年式 76mm 高射炮榴弹	16～20	65～70
7	1956 年式 85mm 加农炮各种弹	25～29	70～75
8	苏 KC-18A85mm 高射炮榴弹	70～80	70～75
9	苏 1944 年式 100mm 加农炮全装药	21～29	90～95
10	苏 1944 年式 100mm 加农炮减装药	11～19	45～50
11	1959 年式 100mm 高射炮榴弹	47～53	90～95
12	1954 年式 122mm 榴弹炮弹	18～22	110～120
13	苏 1931/1937 年式 122mm 加农炮弹	67～73	110～120
14	1960 年式 122mm 加农炮全装药	72～78	100
15	1960 年式 122mm 加农炮减装药	72～78	70
16	1966 年式 152mm 加农炮榴弹	48.5～51.5	140～150
17	1966 年式 152mm 加农炮弹	95～105	140～150

3. 消焰剂

火药燃气中的氧化碳、氢与空气中的氧作用，常生成炮口焰和炮尾焰。炮口焰会暴露目标。坦克炮、自行火炮等不希望产生炮尾焰。炮尾焰可能烧伤炮手和引燃准备射击的弹药，影响观察和制导。

用消焰剂是消除炮口焰或炮尾焰的一种化学方法。常用的消焰剂大都是钾盐，如 KNO_3、K_2SO_4 等。因为 K^+ 离子可以起到防止 H_2、CO 与氧的化合作用，是反应的负催化剂。一般认为：消焰剂在发射时成粉末与火药燃气一同逸出炮口，负催化作用提高了氧化碳和氢的发火点，促使气相链锁反应的断裂。不过使用消焰剂会增加发射时的烟。

因火炮的口径、初速、炮口压力、燃气温度以及产生炮口焰条件的差别，消焰剂的用量可能有较大的变动，一般用量是装药量的 2%～15%。装药中准确的消焰剂用量应该根据靶场试验来确定。标准用量是既能消除射击火焰又不影响弹道性能的最低用量。

消焰剂用量太多，不仅生成大量的烟，而且会使初速下降。定装式装药消焰剂的位置依据使用目的而定，消除炮口焰的消焰剂放在装药上端；消除炮尾焰放在装药的下端。分装式装药使用消焰药包，内装消焰剂。各号装药都用的消焰药包放在装药的最下方；小号装药不用消焰剂的，消焰药包放在装药中部。有的消焰药包可单独放置，只在无焰射击时才使用。

1960 年式 122mm 加农炮的全装药用 12/1 松钾消焰药 250g，装于环形药包中，它放在底火突起周围的点火药包下部，减装药中用 12/1 松钾消焰剂 120g 制成环形药包放在同样位置上。

还缺少理论依据来优化选择消焰剂的性质和用量，只能仿照制式装药的模式通过试验确定。

除了传统的 KNO_3、K_2SO_4 等无机消焰剂外，还研究发展了一类有机消焰剂，例如邻苯二甲酸钾、硬脂酸钾、山梨酸钾、草酸胺、六羟基锑酸钠、AK、二羟基乙二肟钾、偶氮四唑钾等，初步研究表明这些新型消焰剂都具有良好的消焰效果，但它们的综合效能还有待进一步验证。

研究发现，减小消焰剂粒径，将其纳米化，有助于减小和消除火焰，这是因为消焰剂纳米化后，其燃烧分解机制发生了较大改变，热分解过程得到了强化，能够形成更多的钾离子抑制火焰。

4. 紧塞具与密封装置

紧塞具是用厚纸压成的盂形盖，它的外径要比药筒口径稍大些（见图 2-91）。在药筒装填式火炮上用来减少火药燃气在发射初期从弹壁与膛壁间逸出。它和厚纸筒一起放在药筒内装药的上部，还能起到固定装药的作用。

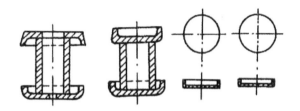

图 2-91　紧塞具示意图

密封装置是用于密封装药，防止装药受潮，它也由厚纸盖制成，并涂上石蜡、地蜡和石油脂的熔合物。在射击前密封盖要从药筒中取出。

2.4　火炮发射药装药技术的进展

近年来发射药装药技术有较大的进展，提出一些新概念、新结构的发射装药，有些已经应用，它们在提高初速、提高射速，增加射程、增加威力和精度等方面起到了非常重要的作用。这些新概念、新结构发射药装药包括底排装药、火箭增程装药、液体发射药装药、模块装药、随行装药、电热化学炮装药等。本节将对这些技术进行论述。

2.4.1　渐增性燃烧的装药

内孔燃面渐增和燃速渐增等渐增性燃烧的装药早已获得应用。近期，高燃速高密度的装药技术得到了发展，这类装药包括整体药柱、多层结构药柱和按序分裂杆状药等，它们是具有较强增燃性效果的装药。

1. 燃速渐增性装药

燃速渐增性燃烧是通过发射药各个燃烧层化学组分变化而获得的，在燃烧期间，各个燃烧层的燃速发生有规律的变化并逐渐增加。反映在弹道上，初期 $\mathrm{d}\psi/\mathrm{d}t$ 小，燃气在低燃速下生成，因此，火炮的膛压上升较慢，并使最大压力出现在膛容较大的瞬间。当燃烧进入药的内部，发射药燃速和燃气生成量则迅速增加，减缓了最大压力后的膛压下降速率，比较有效地控制了 $p-l$ 曲线的形状。由于大幅度提高发射药的燃速有困难，在较薄药体上改变燃速也有一定的难度，所以，研究工作主要集中于如何降低燃速，并且是降低药体局部区的燃速，从而在发射药燃烧方向上形成燃速由低到高的变化，实现了燃速的渐增性燃烧。

目前，已有多种技术和方法可以控制发射药的燃速。小口径武器普遍采用的钝感技术是将燃气火焰温度较低的物质，如 DNT、中定剂、苯二甲酸二丁酯、樟脑等渗入到发射药的表层，降低了该区发射药的火焰温度和燃速。因为这些物质沿表面向内部方向的浓度由大到小，燃速则由小到大，最终表现为燃速的渐增性。

目前的钝感技术钝感剂主要采用的是小分子钝感剂，同时为了保证钝感效果，通常含有苯环等相对稳定结构的化合物，这造成发射药长贮稳定性差、射击过程中烟焰、能量下降等不足，因此，研究长贮稳定性好、烟焰小、能量降低少的新型钝感剂和相应的钝感工艺就成为发射药钝感技术的主要发展方向。新型高分子钝感剂，例如聚甲基丙烯酸己二醇酯（EDMA）已在单基药中获得应用，EDMA 钝感发射药除了具有贮存稳定性和渐增性好外，还有明显的低温度系数特征。

研究了一种新型钝感技术，该技术的基本思想是通过对发射药中的硝酸酯进行脱硝处理，通过工艺控制不同深度的脱硝程度，表面脱硝程度高，内部脱硝程度低，呈梯度变化，从而获得燃烧渐增性。这种技术将大大提高发射药的贮存稳定性，减少射击中的烟焰。

另一种阻燃方法是采用发射药表面涂层，涂层物质是低燃速物质或高分子聚合物，它们在发射药燃烧环境中是可以消失的或是缓燃的。因此发射药表面涂层和钝感技术一样，是使发射药在整体上具有燃烧的渐增性。

阻燃、钝感等各类技术，属于抑制和减缓燃速的技术，关键在降低燃速。其可靠性及稳定性由弹道效果来判定。

一种具有变燃速性质的杆状药是由燃速不同的多个燃烧层组成。燃烧时火药燃速逐步增加，表现出强烈的增燃性质。图 2 - 92 是有两种燃烧层的杆状药，外层是冷火药，低燃温的低燃速层，内层是高能、高燃速层。内外层燃速比为6:1，外层药在最大压力前燃烧完，内层中的部分火药在最大压力后燃烧。

为了获得更好的燃烧渐增性，发展了一种具有内孔结构的变燃速火药，这种变燃速发射药可以是单孔、7 孔或具有更多孔径的发射药，图 2 - 93 是一种具有单孔药型的发射药。这种发射药外层是燃速较低的火药，内层具有较高的燃速，内层燃烧层厚度大于外层。燃烧开始时，内外层依据各自的燃烧速度同时燃烧，当外层燃烧结束时，内外燃烧表面都具有快速燃烧的特征，从而表现出较好的燃烧渐增性。实际应用时，可以根据不同的火炮装药，合理选择快慢燃烧的厚度和燃速，从而获得优化的效果。

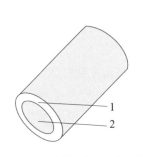

图 2 - 92　变燃速多层火药药柱　　　图 2 - 93　单孔变燃速发射药
1—冷燃层；2—速燃高温层。

另一种变燃速火药具有慢—快—慢燃烧层的三层结构（见图 2 - 94），这种火药装药除了具有变燃速特征外，还具有高装填密度的特征。这种发射药可以制备成条状(见图 2-95)、圆片状(见图 2-96)或卷片状放入药筒中(见图 2-97)。

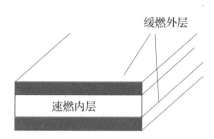

图 2-94　三层变燃速发射药结构示意图

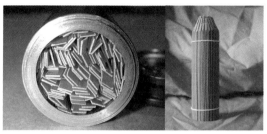

图 2-95　条状变燃速发射药

图 2-96　圆片状变燃速发射药

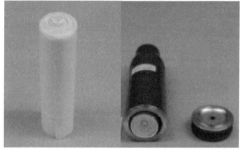

图 2-97　卷片式变燃速发射药及装药结构图

一种变燃速发射药为核壳结构微孔球扁药(见图 2-98),这种发射药内部有大量微孔,外层为相对密实的壳体,内层与壳层组成完全相同。由于内部结构的改变使该类球形药表现出高燃速发射药的特征,药粒的燃烧方式由平行层燃烧方式向对流燃烧方式转变,该类球形药燃烧时的燃气生成速率远远超过常规密实型球形药的燃气生成速率。通过控制内外层比例和内层的微孔结构,可以在较大范围内调节其燃烧性能,表现出高燃烧渐增性的特点。图 2-99 为一些核壳结构微孔球扁药的 $L-B$ 曲线。

图 2-98　核壳结构微孔球扁药

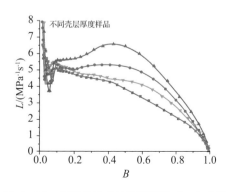

图 2-99　核壳结构微孔球扁药的 $L-B$ 曲线

2.增面性燃烧装药

1)多孔粒状药

燃面渐增是利用发射药几何形状的变化而获得的。在粒状药中，球形药、单孔粒状药的燃烧具有减面性，而 7 孔、19 孔、37 孔粒状药则是增面的。常用增面值来比较增面性的大小，增面值是燃烧过程的燃烧面积与初始表面积的比值（$\sigma_s = S/S_0$）。粒状药孔数是决定增面值 σ_s 的主要因素，药粒的孔径和长度对增面值的大小也有一定的影响。

7 孔、19 孔粒状发射药是目前常用的燃面渐增性发射药，最大增面值分别可达约 1.3 和 1.7（见图 2 – 100）。在燃烧分裂点时增面值 σ_s 最大，分裂点之后增面值 σ_s 开始下降。

具体到一种火炮，不是说药粒孔数越多的装药就越好，弹道性能也不一定就更佳。药粒的孔数和药型必须适合给定的装药条件，火药的装药量、燃烧气体的释放速度也要满足弹道性能的要求。药粒的增面性效果和具体火炮装药的增面性有时不完全一致，具体采用什么样的增面性药粒

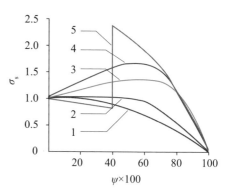

图 2 – 100   药型与增面性的关系
1—球形药；2—管状药；3—7 孔药；
4—19 孔药；5—按序分裂杆状药。

需要根据火炮的实际情况确定。表 2 – 31 是多孔火药的增面性及其应用于 100mm 高射炮的增速效果。

表 2 – 31   多孔火药的增面性和增速效果

类型	单孔	7 孔	19 孔	37 孔	61 孔	91 孔	129 孔
最大 σ_s	1.0	1.11	1.20	1.216	1.224	1.243	1.244
$\Delta v_0 \times 100$	1.0	1.034	1.055	1.062	1.064	1.066	1.069

在 p_m 相同的情况下，37 孔比 19 孔的增速约 0.7%。用 37 孔药替代管状药，初速增加的较为明显。用 19 孔或 37 孔替代 7 孔，发射药初始表面积可分别减少约 11% 和 25%，有利于控制膛内的初始压力。因此，利用增加燃面渐增性的技术可以在 p_m 不变的情况下提高装药量，同时保证发射药在膛内燃完，从而可以提高炮口速度。用 19 孔发射药代替 7 孔发射药，有可能提高初速 2%

左右。但生产孔数更多的发射药在工艺上有一定困难。所以，以往使用孔数最多的发射药是 19 孔发射药。随着发射药制备工艺技术的进步，我国近期发展了 37 孔粒状药，其增面性有了进一步的提高。

2) 按序分裂杆状药装药 (PSS)

PSS 是一种增面性较高的装药，也是一种具有高装填密度特性的装药，它采用了药体分裂的增面技术。按序分裂杆状药 (见图 2-101、图 2-102) 的内部有交叉于中心的几条预制槽，预制槽沿纵向贯穿于药杆，药杆的端面是封闭的。按序分裂杆状药有很高的增面值 σ_s。PSS 大量增面燃烧现象可控制在燃烧过程最有效的时间，从而保证在弹道循环的早期不出现超压现象，而在 p_m 之后按序大量增加燃面，并在膛内燃完，这种装药可能是一种较为适用的高密度装药。

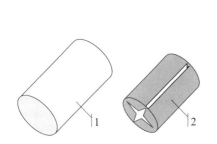

图 2-101　按序分裂杆状药

1—燃烧前杆状药；2—开始分裂状态。

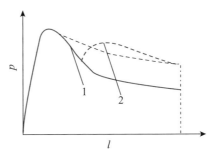

图 2-102　不同药型的 p-l 曲线

1—普通装药 p-l；2—PSS 燃烧第二压力峰。

PSS 开始燃烧时预制槽内表面不燃烧。随着燃烧过程的发展和弹丸向炮口运动，燃烧在杆的侧面和端面向内部发展，达到 p_m 并在膛内压力开始下降时，预制槽暴露，并发生药体分裂。此时，燃烧面和气体生成速率突然数倍地增加，提高了 p-t 曲线的面积和火炮的初速。预计，PSS 在粒状药的基础上可再增加火炮初速 2%~3%。

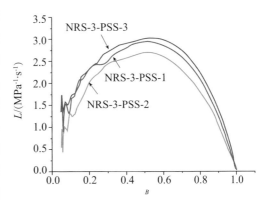

图 2-103　按序分裂杆状药密闭爆发器 L-B 曲线

图 2-103 为一些按序分裂杆状药样品密闭爆发器试验的 L-B 曲线。从图中可以看出其良好的燃烧渐增性。

设计 PSS 首先要考虑药杆的外表面和端面。药杆的侧面、端面的几何尺寸和形状要保证燃烧时达到要求的 p_m 和 t_m。之后确定分裂物的数量、几何尺寸，并使第二个压力峰值达到或接近于第一个压力峰值。如果采用组合的、不同形状尺寸的分裂物，重现数量更多的 p_m 峰，当这些振动的峰幅无限小时，就获得"平台"弹道效果。可以认为：

（1）PSS 是高增面/高装药密度的装药，具有应用的可能性。

（2）PSS 的 σ_s 值高，此类装药不限于杆状药，也可以使用药卷和药块。

（3）PSS 技术的现实性和优越性尚需进一步证实。主要需要解决的问题为：发射药制备工艺的稳定性以及端面封堵的一致性。

3）阻燃、增面复合型渐增性燃烧装药

利用药型提高增面性的效果是有限的，7、19 孔火药的最大增面值仅为 1.3 和 1.7 左右。如果结合阻燃技术还可以再进一步增加 σ_s 值。以 7 孔火药为例，采用外侧阻燃后，最大增面值可以达到 3 以上。

利用药型、阻燃等多种增面性技术的组合方式，如阻燃的开槽管状药、部分切口的阻燃杆状药、阻燃的片状药叠加装药等，都可以获得较强烈的增面燃烧效果，能明显地提高弹道效率。图 2 - 104～图 2 - 107 分别是切口的 19 孔梅花型火药、阻燃预分裂杆状装药、片状叠加包覆装药和带沟槽 PSS 阻燃装药的结构示意图。可以根据具体的内弹道需求，设计相应的阻燃结构。

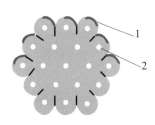

图 2 - 104　梅花型阻燃装药

1—阻燃层；2—内孔。

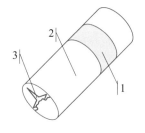

图 2 - 105　PSS 局部阻燃装药

1—阻燃层；2—未阻燃表面；3—预制内孔。

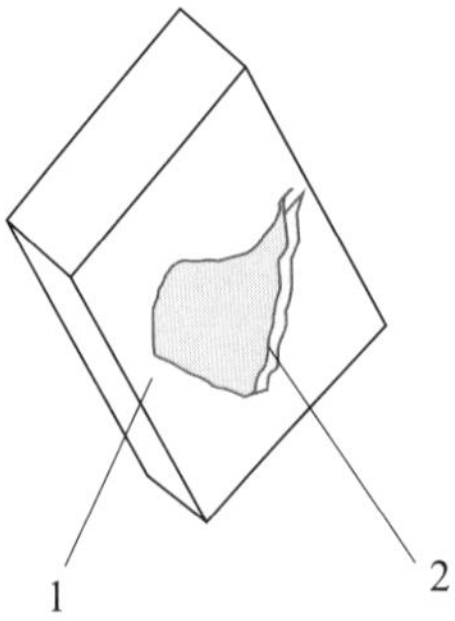

图 2 - 106　片状叠加装药

1—阻燃层；2—内孔。

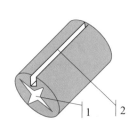

图 2 - 107　带沟槽装药

1—预制内孔；2—沟槽。

2.4.2 密实装药

密实装药和高能发射药装药对增加炮口动能的效果是相似的。发展密实装药是提高装药能量密度的一条途径，效果也比较明显，并且更具有现实性。目前，通过配方提高能量的幅度超过 20% 较困难，而通过密实装药可能提高能量的幅度最高可达到 50%。所以，研究者十分重视密实装药技术的研究。

装药密实的本质是减少药室的无效空间和提高发射药的密度。方法之一是减小发射药药体间的空隙、减小药体内孔的空间，以及减小装药元件所占有的空间。另外一个方法是提高发射药本身的密度，现有发射药的密度约为 1.50～1.70g/cm³。

钝感衬纸是装药的主要元件，经估算，衬纸要降低同质量的装药量。以提高炮口动能为主要目标的装药，应尽量减少衬纸用量，或改进衬纸的结构与放置位置，以增加装药量提供空间。

高速动能弹尾翼的结构能影响装药的性能，如果使用尾翼药筒装药代替布袋式装药，可以提高装药量近 2%。用管状药的药排围成圆环附于药筒内的斜肩部，也可以提高装药量。

应尽可能减少装药固定件、点火具、布袋等元件所占的体积。这些部件将药筒分隔成数个小区，而小空间的装药密度要明显地降低。

1. 粒状药密实技术

下面是几种可以增加粒状药装填密度的方法。

(1)减小或消除药粒之间的空隙。同样弧厚、相同长/径(L/D)比值的粒状药，其装药密度按大小的次序：球形 ＞圆柱形＞六边形＞梅花形。粒状药中，小粒药装药密度高于大粒药的装药密度。使 L/D 接近于 1 和用大、小粒混合的装药方法，都可以提高装填密度。

杆状药和粒状药相比，无内孔杆状药的装填密度大。有内孔的杆状药的装填密度取决于杆的内孔直径。

(2)对粒状药进行光泽处理。用振动的方法可以提高装药密度，但摩擦阻力影响了药粒的移动。对发射药粒进行光泽处理，既能消除静电，又能对药粒润滑和削去药粒尖角，所以，光泽是提高装填密度的重要手段之一。对于大口径火炮装药，药粒光泽和不光泽的装药量要相差 5% 左右，这是一个较明显的差别。常用的光泽剂是石墨。

光泽和消除药粒空隙等方法皆属于制式的装药方法，它涉及的问题较少。

可以综合利用或者部分利用上述方法于装药的型号设计。一般情况下，一个装药结构至少可采用其中三项技术，装填密度可以提高 9%~15%（见表 2-32）。

表 2-32　装药方法与装药密度

装药方法	提高装药密度×100
石墨光泽	2.5~3.5
7 孔替代 19 孔	2.0
大小粒混合装药	3.0~5.0
圆角六边替代梅花型	2.9~3.1
改变长径比，减少内孔径	2.0~3.0
尾翼及药排代替布袋	2.0~3.0

（3）在单体散装的密实中，不可忽视单体火药固有的密度。对不同的现有发射药，密度差可达 0.1g/cm³ 左右。即使用高密度火药就可提高装药量约 6%。

2. 球形药密实技术

球形药是轻武器和小口径武器的主要用发射药之一，同等质量的粒状药，球形药的装填密度最高。球形药的流动阻力也小。因此，球形药装药可获得较高的 m_p/m 值和炮口速度。大尺寸球形药难以加工，也不容易进行钝感处理，所以限制了它在大口径火炮上的应用。但大口径火炮一直希望能使用球形药。

近年来，制造大尺寸球形药以及球形药深钝感等关键技术有所进展，发展为密实球形药装药，并有望成为大口径武器一种高性能的装药，大尺寸球形药已分别试用于 155mm、203mm 等大口径火炮。技术的发展使球形密实装药有成为具有实用价值的装药的可能。密实球形装药具有如下特性：

（1）装填密度高。通常自由装填的发射药装填密度最高为 1.03~1.05g/cm³。装药后经轻微压实的压装球形药，装药密度可达 1.30~1.35g/cm³。压装球形药必须经过钝感处理，钝感层厚度约等于 22%的球半径。钝感层中阻燃剂的浓度梯度大，阻燃剂的质量分数最高为 15%左右，燃烧的初始期有相对低的 $d\psi/dt$ 值，美国 105mm 火炮 M68 装药试验表明，密实球形药能提高火炮初速 50~60m/s。

（2）低易损性和低易碎性。对撞击的安全性，密实球形药大于 M30 和 M9，同时不易破碎。

（3）低烧蚀性质。因密实球形药有深度钝感层而降低了火焰温度，球形药的速燃层、高燃温层起作用于膛容较大的阶段。

(4)易形成压力波。密实球形药透气性差,增大了气流阻力,但采用贯穿于整药床的点火系统能够抑制压力波。

单基药、三基药、双基药都可以制成用于大口径武器的大粒球形药。一种典型的大粒双基球形药的组分为:NC(13.15%N):74.6%;NG:15%;C_2:8.5%;二苯胺:1.0%;K_2SO_4:0.6%;水:0.2%;石墨:0.1%。

一种大粒球形药的钝感深度是燃烧层厚度的30%(见图2-108),球形药的外层钝感剂浓度N最高,约为18%左右,出现在燃烧层相对厚度($2e_1/2e_{10}$)6%深度左右。因散装和压实的差别,两种球形药装药钝感的方法也有差别,其目的是通过钝感剂浓度分布的不同,抑制压实药因装药量的增加而产生的高压。

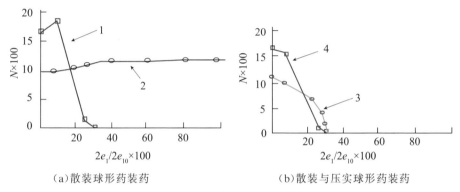

(a)散装球形药装药   (b)散装与压实球形药装药

图 2-108 钝感浓度和深度的关系

1—阻燃剂浓度;2—NG 浓度;3—压实装药阻燃剂浓度;4—自由装填阻燃剂浓度。

由于装药量增加以及装药的深度钝感,提高了火炮的初速并减少了火炮的烧蚀(见表2-33、图2-109)。

表 2-33 球形药用于 M2 155mm 火炮的弹道数据

装药形式	m_g/ kg	p_m/MPa	v_0/(m · s^{-1})
粒状药 M6	13.62	313.7	853
散装药	14.98	315.7	857
压实药	17.93	317.7	902

3. 杆状药密实技术

部分切口杆状药是增面性和装填密度都较高的装药。该装药在发射药杆上分布着相间、垂直于纵轴的多个等距离切口,切口的深度等于药杆的半径。切口是杆状药内孔的气体出口，其作用是使燃气及时流出，避免内孔超压造成药杆的破碎以及大的侵蚀燃烧现象。部分切口杆状药的增面值取决于内孔的数量和切口距，在内孔数量相同的情况下，与粒状药的增面性相接近或略高于粒状发射药。但因为药杆有序排列的缘故，装药的装填密度获得提高。为了提高增面性，内孔设置的数量尽量多，为了增加装药密度，药杆要尽量长。

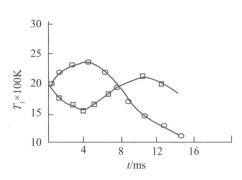

图 2-109   膛内燃气温度分布
1—NACO 火药；2—球形药。

选取最佳的切口距与内孔径的关系是改善弹道性能的关键。研究表明：杆状药切口距与发射药内孔孔径的比例控制在小于 60 的情况下，可以有效地避免发射药燃烧时产生大的侵蚀燃烧现象。

研究表明：与 M203、8 号标准粒状装药相比，在使用部分切口杆状、高能火药和增加装药量 m_p 的情况下，p_m 相同时初速可提高 6% 左右。

部分切口杆状药的物理结构、燃烧规律和数值模拟等技术，是建立在传统的装药理论和实践的基础上，有明确的可行性和现实性。

图 2-110 是杆状发射药的实例图，图 2-111 是其装药的示意图。

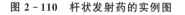
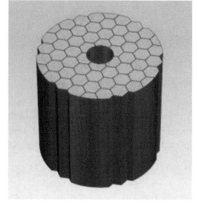

图 2-110   杆状发射药的实例图   图 2-111   杆状发射药装药示意图

部分切口杆状药目前已在一些武器中获得应用，需要进一步解决的问题主要是制备工艺技术问题，例如：如何保证杆状药不产生弯曲、变形等现象，以保证装药的装填密度，如何保证切口的均匀性和一致性等。

由于切口杆状药的燃烧渐增性和多孔药近似，如何在提高装填密度的条件下，提高切口杆状药装药的燃烧渐增性是部分切口杆状药应用需要解决的关键问题之一。同时，研究切口杆状药的制备工艺技术也是目前需要研究的内容。

4. 压实固结装药密实技术

压实固结装药的装药密度可以达到 $1.2 \mathrm{g/cm^3}$ 以上，具有较强的增面性质。现在，装药工作者正研究它在不同口径武器上的应用前景，取得一些进展。制作压实固结装药时，先取常规的粒状药，经溶剂表面溶解或用黏合剂、模压使药粒固结，药柱表面再用阻燃剂作钝感处理。对其燃烧过程的研究发现，药粒的软化程度、阻燃程度、药粒的几何因素都强烈地影响压实固结装药的解体和燃烧过程。燃烧开始阶段，由于药粒紧密接触而具有较低的燃烧面，药柱解体变为粒状药后，装药剧烈增面。

压实固结装药的技术难点是解体和火焰传播过程的稳定性与再现性。目前，对诸如药粒解体、气体的渗透性、气流阻力以及装药固结等许多现象的认识还不十分清楚，燃烧的宏观增面性、密实程度、点火冲量和发射药组成等对燃烧行为的影响等问题尚需要进一步研究。

应用于大口径武器的多层整体药柱、粒状药固结药柱或压实药柱（见图 2-112、图 2-113），也必须具有变燃速特征和特高燃速（VHBR）的性质。

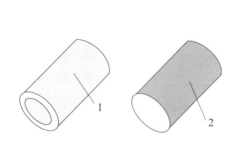

图 2-112　整体药柱　　　　图 2-113　压实装药药柱实物图

1—多层整体装药；2—压实固结装药。

5. 开槽管状药

在密实装药中，实心杆状药的装药密度要比同弧厚粒状药的装药密度高。为了防止递减性燃烧，而制作了单孔杆状药。这时，每个杆状药有 $\pi d^2 L/4$ 的内孔空隙，外侧也有杆与杆之间的空隙。带孔的杆状药能否比粒状药的密度高，要由杆的内孔直径 d 决定。但 d 值对装药密度影响较大，它还与杆的长度有关。密闭爆发器试验发现：单孔杆状药的燃速强烈地依赖于药杆的长度。一般情况下，$L/d \leq (40 \sim 45)$ 的杆状药，燃烧反常现象不明显。但过长的带孔杆状药有侵蚀燃烧、火药破碎以及内孔燃速过高等现象。通过内弹道编码去模拟，也发现一些与其他粒状药不相符合之处。增加火药杆的直径 d 和长度 L 对燃烧和装填操作有好处，但反过来又降低了装药密度。在这个背景下发展了开槽杆状药(见图 2 - 114)。开槽杆状药的优点是减小杆状药内孔 d 值，减小杆外侧的空隙，但又保持足够的药长和装药密度。沿杆状药的纵向开槽，能将内孔燃烧的气体从槽的缝隙溢出。槽是燃烧气体流动的出口。

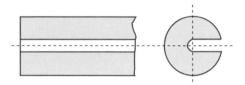

图 2 - 114   开槽管状药结构示意图

6. 形成平台压力的装药结构

1）一种圆片状组合装药可以获得压力平台的弹道效果

在内弹道过程中，弹后体积的增加大约与装药燃烧时间的平方成正比，如果气体生成量(或装药的燃烧面积)按时间平方的关系而增加，膛内的压力将近似恒定。但是，等面燃烧的发射药、一般增面燃烧发射药，其气体生成量大约与燃烧时间成正比。

如果燃烧从球的中心开始沿半径方向进行，燃去的厚度是燃去的球半径、燃烧面是半径所形成的球面。那么，气体生成量(燃烧面积)就与燃烧时间的平方近似成正比关系。

取半径为 r 的球形药，点火始于球心，球形药外表面是阻燃的。在球形药燃烧过程，燃烧时间和对应半径、燃烧面的关系是 $t_i \sim r_i \sim S_i$，而且 $t_i^2 \propto r_i^2 \propto S_i$。即燃烧面和燃烧时间平方成正比。

根据上述原理，研究者设计出了圆片药组合整体装药。

取数个圆形平板发射药，叠加组合，每个圆形平板发射药之间和周围留有传火通道和数条点火线，在点火线上设有若干个未阻燃的点火中心点(见图 2 - 115)。点火后，气体渗入到圆板药之间，在中心点点燃圆板药。这时，多点综合的燃烧时间和对应半径(见图 2 - 116)、燃烧面的关系是 $t_i \sim r_i \sim \sum S_i$，而且 $t_i^2 \propto r_i^2 \propto \sum S_i \propto V_i$，$V_i$ 为弹后体积。即达到了燃气生成量与弹后体积同步增长的要求。最后的 p - t 曲线呈现了平台的效应(见图 2 - 117)。圆片药组合整体装药的特点：

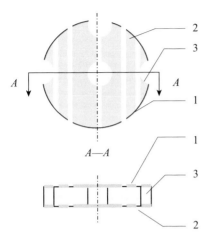

图 2 - 115　圆片药单体结构

1—阻燃面；2—点火线；3—点火通道。

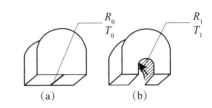

图 2 - 116　限制燃烧面的片状药的燃烧过程

（a）T_0、R_0；（b）T_1、R_1。

（1）具有强增燃性，点火后膛内压力迅速达到最大值，并能保持压力恒定，具有"平台"效应；

（2）装药结构紧凑，具有高装药密度，能获得很高的膛容利用率。

圆片药组合装药虽然是较为理想的装药，但还不能实际应用，在装药设计中可以多方面地理解其设计思想。

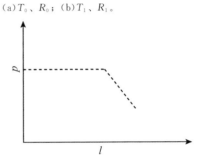

图 2 - 117　圆片组合整体装药的压力时间曲线

2）多层变燃速结构形成类平台效果的技术方法

以 100mm 加农炮为例，当变燃速层数分别为 2、3、4、5 时，和标准的 1 号装药相比，管状药变燃速装药的初速分别增加 2.08%、4.34%、6.54%、8.40%（见表 2 - 34、表 2 - 35）。

表 2 - 34　多层变燃速管状药的弹道结果

序号	1	2	3	4	5
m_p	5.06	5.54	5.94	6.34	6.75
p_m/ MPa	300.0	299.1	301.6	298.7	299.8
v_0/(m · s^{-1})	900.0	918.7	939.1	958.9	975.6
Δv_0/ v_0×100	0	2.08	4.34	6.54	8.40

表 2 - 35   多层变燃速管状药各层的燃速系数和厚度(L)($n=1$)

序号	1	2	3	4	5
$u_1 \times 10^4/[\text{cm}/(\text{s} \cdot \text{MPa})]$	6.5	14.9	17.9	20.5	22.8
L /mm	0.0044	0.0065	0.0082	0.0097	0.0114

其对应的弹道曲线如图 2 - 118 所示。

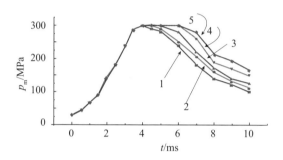

图 2 - 118   多层变燃速装药的弹道性能

1~5：表 2 - 35 对应序号的试品

如果获得局部平台效果（如 105mm 火炮穿甲弹），需要 7 个变燃速层。为了减缓 PSS 装药弹道 M 形曲线的斜率，可采用阻燃的方法。全包覆和局部包覆两种结构都获得了较好的效果。当变燃速层分别为 2、3、4、5 时，和标准的装药（1 号）相比，其初速值分别列在表 2 - 36～表 2 - 38 中。

表 2 - 36   单-PSS 装药

序号	1	2	3	4	5
m_p/ kg	6.2	6.3	6.4	6.48	6.53
$v_0/(\text{m} \cdot \text{s}^{-1})$	1610	1617	1624	1622	1618

表 2 - 37   全面包覆组合装药结构（$m_p=6.73$kg；变包覆厚度）

序号	1	2	3	4	5
p_m/ MPa	440	442.9	440.8	438.8	436.7
$v_0/(\text{m} \cdot \text{s}^{-1})$	1651.9	1656.5	1652.4	1648.4	1644.4

表 2 - 38   局部包覆组合装药结构（$m_p=6.73$kg；变包覆厚度）

序号	1	2	3
p_m/ MPa	436.4	442.4	441.5
$v_0/(\text{m} \cdot \text{s}^{-1})$	1646.5	1654.9	1647.8

2.4.3 低温感装药技术

1. 装药的温度系数

装药温度系数定义为火炮环境温度的微小变化 $\mathrm{d}T$ 与之对应的最大膛压(或初速)的相对变化值:

$$\tau_{p_0} = (\mathrm{d}p_\mathrm{m}/\mathrm{d}T)/p_\mathrm{max} \text{ 或 } \tau_{v_0} = (\mathrm{d}v_0/\mathrm{d}T_0)/v_0 \qquad (2-90)$$

环境温度变化改变了发射药的温度和燃烧速度,随温度的增加,燃烧速度变大,明显地影响了发射药燃气生成速率。在不同的地区、不同的季节,甚至在白天和晚上,虽然是同一装填条件,但火炮有不同的弹道性能,甚至相差很大。冬天和夏天,火炮的膛压可能相差 $40\sim80\mathrm{MPa}$,明显地降低了武器效率和武器的安全性。温度系数与发射药、弹丸和火炮等多种因素有关。对于现有的武器,高温区 $\mathrm{d}p_\mathrm{m}/\mathrm{d}T$ 大约为 $12\sim22\mathrm{MPa}/^\circ\mathrm{C}$,低温区大约为 $-0.7\sim-1.5\mathrm{MPa}/^\circ\mathrm{C}$。

在武器服役的环境温度内,装药只能在高温(见图 $2-119$,T_3)下发挥正常作用,但武器实际使用于能量损失较大的常温、低温环境(见图 $2-119$,T_1、T_2)。常温和低温的速度损失分别为 $2\%\sim8\%$ 和 $8\%\sim12\%$。所以,专家们普遍认为,低温度感技术是一种极有吸引力、能够显著改进弹道性能的技术。

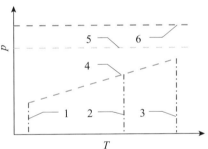

图 2-119 膛压与环境温度的关系
1—低温;2—常温;3—高温;4—p-T;
5—膛压限制;6—膛压极限。

2. 降低温度系数的方法

有多种途径可以解决发射装药的温度系数问题。

根据

$$\mathrm{d}\psi/\mathrm{d}t = \sigma(x/e_1)(\mathrm{d}e/\mathrm{d}t) \qquad (2-91)$$

火炮最大膛压和弹丸初速随温度的变化规律,即弹道温度系数的大小,取决于相对燃烧面积 σ 和燃速 $\mathrm{d}e/\mathrm{d}t$ 随温度的变化规律。一般情况下,随着温度的增大,$\mathrm{d}e/\mathrm{d}t$ 将随之增大,σ 随温度变化较小。

由式(2-91)可以看出,要保持不同温度条件下 $\mathrm{d}\psi/\mathrm{d}t$ 不变,基本的途径有两个:一是 $\mathrm{d}e/\mathrm{d}t$ 不随温度变化而改变;二是 σ 随温度相应变化抵消由于 $\mathrm{d}e/\mathrm{d}t$ 随温度变化引起的 $\mathrm{d}\psi/\mathrm{d}t$ 的改变。

引入添加剂的化学方法是最简易的办法。2001 年，Langlotz 等公开了一种发射药，配方中包含固体硝胺化合物（如 RDX、HMX 等）、NC、三组分含能增塑剂及其他添加剂。三组分含能增塑剂主要包括：2,4 – 二硝基 – 2,4 – 二氮杂戊烷、2,4 – 二硝基 – 2,4 – 二氮杂己烷、3,5 – 二硝基 – 3,5 – 二氮杂庚烷。这种发射药应用于身管武器中，在 – 50～70℃ 范围内具有低温度系数特性。该发射药在不同温度及装填密度下的密闭爆发器试验结果如图 2 – 120 所示。可以看到，在不同温度及装填密度下，发射药的线性燃速基本不发生变化。

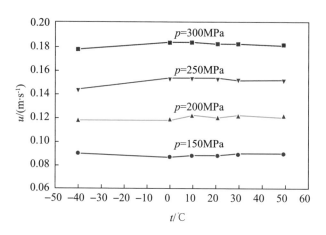

图 2 – 120   低温感发射药在不同温度下的线性燃速

但由于燃烧化学反应的固有特征，采用引入添加剂的化学方法解决温度系数问题难度较大，同时通常降低火炮装药温度系数的效果也不十分明显。

当然，利用外部干扰技术，如使用微波、激光、红外等射线，都能增强火药的热传导和增加低温条件下火药的燃速，并使之达到高温时的燃速。

一种可控的点火管（见图 2 – 121）有低温度系数的效果。该点火管在主装药被点火之前，因为环境温度的变化，点火管造成弹丸的移动，不同的环境温度，弹丸获得不同的初始位置和不同的弹后容积。环境温度高，弹后容积

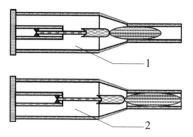

图 2 – 121   可控点火管的温度补偿
1—低温药室容积小；
2—高温弹丸前移，药室容积大。

大；环境温度低，弹后容积小。该容积调节了主装药燃烧的压力，并与环境温度的作用相反，降低了温度感度。

但这些方法应用于武器上还有困难。

另外一种常用的方法也能明显改善发射装药的温度系数，即使相对面积 σ 随着温度增加而减少，可以通过 σ 的控制使 $\mathrm{d}\psi/\mathrm{d}t$ 值恒定。调节 σ 的方法主要有：

(1)低温时火药分裂、燃面增加，高温时火药不分裂，燃面不增加，随着温度的变化，控制分裂程度，即温度下降，分裂程度增加。

(2)火药低温冷脆，产生或增加裂缝和界面；高温火药膨胀，减少或者消除裂缝，例如一些球扁发射药由于在压制过程中产生微裂纹而具有低温度系数的效果。

(3)阻燃层低温不起作用或作用不明显，高温时起阻燃作用效果增强。

为此，可以通过局部点火、压缩药床等机械作用使火药变形；在火药中预制微裂缝；用两种以上的小药粒制成大药粒，和使用大增面性的固结装药等，都将使 σ 随着温度的变化而变化。下面重点介绍几种低温度系数装药。

3. EI——低温感发射药

在多年的研究之后，一种低温感发射药 EI 已经在中、小口径火炮以及迫击炮上得到应用。该火药是单基药粒浸取爆炸性溶剂（例如 NG），再用高分子材料涂覆，形成爆炸性溶剂从药粒表面向内部逐步递减，而药粒表面又有阻燃涂层的复合结构的药粒——EI 火药药粒。在中口径火炮上应用 EI 火药，能使射程增加 7%～12%。在装药性能方面的改进包括：增加了装药密度和燃烧增面性，降低了温度感度。结合使用两种不同的缓蚀剂，减缓了燃温对烧蚀的作用。EI 相对低的烧蚀性，在烧蚀和武器试验中得到了证实。含安定剂和稳定的涂覆层，使 EI 的化学、物理老化过程都保持在一个相对低的水平上，EI 有满意的贮存寿命，也能满足弹道使用寿命的要求。

1)EI 火药的结构

EI 是用单孔、7 孔、或 19 孔的单基药粒浸取爆炸性溶剂、后用高分子材料涂覆表面而形成的。含爆炸性溶剂的外层，其厚度约数百微米。图 2-122 是典型 EI 药粒的爆炸性溶剂浓度、涂层和能量的分布图。图中的浓度线是由傅里叶红外光谱仪测定的，能量是用 ICT code 计算产生的。

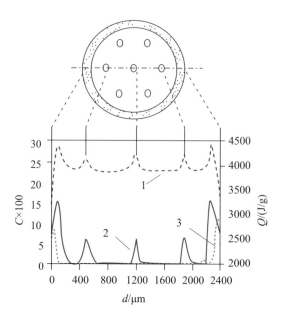

图 2-122   爆炸性溶剂和涂层以及能量在 EI 中分布图

1-爆炸性溶剂的浓度(%)；2-爆热值(J/g)；3-涂层渗透深度(μm)。

2）内弹道性能

EI 火药产品已应用于 25mm、27mm 和 35mm 等中小口径武器，与传统的火药相比，内弹道性能有一定改善。EI 具有更低的温度感度。图 2-123 可以反映 EI 装药的弹道性能。用 EI 和单基药在 30mm "毒蛇" II 型火炮的尾翼脱壳穿甲弹（APFSDS-T）试验，-50℃EI 装药增加炮口动能 18%，21℃ 时增加 12%。

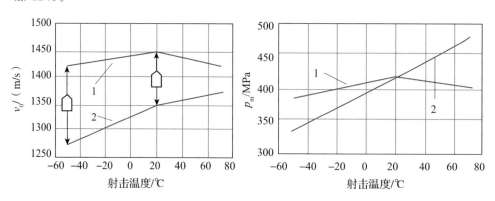

(a)1-EI 的炮口动能；2-单基药的炮口动能。   (b)1-EI 的 p_m-t 曲线；2-单基药的 p_m-t 曲线。

图 2-123   30×173mm "毒蛇" II 型火炮脱壳穿甲弹内弹道试验结果

3）弹道寿命

弹道寿命是弹道性能符合使用要求的贮存时间。对于 EI 火药，影响弹道寿命的主要因素是包覆层与发射药之间的物质迁移。

包覆层物质和爆炸性溶剂的扩散：研究了爆炸性溶剂和包覆层物质在加速老化过程向发射药的不同基体层的扩散，用斐克（Fick）扩散模型及确定的扩散系数值，计算了物质浓度与内弹道行为变化的关系。发现单基药的物质扩散对改变弹道性能的影响很小；然而，钝感剂在双基药中的扩散是相当快的，火药很快地接近和超过限定的弹道寿命。

EI 表面包覆剂的扩散可以通过包覆层与火药组分选择、包覆剂与爆炸性溶剂浓度的控制达到最小化。EI 的物质迁移比单基药稍快，但仍有很好的弹道寿命。图 2-124 比较了 EI 的高分子包覆剂与双基药的苯二甲酸二丁酯（DBP）的扩散情况。用 FTIR 微光谱法测 DBP 在双基药和高分子在 EI 中的浓度，计算出不同加速贮存条件的曲线。

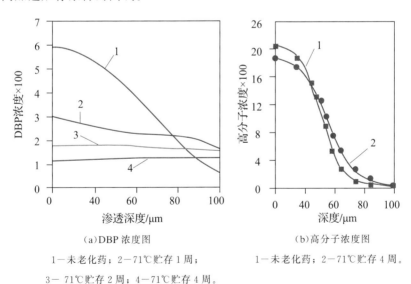

（a）DBP 浓度图　　　　　　　　（b）高分子浓度图

1—未老化药；2—71℃贮存1周；　　　1—未老化药；2—71℃贮存4周。

3— 71℃贮存2周；4—71℃贮存4周。

图 2-124　涂覆层的扩散

图 2-125 是 5 种不同发射药的弹道寿命。估算的单基药和 3 种 EI 药，具有良好的弹道寿命。然而，涂覆层物质扩散快的火药，其弹道寿命在 20℃的条件下降至 10 年以下。

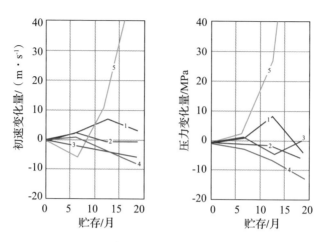

图 2 - 125   在火炮中一些发射药的弹道寿命

1—单基药；2、3、4—三种 EI 发射药；5—涂覆层物质扩散快的发射药。

4.一种新的低温感装药技术

研究者运用发射药燃面和燃速的调控技术，使燃面和燃速的增减等效互补，达到了各温度下燃气生成速率的恒定，同时解决了贮存安定性的关键问题，创造了一种低温感装药。

1) 原理与技术方法

（1）基本原理。本研究的结果是获得一种混合发射药装药，它是由制式火药（主装药 MC）和包覆药（B）按一定比例组成的混合装药（MCB）。该装药还可以配备低温感点火具和其他元件，形成低温感装药（LTSC，也称低温度系数装药）。

LTSC 的基本原理：

由式（2 - 91）可知，气体生成速率与火药的燃烧面积和线性燃速呈正比关系。燃速 de/dt 随着温度变化（见图 2 - 126 曲线 1）是化学反应的属性，正如前面所述，燃速不随温度变化的要求实现较困难。因此，本方法避开燃速与温度的关系，而在 LTSC 中建立一个补偿系统（S/Λ_1）。在低温下的火药燃速低时，补偿系统能调控燃面并使燃面增加；而在高温火药燃速高时，补偿系统能调控燃面并使燃面降低（见

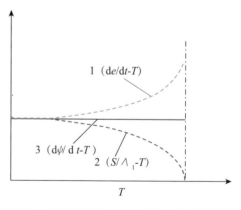

图 2 - 126   补偿系统的作用原理

图 2 - 126曲线 2)。即在 LTSC 中，存在的补偿系统与另一系统（de/dt）呈负向效应，从而使 LTSC 在弹道的主要阶段和在各种环境温度下，保证装药的气体生成速率 dϕ/dt 为一恒定值（见图 2 - 126 曲线 3）。

（2）技术方法。补偿系统的主要元件是低温感火药，同时采用低温感装药结构。

低温感火药控制燃面（S/Λ_1）值的方法和基本原理是在多孔药体内的众多内孔腔的口部设有起开关作用的功能材料。高温时，内孔腔关闭、内孔面不暴露；低温时，内孔腔打开，内孔面暴露。不同温度内孔腔暴露的时间和数量不同。使低温感火药具有与火药燃速呈负向的效应。

起开关的功能材料与火药组分相容，抑制了组分迁移，使低温感火药长贮稳定、不失效。

实现该基本原理的技术途径为对发射药表面进行包覆处理。包覆材料的选取应遵循以下原则：和发射药组分相容；材料冲击强度随温度的改变变化明显，符合"低温脆、高温软"的要求；包覆材料应用不应过大降低发射药的能量；贮存过程中包覆层迁移小；包覆工艺易实现等。

低温感装药结构是异质、异型火药的组合，不同的组合获得特征不同的弹道曲线，分别成为零梯度装药（高、常、低温射程一致）和不同温度区间具有不同温度系数的装药，应用于不同的火炮和弹药。

LTSC 对抑制压力波的贡献大于制式装药，原因是在关键的弹道初期，LTSC 的 dϕ/dt 值低，低温起动的压力低，形成一种 dϕ/dt 小、在相对长的时间内缓慢增压、大膛容（弹丸起动早）避免局部超压的燃烧环境。

30～155mm 共数十种火炮多组试验证明，LTSC 弹道性能稳定。

2）低温感包覆装药弹道的物理模型

（1）假设条件。

① 包覆药与主装药作为混合装药处理。

② 主装药的燃烧服从几何燃烧定律包覆药燃烧服从破孔燃烧规律。

③ 主装药的燃烧速度服从指数燃烧规律，包覆药的外层服从正比燃烧定律，内层与基体药仍服从指数燃烧定律。温度不同，燃速规律不同。

④ 包覆火药与主装药同时点火。

⑤ 包覆药暴露内孔具有不同时性，破孔率与膛内压力具有函数关系，不同温度下的函数关系不同。当有一半内孔烧去的厚度大于 e_1 时，包覆药进入分裂后的减面燃烧阶段。

⑥ 点火药按能量换算为主装药处理。

⑦ 可燃药筒及其他可燃成分的燃烧规律由实验确定。

其他的假设与传统的经典内弹道模型的假设相同。

(2)低温感包覆装药的燃烧过程。

低温感包覆装药燃烧过程的物理模型可将膛内燃烧过程分为五个阶段：

① 从点火至包覆火药破孔开始，即包覆药被点燃至内孔暴露；

② 包覆药出现内孔暴露至包覆层外层燃尽；

③ 外包覆层燃尽至内孔全部暴露；

④ 内孔暴露至燃烧出现分裂点；

⑤ 分裂物燃烧至燃烧结束。

五个过程如图 2-127 所示，温感降低的原因和高渐增性燃烧的原因可由该图得以说明。

①阶段，出现内孔暴露，此瞬间增加了燃烧面。②阶段有两种增面因素，即正常的内孔燃烧增面性和低温包覆药的特殊增面性。一方面包覆药包覆层的阻燃，增加了内孔增燃效应；另一方面，不断暴露新内孔，这两个因素促使②阶段具有强烈的增燃性质。③阶段继续暴露内孔，因外包覆层燃尽，已暴露的内孔的增面性质与制式多孔药增面性质一致，但新暴露内孔的效应，加强了增面燃烧的性能。④阶段、⑤阶段与制式多孔药燃烧相近，从而构成包覆低温感装药的强增燃性质。

由图 2-127 可看出，包覆火药随温度的增高，明显增加了①和③阶段的时间，使最终暴露全部燃面的时间增大。反映在弹道上，最大膛压高温出现较晚，即出现在膛内容积较大的瞬间，因此，降低了装药的温度感度。

(3)物理过程示意图。

① 阶段。高初温增加了包覆层的冲击韧性，高初温的破孔压力高于低温下的破孔压力，过程进行的时间，高温值 t_{1_H} 大于低温下的过程时间 t_{1_L}（$t_{1_H} > t_{1_L}$）。所对应的弹道过程，是在①阶段结束时，弹丸行程高温大于低温，即 $l_{1_H} > l_{1_L}$，在①阶段结束瞬间，将发生强增燃现象，①阶段全过程时间，包覆装药长于制式火药，包覆低温感装药的惯性加速度低。

② 阶段。由于包覆层燃速对温度感度高温大于低温，则有 $t_{2_H} < t_{2_L}$，但前两阶段的综合时间仍然有 $(t_1 + t_2)_H > (t_1 + t_2)_L$。在弹道过程中，此时出现强增面过程，做功值（$\Delta p \times \Delta l$）明显高于制式装药。

③ 阶段。因外阻燃层已燃尽，但处于继续破孔的过程。出于和①阶段相同的原因，$t_{3_H} > t_{3_L}$，则高温 p_m 值有所控制，此阶段仍有强增面性，做功值（$\Delta p \times \Delta l$）继续明显高于制式装药做功值。

④ 阶段。燃烧情况基本与制式多孔火药相同。前四阶段综合时间仍然是高温长于低温，因为包覆药的弧厚小于未包覆火药的弧厚，所以包覆药燃尽时间不拖后，效率高。

⑤ 阶段。分裂物燃尽，此时 $t_{5_H} < t_{5_L}$，使整个燃烧时间 $t_{K_h} \approx t_{K_L}$。

综合做功能力高温与低温接近、低温感包覆装药高于制式装药。

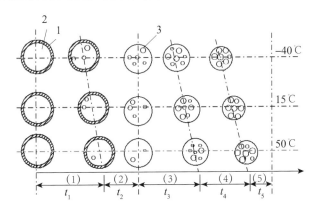

图 2 - 127　多孔低温感包覆火药燃烧过程物理模型示意图

1—阻燃包覆层；2—基体火药；3—火药内孔。

2.4.4　随行装药

1. 随行装药效应

获得高初速的主要手段之一是增加发射药与弹丸的质量比（m_p/m）和增加示压效率 η_g。近年来，火炮使用的 m_p/m 值几乎成倍地增加，但在大幅提高 m_p/m 之后，初速增加量并不像预测的那样有效。当火炮确定之后，随 m_p/m 的增加，v_0 开始上升较快，而后来则变慢。图 2 - 128 是 40mm 火炮的 m_p/m - v_0。该火炮的行程与口径的比值是 100，$p_m = 1000$MPa，装药密度 $\Delta = 1.24$g/cm³，膨胀比为 4.16，采用 M30 发射药。如图 2 - 128 所示，随着 m_p/m 升高，v_0 上升是有限制的。这其中有两个原因，一个是在 p_m 固定的条件下，增加 m_p/m 值的同时必须加大 $2e_1$ 值，这会降低火药的能量利用率，影响了初速的提高。另一个原因是有部分能量用于加热弹底附近的气体，使其与弹丸有相同的速度。m_p/m 再增加，尤其是 $v_0 > 2000$m/s 时，消耗在加热弹底气体的能量就愈大。

通过试验观察，在火炮发射期间，装药主要集中于药室，燃烧的气体则流向弹底。因为燃气流速是与温度有关的声速，所以在高速火炮中，燃气的压力波峰不能及时传到弹底，将出现弹底和膛底之间大的压差。当火药燃完之后，由于弹丸的高速运动，以及气体运动所受声速的限制，膛底、弹底压力不平衡现象更加明显，严重的影响到增速的效果。图 2 - 129 是火炮纵向的瞬时压力分布，膛底至弹底存在较大的压力梯度。

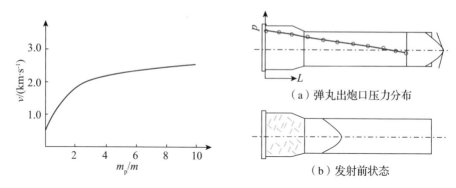

图 2 - 128　40mm 火炮系统 $v_0 - m_p/m$ 的关系　图 2 - 129　火炮系统弹道后期瞬时压力分布

通过流体动力学公式，可以发现弹丸初速与燃气流速之间的依赖关系。对于气体的声速 α，有

$$a=\left\{\left(\frac{\partial\rho}{\partial p}\right)_T - \left[T/(c_p/\rho^2)\right](\partial\beta v/\partial T)_p^2\right\}^{-\frac{1}{2}} \qquad (2-92)$$

$(\partial\rho/\partial p)_T$ 是恒温下 ρ-p 关系图中的斜率。经计算表明，当膛压和燃气温度都不太高时，火药燃气的声速和弹丸的移动速度就出现差距。现以 N(1) 单基药为例，对应 p、T 的 N(1) 发射药燃气的声速 a 列于表 2 - 39 中。各类火药燃气组分虽然不一致，声速也不一致，但对高初速火炮的各类火药，其燃气声速值在同一压力和温度下相差不大。N(1) 火药的 p-t-T-a 关系具有代表性。

表 2 - 39　N(1) 火药燃气的声速与温度的关系

温度/K	声速/(m·s⁻¹)				
	202.6MPa	253.3 MPa	303.9 MPa	354.6 MPa	405.2 MPa
2500	1270	1322	1374	1417	1459
2600	1285	1340	1389	1432	1475
2700	1301	1355	1404	1444	1490
2800	1316	1371	1417	1459	1502
2900	1331	1383	1429	1471	1514
3000	1346	1398	1438	1481	1526

现有高初速火炮 v_0 已达 (1700 ~ 1800) m/s，但由表 2 - 39 看出，当 $T =$ 3000K，$p_m = 405.2$MPa 时，燃气声速只有 1526m/s。说明燃气声速是影响高

初速火炮初速再提高的主要原因。因此，增加弹底压力是非常重要的。解决的途径之一是采用随行装药。该装药除药室内的发射药之外，另在弹丸底部设置一个随弹丸运动的随行装药。在火炮发射时，药室中的发射药被点燃，其燃气又推进弹丸和随行装药，膛内气体达到一定压力后，随行装药被点燃。这时，在弹底局部，由于随行装药的燃烧，为弹底部提供一个和膛底压力几乎相当的压力，从而减小了弹、膛底的压力梯度（见图 2-130）。

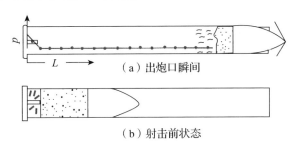

（a）出炮口瞬间

（b）射击前状态

图 2-130　有随行装药的膛内瞬间压力分布

通过 20mm 火炮试验证明了随行装药的效果。试验采用铝质弹丸，质量 $m=16\text{g}$，用常规的发射装药 120g，随行装药 M9 多孔药 55g，测得 $v_0=2591\text{m/s}$，$p_m=414\text{MPa}$。图 2-131 表明，随行装药可以使 $p-t$ 曲线出现双峰或多峰。

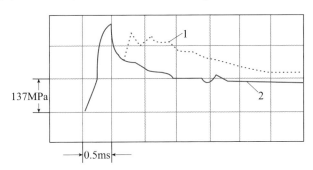

图 2-131　20mm 火炮随行装药 $p-t$ 曲线

1—随行装药 $p-t$ 曲线；2—常规装药 $p-t$ 曲线。

第一峰是由推进装药燃烧形成的；第二峰是在随行装药作用下产生的。由随行装药的 $p-t$ 曲线可看出增速的原理，由 $p-t$ 曲线形成的做功面积大。

根据以上的描述，可以综合随行装药增加初速的原理：高速移动弹丸的随行装药随时释放加速自身前进的燃烧气体，填补弹丸高速移动产生的低压区，形成并保持弹底高压状态。按照这个原理，随行装药应具有如下特征：

（1）当 m_p/m 值足够高，弹丸初速也足够高，由于火药燃气声速的障碍，在弹底形成"空穴"。弹丸初速越高，尤其在 $v_0\geqslant2000\text{m/s}$ 时，"空穴"现象越严重。这时，随行装药的效果可以明显地表示出来。即只有在高初速发射的情况下，随行装药技术才能适用。

(2)控制随行装药的 m_p、$d\psi/dt$、$d\psi/dt - t$ 各参数及其变化规律，适时的随行装药点火，保证足够的随行装药量，并在炮管内有规律的释放完毕，这是提高随行装药效应的关键之一。

理想的随行装药发射药点燃时间应在膛内最大压力出现之后，主装药燃完之前，过早点火，可能造成过高的膛压，引起发射安全方面的问题，同时，随行装药的效能不能充分发挥；过迟点火，会造成随行装药不能在膛内燃烧完全，降低了火药利用效率，增大弹丸初速的散布，失去随行装药效果，同时，会形成双峰之间过低的谷，增加膛内的压力波动。因此，点火延迟时间控制技术成为随行装药的关键技术之一。

(3)随行装药药柱必须有高的气体释放速率，应具有特高燃速(VHBR)的特征，通常需要目前制式火药燃速的 100 倍以上。同时，火药必须具有足够的强度，能承受弹底的高压。

2. 随行装药结构

根据不同的设想，出现和试验过多种随行装药结构，主要研究高燃气释放率和有规律释放等核心问题。有一种结构采用 VHBR 装药，它可以实现端面燃烧。另一种结构是用大表面、高气体生成速率的装药(见图 2 - 132)，它是由多束杆状药组成的整体装药，外侧涂以阻燃剂，药柱固定于弹底。但这类由薄火药组成的随行装药多数没有效果。还研究了液体随行装药，其结构如图 2 - 133 所示。液体随行装药的作用过程是：弹丸由推进药燃烧启动加速，使弹丸1及其随行液体药容器 4 在膛内大约加速至 500m/s。接着，随行液体药喷向燃烧气体中，由于液体药的燃烧，增加了弹底压力并改变膛底和弹底的压力梯度，产生了随行装药效应。

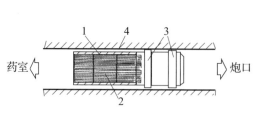

图 2 - 132 由杆状药组成的多药束随行装药

1—阻燃剂；2—杆状药组成的整体装药；
3—弹丸；4—火炮身管。

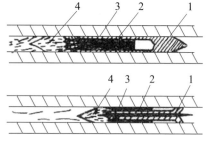

图 2 - 133 液体随行装药

1—弹丸；2—液体随行药；
3—喷射的液体药及燃气；4—液体随行装药容器。

随行装药目前还没有在武器装备中应用，主要原因是其稳定性，特别是高燃速发射药的燃烧和随行装药点火的稳定性等问题仍没有很好地解决。

2.4.5 装药的点火技术

1. 中心点火管

中心点火管安放在药筒的中心轴位置，管体有传播点火能量的径向孔，管内充以黑药或其他点火药。射击时中心点火管内的点火药由底火引燃，点火气体由径向孔喷出。火药初温，点火管内装药的数量和类型，点火管伸入药床的长度以及径向孔的数量和位置等因素都影响点火和传火的效果。

内装奔奈药条的中心传火管的其作用过程如图 2-134 所示。

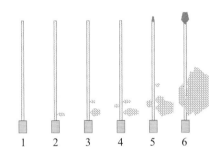

图 2-134 装奔奈药条中心传火管的作用过程(高速摄影，时间间隔 0.4ms)

点火过程中火焰先从底部喷出，随着火焰强度的加大，火焰喷出点逐步向上移动，最后由顶部喷出。火焰到点火管的顶部的时间是 1.456ms，相当于传火速度为 161m/s。该类点火管对于具有高装填密度特性的发射装药，已不能完全满足要求。

2. 低速爆轰波(LVD)点火具

黑火药传火速度大约是 100m/s，对于长药室和高装填密度的发射装药，用局部的黑药点火药包，甚至用中心点火管，都较难实现药床的全面和同时的点火。波速介于火焰和稳定爆轰波之间的冲击波和低速爆轰波(LVD)，其传播速度大约为 1~3km/s，波峰压力为 1~3MPa，波峰温度 800~3500K。传播速度 1~3km/s 的低速爆轰波能可靠地点燃黑火药，以 LVD 构成的点火系统，传火速度比火焰传火速度快，远远高于黑火药燃烧波每秒百米的传播速度。南京理工大学高耀林教授等研究的 LVD 点火具是由 LVD 管和点火具壳体与传火药组成的(见图 2-135)。LVD 管的内壁附有炸药粉，通过管径和炸药密度的控制，使爆轰波以低的速度稳定地传播。LVD 管与点火具壳体同轴，因此，LVD 的波峰可以在瞬间沿点火具的纵轴传播，低速爆轰波所到之处，黑火药被点燃，黑火药的火焰再径向地传火至发射药床。因为点火具内轴向分布的黑火药几乎是在同一瞬间被点燃的，所以点火压力分布均匀，能有效地抑制膛内压力波。

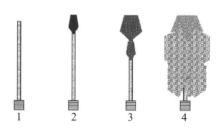

图 2 - 135　LVD 点火具作用过程(1、2 和 3 幅时间间隔 0.05ms)

在点火具的传火过程中，火焰以 LVD 的速度沿点火管传导至点火具的顶部，全过程所用去的时间是 0.15ms。在此传播过程中，有部分能量通过 LVD 点火管壁，沿途依次传递给起传火药作用的黑火药，并通过黑火药点燃发射装药。此传火管的纵向传火速度为 1600m/s。

通过对大口径火炮点火过程的比较，LVD 点火具和一般的中心点火管存在两点重要的差别：

(1)传播速度的差别。LVD 点火具传火速度(v_c)几乎是中心点火管传火速度(v_h)的 10 倍，$v_c/v_h > 10$；

(2)作用过程的差别。黑火药可燃点火具的底部首先破孔(开裂)，点火药气体沿径向迅速传播，形成底部装药着火；LVD 点火具几乎是在瞬间(0.05ms)沿纵向全面点燃，并同时在整体药床内传播，形成全面着火。

LVD 点火管目前需要解决的主要问题是如何控制其稳定性。

3. 激光点火具

由于激光传递的能流精密、再现性好和易于控制，因此，研究者期望通过激光点火改善火炮的弹道性能和消除弹道反常现象。研究者已在中口径火炮上试验了激光点火系统，现激光点火有两种形式：

(1)激光单点点火。试验弹药中配有斯蒂芬酸铅/黑药的底火，底火上的窗口可以通过激光能量，用 5J 的钕激光束穿过炮闩上的小孔引发底火。底火通过黑药传火管引燃主装药。在两组全装药的试验中发现，激光点火持续时间短，点火延迟的重现性好，为(0.79±0.11)ms。

(2)激光多点点火。它将光导纤维网络安放在发射药装药内部和周围。有一种七点点火的硼-硝酸钾中心点火管，点火管装有七根 600 μm 的玻璃光学纤维，组成一个具有七个轴向点火点的点火系统。试验表明，在不同点火点测出的点火延迟大约在是 37~52ms。

曾对黑火药和直接对发射药进行过激光点火的研究。黑火药点火后，通过黑火药及其传火药再点燃火药床。例如，激光对单元装药点火是激光束经过视窗点燃黑药包，再点燃蛇形药袋和发射药装药。

对各装药单元同时进行激光点火可以明显地减少药室的压差。该种点火方式，在 155mm 火炮的 6 个装药单元所进行的同时激光点火后，使压差降低到最小的程度。使用于穿甲弹的装药点火，可以将光纤分布于药室多个点。

4. 等离子点火具

一种等离子体点火具如图 2 - 136 所示。通过两个步骤发生等离子体，首先是高压电容器的放电过程，之后是金属线在高电压作用下爆发，形成的等离子体再点燃装药。

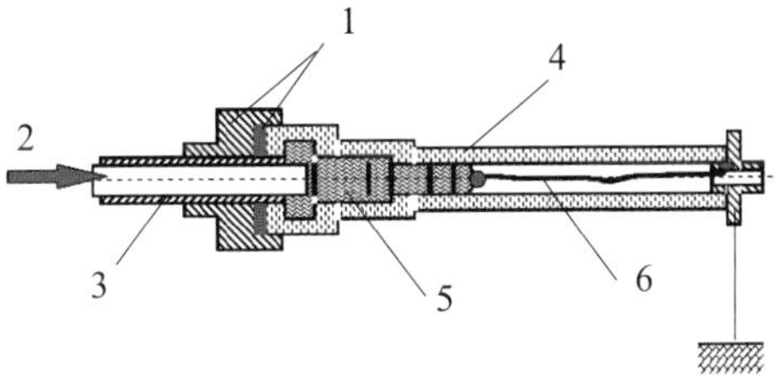

该点火技术通过不同药型的单基和双基发射药、120mm 火炮和小口径火炮的实验验证，其优点得到了证实。

图 2 - 136　等离子体点火具示意图

1—聚合物材料绝缘体；2—超高电压；3—绝缘体；
4—聚乙烯管；5—中心电极；6—金属线。

等离子体点火应用于叠层片状、药卷式等高装药密度装药也获得了良好的效果。其火焰传播正常，仅有较小的压力波，容易点燃 LOVA 发射药，并且点火所需的能量不是很高，小于 0.5MJ。

2.4.6　电能与化学能结合的装药技术

1. 电热发射技术

电热推进是利用电能产生高温等离子体，高温等离子体再与一种惰性的流体物质混合并使之汽化，产生的高压气体推进弹丸运动。电能是这种推进技术的唯一能源，工质是可以汽化并产生低分子量的物质。该技术是获得高初速的发射技术，但对电能的要求过高，几乎与电磁炮对电能的要求不相上下。所以，限制了电热推进技术在纯战术方面的应用，研究逐渐转向电能与含能材料化学能相结合的技术途径。

2. 电热化学能推进技术

电热化学能推进技术是能源混合型的发射技术，除电能之外，还需要含能材料提供部分能量，它是同时使用电能与化学能完成的推进技术。图 2 - 137 是电热化学能火炮的示意图。

电热化学能火炮除使用液体含能材料作为能源之外，还可以使用固体含能材料作为能源，两者分别称为液体发射药电热炮（LET）和固体发射药电热炮（PET），但两者都是混合利用电能和化学能的推进技术。

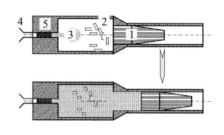

图 2-137   电热化学能火炮工作过程示意图

1—弹丸；2—含能材料；3—等离子体；

4—导线；5—火炮。

1）液体发射药电热炮技术

液体发射药电热炮的结构与液体炮相似，在药室内装液体含能材料。其内弹道过程首先是等离子体与液体发射药混合并使发射药分解，继而在补加的等离子体的驱动下，液体含能材料在极不稳定的流体动力环境中进行反应，反应环境可能与药筒装填式液体炮的流体动力环境相似。该发射技术可选用多种液体含能材料，如一般的液体发射药，或者是其他的液体含能材料。

液体电热化学能推进技术的优点：与电热能和电磁能火炮相比，所需要的电能少；药室的装填密度高；液体发射药配方的可调节范围大，可以配制成能量高、低易损性的液体发射药；有可能利用电能来调节发射药的燃烧和控制膛压。

美国 FMC 公司制造的电热化学能 120mm 身管的演示装置，其炮口动能达到了 9MJ 以上。

2）固体发射药电热炮技术

固体发射药电热火炮的内弹道过程与一般火炮的内弹道过程相似，发射药的几何形状、药厚和燃速都是控制弹道过程的主要因素。但电热能可用来点燃发射装药，调节气体生成速度，在发射装药燃尽后继续加热燃气，以获得更高的弹丸速度。

固体发射药电热炮的燃气生成速度受到压力与温度的影响，高温等离子体的注入会增大燃气的压力与温度，所以加注的等离子体为燃气发生速度的调节提供了一种方法。

等离子体的注入有助于发射药按程序释放能量，有助于控制发射药温度系数，有利于低易损性发射药的点火，可以使残药在膛内完全燃烧，可以通过等离子体与发射药能量的调节进一步提高弹道效能。所以固体发射药电热炮装药是先进的固体发射装药之一。

对压装的球形发射药、压实发射装药和整体式药柱等装填密度大的固体发射装药来说，通过等离子体有可能会更好地控制它们的内弹道过程。

和液体发射药电热炮相比，固体发射药电热炮装填密度低(药粒之间有空隙)，发射药能量也较低。尽管如此，还可以增加现有火炮 25%～30% 的炮口动能。此外，对弹道过程的控制也方便。

2.4.7 底排装药与火箭增程装药

1. 底排装药

弹药的底排技术能够明显地增加火炮的射程，目前已经应用于武器。

现有的火炮系统，以射程远、高初速和高精度为追求的目标。实现这些目标可应用多种措施，大多数采用膛内的增速技术。但有的使用了膛外技术，或使用膛内外技术的组合技术。附设于弹底的气体发生器，即弹后底部排气装置，可以明显地减少弹底的阻力，增加武器的射程。

底排与火箭推进有原则的差别。火箭是通过给定的冲量，形成速度的增量。底排是通过弹底排气减少飞行阻力而增加射程。

底排装药的工作过程是：火炮射击时，底排剂在膛内被点燃，弹丸出炮口时，底排剂因环境压力降低而熄灭，但点火装置可以恢复底排剂的正常燃烧，生成的气体使弹丸飞行阻力降低。

1)底排装药的效果和特性

(1)可使弹底平均阻力减少 70%；

(2)增加射程约 30%，如果对已有装备进行改造，一般提高射程15%～20%；

(3)可以减小弹丸达到目标所需要的时间；

(4)底排的效应将随弹丸初速的增加而增加；

(5)底排装置工作时，不影响弹丸飞行的稳定性；

(6)底排装置工作时间超过总飞行时间的 30%～40% 时射程不再增加；

(7)底排剂的燃烧面积、燃烧速度、装药量和质量流速是底排装置设计的重要参数。

2)底部排气弹与火箭增程弹比较

(1)在相同增程率的条件下，底部排气弹使用的药剂量要比火箭增程弹用的药剂量少，155mm 底部排气弹，获得近 30% 的增程率，需要 1.2～1.5kg 的药剂量；火箭增程弹获得相同的增程率需 2.5～3.0kg 的药剂量。底部排气弹与火箭增程弹药剂量与增程的关系如图 2-138 所示。

(2)底排装置对炸药装药量的影响不大，一般不降低威力。某 155mm 底部排气弹炸药装填量为 11.7kg，与榴弹装填的炸药量相同。而同性能的火箭增程弹，装填 8kg 炸药，炸药量减少 30%。

(3)底部排气弹的射弹散布比火箭增程弹的小，密集度水平接近普通弹。火箭增程弹由于火箭发动机引起的散布，密集度要比榴弹的差。

(4)底部排气弹的增加射程的效果虽然明显，但更多地增加装药量时不再有增程的效果。当需要更远的射程时，还要依靠火箭助推等其他增程技术。

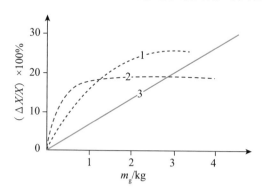

图 2 - 138   底部排气弹与火箭增程弹用药量与增程率的关系
1—船尾角 β=6°，有底部排气装置；2—β=0°，有底部排气装置；3—β=6°，有火箭增程装置。

2. 火箭增程与 VLAP 远程弹

增速远程弹(VLAP)是把底排装置与火箭发动机统一使用于 ERFB 弹的复合型远程弹(见图 2 - 139)，是近年来发展的新颖弹种之一。

VLAP 弹的优点之一是能够获得远射程，VLAP 可以平衡火箭和底排两者的散布误差，使弹丸的散布性能达到可以接受的程度。

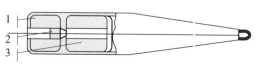

图 2 - 139   复合型远程弹
1—底排剂；2—底排点火具；3—推进剂。

但 VLAP 弹的射程与威力有矛盾，部分炸药被火箭发动机和推进剂所替代，使 155mm 火炮弹药的威力与 130mm 火炮弹药相当。另外，远射程和火箭的弹丸散布大，需要通过推进剂组分、点火延迟时间和推力持续时间的合理选定来解决。

图 2 - 140 是 VLAP 弹在飞行时间内的速度线，火箭发动机在 t_0 时间段完成点火、燃烧，直至燃烧完毕，弹丸获得最大速度。图 2 - 141 是 VLAP 推力持续时间与点火延迟的关系，从图 2 - 141 可以看出，发动机的点火时间与推力的持续时间的偏差都影响最大射程。点火时间在 $t_1 \pm 2\delta t$；以及推力持续时间在 $t_0 \pm \delta t$ 的区间内，VLAP 可以获得 50km 的射程。

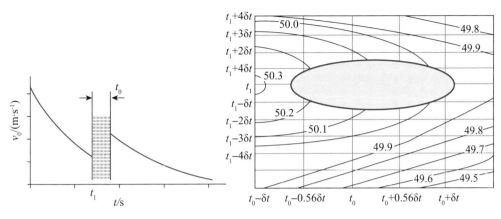

图 2 - 140　VLAP 弹的速度线　　　图 2 - 141　VLAP 推力持续时间与点火延迟

t_1—等点火时间延迟线；t_0—等推力时间延迟线。

2.4.8　膛内膛外冲压推进技术

1. 膛外冲压推进技术

现在巡航式滑翔增程弹药的缺点是飞行速度低，一般巡航马赫数为 0.7～0.8，易受反导弹的中途拦截。因此，各国非常重视超声速巡航飞行弹药的研制。超声速冲压发动机技术的发展为超远程武器的发展提供了条件。与火箭发动机相比，冲压发动机比冲大、效率更高。飞行速度超过马赫数 1.5 后，涡喷发动机的性能及工作效率低于冲压发动机。因此，冲压发动机是超声速远程弹丸的最佳动力系统。

超燃冲压发动机助推炮弹是采用冲压发动机技术的最典型的炮射远程弹药，它具有射程远、飞行时间短、突防能力强的优点。正在研究的炮弹直径有127mm、155mm、178mm 和 245mm 等几种型号，可以用常规的和垂直的发射方式发射。研制中的 127mm 和 155mm 炮弹用固体冲压发动机/超燃冲压发动机推进，可以加速到马赫数为 4.5 的飞行速度，采用 EX - 171 制式的制导系统控制飞行。

1995 年以来，瑞典与荷兰共同进行了固体燃料冲压发动机（SFRJ）推进的弹丸的研究。研究内容包括空气动力学、燃烧室、喷管性能、弹丸性能的预测、机械设计和 SFRJ 翼稳定弹丸火炮系统。进行的飞行试验显示：利用 SFRJ 可以使弹丸获得一个等于空气阻力的推力，使弹丸保持一定飞行速度。

南非 Somchem 研究固体燃料冲压发动机推进和冲压火箭复合推进，开始在76mm 滑膛炮动能穿甲弹上进行。后集中在旋转稳定 155mm 弹丸上进行研究。

以增加 155mm 火炮弹丸射程的能力。在概念研究阶段，研究内容有：结构设计、推进和空气动力。

弹的结构选择：

考虑了两种弹的结构。一个是中心有效载荷（如炸药），一个是环形有效载荷。中心载荷需要径向支撑网，它有一个小而轻的进气口锥形分散体。作用在支撑网的力包括轴向、旋转、侧向加速以及振动等诸力。

环形结构的的弹有固有的厚度，转动惯量大，稳定性好。

南非分析了旋转稳定的 155mm 炮弹，弹前方有轴对称入口，有穿过环形头部至冲压发动机的管道和固体燃料冲压发动机燃烧室。发射装药提供的初速定为 900m/s。图 2 - 142 是冲压弹丸结构，其轴对称的入口直径是 84.2mm，弹丸发射速度是 900m/s。用等熵锥体，更强的内压缩，以及更有效的扩散体，可以改进回压。

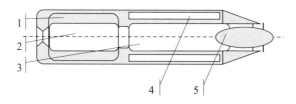

图 2 - 142　冲压弹丸结构

1—固体燃料推进剂；2—固体燃料冲压发动机燃烧室；3—空气流；4—环形部，炸药装药室；5—入口锥。

固体燃料推进剂药柱是 HTPB 基推进剂，配方中有增强纤维，含金属粉，药柱能承受严格的发射过载。

轴对称入口的优化是通过流场分析和风洞试验进行的。入口是以不同马赫数的回压-流率关系为特征。在全流条件下的最大压力恢复、临界点及嗡鸣界限等特征由风洞试验确定。

该结构在冲压期间的外部阻力有波阻、摩擦阻力、底部和口部附加阻力的分力（见图 2 - 143）。

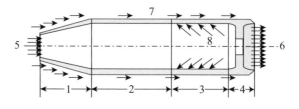

图 2 - 143　轴向受力

1—入口；2—流道；3—燃烧室；4—喷口；5—入口流推力；6—出口推力；7—外阻力；8—传热。

2. 膛内冲压发射技术

高初速发射必须大幅度地提高装药的总能量，并按照一定的程序释放这些能量，以控制膛内压力的发展过程，避免出现超压。如果初速超过 2500m/s，对于现有的发射药，其发射装药与弹丸的质量比值（m_p/m）、火炮的最大压力以及火炮的质量都将增加到很高的数值，从而给发射系统带来过重的负担。

将冲压喷气发动机技术应用于膛内发射系统，是增加发射装药总能量的另一个途径。这种由弹丸与火炮组成的冲压喷气加速装置，冲压喷气发动机的中心体弹丸在起外壳作用的炮管内运动。炮管内充满燃料和氧化剂的气体混合物，其燃烧过程与弹丸运动同时进行，所产生的推力可加速弹丸以极大速度冲向炮口。该方法的优点是将部分装药能量分布在药室之外，减少了药室内的发射装药能量，即在火炮负荷小的情况下，获得了随行装药的效果。

华盛顿大学用质量为 70g 的弹丸，在 38mm 口径炮管中进行了试验，弹丸的速度达到了 2600m/s 以上。研究人员预测，弹丸的理论速度可以达到 9000m/s。美国陆军弹道研究所曾致力于研制大口径火炮的冲压喷气式加速器，美国国家宇航局试图利用冲压喷气式和超声速燃烧冲压喷气式的中口径发射系统，以获得 4000m/s 以上的速度。

但是，无论在基础理论方面和在试验应用方面，目前还都存在着大量的技术难题。对有关膛内充压发动机的流体动力学和反应动力学、控制与最佳化设计、内弹道特性的评估，以及安全性、可靠性等诸多问题，其研究都需深入下去。

2.4.9 双药室装药

串联双药室火炮运用了一种新的发射方法，它在膛压不高的情况下可提高弹丸的初速，可用于现有火炮的改造，其技术具有广泛的应用前景。

它具有以下优点：

（1）不需改变炮尾结构，身管可以互换，可以降低坦克火力系统的研制经费；

（2）主药室、副药室膛压较低，能增加火炮发射的安全性；

（3）副药室装药再加速弹丸，达到提高弹丸初速的目的。

发射过程分为以下几个阶段（见图 2-144）：

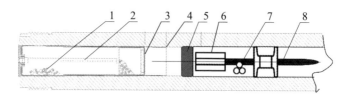

图 2 - 144　串联双药室火炮发射原理图

1—主药室火药；2—主药室点火管；3—固定盖；

4—药筒；5—活塞；6—尾翼；7—副药室发射药；8—弹丸。

第 1 阶段，点火具点燃主装药，达到启动压力后燃烧气体推动活塞、副药室和弹丸一起运动，此时副药室未点燃；推动弹丸卡瓣运动；

第 2 阶段，当主药室压力达到一定值后点燃副药室火药，此时活塞、副药室和弹丸仍然一起运动，弹丸仍推动卡瓣运动；

第 3 阶段，当副药室压力大于主药室压力时，弹丸与活塞分离，此时卡瓣带动弹丸运动。

另一种双药室装药结构如图 2 - 145 所示。

图 2 - 145　一种双药室装药结构示意图

发射时，首先点燃主装药室的发射药，弹丸开始运动。当弹丸通过附加药室的点火孔后，弹后高温高压气体点燃附加药室发射药装药，使弹丸保持在较大的压力推进下运动，获得高的炮口动能。该装药的优点是附加药室点火易于控制，对附加药室发射药燃速等性能没有特殊要求。装药应用存在的主要问题是需要改变火炮结构，对身管后坐复进产生影响，同时射击时附加药室的快速有效的装药问题也需要解决。

参考文献

[1]王泽山，徐复铭，张豪侠. 火药装药设计原理[M]. 北京：兵器工业出版社,1995.

[2]王泽山,欧育湘,任务正. 火炸药科学与技术[M]. 北京：北京理工大学出版社，
　2002.

[3] BAILEYA，MURRAY S G. Explosives，Propellants and Pyrotechnics[M].
　Trowbridge，Wiltshire：Great Britain by Redwood Books，2000.

[4] 郑双，刘波，刘少武，等. 新型有机硅降蚀剂在小口径武器装药中的应用[J]. 含

能材料，2011，19(3):335-338.

[5] 韩冰，王琼林，于慧芳，等. 一种含纳米钾盐的新型消焰药性能测试[J]. 兵器装备工程学报，2017，38(004):160-163.

[6] 王泽山. 火药实验方法[M]. 北京：兵器工业出版社，1996.

[7] 郭锡福. 底部排气弹外弹道学[M]. 北京：国防工业出版社，1995.

[8] TOIT P S Du. A two-dimensional internal ballistics model for modular solid propellant charges[C]. Midrand，South Africa：The 17th International Ballistics Symposium，1998.

[9] WOODLEY C R. Comparison of 0D and 1D interior ballistics modelling of high performance direct fire guns[C]. Interlaken，Switzerland：The 19th International Ballistics Symposium，2001.

[10] MICKOVIC D，JARAMAZ S. Two-phase flow model of gun interior ballistics. Interlaken，Switzerland The 19th International Ballistics Symposium，2001.

[11] TOIT P S Du. A two-dimensional internal ballistics model for granular charges with special emphasis on modeling the propellant movement[C]. Midrand，South Africa：The 17th International Ballistics Symposium，1998.

[12] BONNET C，PIETA R D，REYNAUD C. Investigations for modeling consolidated propellants[C]. Orlando，Florida，South Africa：The 20th International Ballistics Symposium，2002.

[13] ZOLER D，CUPERMAN S. Two-dimensional modeling of propellant ignition by a plasma jet[C]. Midrand，South Africa：The 17th International Ballistics Symposium，1998.

[14] JARAMAZ S，MICKOVIC D，ZIVKOVIC Z，et al. Interior ballistic principle of high/low pressure chambers in automatic grenade launchers[C]. Orlando，Florida，South Africa：The 20th International Ballistics Symposium，2002.

[15] GERNE D，HENSEL D. Combustion behavior of LOVA-solid-propellant by ignition with hot plasma gases and its influence on the interior ballistic cycle[C]. Midrand，South Africa：The 17th International Ballistics Symposium，1998.

[16] STEINMANN，VOGELSANGER B，SCHAEDELI U，et al. Influence of different ignition systems on the interior ballistics of an EI-propellant[C]. Interlaken，Switzerland：The 19th International Ballistics Symposium，2001.

[17] KOLECZKO A，EHRHARDT W，SCHMID H，et al. Plasma ignition and combustion[C]. Orlando，Florida ，South Africa：The 20th International

Ballistics Symposium, 2002.

[18] LI BM, LI HZ. Energetic particle ignition exposed to a thermal plasma[C]. Midrand, South Africa: The 17th International Ballistics Symposium, 1998.

[19] GERET G L, TAYANA E, BOISSON D. Study of the ignition of a large caliber modular charge, computation and validation. Bourges Cedex, France: The 17th International Ballistics Symposium, 1998.

[20] OBERLE W, GOODELI B, DYVIK J, et al. Potential U.S, army applications of electrothermal-chemical (ETC) gun propulsion[C]. Midrand, South Africa: The 17th International Ballistics Symposium, 1998.

[21] LAWTON B. Temperature and heat transfer at the commencement of rifling of a 155 mm gun[C]. Interlaken, Switzerland: The 19th International Ballistics Symposium, 2001.

[22] LAWTON B. Quasi-steady heat transfer in gun barrels[C]. Midrand, South Africa: The 17th International Ballistics Symposium, 1998.

[23] BOISSON D, RIGOLLET F, LEGERET G. Radioactive heat transfer in a gun barrel[C]. Midrand, South Africa: The 17th International Ballistics Symposium, 1998.

[24] MACPHERSON A K, BRACUTI A J, CHIU D S, et al. The analysis of gun pressure instability[C]. Orlando, Florida, South Africa: The 20th International Ballistics Symposium, 2002.

[25] FLECK V, BEMER C. Increase of range for an artillery projectile by using lift force[C]. San Francisco, California, USA: The 16th International Ballistics Symposium, 1996.

[26] GREGORY B, LYDIA C, RICHARD C, et al. Modular artillery charge system [P]. US5747723, 1998.

[27] BONNABAUD T, GERVOIS P, PAULIN J L. French modular artillery BCM and TCM charge system for 155 mm[C]. San Diego, USA: The 36th Annual Gun and Ammunition Symposium. 2001.

[28] ANDERSSON K. Different means to reach long range, ≥65km, for future 155mm artillery system[C]. Midrand, South Africa: The 17th International Ballistics Symposium, 1998.

[29] KARSTEN P A. Long range artillery: the next generation[C]. Midrand, South Africa: The 17th International Ballistics Symposium, 1998.

[30] LEKOTA M. The Most advanced artillery system available[C]. Abu Dhabi,

United Arab Emirates：IDEX，2003.

[31]SOMCHEM C. M64 BMCS-technical information[C].Abu Dhabi，United Arab Emirates：IDEX，2003.

[32]ARISAWA H. Investigation of burning characteristics of gun propellants by rapid depressurization extinguishments[C]. Midrand，South Africa：The 17th International Ballistics Symposium，1998.

[33]GROENEWALD J.A traveling charge for solid propellant gun systems[C]. Midrand，South Africa：The 17th International Ballistics Symposium，1998.

[34]YU YG. Firing result from bulk-loaded liquid propellant traveling charge[C]. Midrand，South Africa：The 17th International Ballistics Symposium，1998.

[35]WREN G. Progress in liquid propellant gun technology[C]. Midrand，South Africa：The 17th International Ballistics Symposium，1998.

[36]STOCKENSTRSM A. Numerical Model for Analysis and Specification of a Ramjet Propelled Artillery Projectile[C]. Interlaken，Switzerland：The 19th International Ballistics Symposium，2001.

[37]VERAAR R G，ANDERSSON K. Flight test results of the Swedish–eutch solid fuel ramjet propelled projectile [C]. Interlaken，Switzerland：The 19th International Ballistics Symposium，2001.

[38]OOSTHUIZEN R，BUISSON J J，BOTHA G E. Solid fuel ramJet（SFRJ） propulsion for artillery projectile applications-concept development overview [C]. Orlando，Florida，South Africa：The 20th International Ballistics Symposium，2002.

[39]HWANG Jun-Sik，Kim Chang-Kee. Structure and ballistics properties of K307 base bleed projectle [C]. San Francisco，California，USA：The 16th International Ballistics Symposium，1996.

[40]CRAMER，MICHAEL A，JEFF F，et al. Environmentally friendly advanced gun propellants[R].US：ADA Final Technical Report，2004：447212.

[41]郭德惠，韩小红.某100mm炮射导弹发射装药分析[J].火炮发射与控制学报，2002(01)：13-15.

[42]吴毅,董朝阳,李幼临.105 mm炮射导弹发射装药的一种优化设计方案[J].弹道学报,2006,18(2):60-63.

[43]黄磊,赫雷,周克栋,等.装填条件的变化对金属风暴武器系统内弹道性能的影响[J].南京理工大学学报(自然科学版),2004,28(4):360-363.

[44]芮筱亭.弹药发射安全性导论[M].北京:国防工业出版社,2009.

[45]倪志军，周克栋，赫雷. 侧装药金属风暴武器系统内弹道性能一致性研究[J].
兵工学报，2005，26(5)：595－599.

[46]于海龙，芮筱亭，杨富峰，等. "金属风暴"武器发射动力学建模与仿真[J]. 南京
航空航天大学学报，2010(05)：574－577.

[47]华东工程学院一〇三教研室. 内弹道学[M]. 北京：国防工业出版社，1978.

[48]金志明. 枪炮内弹道学[M]. 北京：北京理工大学出版社，2004.

[49]李启明. 装药结构与压力波关系实验研究[J]. 弹道学报，1989(1)：23-27.

[50] ALBERT W H. A Brief Journey Through the History of Gun Propulsion[R].
US：ADA，2003：441021.

[51]National Research Council. Advanced Energetic Materials[M]. Washington,
DC：The National Academies Press，2004.

[52] MANNING T G，PARK D，Chiu D，et al. Development and performance of
high energy high performance colayered ETPE gun propellant for future large
caliber system[R]. ADX AARDEC，ADM，2005：002075.

[53]韦丁，王琼林，严文荣，等. 降低身管烧蚀性研究进展[J/OL]. 火炸药学报：1-12.
http://kns.cnki.net/kcms/detail/61.1310.TJ.20191122.1005.006.html.

[54]林少森，杜仕国，鲁彦玲，等. 一种发射药用缓蚀剂的制备及表征[J]. 兵器装备
工程学报，2019，40(4)：26－29.

[55]赵强，刘波，刘少武，等. 降低发射装药弹道温度系数技术的国内外研究进展[J].
火炸药学报，2019，42(6)：540－547.

[56]刘志涛，徐滨，南风强，等. 低温感包覆火药燃烧过程破孔规律研究[J]. 南京理
工大学学报(自然科学版)，2011(05)：709－713.

[57]韩冰，魏伦，王琼林，等. 发射药装药结构对炮口烟焰的影响[J]. 火炸药学报，
2016(1)：95－98.

[58]刘志涛，徐滨，南风强，等. 局部阻燃火药在模块装药中的作用[J]. 火炸药学
报，2012(01)：83－86.

03 / 第 3 章
推进剂应用技术

3.1 推进剂装药设计概述

3.1.1 推进剂概述

1. 推进剂种类

目前常用的推进剂有双基推进剂、改性双基推进剂和复合推进剂三种类型，具有代表性的推进剂简介如下。

1）双基推进剂

双基推进剂是一种由难挥发性或无挥发性物质（如硝化甘油）作硝化棉溶剂的溶塑推进剂。与复合推进剂比较，它的优点是：工艺方法比较成熟；原材料来源较广，成本低；药柱质量稳定，重现性好；贮存寿命长，对湿气不敏感；发射时无烟。它的缺点是：能量较低，实际比冲在 $1850\sim2050\mathrm{N\cdot s/kg}$；密度也小，一般在 $1.54\sim1.65\mathrm{g/cm^3}$；临界压力和压力指数均较高；使用温度范围窄（高温软化，低温变脆）；生产操作较为危险；不能生产大型药柱，不能与壳体黏合。因而发展了浇铸双基推进剂、复合双基推进剂（CDB）、复合改性双基推进剂（CMDB）、交联改性双基推进剂（XLDB）。

2）改性双基推进剂

由硝化甘油和硝化棉为主要成分混合组成的双基（DB）推进剂，其能量、密度和力学性能均低，安定性也差。为了改善双基推进剂的性能，在双基的基础上加入一定量的高氯酸铵和铝粉，组成改性双基推进剂（CMDB）。为进一步提高 CMDB 推进剂的能量，通常采用奥克托今（HMX）或黑索今（RDX）来取代或部分取代高氯酸铵。

为改善 CMDB 推进剂的力学性能，可采用交联剂使硝化棉交联成网状结构，以增加伸长率，这种改性推进剂又叫作交联双基推进剂。硝酸酯增塑聚醚（NEPE）推进剂，是以聚醚和乙酸丁酸纤维素取代交联双基推进剂中的硝化棉作为黏合剂，以液体硝酸酯作为增塑剂制成的一种推进剂，其能量和力学性能均高于交联双基推进剂，已用于 MX 导弹（和平卫士）第三级发动机。

3）复合推进剂

复合推进剂是由晶体氧化剂、金属燃料和黏合剂（同时也是燃料）等基本组分以及其他少量附加组分组成的，通常是以黏合剂来命名的。

（1）氧化剂。

氧化剂的主要作用是：①为推进剂燃烧时提供所需的氧；②作为黏合剂基体中的填料，以提高推进剂的模量；③在燃烧过程中，靠本身分解的产物与黏合剂分解的产物反应，生成气态的燃烧产物。

现在广泛使用的氧化剂为高氯酸铵（NH_4ClO_4）。高氯酸铵提供推进剂燃烧 34.04% 的氧，25℃ 时的密度为 $1.95g/cm^3$，压强指数较低。且原料来源丰富，价格低廉。此外，可用作氧化剂的还有硝胺、奥克托今（HMX）和黑索今（RDX）等。

（2）黏合剂。

黏合剂的主要作用是：①为推进剂燃烧时提供可燃的 C、H、N 等元素；②作为推进剂的弹性基体，容纳氧化剂和金属燃料等固体颗粒，使推进剂可制成一定几何形状的药柱，并具有一定的力学性能，以承受各种环境载荷的作用。

黏合剂种类很多，一般都为高聚物，现在使用的多为聚氨酯和聚丁二烯等。

（3）金属燃料。

金属燃料又称金属添加剂，是用来提高推进剂能量的。最常用的金属燃料是铝粉，铝粉燃烧时能提高推进剂燃烧温度，使特征速度增加，从而提高推进剂的比冲。添加铝粉还可使推进剂密度提高。另外，铝粉还起抑制燃烧不稳定性的作用。

（4）附加组分。

附加组分在复合推进剂中所占比例很少，用来改变推进剂的某些性能。如促进固化的固化剂，改善贮存性能的防老剂、增塑剂和降感剂，改善燃烧性能的燃速催化剂、降速剂和燃烧稳定剂等，改善工艺性能的增塑剂、稀释剂、润湿剂、固化催化剂和固化阻止剂等，以及提高力学性能的交联剂、键合剂和增塑剂等。

2. 推进剂性能参数

1）性能指标参数

推进剂的性能参数，都从不同的含义反映推进剂的各种性能和技术状态。

其中与装药性能指标参数相联系的主要有比冲 I_{sp}、特征速度 c^*、燃速 u、压强指数 n、压强温度敏感系数 α_p、密度 ρ_p 等。

2）热力学参数

表征推进剂热力学性能参数包括爆热（定压或定容）、燃烧温度（爆温）、燃烧产物的焓、燃烧产物的熵、比热比、比容、燃气平均分子量、燃气密度、气体常数等。

（1）爆热。

爆热是推进剂爆发燃烧反应时生成的热量，分定压爆热和定容爆热。固体推进剂在燃烧室内燃烧时，放出大量热量，并产生大量气体产物，由于这种燃烧反应进行得非常迅速，可认为没有热损失。燃烧反应所放出的热量完全被这些燃烧产物所吸收，使产物的温升很高，将这种燃烧反应所放出的热量称为爆热，将燃烧产物升到的最高温度称为爆温（燃烧温度）。爆热可通过专用测量装置进行测量。将爆热的量值定义为，在标准状态下（温度 298K，压强 101300Pa），1kg 推进剂在没有外界氧气和空气条件下，进行定压或定容爆发反应，再将爆发反应大产物冷却到 2980K，测出这种爆发反应过程中所放出的全部热量定义为爆热。

（2）定压爆温。

固体推进剂在绝热条件下燃烧（无外加氧气）所达到的最高温度为爆温。因为推进剂在燃烧室内燃烧属于定压燃烧，故又称为定压爆温；而发射药在火炮内燃烧所达到的最高温度称为定容爆温。

（3）燃烧产物的焓和内能。

燃烧产物的热焓是推进剂内部蕴含能量的一部分，是表征燃烧产物内能的状态函数。将 1kg 推进剂燃烧产物总热焓的定义式表示为

$$H_T = \sum_{i=1}^{i=n} n_i H_{T,i}^0$$

式中：H_T 为 1kg 推进剂燃烧产物总热焓；n_i 为第 i 种产物的摩尔数；$H_{T,i}^0$ 为第 i 种产物的标准热焓。

表征推进剂潜在的总能量参数称为内能，推进剂燃烧产物内能的定义式为

$$U_T = H_T - \sum_{i=1}^{i=n} n_i RT$$

式中：U_T 为温度为 T 时，1kg 推进剂燃烧产物总内能。

由内能的定义公式可以看出，推进剂所具有的潜在能量，除了取决于推进

剂燃烧产物的总焓，还由产物所处温度决定。

（4）燃烧产物的熵。

燃烧产物的熵是推进剂燃烧产物的状态函数。任何化学物质的熵都是由它的分子结构和它所处的状态（温度，压强）所决定，当物质的温度和压强一定时，它的熵值也是一个定值。推进剂燃烧产物一般由气相和凝聚相组成，气相产物的熵与温度和压强有关，而凝聚相产物的熵与温度有关，而与压强无关。

这些热力计算参数多为化学热力学参数，主要用于燃烧室内燃气流动计算和分析；燃气在喷管中流动参数计算时，常假设流动为绝热等熵流动，根据等熵方程来计算喷管燃气流动及出口参数，这些热力参数也是装药设计需要了解和掌握的热力学性能参数。

3．推进剂常用性能参数

为在装药技术要求中给出各种性能参数值，要按发动机技术要求中的弹道性能参数对装药所用推进剂的性能参数进行计算。这些计算，也是装药药型设计和装药性能初步计算内容。现结合实例计算推进剂的性能参数和装药药型设计所需的性能参数。

1）推进剂燃速

除比冲、特征速度等表征推进剂的能量特征参数以外，推进剂燃速是表征推进剂燃烧性能的重要参数之一。按推进剂药柱燃烧理论，燃烧从药柱非阻燃表面开始，沿燃烧表面的法向按平行层燃烧规律向药柱内推移。燃速是指燃烧推移的线速度。其定义式为

$$u = e_1/t_b$$

式中：u 为燃速；e_1 为燃层总厚度；t_b 为燃烧时间。

对不同种类的推进剂，计算燃速常采用不同形式的公式，这些公式常由燃速仪或标准发动机测试的数据，采用曲线拟合的方法获得。

（1）指数燃速公式：

$u = u_1 P^n$（适用于 CMDB、NEPE 和复合推进剂，压强范围：$5 \sim 30 \text{MPa}$）

$$(3-1)$$

$u = a + u_1 P^n$（适用于双基推进剂，压强范围：$5 \sim 6 \text{MPa}$） $(3-2)$

（2）线性燃速公式：

$u = u_1 P$（适用于双基推进剂，压强范围：大于 10MPa） $(3-3)$

$u = a + u_1 P$（适用于双基推进剂，压强范围：大于 10MPa） $(3-4)$

（3）复合推进剂燃速公式：

$$1/u = a/P + b/P \text{ 或 } P/u = a + b \cdot P^{2/3}\text{（压强范围：大于 5MPa）} \quad (3-5)$$

式中：u 为燃速；u_1 为燃速温度系数；a，b 为常数。

2）推进剂压强温度敏感系数计算

在发动机设计技术要求中，一般都规定在高、低温度范围内允许的推力散布范围，如规定高温的最大推力值和低温的最小推力值。如与推进剂性能相联系，需将其转换为压强散布范围，即可按推进剂压强温度敏感系数 α_p 的定义和计算式来计算，并将计算结果作为控制推进剂性能散布的指标参数之一。推进剂压强温度敏感系数是表征推进剂性能随温度变化大小的计算公式，常用来计算高低温度下装药弹道性能参数散步的大小。

推进剂压强温度敏感系数，常通过标准试验发动机实测获得。如对某一在研的推进剂，可通过 50mm 标准试验发动机高、低温静止试验，实测指定压强下的平均压强，并采用压强温度敏感系数的计算公式进行计算，用该系数的实测值大小来表征该推进剂的燃烧性能。

推进剂的这一燃烧性能，与推进剂燃速温度敏感系数有直接关系，温度对推进剂燃速的影响越大，压强温度敏感系数也越大。

推进剂燃速温度敏感系数，可在高低温条件下，通过燃速仪对推进剂的燃速进行测试，获得指定压强下的燃速温度敏感系数，也可用该系数表征温差对推进剂弹道性能散布的影响。由于该测试系统测试高低温下推进剂燃速下，没有采用标准试验发动机测试高、低温下的压强更直观、准确、方便，应用中常采用压强温度敏感系数表征温差对推进剂弹道性能的影响。也常用该系数作为推进剂燃烧性能要求的指标参数。

（1）计算条件：

①技术要求中给出推力或压强散布要求；

②给出温度范围，一般指高低温工作温度范围。

（2）工程计算式：

$$\alpha_p = (\ln P_{(+50℃)} - \ln P_{(-40℃)})/(T_{+50℃} - T_{-40℃}) \quad (3-6)$$

式中：α_p 为压强对温度的敏感系数，简称压强温度系数；$P_{(+50℃)}$，$P_{(-40℃)}$ 分别为 +50℃ 工作温度 $T_{+50℃}$ 和 -40℃ 工作温度 $T_{-40℃}$ 的平均压强。

在上述初步计算的基础上，即可进行装药性能详细设计与计算，包括计算装药燃烧面积随燃层厚度变化的逐点数据，并依据推进剂燃烧性能，进行装药内弹道计算、装药性能计算与校核计算等。

4. 固体推进剂的选用原则

现在，各种推进剂在比冲、密度、燃速、力学性能、危险等级和使用性能等方面都有较宽的选择范围，有些性能还可通过改变配方和工艺来调整和改进。但是，应当注意，调整某一特性时，往往会引起另一特性的变化。所以选用的推进剂应全面鉴定其性能，务必使选用的推进剂满足发动机的技术要求。具体的选择原则如下。

1）能量特性

选用的推进剂应具有设计条件所要求的实际比冲和尽可能大的体积比冲。由公式 $I_{sp} = I/m_p$，当总冲 I 一定时，所选用的推进剂比冲 I_{sp} 愈大，则所需推进剂质量 m_p 愈小。若体积比冲 $I_{sp}\rho_p$ 愈大，则药柱体积愈小，相应的燃烧室容积也愈小，从而减轻发动机结构质量。反之，给定发动机尺寸，药柱体积一定，若体积比冲愈大，则发动机总冲愈大，导弹速度增量也愈大。部分固体推进剂的能量特性如表 3-1 所示。

表 3-1   某些推进剂的能量特性和内弹道特性

推进剂	比冲 (I_{sp}) $(N \cdot s/kg)$	密度 (ρ_p) (g/cm^3)	燃速 (r) (mm/s)	压强 指数(n)	燃速温度系数 $(\alpha_r)_p$% $(1/℃)$	特征速度 (C^*) (m/s)	临界压强 (p_{cr}) (MPa)
双钴-1	2009	1.64～1.66	10.5	0.19	0.25		3.82
双钴-2	1989	1.64～1.66	12.8	0.21	0.07		4.22
GLQ-1	2279	1.668	25.0	0.35	0.233	1544	3.92
双铅-2	1960	1.61	10.5	0.358	0.23		
GLQ-2	2222	1.682	30.0	0.394	0.19	1508	3.43
DR-3		1.57	2.8～3.8	0.2	0.1	1262.7	
DR-5		1.59	4.5～6.0	0.11	0.17	1347.5	
GHT₀-1	2183	1.69	23.24	0.121	0.2	1485	
GHQT₀-1	2301	1.72	20.68	0.36	0.11	1558	
GHT-1	2381	1.73	20.48	0.302	0.1	1601	
862A 丁羟	2320	1.70	9.0	0.4	0.22	1584.0	
863A 丁羟	2342	1.74	9.4	0.44			
864A 丁羟	2332	1.79	12.0	0.34		1650.0	

2）内弹道特性

选用的推进剂在预期工作条件下，在设计的推力-时间历程内，应具有所需要的内弹道性能。推进剂的内弹道性能是以燃速、压强指数和燃速的温度敏感系数来表征的（见表 3 - 1）。

（1）燃速应符合推力-时间历程的要求。

推力大、工作时间短的助推器，要求燃速高；工作时间较长的主发动机要求燃速稍低些；长时间工作的低推力燃气发生器，则要求低燃速的推进剂。固体推进剂的燃速，一般是可调的，对于复合和 CMDB 推进剂，可采用增减燃速催化剂、改变氧化剂颗粒大小和粒度配比等方法来调节。

（2）压强指数应尽量低。

压强指数 n 对发动机性能影响较大，在发动机工作过程中，由于燃烧不完全的物质及熔融铝或氧化铝的沉积，可能使喷喉面积变小，药柱中的小气孔或裂纹可能使燃面超出设计值，从而使燃烧室压强急剧升高。因此，通常要求压强指数（$n < 1$）越小越好，以免引起燃速和燃烧室压强的激烈变化。

（3）温度敏感系数应尽量小。

温度敏感系数是描述推进剂初温对燃速和压强影响的参数。要使发动机能在较宽的环境温度范围内工作，并有着相近的内弹道性能，要求推进剂的温度敏感系数和压强指数尽量小。

3）燃烧特性

（1）侵蚀燃烧效应要小。

推进剂燃速受平行于药柱燃面的高速气流影响，这种现象叫作侵蚀效应。有侵蚀效应的燃烧叫作侵蚀燃烧。侵蚀燃烧会影响发动机的性能。首先，强烈的侵蚀效应会造成初始压强急升，形成所谓"侵蚀压强峰"；其次，侵蚀效应使靠近喷管一端的药柱先烧完，药柱不能同时烧尽，造成压强-时间曲线拖尾加长。侵蚀效应多发生在发动机工作初期，随着工作时间的加长，侵蚀效应减小并随之消失。通常以侵蚀比 ε 来定义有侵蚀效应时的燃速 r 与同样条件（初温、压强）无侵蚀效应时的燃速 r_0 之比，即

$$\varepsilon = r / r_0$$

ε 值主要靠试验来测定，有不少学者在大量试验基础上提出了许多表达 ε 的经验式。

试验表明：①对于不同的推进剂，引起侵蚀燃烧的平行气流速度是不一样的，即每一种推进剂都有一个界限速度存在，只有当平行气流速度大于界限速

度时才产生侵蚀燃烧；②推进剂的燃烧温度愈高，侵蚀效应愈低，一般燃烧温度低于 3000K 的推进剂大多发生侵蚀燃烧；③燃烧室压强增加，侵蚀效应加剧。

(2)燃烧稳定性好。

选用的推进剂不应出现不稳定燃烧。通常，复合推进剂中加入铝粉可抑制高频振荡燃烧。对于复合推进剂和 CMDB 推进剂，可通过调整铝粉含量和粒度配比来改善推进剂燃烧稳定性。

4)力学特性

固体推进剂的力学特性包括抗拉和抗压强度、伸长率、松弛模量。根据药柱结构完整性分析，对推进剂的力学性能提出最低要求；或根据极端温度下药柱可能承受的最低单向应力和应变值，对推进剂提出力学性能要求。通常推进剂的抗拉、抗压强度在高温时最低，而伸长率在低温下最低，故应以高温下的强度和低温下的伸长率来评价推进剂的力学性能。

5)安定性

安定性是指推进剂在贮存条件下，在规定时期内，其本身理化性能和燃烧性能的改变程度。一般分化学安定性和物理安定性两种。前者指推进剂本身有无化学变化或组分自动分解，后者指推进剂物理性质(如老化、汗析、结晶、吸湿)的变化。

一般地说，复合推进剂的热安定性优于 DB 推进剂。CTPB 和 HTPB 推进剂有良好的热安定性。PU 推进剂对水敏感，在潮湿空气中存放会降低力学性能，但 HTPB 推进剂已解决了这一致命弱点。PB 推进剂对水的敏感性不大。

6)危险性

冲击、摩擦和静电的作用都有可能引起推进剂燃烧、爆燃或爆轰。在一定条件下，如果药柱几何尺寸和质量都足够大，则爆燃可能转变为爆轰。如果药柱几何尺寸大到超过推进剂的临界尺寸，理论上讲，所有固体推进剂都可能由于受高速冲击波的作用而引起爆轰。通常复合推进剂的临界尺寸大于 DB 和 CMDB 推进剂的，临界尺寸即前者的冲击敏感度比后二者低；但前者的摩擦感度却高于 DB 而与 CMDB 推进剂相当。

7)经济性

推进剂的成本取决于原材料的价格、加工工艺、环境要求和品质控制水平等。因此选用的推进剂应在本国有丰富的原料、价格低廉，制造工艺简单，品质控制容易，可大批量生产，贮存期长。这样可望取得较好经济效果。

3.1.2　装药基本药型选择

装药药型选择是装药设计的第一步，因为不同的药型适用于不同要求的固
体火箭发动机，并有不同的设计方法，只有选定了药型之后，才能着手进行装
药几何尺寸的设计。目前常用的药型如图 3－1 所示。一般来讲，选择装药药型
应根据以下原则：

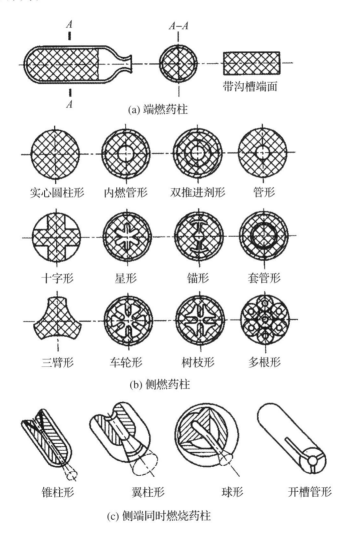

(a) 端燃药柱

实心圆柱形　　内燃管形　　双推进剂形　　管形

十字形　　星形　　锚形　　套管形

三臂形　　车轮形　　树枝形　　多根形

(b) 侧燃药柱

锥柱形　　翼柱形　　球形　　开槽管形

(c) 侧端同时燃烧药柱

图 3－1　几种常见的装药药型

(1)使装药的药型有足够的燃烧面，以获得必要的炮口速度。野战火箭弹的
炮口速度一般不能小于 40m/s。如果装药燃烧面小，就不能保证对炮口速度的

最低要求。

对于非增程反坦克火箭弹来说，对装药药型除有足够燃烧面这一要求外，还应满足装药燃烧时间的要求。一般来说，单孔管状药可以满足这一要求。

(2)对燃烧室壁的传热小。从传热角度看，内孔燃烧的装药传热最少。因为这类装药的外径是紧贴在燃烧室的内壁上，燃气不直接与燃烧室壁接触，可以显著地减少对室壁的传热。而管状药在燃烧过程中，因燃气直接作用在燃烧室内壁上，传热较多，热损失较大。

(3)装药药柱在燃烧室内容易固定。浇铸装药在燃烧室内易于固定，可以不用挡药板；管状药固定比较困难，一般要采用挡药和固药装置。

(4)装药的余药少，利用率高。星孔装药有余药损失，管状装药余药损失较小。

(5)装药有足够的强度。装药的强度主要取决于推进剂的组分与制造方法。但是即使是同一种推进剂，装药形状、尺寸与受载方向都对装药强度有影响。当轴向惯性力较大时，无论是单孔管状装药或星孔装药的长度都不宜太长，长度太长会使受压端面产生较大的应力；当单孔管状药内孔与外侧的通气参量差别较大时，药柱的厚度不宜太薄，否则，药柱内外压强差可能引起药柱破坏。

(6)结构及工艺简单，便于大批量生产。

3.1.3 装药技术要求

固体推进剂装药设计前，要对导弹总体提出的"发动机设计技术要求"进行分析，根据与装药各项性能相关的要求，制定"装药技术要求"，为推进剂选择、性能确定和装药成型工艺选择提供依据。不论是采用新研制的推进剂装药，还是采用已有推进剂基础配方的推进剂装药，都要对所用推进剂的性能和成型工艺进行深入的调研和分析，在具备符合设计所需的各项性能参数后，即可进行装药设计初步设计计算。根据计算结果，完善并确定装药技术要求中推进剂性能参数的量值。

推进剂性能和装药成型工艺条件，是保证装药性能的基础。一般包括装药结构和成型能否实现，推进剂弹道性能和燃烧性能实测数据，推进剂药柱力学性能数据，推进剂安全性能数据，以及对工作温度、环境条件适应性和长期贮存性能等有关数据，是否能符合发动机性能工作和使用条件要求。对装药有特性要求和特殊功能要求的，还要重点分析在装药设计上实现的可能性。

3.2 固体火箭发动机装药设计

固体火箭发动机所用推进剂是以浇铸或自由装填的方式置于发动机壳体内，

具有一定的几何形状和尺寸大小。药柱的形状和尺寸确定了发动机燃烧产物的生成率及其随时间的变化率，从而确定了发动机的工作压强和推力随时间的变化规律，同时也确定了燃烧室的尺寸及包覆层的结构方案。

为满足导弹对发动机的技术要求，幅度必须按规定的推力-时间历程工作，这就要求推进剂按一定的规律进行燃烧。因此，处于发动机壳体内的推进剂必须经过一定的结构设计，使其在燃烧过程中燃烧面积按相同变化规律变化，从而获得导弹总体要求的推力变化规律。推进剂装药的结构设计简称为装药设计，其好坏程度决定了发动机的内弹道性能和其他技术指标的优劣，是发动机设计的核心部分。

3.2.1 单孔管状药装药设计

具有单个中心圆孔的圆柱形装药称为单孔管状药，它的形状由 4 个参数确定，即外径 D、内径 d、长度 L 和装药根数 n，通常用 $D/d-L \times n$ 表示。这种装药当两端包覆时燃烧面呈等面性变化。如果装药较长，长细比达 10 以上时端面不包覆亦可看作等面性装药。

1. 装药尺寸与设计参量的关系

1）单孔管状药燃烧面变化规律

实际燃烧过程中燃烧面的变化相当复杂。下面的推导是按照几何燃烧定律——在整个燃烧过程中，装药按平行层燃烧规律逐层燃烧进行推导的。因此推导得到的是装药燃烧面理论上的变化规律。

图 3-2 为无包覆单孔管状药燃烧面变化示意图。燃烧前装药尺寸为外径 D、内径 d、长度 L，装药的肉厚为 e_1。则由图 3-2 可知：

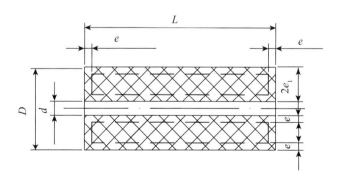

图 3-2 单孔管状药燃烧面变化示意图

装药的起始肉厚为

$$e_1 = (D - d)/4$$

当装药燃烧到某瞬时，烧去肉厚为 e，则装药一端的端面积为

$$A_T = \pi[(D - 2e)^2 - (d + 2e)^2]/4$$

装药的外侧和内孔表面积之和为

$$A_S = \pi[(D - 2e) + (d + 2e)] \cdot (L - 2e)$$
$$= \pi(D + d) \cdot (L - 2e)$$

燃烧总面积为

$$A_b = \pi(D + d)(L - 2e) + \pi[(D - 2e)^2 - (d + 2e)^2]/2 \qquad (3-7)$$

当 $e = 0$ 时，装药各起始燃烧面积为

$$A_{T0} = \pi(D^2 - d^2)/4$$
$$A_{S0} = \pi(D + d)L$$
$$A_{b0} = \pi(D + d)L + \pi(D^2 - d^2)/2$$

由式(3-7)整理可得总燃面的变化规律为

$$A_b = A_{b0} - 4\pi(D + d)e \qquad (3-8)$$

由式(3-8)可知，当单孔管状药两端不包覆时，呈线性减面性燃烧。用同样方法可得到装药一端或两端包覆时燃烧面变化规律。

2）通气参量 $\mathcal{æ}$ 与装药尺寸的关系

在固体火箭发动机原理中，介绍过通气参量 $\mathcal{æ}$，它定义为在固体火箭发动机燃烧室中所研究的 x 截面前的装药燃烧面积 A_{bx} 与该截面的燃气通道截面积 A_{px} 之比，它在装药未燃烧时靠近喷管处一端最大，称为起始通气参量 $\mathcal{æ}_0$，其计算公式为

$$\mathcal{æ}_0 = \frac{A_{b0} - A_{T0}}{A_{p0}} = \frac{A_{b0} - A_{T0}}{A_c - A_{T0}}$$

式中：A_c 为燃烧室内腔横截面积，$A_c = \pi D_i^2/4$；D_i 为燃烧室内径或绝热层内径。

将 A_{b0}、A_{T0}、A_c 代入上式，简化后可得

$$\mathcal{æ}_0 = \frac{4(D + d)L + (D^2 - d^2)}{D_i^2 - (D^2 - d^2)} \qquad (3-9)$$

如果装药长细比较大，端面积与侧表面积相比很小，或者装药两端面包覆，则式(3-9)可简化为

$$\text{\ae}_0 = \frac{4(D+d)L}{D_i^2 - (D^2 - d^2)} \tag{3-10}$$

对于多根装药则有

$$\text{\ae}_0 = \frac{4n(D+d)L}{D_i^2 - n(D^2 - d^2)} \tag{3-11}$$

上面讨论的是管状药总的通气参量，实际上燃气沿装药外表面和内表面流动速度是不一样的，也就是侵蚀效应不同。因此有时还需要分别计算单孔管状药沿装药外表面的外通气参量 $\text{\ae}_e$ 与沿装药内表面的通气参量 $\text{\ae}_i$。它们的表达式分别为

$$\text{\ae}_e = \frac{4nDL}{D_i^2 - nD^2} \tag{3-12}$$

$$\text{\ae}_i = \frac{4L}{d} \tag{3-13}$$

内外通气参量之比为

$$m = \text{\ae}_i / \text{\ae}_e = \frac{D_i^2 - nD^2}{nd \cdot D} \tag{3-14}$$

试验证明，$\text{\ae}_i$ 与 $\text{\ae}_e$ 的比值对装药燃烧稳定性及初始压强峰有一定影响，尤其是在 $\text{\ae}_0$ 较大时其影响更为明显。为了使初始压强峰不致过大以及保证正常燃烧的临界压强不致太高，通常取 $\text{\ae}_i / \text{\ae}_e = 1 \sim 2$。

3）充满系数和极限充满系数

充满系数 ε 是装药在燃烧室横截面上的充满程度，即装药横截面积与燃烧室内腔横截面积之比。由定义：

$$\varepsilon = \frac{A_{T0}}{A_c} = \frac{\pi n(D^2 - d^2)/4}{\pi D_i^2/4} = \frac{n(D^2 - d^2)}{D_i^2} \tag{3-15}$$

在设计过程中往往首先求出 ε 然后再计算装药尺寸。为了防止计算出的装药尺寸装不进燃烧室，引入极限充满系数 ε_1。极限充满系数是装药外径为极限直径时所对应的充满系数。装药的极限直径是指外径相等的多根单孔管状药对应于一定的装药根数和排列方式，所有装药都能装入燃烧室时装药的最大外径，记为 D_1，有

令
$$\varphi_1 = D_1 / D_i$$

　　不同的装药根数与排列方式所对应的 φ_1 值，可以通过一定的几何关系求得。

　　图 3-3 为外实排列法装药。外实排列法装药先从外层密实排列，再逐步向内层排列。表 3-2 列出了外实排列法各层的装药根数。

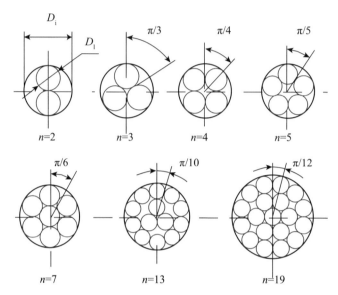

图 3-3　外实排列法

表 3-2　外实排列法各层的装药根数

总装药根数	3	4	5	6	7	8	9	10	13	14	15	17	19	20	22	24
第一层（外层）	3	4	5	6	6	7	8	9	10	10	11	12	12	13	14	15
第二层					1	1	1	1	3	4	4	5	6	6	7	8
第三层													1	1	1	1

　　由图 3-3 可知，D_1 与 D_i 和外层装药根数 n_1 的关系为

$$\frac{D_1}{2} + \frac{D_1/2}{\sin(\pi/n_1)} = \frac{D_i}{2}$$

故

$$\varphi_1 = \frac{D_1}{D_i} = \frac{\sin(\pi/n_1)}{1 + \sin(\pi/n_1)} \tag{3-16}$$

　　图 3-4 为多根装药内实排列法，装药先从中心排起。采用这种排列法装药的根数是限定的。同样可以通过几何关系计算 φ_1 值。

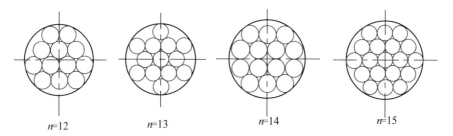

图 3 - 4   内实排列法

当 $n > 7$ 时，φ_l 还可按下式进行近似计算：

$$\varphi_l = \sqrt{\frac{0.7}{n}}$$

极限充满系数 ε_l 的大小除了与装药根数、排列方式有关外，还与 $æ_i / æ_e$ 的比值有关。

当 $æ_i = m æ_e$ 时，有

$$D = \frac{m\varepsilon_l - \varepsilon_l + 1}{\sqrt{mn(m\varepsilon_l - 2\varepsilon_l + 2)}} D_i$$

$$\varphi_l = \frac{m\varepsilon_l - \varepsilon_l + 1}{\sqrt{mn(m\varepsilon_l - 2\varepsilon_l + 2)}}$$

为了求出上式中的 ε_l 值，将其整理为

$$a\varepsilon_l^2 + b\varepsilon_l + c = 0$$

得

$$\varepsilon_l = \frac{-b + \sqrt{b^2 - 4ac}}{2a} \tag{3-17}$$

其中

$$a = (m-1)^2$$

$$b = 2\varphi_l^2 mn - \varphi_l^2 m^2 n + 2m - 2$$

$$c = 1 - 2\varphi_l^2 mn$$

用式(3-17)可以计算出不同装药根数，不同排列方式及不同的 $æ_i$ 与 $æ_e$ 比值 m 时的 ε_l 值。

装药能装入燃烧室的条件为

$$\varepsilon < \varepsilon_l$$

4) 单孔管状药尺寸表达式

单孔管状药尺寸表达式主要是建立装药的几何尺寸与充满系数 ε 和燃烧室

内径 D_i（或绝热层内径 D_h）之间的关系。若燃烧室内壁有绝热层，则下面推导得到的公式中 D_i 用 D_h 代替。

$æ_i/æ_e$ 的比值不同，单孔管状药的表达式也不同，下面按 $æ_i/æ_e=m$ 来推导单孔管状药尺寸表达式。

当装药长径比较大时，$æ_e≈æ_0$，这样可以近似取 $æ_i=mæ_e≈mæ_0$，由 $æ_i$ 和 $æ_0$ 的定义

$$\frac{4L}{d}=m\frac{4n(D+d)L}{D_i^2-n(D^2-d^2)}$$

将式(3-15)代入上式得

$$d=\frac{1-\varepsilon}{m\varepsilon-\varepsilon+1}D \qquad (3-18)$$

由式(3-15)得

$$d^2=\frac{nD^2-\varepsilon D_i^2}{n} \qquad (3-19)$$

将式(3-18)代入式(3-19)得

$$D=\frac{m\varepsilon-\varepsilon+1}{\sqrt{mn(m\varepsilon-2\varepsilon+2)}}D_i \qquad (3-20)$$

将式(3-20)再代入式(3-18)得

$$d=\frac{1-\varepsilon}{\sqrt{mn(m\varepsilon-2\varepsilon+2)}}D_i \qquad (3-21)$$

由于

$$L=æ_id/4=mæ_0d/4$$

则

$$L=\frac{(1-\varepsilon)\sqrt{m}æ_0}{4\sqrt{n(m\varepsilon-2\varepsilon+2)}}D_i \qquad (3-22)$$

若燃烧室外径为 D_e，则装药尺寸及燃烧室内径对 D_e 的相对量为

$$\overline{D}=\frac{D}{D_e}, \quad \overline{d}=\frac{d}{D_e}, \quad \overline{L}=\frac{L}{D_e}, \quad B=\frac{D_i}{D_e}$$

在 $æ_i=mæ_e≈mæ_0$ 时单孔管状药尺寸相对量表达式为

$$\overline{D}=\frac{m\varepsilon-\varepsilon+1}{\sqrt{mn(m\varepsilon-2\varepsilon+2)}}B \qquad (3-23)$$

$$\overline{d}=\frac{1-\varepsilon}{\sqrt{mn(m\varepsilon-2\varepsilon+2)}}B \qquad (3-24)$$

$$\overline{L} = \frac{(1-\varepsilon)\sqrt{m\ae_0}}{4\ \sqrt{n(m\varepsilon - 2\varepsilon + 2)}} B \qquad (3-25)$$

式(3-23)、式(3-24)和式(3-25)是单孔管状药尺寸的一般表达式。m 用 1 或 2 代入就可以得到 $\ae_i = \ae_e \approx \ae_0$ 和 $\ae_i = 2\ae_e \approx 2\ae_0$ 时装药尺寸的表达式。

2. 不同约束条件下的装药设计方法

1) 不限长装药设计方法

不限长装药设计方法是在弹径和战斗部质量不变的条件下满足火箭弹理想速度最大的要求。不限长的含意是装药长度不受限制，通过装药设计可以使得火箭弹主动段末端速度达到最大值。这种方法所得到的装药长度较长，适用于尾翼式火箭弹的装药设计。

由火箭弹理想速度计算公式 $v_{ik} = I_{sp} \ln(1 + m_p / m_k)$ 可知，当 I_{sp} 一定时，要使 v_{ik} 获得极大值，必须使 m_p / m_k 获得极大值。

以充满系数 ε 表示装药的质量 m_p，则

$$m_p = \frac{\pi}{4} D_i^2 L \rho_p = \frac{\pi}{4} B^2 \varepsilon \overline{L} \rho_p D_e^3 \qquad (3-26)$$

式中：ρ_p 为推进剂的密度。

由式(3-26)和式(3-7)可以看出，若燃烧室内径不变，当装药长度增加时，装药质量和燃烧面积都增加（装药内、外径不变），而通气面积不变，则通气参量 $\ae$ 随燃烧面积的增加而增大。当通气参量达到规定值时，若再增加装药长度，为了使通气参量保持一定的值，装药端面积必须减少。装药的增长使装药质量增加，而端面积减小则使装药质量减小。装药质量和长度的关系，开始时随长度的增长而增加；当长度达到一定值后，再增长装药长度，装药的质量反而下降，装药质量存在极值。装药长度增长，燃烧室长度增大，被动段弹质量也相应增加。质量比（装药质量与火箭弹被动段质量之比）m_p / m_k 也存在着极值。

火箭弹被动段的质量 m_k 为

$$m_k = m_w + m_c + m_d \qquad (3-27)$$

式中：m_w 为战斗部质量；m_c 为燃烧室壳体质量；m_d 为火箭弹附件质量（包括喷管、稳定装置、挡药板及绝热层等）。

又因

$$m_c = \frac{\pi}{4}(D_e^2 - D_i^2)L_c\rho_m = \frac{\pi}{4}(1-B^2)\overline{L}_c D_e^3\rho_m = \frac{\pi}{4}(1-B^2)(K_c + \overline{L})D_e^3\rho_m$$

$$(3-28)$$

式中：L_c 为燃烧室壳体长度；ρ_m 为燃烧室材料密度；K_c 为燃烧室壳体相对长与装药相对长之差，即 $K_c = \overline{L}_c - \overline{L}$，一般 K_c 取 $0.7 \sim 0.8$。

则火箭弹质量比为

$$\frac{m_p}{m_k} = \frac{\frac{\pi}{4}B^2\varepsilon\overline{L}D_e^3\rho_p}{m_w + m_d + \frac{\pi}{4}(1-B^2)(K_c + \overline{L})D_e^3\rho_m} = \frac{a\varepsilon\overline{L}}{m_{wd} + b\overline{L}} \qquad (3-29)$$

其中

$$m_{wd} = m_w + m_d + \frac{\pi}{4}(1-B^2)K_c D_e^3\rho_m$$

$$a = \frac{\pi}{4}B^2 D_e^3\rho_p$$

$$b = \frac{\pi}{4}(1-B^2)D_e^3\rho_m$$

当给定战斗部质量，估算出附件质量及选定燃烧室压强、燃烧室材料和推进剂型号时，m_{wd}、a、b 可以看作与 ε、$\overline{L}$ 无关的常量。m_p/m_k 则是 ε 和 $\overline{L}$ 的函数。将式(3-29)对 ε 求导，并令其为零，则可求得 m_p/m_k 的极值。显然，该极值为极大值。即

$$\frac{\mathrm{d}\left(\dfrac{m_p}{m_k}\right)}{\mathrm{d}\varepsilon} = \frac{a\left(\overline{L} + \varepsilon\dfrac{\mathrm{d}\overline{L}}{\mathrm{d}\varepsilon}\right)(m_{wd} + b\overline{L}) - ab\varepsilon\overline{L}\dfrac{\mathrm{d}\overline{L}}{\mathrm{d}\varepsilon}}{(m_{wd} + b\overline{L})^2} = 0$$

得

$$\frac{b}{m_{wd}} = -\left(\overline{L} + \varepsilon\frac{\mathrm{d}\overline{L}}{\mathrm{d}\varepsilon}\right)\Big/\overline{L}^2 \qquad (3-30)$$

将式(3-25)对 ε 求导数

$$\frac{\mathrm{d}\overline{L}}{\mathrm{d}\varepsilon} = \frac{\sqrt{m}B(2\varepsilon - m\varepsilon - m - 2)\alpha_0}{8\sqrt{n}(m\varepsilon - 2\varepsilon + 2)^{3/2}}$$

将上式代入式(3-30)，整理后可得

$$\frac{\sqrt{m}Bb\alpha_0}{4\sqrt{n}m_{wd}} = \frac{(3\varepsilon - 1)(m\varepsilon - 2\varepsilon + 2) - 2(1-\varepsilon)}{2(1-\varepsilon)^2\sqrt{m\varepsilon - 2\varepsilon + 2}}$$

令
$$N = \frac{\sqrt{m}B\pi(1-B^2)\rho_m \alpha_0}{16\sqrt{n}C_{mwd}}$$
(3-31)

其中

$$C_{mwd} = \frac{m_w + m_d + \frac{\pi}{4}(1-B^2)K_c D_e^3 \rho_m}{D_e^3}$$

$$= C_{mw} + C_{md} + \frac{\pi}{4}(1-B^2)K_c \rho_m$$

则得

$$\frac{(3\varepsilon-1)(m\varepsilon-2\varepsilon+2)-2(1-\varepsilon)}{2(1-\varepsilon)^2\sqrt{m\varepsilon-2\varepsilon+2}} = \varphi(\varepsilon) = N$$
(3-32)

式(3-31)所解出的 ε 值就是使质量比取得极大值$(m_p/m_k)_{max}$时的 ε 值，记为 ε_{max}。由式(3-31)计算出 N 值后，用逐次逼近法求解式(3-32)，可得 ε_{max}。

对于多根装药必须进行检验，使 $\varepsilon_{max}\varepsilon_l$。

图 3-5 是利用式(3-31)和式(3-32)计算得到的 $m=1$ 时的 ε_{max} 与 N_1 的关系曲线。

从图 3-5 可以看出，ε_{max} 随 N_1 的增大而增大。当 $N_1 = 0$ 时，$\varepsilon_{max} = 0.5426$，这是燃烧室壳体没有质量的假想情况。从式(3-31)中看出，要使 $N_1=0$，只有 $\rho_m = 0$ 或者 $B=1$，也就是燃烧室壳体材料的密度为零，或者是燃烧室壁厚为零的情况。这种情况在实际中是不存在的。然而有实际意义的是 $\varepsilon_{max} = 0.5426$ 的数值，在设计时取 $N_1 > 0$，则使质量比取得极值的充满系数必然是 $\varepsilon_{max} > 0.5426$。

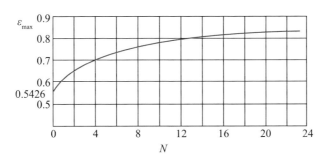

图 3-5 曲线 ε_{max}-N_1 曲线

2)限长装药设计方法

有些火箭弹由于特殊需要弹长受到限制，在弹长受到限制时，装药设计可采用限长装药设计方法。限长装药设计方法是根据给定装药相对长度 $\bar{L}$，求出充满系数 ε，再求出装药的外径、内径和质量。

将装药相对长度 $\overline{L}$ 看作一个定值，由式(3-25)可得出

$$\frac{(1-\varepsilon)^2}{m\varepsilon-2\varepsilon+2}=\frac{16n\overline{L}^2}{mB^2\alpha_0^2}$$

令

$$Z=\frac{16n\overline{L}^2}{mB^2\alpha_0^2} \qquad (3-33)$$

解得

$$\varepsilon=1+\frac{Z}{2}m-Z-\sqrt{\frac{1}{4}[2+Z(m-2)]^2-(1-2Z)} \qquad (3-34)$$

由式(3-33)计算出 Z 值代入式(3-34)，就可以求得 ε 值。对于多根装药同样要使 $\varepsilon<\varepsilon_1$。

求出 ε 之后，代入相应的公式则可求得装药外径 D、内径 d，并确定装药质量。当 m_w 与 m_d 给定后也就可以求出对应于 $\overline{L}$ 值的质量比 m_p/m_k 和理想速度 v_{ik}。

限长装药设计方法与不限长装药设计是有密切关系的。若选择多个 $\overline{L}$ 值，计算不同的 $\overline{L}$ 所对应的 v_{ik}，其中使 v_{ik} 取得最大值的充满系数，就是在相同条件下用不限长装药设计方法所求得的充满系数。

3)限肉厚装药设计方法

有些火箭，如带有助推发动机的火箭或反坦克火箭要求限定装药的燃烧时间，当选定推进剂类型时，在装药设计中就要限定装药的厚度。除了限定装药肉厚外，有时还要求装药根数 n 一定，或者要求主动段末速度最大。

(1)要求装药根数一定。

当装药厚度 e_1 和装药根数 n 已限定时，由式(3-23)和式(3-24)可以得出：

$$\overline{d}=\frac{1-\varepsilon}{(m-1)\varepsilon+1}\overline{D} \qquad (3-35)$$

装药的肉厚 e_1 对燃烧室外径的相对值为

$$\overline{e_1}=\frac{e_1}{D_e}=\frac{\overline{D}-\overline{d}}{4} \qquad (3-36)$$

将式(3-35)代入式(3-36)可得

$$\overline{e_1}=\frac{\overline{D}}{4}\frac{m\varepsilon}{(m-1)\varepsilon+1}$$

将式(3-36)代入上式，并令

$$H = \frac{16ne_1^{\bar{2}}}{B^2}$$

可解得

$$\varepsilon = \frac{m-2}{2m}H + \sqrt{\left(\frac{m-2}{2m}H\right)^2 + \frac{2}{m}H} \tag{3-37}$$

将 H 值和给定的 m 值代入式(3-37)就可求得 ε 值，然后代入装药尺寸表达式即可求得装药的内外径和长度。

（2）要求主动段末速度最大。

为了讨论方便，取一个厚度相等、端面形状任意的装药来研究，如图 3-6 (a)所示。以 s 表示装药端面的平均周长（图中虚线）。由于装药厚度很薄，内外周长总和可取为 $2s$，则装药质量为

$$m_p = 2e_1 \cdot sL\rho_p \tag{3-38}$$

通气参量为

$$\text{\ae}_0 = \frac{8sL}{\pi D_i^2 - 8se_1} \tag{3-39}$$

装药端面的平均周长为

$$s = \frac{\pi D_i^2 \text{\ae}_0}{8(L + e_1\text{\ae}_0)} \tag{3-40}$$

由于装药厚度 $2e_1$ 是给定的，在通气参量一定时，改变装药长度就可以改变 m_p、m_c 以及 v_{ik} 的值，其中有一个是极大值。

由式(3-40)可知，s 与 L 是相互关联的，改变装药端面的平均周长 s 也可以得到 v_{ik} 的极大值。由式(3-27)与式(3-38)并参照式(3-29)的形式，可得出质量比为

$$\frac{m_p}{m_k} = \frac{2e_1 sL\rho_p}{m_w + m_d + m_c} = \frac{2e_1 sL\rho_p}{m_{wd} + b_1 L} \tag{3-41}$$

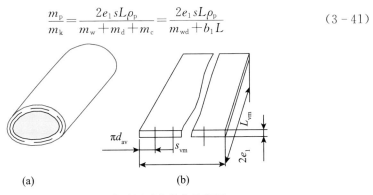

图 3-6　任意端面形状装药示意图

其中

$$b_1 = \frac{\pi}{4}(1-B^2)D_e^2 \rho_m$$

将式(3-40)代入式(3-41)，并以 L 为自变量，可得

$$\frac{m_p}{m_k} = \frac{e_1 \pi D_i^2 \rho_p L \mathbf{\alpha}_0}{4(e_1 \mathbf{\alpha}_0 + L)(m_{wd} + b_1 L)} \tag{3-42}$$

将式(3-42)对 L 求导数并令其为 0，则

$$\frac{\mathrm{d}(m_p/m_k)}{\mathrm{d}L} = \frac{e_1 \pi D_i^2 \mathbf{\alpha}_0 \rho_p \left[(e_1 \mathbf{\alpha}_0 + L)(m_{wd} + b_1 L) - L(m_{wd} + 2b_1 L + b_1 e_1 \mathbf{\alpha}_0) \right]}{4 (e_1 \mathbf{\alpha}_0 + L)^2 (m_{wd} + b_1 L)^2} = 0$$

解出使质量比取得极大值的装药长度，并记为 L_{vm}，即

$$L_{vm} = \sqrt{\frac{e_1 \mathbf{\alpha}_0 m_{wd}}{b_1}} \tag{3-43}$$

采用相对量表示，则为

$$\overline{L}_{vm} = \sqrt{\frac{\overline{e}_1 \mathbf{\alpha}_0 c_{mwd}}{\overline{b}_1}} \tag{3-44}$$

对应于质量比为极大值时的相对装药平均周长为

$$\overline{s}_{vm} = \frac{\pi B^2}{8 \left(\sqrt{\dfrac{\overline{e}_1 C_{mwd}}{\overline{b}_1 \mathbf{\alpha}_0}} + \overline{e}_1 \right)}$$

其中，$\overline{L}_{vm} = \dfrac{L_{vm}}{D_e}$，$\overline{s}_{vm} = \dfrac{s_{vm}}{D_e}$，$\overline{b}_1 = \dfrac{b_1}{D_e^2}$。

由式(3-42)可得

$$\frac{m_p}{m_k} = \frac{\pi D_i^2 \rho_p}{4} \bigg/ \left[\left(\frac{L}{e_1 \mathbf{\alpha}_0} + 1 \right) \left(\frac{m_{wd}}{L} + b_1 \right) \right] \tag{3-45}$$

将式(3-43)变为

$$\frac{m_{wd}}{L_{vm}} = \frac{L_{vm} b_1}{e_1 \mathbf{\alpha}_0}$$

将上式代入式(3-45)便可得质量比的极值

$$\left(\frac{m_p}{m_k} \right)_{max} = \frac{\pi D_i^2 \rho_p}{4 b_1 \left(\dfrac{L_{vm}}{e_1 \mathbf{\alpha}_0} + 1 \right)^2} = \frac{\pi B^2 \rho_p}{4 \overline{b}_1 \left(\dfrac{\overline{L}_{vm}}{e_1 \mathbf{\alpha}_0} + 1 \right)^2}$$

将式(3-44)代入上式得到

$$\left(\frac{m_{\mathrm{p}}}{m_{\mathrm{k}}}\right)_{\max}=\frac{\pi B^2 \rho_{\mathrm{p}}}{4\left(\sqrt{\dfrac{C_{\mathrm{mwd}}}{\overline{e_1}\boldsymbol{\alpha}_0}}+\sqrt{\overline{b_1}}\right)^2} \qquad (3-46)$$

在推导公式时假设装药端面形状是任意的，故可将装药看作具有一定间隙的卷状药。对于多根单孔管状药，可把装药看作长度为 L_{vm}、宽度为 s_{vm}、厚度为 $2e_1$ 的板状药，以单根药柱端面的平均周长除以板状药的宽来确定装药根数，如图 3-6(b)所示。

在 $\boldsymbol{\alpha}_{\mathrm{i}}=m\boldsymbol{\alpha}_{\mathrm{e}}\approx m\boldsymbol{\alpha}_0$ 的条件下，由式(3-13)可得药柱相对内径为

$$\overline{d}=\frac{4\overline{L}_{\mathrm{vm}}}{\boldsymbol{\alpha}_{\mathrm{i}}}=\frac{4\overline{L}_{\mathrm{vm}}}{m\boldsymbol{\alpha}_0} \qquad (3-47)$$

装药的相对平均直径为

$$\overline{d}_{\mathrm{av}}=\frac{\overline{D}+\overline{d}}{2}=\overline{d}+2\,\overline{e}_1 \qquad (3-48)$$

装药的根数为

$$n=\frac{\overline{s}_{\mathrm{vm}}}{\pi\,\overline{d}_{\mathrm{av}}} \qquad (3-49)$$

计算所得的 n 可能不是整数，则应舍去小数，取整数。

3.2.2 星孔装药设计

星孔装药又称星形装药，这种装药可以利用不同的星孔几何尺寸获得恒面性、增面性和减面性的燃烧特征。同时由于采用直接将推进剂浇注在燃烧室内，既解决了大尺寸装药的成型和支承问题，又可以使高温燃气不直接与燃烧室壁接触，减小了燃烧室壁的受热，相当于增强了室壁强度。星孔装药的缺点是装药形状复杂，给药模的加工带来困难，内孔星尖处易产生应力集中，同时燃烧结束后有余药等。但这些缺点可以通过装药设计来减轻或者避免，因此星孔装药被广泛应用于火箭和导弹的发动机设计中。目前常见的星孔装药有三种形状，如图 3-7 所示。

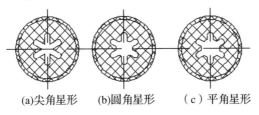

(a)尖角星形　　(b)圆角星形　　（c）平角星形

图 3-7　三种星孔装药药型

1. 装药尺寸与设计参量的关系

星孔装药的几何尺寸包括：装药外径 D、长度 L、肉厚 e_1、星角数 n、角分数 ε、特征长度 l、星根半角 $\theta/2$ 及星尖圆弧半径 r 和星根圆弧半径 r_1 等（见图 3-8）。星孔装药的设计参量主要有燃烧面积 A_b、通气面积 A_p 和余药质量 m_f 等。

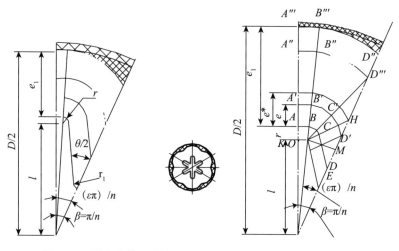

图 3-8 星孔装药尺寸符号   图 3-9 尖角星孔装药燃面变化

1）星孔装药燃烧面变化规律

一般星孔装药的外侧面及端面都进行包覆，燃烧过程中长度和星角数不变，因此燃烧面积 A_b 的变化规律可以用半个星角的周长 s_i 的变化规律来表示，即 $A_b = 2ns_i \cdot L$。

下面以尖角星形为例，并设 $\beta = \pi/n$，（β 为星孔半角）来推导其燃烧面变化规律。

由图 3-9 可知，半个星角的起始周边长 s_{i0} 是由两个圆弧段和一个直线段组成，即 $s_{i0} = \overset{\frown}{AB} + \overset{\frown}{BC} + \overline{CD}$。在装药燃烧过程中，按照平行层燃烧定律，燃烧面将沿起始表面各点的法线向内部推移。以星边消失瞬间为界限（图中 H 点），可将整个燃烧过程分为两个阶段，即星边消失前和星边消失后，最后是余药的燃烧。

所谓星边消失，就是直线段 $\overline{CD}$ 消失。由图 3-9 可知，星边消失的条件是

$$e^* + r = \overline{O'H} = \frac{\overline{O'M}}{\cos(\theta/2)} = \frac{l\sin(\varepsilon\beta)}{\cos(\theta/2)}$$

即
$$e^* = \frac{l\sin(\varepsilon\beta)}{\cos(\theta/2)} - r \tag{3-50}$$

式中：e^* 为星边消失瞬间烧去装药的肉厚。

（1）第一阶段（星边消失前）的燃烧面变化规律。

该阶段烧去装药肉厚是从 $e=0$ 到 $e=\left[l\sin(\varepsilon\beta)/\cos(\theta/2)\right]-r$。当烧去装药肉厚为 e 时，由图 3-9 可以看出，半个星角的周边长 s_i 为
$$s_i = \widehat{A'B'} + \widehat{B'C'} + \overline{C'D'}$$

其中
$$\widehat{A'B'} = (l+r+e)(\beta-\varepsilon\beta) = (l+r+e)(1-\varepsilon)\beta$$
$$\widehat{B'C'} = (e+r)\angle B'O'C' = (e+r)\left(\varepsilon\beta + \frac{\pi}{2} - \frac{\theta}{2}\right)$$
$$\overline{C'D'} = \overline{O'E} - \overline{FE} = \frac{l\sin(\varepsilon\beta)}{\sin(\theta/2)} - (e+r)\cot\frac{\theta}{2}$$

经整理后可得
$$s_i = l\left[\frac{\sin(\varepsilon\beta)}{\sin(\theta/2)} + (1-\varepsilon)\beta + \frac{(r+e)}{l}\left(\frac{\pi}{2} + \beta - \frac{\theta}{2} - \cot\frac{\theta}{2}\right)\right] \tag{3-51}$$

总的燃烧周边长 $s = 2ns_i$。

将 $e=0$ 代入式（3-51），并乘以 $2n$，可得总的起始燃烧周边长 s_0，即
$$s_0 = 2nl\left[\frac{\sin(\varepsilon\beta)}{\sin(\theta/2)} + (1-\varepsilon)\beta + \frac{r}{l}\left(\frac{\pi}{2} + \beta - \frac{\theta}{2} - \cot\frac{\theta}{2}\right)\right] \tag{3-52}$$

总的起始燃烧面积为
$$A_{b0} = s_0 \cdot L$$

由式（3-51）可知，第一阶段某瞬时的周边长 s_i 与烧去肉厚 e 呈线性关系，$(r+e)/l$ 项的系数决定燃烧面的变化规律，当
$$\begin{cases} \dfrac{\pi}{2} + \beta - \dfrac{\theta}{2} - \cot\dfrac{\theta}{2} > 0 & 增面 \\[2mm] \dfrac{\pi}{2} + \beta - \dfrac{\theta}{2} - \cot\dfrac{\theta}{2} = 0 & 恒面 \\[2mm] \dfrac{\pi}{2} + \beta - \dfrac{\theta}{2} - \cot\dfrac{\theta}{2} < 0 & 减面 \end{cases} \tag{3-53}$$

给定不同的星角数 n，由以上恒面燃烧条件可获得恒面燃烧的星根半角 $\dfrac{\theta}{2}$（称为恒面角，记为 $\dfrac{\overline{\theta}}{2}$），其值列于表 3-3。

表 3－3　星角数 n 与恒面角 $\overline{\theta}/2$ 的关系

n	4	5	6	7	8	9	10	11	12
$\overline{\theta}/2$	28.21°	31.12°	33.53°	35.55°	37.30°	38.83°	40.20°	41.41°	42.52°

对恒面性装药有

$$s_i = l\left[\frac{\sin(\varepsilon\beta)}{\sin(\overline{\theta}/2)} + (1-\varepsilon)\beta\right] \tag{3-54}$$

前面推导的是尖角星形第一阶段的燃烧面变化规律。由于这种形状的装药其尖角处易产生较大的应力集中以及拔模时易损坏尖角，故一般要把尖角修圆或平整，形成圆角星形或平角星形，如图 3－7(b)和(c)所示。此时在该阶段之初又附加了一个初始增面性阶段。

对于尖角以 r_1 圆化的圆角星形，第一阶段之初的半个星角的燃烧周边长 s_i' 为

$$s_i' = s_i + (r_1 - e)\left(\frac{\pi}{2} - \frac{\theta}{2} - \cot\frac{\theta}{2}\right)$$
$$= \frac{l\sin(\varepsilon\beta)}{\sin(\theta/2)} + l(1-\varepsilon)\beta + (r+r_1)\left(\frac{\pi}{2} + \beta - \frac{\theta}{2} - \cot\frac{\theta}{2}\right) - \beta r_1 + \beta e \tag{3-55}$$

则总的燃烧面积为

$$A_b' = 2ns_i' \cdot L$$

由上式可以看出，当烧去肉厚 e 不断增大时，燃烧面亦不断增大。也就是不管第一阶段是增面性、恒面性还是减面性燃烧，当尖角被圆化后，在第一阶段之初燃烧面总是呈增面性(见图 3－10)。

以 $e=0$ 代入式(3－55)，并乘以 $2n$，可得星角被 r_1 圆化后总的起始周边长 s_0'。

$$s_0' = 2nl\left[\frac{\sin(\varepsilon\beta)}{\sin(\theta/2)} + (1-\varepsilon)\beta + \frac{r+r_1}{l}\left(\frac{\pi}{2} + \beta - \frac{\theta}{2} - \cot\frac{\theta}{2}\right) - \frac{r_1\beta}{l}\right] \tag{3-56}$$

总的起始燃烧面积为 $A_{b0} = s_0' \cdot L$

(2)第二阶段(星边消失后)的燃烧面变化规律。

该阶段烧去装药肉厚是从 $e = [l\cdot\sin(\varepsilon\beta)/\cos(\theta/2)] - r$ 到 $e = e_1 = D/2 - l - r$。

由图 3 - 9 可以看出

$$s_i = \overset{\frown}{A''B''} + \overset{\frown}{B''D''}$$

其中

$$\overset{\frown}{A''B''} = (l + r + e)(1 - \varepsilon)\beta$$

$$\overset{\frown}{B''D''} = (r + e)\angle B''O'D'' = (r + e)\left[\varepsilon\beta + \arcsin\frac{l \cdot \sin(\varepsilon\beta)}{r + e}\right]$$

于是

$$s_i = (l + r + e)(1 - \varepsilon)\beta + (r + e)\left[\varepsilon\beta + \arcsin\frac{l \cdot \sin(\varepsilon\beta)}{r + e}\right]$$

$$= l(1 - \varepsilon)\beta + (r + e)\left[\beta + \arcsin\frac{l \cdot \sin(\varepsilon\beta)}{r + e}\right] \qquad (3 - 57)$$

总的燃烧面积为 $A_{bi} = 2nLs_i$。

由式(3 - 57)右边第二项可以看出，当 e 增大时 $\arcsin[l \cdot \sin(\varepsilon\beta)/(r + e)]$ 是减小的，但$(r + e)$是增大的，两项乘积随 e 的增大是增大还是减小，要看这两项谁的变化率大。通过计算可以发现，对于减面性装药($\theta/2 < \overline{\theta}/2$)，第一阶段为减面性，第二阶段先继续呈减面性，而后转为增面性；对于恒面性装药($\theta/2 = \overline{\theta}/2$)，第一阶段为恒面性，第二阶段为增面性；对于增面性装药两个阶段均为增面性。如图 3 - 10 所示。

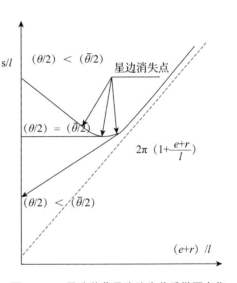

图 3 - 10　星孔装药星边消失前后燃面变化

图 3 - 11 表示星角数为 6、7 时星孔装药的相对周边长 s/l 随$(r + e)/l$ 的变化规律。

图 3 - 11 中虚线 A 是在不同 ε 的情况下，当 $\theta/2 = 0$ 时星边消失点的连线。$\theta/2 = 0$ 就是相邻两星边相互平行而无交点，此时 $s/l = \infty$。

虚线 B 表示不同 ε 条件下最小燃面点的连线。由 A 到 B 之间的虚线表示在一定 ε 条件下，$\theta/2$ 由零到 $\overline{\theta}/2$ 时，星边消失点移动的轨迹。

从图 3 - 11 中可以看出：

①对于同一个星角数 n，当星根半角为恒面角 $\overline{\theta}/2$ 时，ε 越大，则第一阶段的燃烧周边长越长，且等面燃烧的时间越长；

②当 ε 一定时，随着 n 的增大，第一阶段的燃烧周边长略有减小，但无论 ε 或 n 为何值，第二阶段均以相同的规律呈增面燃烧；

③当 $\varepsilon=0$ 时，即无星角，装药成了内孔燃烧的管状药，在整个燃烧过程中都呈增面性燃烧；

④当 $\theta<\overline{\theta}$ 时，第一阶段的周边长是渐减的，$\theta>\overline{\theta}$ 时第一阶段的周边长是渐增的。

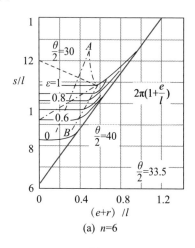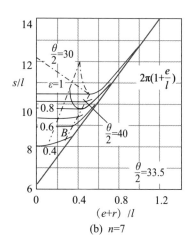

(a) $n=6$　　　　　　　　(b) $n=7$

图 3 - 11　$n=6$、7 时 s/l 随 $(e+r)/l$ 的变化

为了使火箭发动机在整个工作过程中获得较平稳的推力曲线，通常采用的星孔装药多为减面性的。这种装药周边长的变化规律如图 3 - 12 所示，前期为减面性（如有 r_1 圆化，则在该期前段还有一小段增面性），后期为增面性。最小周边长发生在星边消失之后。这是因为星边消失时，星根半角 $\theta/2$ 会逐渐增大，但仍未达到 $\overline{\theta}/2$ 值的缘故。

下面计算 $\theta/2$ 为何值时 s/l 为最小。星边消失时有

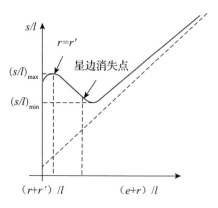

图 3 - 12　减面性装药周边长变化

$$\frac{e+r}{l}=\frac{\sin(\varepsilon\beta)}{\cos(\theta/2)}$$

将上式代入式（3 - 57），其中

$$\arcsin\frac{l\sin(\varepsilon\beta)}{r+e}=\arcsin\left(\cos\frac{\theta}{2}\right)=\arcsin\left[\sin\left(\frac{\pi}{2}-\frac{\theta}{2}\right)\right]=\frac{\pi}{2}-\frac{\theta}{2}$$

于是可得

$$s_i = l\left[(1-\varepsilon)\beta + \frac{\sin(\varepsilon\beta)}{\cos(\theta/2)}\left(\frac{\pi}{2}+\beta-\frac{\theta}{2}\right)\right] \tag{3-58}$$

这样，s_i 已变为自变量 $\theta/2$ 的函数。将上式对 $\theta/2$ 求导数，并令其等于零，则得

$$\frac{\mathrm{d}s_i}{\mathrm{d}(\theta/2)} = \left(\frac{\pi}{2}+\beta-\frac{\theta}{2}\right)\frac{\sin(\varepsilon\beta)\sin(\theta/2)}{\cos^2(\theta/2)} - \frac{\sin(\varepsilon\beta)}{\cos(\theta/2)} = 0$$

即

$$\left(\frac{\pi}{2}+\beta-\frac{\theta}{2}\right)\frac{\sin(\varepsilon\beta)\sin(\theta/2)}{\cos^2(\theta/2)} = \frac{\sin(\varepsilon\beta)}{\cos(\theta/2)}$$

最后可得

$$\frac{\pi}{2}+\beta-\frac{\theta}{2}-\cot\frac{\theta}{2} = 0 \tag{3-59}$$

将式(3-59)式与(3-53)比较，可见此时 $\theta/2 = \overline{\theta}/2$。将式(3-59)代入式(3-58)得

$$(s_i)_{\min} = l\left[\frac{\sin(\varepsilon\beta)}{\sin(\overline{\theta}/2)} + (1-\varepsilon)\beta\right] \tag{3-60}$$

式中：$\overline{\theta}/2$ 为恒面性星孔装药的星根半角。

由式(3-54)与式(3-60)可见，减面性装药的最小周边长等于恒面性装药的周边长，此最小值发生在 $(e'+r)/l = \sin(\varepsilon\beta)/\cos(\overline{\theta}/2)$ 处。此处亦为恒面性装药的星边消失点，即

$$e' = \left[l\sin(\varepsilon\beta)/\cos(\overline{\theta}/2)\right] - r$$

以 ξ_1 表示最小周边长与前期的最大周边长之比，称为减面比，则

$$\xi_1 = \frac{(s_i)_{\min}}{(s_i)_{\max(前)}} \tag{3-61}$$

以 ξ_2 表示后期最大周边长与最小周边长之比，称为增面比，则

$$\xi_2 = \frac{(s_i)_{\max(后)}}{(s_i)_{\min}} \tag{3-62}$$

令

$$\xi = \frac{(s_i)_{\max(后)}}{(s_i)_{\max(前)}} \tag{3-63}$$

则

$$\xi = \xi_1 \xi_2 \tag{3-64}$$

显然，减面性星孔装药燃烧面的变化呈马鞍形。适当地选择星孔参数，可以减小这种波动。

(3)余药的燃烧面变化规律。

由图 3-9 可以看出，当燃烧面推进到 $\overset{\frown}{A'''B''D'''}$ 时(此时烧去的肉厚等于总肉厚 e_1)，燃烧面迅速减小，由 $\overset{\frown}{A''B''D''}$ 变为 $\overset{\frown}{B''D''}$，此时燃烧可能终止。所对应的装药端面积(图 3-9 中的影线部分)称为余药面积，所剩余的推进剂称为余药。对于目前常用的复合推进剂，由于正常燃烧的临界压强较低，故一般这部分余药也能烧掉一部分。特别是对于组合装药，如内孔圆形加内孔星形装药，这部分余药的燃面与内孔圆形的燃面将继续燃烧。为了准确计算内弹道曲线，必须考虑余药燃烧面的变化规律。

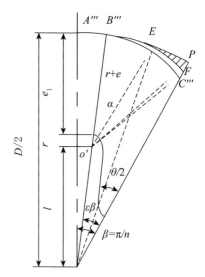

图 3-13   余药燃面变化

由图 3-13 可知，余药燃烧的肉厚从 $e = e_1$ 开始到 $e = \overline{O'P} - r$ 结束。

由图 3-13 可知

$$\overline{O'P} = \sqrt{l^2 + D^2/4 - l \cdot D \cdot \cos(\varepsilon\beta)}$$

所以余药燃烧结束时的肉厚 e 为

$$e = \overline{O'P} - r = \sqrt{l^2 + D^2/4 - l \cdot D \cdot \cos(\varepsilon\beta)} - r \tag{3-65}$$

由图 3-13 可知，半个星角的余药周边长为

$$s_i = \overset{\frown}{EF} = (e + r)\angle EO'F = (r + e)(\angle OO'E - \angle OO'F)$$

因为

$$\angle OO'E = \arccos \frac{l^2 + (r + e)^2 - (D/2)^2}{2 \cdot l \cdot (r + e)}$$

$$\angle OO'F = \pi - \angle O'FO - \varepsilon\beta$$

$$\angle O'FO = \arcsin \frac{l\sin(\varepsilon\beta)}{r + e}$$

所以

$$s_{\mathrm{i}} = (r + e)\left[\arccos\frac{l^2 + (r + e)^2 - (D/2)^2}{2l(r + e)} - \pi + \arcsin\frac{l\sin(\varepsilon\beta)}{r + e} + \varepsilon\beta\right]$$

$$(3-66)$$

则总的燃烧周边长 $s = 2ns_{\mathrm{i}}$，总的余药燃烧面积为 $A_{\mathrm{b}} = 2ns_{\mathrm{i}} \cdot L$。

2) 星孔装药通气面积变化规律

与燃烧面变化规律一样，通气面积变化规律也可以分为两个阶段。

(1) 第一阶段(星边消失前)的通气面积变化规律。

由图 3-9 可知，烧去肉厚为 e 时半个星角的通气面积为

$$A_{\mathrm{pi}} = \triangledown KOO' + \triangle OO'E + \int_0^{r+e} S_{\mathrm{i}}\mathrm{d}(r + e)$$

其中
$$\triangledown KOO' = \frac{1}{2}l^2(1 - \varepsilon)\beta$$

$$\triangle OO'E = \frac{1}{2}\overline{OE} \cdot \overline{O'M} = \frac{1}{2}(\overline{OM} - \overline{ME}) \cdot \overline{O'M}$$

$$= \frac{1}{2}\left[l\cos(\varepsilon\beta) - l\sin(\varepsilon\beta)\cot\frac{\theta}{2}\right] \cdot l\sin(\varepsilon\beta)$$

$$\int_0^{r+e} s_{\mathrm{i}}\mathrm{d}(r + e) =$$

$$\int_0^{r+e}\left[\frac{l\sin(\varepsilon\beta)}{\sin(\theta/2)} + l(1 - \varepsilon)\beta + (r + e)\left(\frac{\pi}{2} + \beta - \frac{\theta}{2} - \cot\frac{\theta}{2}\right)\right]\mathrm{d}(r + e)$$

$$= l(r + e)\left[\frac{\sin(\varepsilon\beta)}{\sin(\theta/2)} + (1 - \varepsilon)\beta\right] + \frac{1}{2}(r + e)^2\left(\frac{\pi}{2} + \beta - \frac{\theta}{2} - \cot\frac{\theta}{2}\right)$$

则

$$A_{\mathrm{pi}} = \frac{1}{2}l^2\left\{(1 - \varepsilon)\beta + \sin(\varepsilon\beta)\left[\cos(\varepsilon\beta) - \sin(\varepsilon\beta)\cot\frac{\theta}{2}\right]\right\}$$

$$+ l(r + e)\left[\frac{\sin(\varepsilon\beta)}{\sin(\theta/2)} + (1 - \varepsilon)\beta\right] + \frac{1}{2}(r + e)^2\left(\frac{\pi}{2} + \beta - \frac{\theta}{2} - \cot\frac{\theta}{2}\right)$$

$$(3-67)$$

总的通气面积为
$$A_{\mathrm{p}} = 2nA_{\mathrm{pi}}$$

将 $e = 0$ 代入式(3-67)并乘以 $2n$，可得总的起始通气面积为

$$A_{\mathrm{p0}} = nl^2\left\{(1 - \varepsilon)\beta + \sin(\varepsilon\beta)\left[\cos(\varepsilon\beta) - \sin(\varepsilon\beta)\cot\frac{\theta}{2}\right]\right\}$$

$$+ 2nrl\left[\frac{\sin(\varepsilon\beta)}{\sin(\theta/2)} + (1 - \varepsilon)\beta + \frac{r^2}{2l}\left(\frac{\pi}{2} + \beta - \frac{\theta}{2} - \cot\frac{\theta}{2}\right)\right]$$

$$(3-68)$$

对于尖角被 r_1 圆化的第一阶段之初的半个星角的通气面积为

$$A'_{pi} = A_{pi} + \frac{1}{2}(r_1 - e)^2 \left(\cot \frac{\theta}{2} + \frac{\theta}{2} - \frac{\pi}{2} \right) \qquad (3-69)$$

因为 $\theta/2$ 在 $0° \sim 90°$ 之间时有 $\cot(\theta/2) + \theta/2 - \pi/2 \geqslant 0$，且 A_{pi} 总是随 e 的增大而增大，故尖角被 r_1 圆化后通气面积将增大。因此有了 r_1 不仅可以减小应力集中，而且在相同的通气参量 α 条件下，可以增加装药量（装药长度增长）。总的通气面积为

$$A'_p = 2nA'_{pi}$$

以 $e = 0$ 代入式（3-69）并乘以 $2n$，则尖角被 r_1 圆化后的总的起始通气面积为

$$A'_{p0} = A_{p0} + nr_1^2 \left(\cot \frac{\theta}{2} + \frac{\theta}{2} - \frac{\pi}{2} \right) \qquad (3-70)$$

（2）第二阶段（星边消失后）的通气面积变化规律。

由图 3-9 可知，星边消失后半个星角的通气面积为

$$A_{pi} = \bigtriangledown A''OB'' + \bigtriangledown B''O'D'' + \triangle D'O'O$$

$$\bigtriangledown A''OB'' = \frac{1}{2}(l + r + e)^2(1 - \varepsilon)\beta$$

其中

$$\bigtriangledown B''OD'' = \frac{1}{2}(r+e)^2 \angle B''O'D'' = \frac{1}{2}(r+e)^2 (\angle O'OM + \angle O'D''M)$$

$$= \frac{1}{2}(r+e)^2 \left[\varepsilon\beta + \arcsin \frac{l\sin(\varepsilon\beta)}{r+e} \right]$$

$$\triangle D''O'O = \frac{1}{2}\overline{OD''} \cdot \overline{O'M} = \frac{1}{2}(\overline{D'M} + \overline{MO}) \cdot \overline{O'M}$$

$$= \frac{1}{2} \left[\sqrt{(r+e)^2 - l^2 \sin^2(\varepsilon\beta)} + l\cos(\varepsilon\beta) \right] \cdot l \cdot \sin(\varepsilon\beta)$$

则

$$A_{pi} = \frac{1}{2}\{(l + r + e)^2(1 - \varepsilon)\beta + (r+e)^2 \left[\varepsilon\beta + \arcsin \frac{l\sin(\varepsilon\beta)}{r+e} \right]$$

$$+ \left[\sqrt{(r+e)^2 - l^2 \sin^2(\varepsilon\beta)} + l\cos(\varepsilon\beta) \right] l \cdot \sin(\varepsilon\beta)\} \qquad (3-71)$$

总的通气面积为
$$A_p = 2nA_{pi} \qquad (3-72)$$

3）星孔装药余药面积计算

余药面积就是装药外径所对应的圆面积减去第二阶段燃烧结束时的通气面积，图 3-9 中的影线部分就是半个星角的余药面积。为了减小火箭发动机的能量损失及推力曲线的拖尾现象，要求余药面积尽量小。

设 A_f 为余药面积，则

$$A_f = \frac{\pi}{4} D^2 - A_{p(e=e_1)} = \pi (l + r + e_1)^2 - A_{p(e=e_1)} \tag{3-73}$$

将 $e = e_1$ 代入式（3-71），然后将 $A_p = 2n A_{pi}$ 代入式（3-73）得

$$A_f = (l + r + e_1)^2 \varepsilon\pi - n(r + e_1)^2 \left[\varepsilon\beta + \arcsin \frac{l\sin(\varepsilon\beta)}{r + e_1} \right]$$
$$- nl\sin(\varepsilon\beta) \left[l\cos(\varepsilon\beta) + \sqrt{(r + e_1)^2 - l^2 \sin^2(\varepsilon\beta)} \right] \tag{3-74}$$

通气面积相对值 A_p/l^2 与余药面积相对值 A_f/l^2 随 $(r+e)/l$ 变化的关系曲线如图 3-14 所示。从图中可以看出：

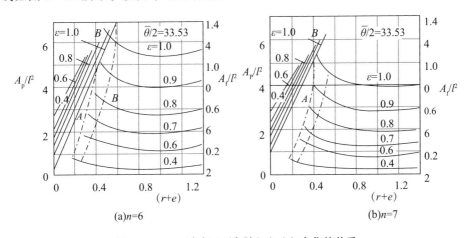

图 3-14　A_p/l^2 与 A_f/l^2 随 $(r+e)/l$ 变化的关系

（1）对于一定的星角数 n，当角分数 ε 增大时，起始通气面积 A_{p0} 减小，相当于使装药端面积增大，即充满系数增大。由此可知，$\varepsilon = 1$ 的星孔装药充满系数最大。

（2）在角分数 ε 一定的情况下，星角数 n 增大，使 A_{p0} 增大，亦即使充满系数减小。

（3）对于一定的星角数 n，当角分数 ε 增大时，余药面积 A_f 增大，即余药量增多。$\varepsilon = 1$ 时星孔装药的余药量最大。

（4）角分数 ε 一定时，余药量随 n 增大而减小。

(5)当$(r+e_1)/l \leqslant 1$时，A_f随$(r+e_1)/l$的增大而下降，在$(r+e_1)/l=1$时达最小值。然后又随$(r+e_1)/l$的继续增加而略有增大。因此，从减小余药的角度考虑，应使$r+e_1$接近l。

4)通气参量，装填系数与装药尺寸的关系

根据通气参量$æ$的定义，星孔装药起始通气参量$æ_0$为

$$æ_0 = \frac{A_{b0}}{A_{p0}} = \frac{s_0 L}{A_{p0}} \tag{3-75}$$

将式(3-52)和式(3-68)的s_0、A_{p0}或式(3-56)和式(3-70)的s_0'、A_{p0}'的表达式代入式(3-75)可得星孔装药的起始通气参量。

根据装填系数(或充满系数)的定义，星孔装药的装填系数η为

$$\eta = \varepsilon = \frac{A_{T0}}{A_c} = \frac{A_c - A_{p0}}{A_c} = 1 - \frac{A_{p0}}{A_c} = 1 - \frac{4A_{p0}}{\pi D^2} \tag{3-76}$$

将式(3-68)或式(3-70)的A_{p0}或A_{p0}'的表达式代入式(3-76)可得星孔装药的装填系数。

2. 星孔装药设计方法

由于星孔装药包含的几何参数较多，而且这些参数都可以在较大的范围内变化，在进行星孔装药设计时，通常是预先选定其中的一些参数，再根据一定的要求确定另一些参数。除了与单孔管状药一样，首先选定推进剂种类、通气参量$æ_0$、燃烧室工作压强p_0以及燃烧室壳体材料之外，通常还要预先选定星根半角$\theta/2$、星尖圆弧半径r和星根圆弧半径r_1。当战术技术要求中给定了最大射程x_m和战斗部质量m_w时，星孔装药的设计大体可按下列步骤进行。

1)星孔装药的一般设计步骤

(1)确定装药外径D。

如果燃烧室外径D_c已选定，则装药外径为

$$D = D_c - 2\delta_c - 2\delta_h - 2\delta'$$

式中：δ_c为燃烧室壳体壁厚，可按强度条件求出；δ_h为燃烧室内壁隔热层厚度；δ'为装药包覆层厚度。

如果燃烧室外径D_c暂时定不下来，也可以给定几个D_c分别进行计算，待分析比较后再确定合适的D_c。

(2)计算特征长度l。

特征长度l可按下式计算：

$$l = \frac{D}{2} - r - e_1 \qquad (3-77)$$

当装药外径 D 确定以后，星尖圆弧半径 r 给定，如果再给定了发动机工作时间 t_k，则肉厚 e_1 可初步按下式计算：

$$e_1 = ap^n t_k$$

或者 $\qquad\qquad e_1 = (a + bp) t_k$

式中：a，n 为推进剂呈指数燃速定律燃烧时的燃速系数和压强指数；a，b 为推进剂呈线性燃速定律燃烧时的燃速系数；p 为火箭发机工作压强，可取平均压强。

求得 e_1 后，代入式(3-77)可求得 l。特征长度 l 也可按下式计算，由式(3-77)可得

$$1 + \frac{r + e_1}{l} = \frac{D}{2l}$$

故

$$l = \frac{D}{2[1 + (r + e_1)/l]} \qquad (3-78)$$

当比值 $(r + e_1)/l$ 给定时，由式(3-78)即可求出 l。如前所述，$(r + e_1)/l$ 太大则燃烧结束时的燃烧面积与起始燃烧面积相差很大，使火箭发动机开始工作与工作结束时燃气压强相差很大，这是通常所不希望的。$(r + e_1)/l$ 太小，则余药面积较大，拖尾现象严重。兼顾以上两点，一般可取 $(r + e_1)/l = 0.8 \sim 1.2$。

(3)计算 s_0、A_{p0}、A_f。

给定一组星角数 n 与角分数 ε，分别求出 s_0/l、A_{p0}/l、A_f/l，即可求得对应于各个 n 和 ε 值的 s_0、A_{p0}、A_f。

(4)计算装药长度 L 与装药质量 m_p。

星孔装药长度 L 可由式(3-75)求得

$$L = A_{p0}/s_0 \qquad (3-79)$$

装药质量为

$$m_p = \left(\frac{\pi}{4} D^2 - A_{p0} \right) L \rho_p \qquad (3-80)$$

余药量为

$$m_f = A_f L \rho_p$$

有效装药质量为

$$m_p' = m_p - m_f = \left(\frac{\pi}{4} D^2 - A_{p0} - A_f \right) L \cdot \rho_p \qquad (3-81)$$

(5)计算 m_c、m_0、v_{ik}、L_B 等。

计算燃烧室壳体质量 m_c、全弹质量 m_0、主动段末端的理想速度 v_{ik}、弹长 L_B 等参数的方法与单孔管状药的相应计算方法类似。

上面介绍的是一般的设计方法,在了解了星孔装药参数间的基本关系后,根据设计任务的不同,可选取不同的参数,采用不同的设计方法。

2)星孔装药基本参数的选取方法

(1)过渡圆弧半径 r 的选取。

光弹性实验表明,r 增大时,应力集中减小。然而由式(3-68)和式(3-70)可知,r 增大则通气面积增大,从而使装填系数降低。因此 r 值应选取适当,一般取 $\bar{r} = r/D = 0.015 \sim 0.030$。若推进剂力学性能较好,可取其下限,若力学性能差,则应取其上限或更高些。

光弹性实验还表明,若角分数 ε 小,应力集中亦小。因此 r 的选取还应考虑到 ε 的大小。ε 小,r 可取较小值;ε 大,r 应取较大值。

(2)星根圆弧半径 r_1 的选取。

对于尖角被 r_1 圆化的星孔装药,可降低应力集中,同时初始燃烧面将减小,而初始通气面积将增加,这对减小起始通气参量 $æ_0$ 有利。但当喷喉面积 A_t 不变时,将使初始喉通比 J_0 减小($J_0 = A_t/A_{p0}$)。

由气体动力学可知 $J_0 = q(\lambda_0)$,即 J_0 表示了沿通道气流速度的大小。J_0 越大沿通道的气流速度越大,而气流速度太大会产生侵蚀效应。

喉通比 J_0 对侵蚀效应的影响还与装药结构复杂程度及推进剂燃速有关。对于圆孔形装药和速燃推进剂($r > 12.7 \text{mm/s}$),J_0 可大于0.5(受喷喉扼流影响,一般 $J_0 < 1$)。而对复杂结构装药及缓燃药($r < 7.6 \text{mm/s}$)时,J_0 要小于 $0.5 \sim 0.3$ 或者更小。因此 r_1 不能太大,一般可取 $r_1 \leqslant r$。

(3)星根半角 $\theta/2$ 的选取。

星根半角 $\theta/2$ 根据减面比 ξ_1 的限制选取。

为了获得平稳的推力曲线,通常希望前期的减面比与后期的增面比相适应,亦即使 $\xi = \xi_1 \xi_2 = 1.0$ 左右。

选定 ξ 和 ξ_2 值后,可由式(3-64)求得 ξ_1。又因为 $(s_i)_{min}$ 已由式(3-60)求出,有了 ξ_1 和 $(s_i)_{min}$ 就可由式(3-61)求得 $(s_i)_{max(前)}$。

星根半角被 r_1 圆化的减面性星孔装药，其 $(s_i)_{\max(前)}$ 的值对应于烧去肉厚 $e = r_1$ 时的燃面，即

$$(s_i)_{\max(前)} = (s_i)_{e=r_1} = l\left[\frac{\sin(\varepsilon\beta)}{\sin(\theta/2)} + (1-\varepsilon)\beta + \frac{r_1+r}{l}\left(\frac{\pi}{2} + \beta - \frac{\theta}{2} - \cot\frac{\theta}{2}\right)\right]$$

根据已选取的几组 n、ε、r_1 及 r 值，由上式计算出对应的 $\theta/2$ 角，从中选取合适的 $\theta/2$ 角。

（4）角分数 ε 的选取。

角分数 ε 应根据增面比 ξ_2 的限制选取，即由式（3 - 62）限制可知：

$$\xi_2 \leqslant \frac{(s_i)_{\max(后)}}{(s_i)_{\min}}$$

对于星孔装药，由于第二阶段是增面性燃烧，因此，$(s_i)_{\max(后)}$ 对应于第二阶段结束时的最大压强。为了不使此压强过高，一般要求 $\xi_2 \leqslant 1.20$。因为 $(s_i)_{\min}$ 可由式（3 - 60）求出，再由 ξ_2 的限制就可求得 $(s_i)_{\max(后)}$。

对于星孔装药第二阶段结束时的燃烧面，只要将 $e = e_1$ 代入式（3 - 57）便可求得

$$(s_i)_{\max(后)} = l\left[(1-\varepsilon)\beta + (r+e_1)\left(\beta + \arcsin\frac{l\sin(\varepsilon\beta)}{r+e_1}\right)\right]$$

由 $(s_i)_{\min}$ 和 $(s_i)_{\max(后)}$，再根据 $\xi_2 \leqslant 1.20$ 的限制，选取几组 n、r_1、r 的值，可得到几个 ε 值，从中选取合适的 ε 值。

3.2.3 轮孔药的装药设计

轮孔药又称"车轮形装药"或"轮辐形装药"，它可以看作星孔装药的延伸。由于这种装药可以通过改变轮辐厚度得到不同的燃烧面变化规律，从而可以得到不同的推力方案。图 3 - 15 给出了三种不同形状的轮孔装药。这种装药能提供较大的燃烧面积，故适用于薄肉厚（肉厚系数 0.2~0.3）、体积装填系数不大的大推力短时间工作助推器及需要较大燃气生成量的点火发动机的装药。

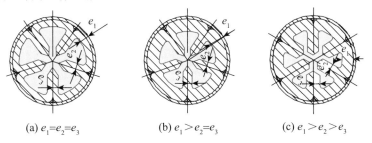

(a) $e_1=e_2=e_3$ (b) $e_1>e_2=e_3$ (c) $e_1>e_2>e_3$

图 3 - 15 三种轮孔装药药型

它的设计方法与星孔装药基本相同。下面主要介绍图 3-15(b) 的轮孔装药设计。

1. 装药尺寸与设计参量之间的关系

轮孔装药的尺寸包括外径 D、长度 L、轮辐数 n、肉厚 e_1、轮辐厚 e_2、特征长度 l、轮辐高 h、角分数 ε、轮辐半角 $\theta/2$、过渡圆弧半径 r、轮辐角圆弧半径 r_1、轮辐圆弧半径 r_2 等，如图 3-16 所示。由图 3-16 可知：

$$e_1 = \frac{D}{2} - l - r$$

$$e_2 = l\sin(\varepsilon\beta) - r$$

1) 轮孔装药燃烧面变化规律

假设装药两端包覆，轮孔为等截面，且所有轮辐厚度、高度相等，则可用半个辐角周边长的变化规律来代表整个轮孔装药燃烧面的变化规律。

下面以图 3-16 中的轮孔装药来推导其燃烧面变化规律。为了推导方便，先假设 $r_1 = r_2 = 0$，并设 $\beta = \pi/n$（β 为轮孔半角）。

由图 3-17 可知，半个辐角的周边长是由两个不断增长的圆弧（$\overset{\frown}{A'B'}$，$\overset{\frown}{B'C'}$）和两条不断缩短的直线段（$\overline{C'D'}$ 和 $\overline{D'E'}$）组成，当燃烧面推进到 H 点时，轮辐消失，亦即直线段消失。这时一般情况下燃烧面积突然下降，而后的燃烧面变化规律与星孔装药的第二阶段相同。

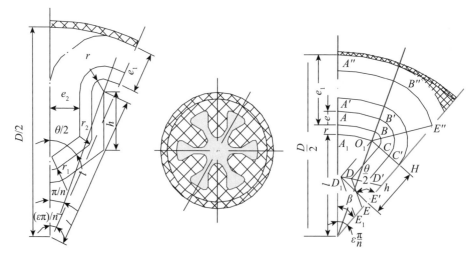

图 3-16　轮孔装药尺寸符号　　　　　图 3-17　轮孔装药燃面变化

轮辐消失的条件是烧去肉厚 $e = \overline{CH}$，由图可知：

$$\overline{CH} = e^* = l\sin(\varepsilon\beta) - r$$

或
$$\frac{e^* + r}{l} = \sin(\varepsilon\beta) \tag{3-82}$$

(1)第一阶段(轮辐消失前)的燃烧面变化规律。

该阶段烧去装药肉厚 e 的变化范围是从 $e = 0$ 到 $e = l\sin(\varepsilon\beta) - r$。

由图(3-17)可以看出,半个轮辐的周边长 s_i 为

$$s_i = \overset{\frown}{A'B'} + \overset{\frown}{B'C'} + \overline{C'D'} + \overline{D'E'}$$

其中
$$\overset{\frown}{A'B'} = (l + r + e)(1 - \varepsilon)\beta$$

$$\overset{\frown}{B'C'} = (r + e)\angle B'O'C' = (r + e)(\pi/2 + \varepsilon\beta)$$

$$\overline{C'D'} = h - \overline{G_1 D_1} = h - (e + r)\tan\frac{\theta}{4}$$

$$\overline{D'E'} = \frac{\overline{D'M}}{\sin(\theta/2)} = \frac{l\sin(\varepsilon\beta) - (r + e)}{\sin(\theta/2)}$$

经整理后可得

$$s_i = l\left[\frac{\sin(\varepsilon\beta)}{\sin(\theta/2)} + (1 - \varepsilon)\beta + \frac{h}{l} + \frac{(r + e)}{l}\left(\frac{\pi}{2} + \beta - \tan\frac{\theta}{4} - \csc\frac{\theta}{2}\right)\right] \tag{3-83}$$

总的周边长为 $s = 2ns_i$。

当 $e = 0$ 时,可得起始总的周边长为

$$s_0 = 2nl\left[\frac{\sin(\varepsilon\beta)}{\sin(\theta/2)} + (1 - \varepsilon)\beta + \frac{h}{l} + \frac{r}{l}\left(\frac{\pi}{2} + \beta - \tan\frac{\theta}{4} - \csc\frac{\theta}{2}\right)\right] \tag{3-84}$$

总的起始燃烧面积为 $A_{b0} = s_0 L$。

由式(3-83)可知,与星孔装药一样,轮孔装药第一阶段燃烧面也有增面、等面和减面三种情况,它取决于 $\left(\frac{\pi}{2} + \beta - \tan\frac{\theta}{4} - \csc\frac{\theta}{2}\right)$ 项的正负。

$$\begin{cases} \frac{\pi}{2} + \beta - \tan\frac{\theta}{4} - \csc\frac{\theta}{2} > 0 \text{ 增面} \\ \frac{\pi}{2} + \beta - \tan\frac{\theta}{4} - \csc\frac{\theta}{2} = 0 \text{ 等面} \\ \frac{\pi}{2} + \beta - \tan\frac{\theta}{4} - \csc\frac{\theta}{2} < 0 \text{ 减面} \end{cases} \tag{3-85}$$

同样可以获得等面燃烧的轮辐半角 $\theta/2$，记为 $\overline{\theta}/2$，对应于不同轮辐数 n 的 $\overline{\theta}/2$ 角列于表 3-4。

表 3-4   轮辐数 n 与轮孔半角 $\overline{\theta}/2$ 的关系

轮辐数 n		3	4	5	6	7	8	9	10	11	12
轮辐半角 $\dfrac{\overline{\theta}}{2}/(°)$	第一组	22.46	28.40	31.45	34.00	36.25	38.20	40.00	41.65	43.40	44.70
	第二组	—	—	—	—	—	87.70	84.90	82.50	80.10	78.00

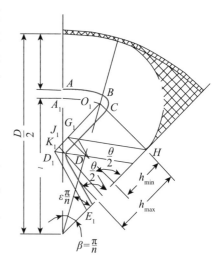

比较式(3-84)和式(3-52)可见，两式相似。因为在轮孔装药中有轮辐存在，故在式(3-84)中多了一项 h/l，因此，它的燃烧面积比星孔装药的燃烧面积大。轮孔装药的燃烧面积随着轮辐高度 h 的增大而增大。然而轮辐高度 h 是有极限值的。

① 轮辐的最小高度 h_{min}。当轮辐高度很小时，有可能在燃烧面未达到 H 点之前轮辐即消失，不能充分发挥轮孔装药的特点。所以轮辐有最小高度 $h_{min} = \overline{O_1 G_1}$（见图 3-18）。

由图 3-18 可知：

$$\overline{O_1 G_1} = \overline{O_1 H}\tan(\angle O_1 H G_1) = (r + e^*)\tan\frac{\theta}{4}$$

图 3-18   轮辐高度的极值

将式(3-82)代入上式可得

$$h_{min} = l\sin(\varepsilon\beta)\tan\frac{\theta}{4} \tag{3-86}$$

② 轮辐的最大高度 h_{max}。当轮辐高度达一定值时，相邻两轮辐就会相交，此时的轮辐高度为最大值 h_{max}。

由图 3-18 可知

$$h_{max} = \overline{O_1 D_1} = \overline{O_1 J_1} + \overline{J_1 K_1} + \overline{K_1 D_1}$$

其中

$$\overline{O_1 J_1} = \frac{l\sin(\beta - \varepsilon\beta)}{\sin\beta}$$

$$\overline{J_1 K_1} = r\cot\beta$$

$$\overline{K_1 D_1} = r \tan \frac{\theta}{4}$$

所以轮辐的最大高度为

$$h_{\max} = \frac{l \sin(\beta - \varepsilon\beta)}{\sin\beta} + r(\cot\beta + \tan\frac{\theta}{4}) \qquad (3-87)$$

要应用轮孔装药第一阶段燃烧面变化规律表达式(3-83),轮辐高度必须满足的条件为

$$h_{\min} \leqslant h \leqslant h_{\max}$$

如果 $h < h_{\min}$ 则第一阶段燃烧面变化规律必须重新推导。

以上推导的是 $r_1 = r_2 = 0$ 时的轮孔装药第一阶段燃烧面变化规律。实际应用的轮孔装药其轮辐曲线均以圆弧过渡,如图 3-16 所示。这些圆弧的存在,既可减小应力集中,又能使脱膜时不易损坏尖角。

对于轮辐曲线以 r_1、r_2 圆弧过渡的轮孔装药,其半个轮辐的周边长 s_i 为

$$s_i = l\left[\frac{\sin(\varepsilon\beta)}{\sin(\theta/2)} + (1-\varepsilon)\beta + \frac{h}{l} + \frac{r+e}{l}\left(\frac{\pi}{2} + \beta - \tan\frac{\theta}{4} - \csc\frac{\theta}{2}\right)\right]$$

$$- l\left[2\left(\frac{r_2 - e}{l}\right)\left(\tan\frac{\theta}{4} - \frac{\theta}{4}\right) + \frac{r_1 - e}{l}\left(\tan\frac{\theta}{2} - \frac{\theta}{2}\right)\right] \qquad (3-88)$$

将式(3-88)与式(3-83)比较可以看出,当存在 r_1 和 r_2 时相当于在无 r_1 和 r_2 时的轮孔装药第一阶段燃烧面的基础上附加一个增面性的燃烧面。

因为当 $\theta/2 < \pi/2$ 时,有数学关系式:

$$\tan\frac{\theta}{2} - \frac{\theta}{2} \geqslant 0$$

故式(3-88)右边第二个方括号内的数值随着烧去肉厚 e 的增大而减小。由于此方括号前面是负号,因此式(3-88)右边的第二项将随着 e 的增大而增大。对于等面性的轮孔装药,有了 r_1 和 r_2,将在第一阶段初附加一个增面段;对于减面性轮孔装药,则第一阶段初是增面还是减面要看式(3-88)右边两方括号内的数值随 e 的增大谁的变化率大。

对式(3-88),当燃烧到 $e \geqslant r_1$ 时,式中 $(r_1 - e)/l = 0$;当燃烧到 $e \geqslant r_2$ 时,式中 $(r_2 - e)/l = 0$;当燃烧到 $e \geqslant r_1$ 和 $e \geqslant r_2$ 时,式(3-88)即变为式(3-83)。

以 $e = 0$ 代入式(3-88)并乘以 $2n$,可得轮辐曲线有过渡圆弧时半个轮辐总的起始周边长为

$$s_0 = 2nl\left[\frac{\sin(\varepsilon\beta)}{\sin(\theta/2)} + (1-\varepsilon)\beta + \frac{h}{l} + \frac{r}{l}\left(\frac{\pi}{2} + \beta - \tan\frac{\theta}{4} - \csc\frac{\theta}{2}\right)\right]$$

$$- 2nl\left[\frac{2r_2}{l}\left(\tan\frac{\theta}{4} - \frac{\theta}{4}\right) + \frac{r_1}{l}\left(\tan\frac{\theta}{2} - \frac{\theta}{2}\right)\right] \qquad (3-89)$$

总的起始燃烧面积为

$$A_{b0} = Ls_0$$

(2)第二阶段(轮辐消失后)。

对于典型的轮孔装药($e_1 = e_2 = e_3$),轮辐消失时,燃烧结束,如图 3-19 (a)所示。对于双推力装药($e_1 > e_2 = e_3$),轮辐消失后,燃烧进入第二阶段。

由图 3-19 不难看出,这一阶段的燃烧面变化规律与星孔装药在星边消失之后的燃烧面变化规律完全相同,见式(3-57)。

图 3-19 为轮孔装药燃烧周边长相对量的变化规律。

由图 3-19 可以看出:

①对一定的轮辐数 n,当 $\theta/2$ 为恒面角 $\overline{\theta}/2$ 时,角分数 ε 越大,第一阶段燃烧周边长越长,而且等面燃烧的时间也越长。

②角分数 ε 一定时,随着轮辐数 n 的增大,第一阶段的燃烧周边长略有减小,但无论 n 或 ε 为何值,第二阶段均为增面性燃烧。

③角分数 ε 一定时,随着轮辐高度 h 的增加,第一与第二阶段的燃烧周边长之差增大,在发动机结构不变时,能形成越来越明显的阶梯推力。

(3)余药的燃烧。

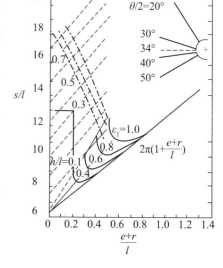

图 3-19　轮孔装药 s/l 随 $(r+e)/l$ 的变化

当轮孔装药与其他形式的装药组合在一起时,如轮孔装药与内孔燃烧的管状药组合在一起时,必须考虑余药的燃烧。

轮孔装药余药燃烧面的变化规律与星孔装药余药燃烧面变化规律完全相同,见式(3-66)。

2)轮孔装药通气面积变化规律

(1)第一阶段(轮辐消失前)通气面积变化规律。

以 A_{pi} 代表半个轮辐所对应的通气面积,由图 3-17 可知

$$A_{pi} = \nabla A_1O_1O + \triangle OO_1H - \square O_1D_1E_1H + \int_0^{r+e} s_i \mathrm{d}(r+e)$$

其中 $$\bigtriangledown A_1 O_1 O = \frac{1}{2} l^2 (1 - \varepsilon) \beta$$

$$\Delta OO_1 H = \frac{1}{2} \overline{O_1 H} \cdot \overline{OH} = \frac{1}{2} l^2 \sin(\varepsilon\beta) \cos(\varepsilon\beta)$$

$$\square O_1 D_1 E_1 H = \frac{1}{2} \overline{O_1 H} (h + h + \overline{O_1 H} \cot \frac{\theta}{2}) = hl\sin(\varepsilon\beta) + \frac{1}{2} l^2 \sin^2(\varepsilon\beta) \cot \frac{\theta}{2}$$

$$\int_0^{r+e} s_i \mathrm{d}(r + e) =$$

$$\int_0^{r+e} \left[\frac{l\sin(\varepsilon\beta)}{\sin(\theta/2)} + l(1 - \varepsilon)\beta + h + (r + e)\left(\frac{\pi}{2} + \beta - \tan\frac{\theta}{4} - \csc\frac{\theta}{2} \right) \right] \mathrm{d}(r + e)$$

$$= \left[\frac{l\sin(\varepsilon\beta)}{\sin(\theta/2)} + l(1 - \varepsilon)\beta + h \right](r + e) + \frac{1}{2}\left(\frac{\pi}{2} + \beta - \tan\frac{\theta}{4} - \csc\frac{\theta}{2} \right)(r + e)^2$$

于是半个辐角的通气面积为

$$A_{pi} = \frac{1}{2} l^2 \left\{ (1 - \varepsilon)\beta + \sin(\varepsilon\beta)\left[\cos(\varepsilon\beta) - \sin(\varepsilon\beta)\cot\frac{\theta}{2} - \frac{2h}{l} \right] \right\}$$

$$+ l(r + e)\left[\frac{\sin(\varepsilon\beta)}{\sin(\theta/2)} + (1 - \varepsilon)\beta + \frac{h}{l} \right]$$

$$+ \frac{1}{2}(r + e)2\left(\frac{\pi}{2} + \beta - \tan\frac{\theta}{4} - \csc\frac{\theta}{2} \right) \qquad (3-90)$$

总的通气面积为

$$A_p = 2nA_{pi}$$

当轮辐曲线有圆弧 r_1、r_2 过渡时，第一阶段总的通气面积为

$$A_p = nl^2 \left\{ (1 - \varepsilon)\beta + \sin(\varepsilon\beta)\left[\cos(\varepsilon\beta) - \sin(\varepsilon\beta)\cot\frac{\theta}{2} - \frac{2h}{l} \right] \right\}$$

$$+ 2nl(r + e)\left[\frac{\sin(\varepsilon\beta)}{\sin(\theta/2)} + (1 - \varepsilon)\beta + \frac{h}{l} \right]$$

$$+ n(r + e)^2\left(\frac{\pi}{2} + \beta - \tan\frac{\theta}{4} - \csc\frac{\theta}{2} \right)$$

$$+ 2n(r_2 - e)^2\left(\tan\frac{\theta}{4} - \frac{\theta}{4} \right) + n(r_1 - e)^2\left(\tan\frac{\theta}{2} - \frac{\theta}{2} \right) \qquad (3-91)$$

当 $e = 0$ 时，总的起始通气面积为

$$A_{p0} = nl^2 \left\{ (1 - \varepsilon)\beta + \sin(\varepsilon\beta)\left[\cos(\varepsilon\beta) - \sin(\varepsilon\beta)\cot\frac{\theta}{2} - \frac{2h}{l} \right] \right\}$$

$$+ 2nrl \left[\frac{\sin(\varepsilon\beta)}{\sin(\theta/2)} + (1-\varepsilon)\beta + \frac{h}{l} \right] + nr^2 \left(\frac{\pi}{2} + \beta - \tan\frac{\theta}{4} - \csc\frac{\theta}{2} \right)$$

$$+ 2nr_2{}^2 \left(\tan\frac{\theta}{4} - \frac{\theta}{4} \right) + nr_1{}^2 \left(\tan\frac{\theta}{2} - \frac{\theta}{2} \right) \qquad (3-92)$$

由式(3-92)可知，因为 $\tan(\theta/2) - \theta/2 \geqslant 0$，有 r_1、r_2 过渡圆弧的轮孔装药的起始通气面积要比无 r_1、r_2 的轮孔装药的通气面积大。

（2）第二阶段（轮辐消失后）。

轮孔装药燃烧第二阶段的通气面积变化规律与星孔装药第二阶段的通气面积变化规律完全相同，见式(3-71)。

3) 轮孔装药余药面积计算

轮孔装药的余药面积计算公式与星孔装药的余药面积计算公式完全相同，见式(3-74)。

2. 轮孔装药设计方法

前面已介绍过轮孔装药可用作助推器和点火发动机装药设计。除此之外，由于改变轮辐厚度可实现阶梯推力，因此，亦可用于单室双推力火箭发动机装药设计。特别是可以与内孔燃烧管状药组合成组合装药，实现双推力，增大装填系数。

轮孔装药根据其不同用途，设计方法也不同。在给定火箭弹的最大射程 x_m 和战斗部质量 m_w 后，其设计方法与前面介绍的星孔装药设计方法相同。下面介绍作助推器用的设计方法。

1) 装药质量 m_p 的计算

根据规定的总冲量 I，计算推进剂有效质量：

$$m_{peff} = \frac{I}{I_{sp}} \qquad (3-93)$$

考虑到推进剂制造上的性能偏差和装药尺寸偏差，以及低温时比冲量小的情况，实际的装药质量按下式计算：

$$m_{peff} = \frac{(1.01 \sim 1.05)I}{I_{sp(-40℃)}} \qquad (3-94)$$

对于有剩药 m_f 的发动机，总的推进剂质量为

$$m_p = m_{peff} + m_f \qquad (3-95)$$

2) 喷喉面积 A_t 计算

根据给定的平均推力和选定的平均压强，喷喉面积由下式计算：

$$A_t = \frac{F_{cp(+20℃)}}{C_{F(+20℃)} \, p_{cp(+20℃)}} \tag{3-96}$$

式中：$F_{cp(+20℃)}$，$p_{cp(+20℃)}$ 为常温下（+20℃）发动机的平均推力和平均压强；$C_{F(+20℃)}$ 为常温下（+20℃）的推力系数。

若火箭发动机的最大推力 F_{max} 和最大压强 p_{max} 有限制时，应按下式计算喷喉面积：

$$A_t = \frac{F_{max}}{C_{F(+50℃)} \, p_{max}} \tag{3-97}$$

式中：$C_{F(+50℃)}$ 为高温下（+50℃）的推力系数。

若发动机的最小推力 F_{min} 和最小压强 p_{min} 有限制时，应按下式计算 A_t：

$$A_t = \frac{F_{min}}{C_{F(-40℃)} \, p_{min}} \tag{3-98}$$

式中：$C_{F(-40℃)}$ 为低温下（-40℃）的推力系数。

3）燃烧面积 A_b

根据选定的平均工作压强，燃烧面积可由下式计算：

$$A_b = K_N A_t = \frac{p_{cp(+20℃)}^{1-n(+20℃)}}{C_{(+20℃)}^* \, \rho_p a_{(+20℃)}} A_t \tag{3-99}$$

当推进剂的燃速已知时，可直接由推力公式计算燃烧面积：

$$A_b = \frac{F_{cp(+20℃)}}{\rho_p r_{(+20℃)} I_{sp(+20℃)}} \tag{3-100}$$

式中：$C_{(+20℃)}^*$ 为常温时推进剂的特征速度；$a_{(+20℃)}$，$n_{(+20℃)}$ 为常温时推进剂的燃速系数和压强指数；ρ_p 为推进剂密度；$r_{(+20℃)}$ 为常温下推进剂燃速；$I_{sp(+20℃)}$ 为常温下推进剂比冲；K_N 为燃烧面积与喷管喉部面积之比。

若燃烧室最大压强 p_{max} 有限制，燃烧面积可按下式计算：

$$A_b = \frac{A_t \left(\dfrac{0.9 p_{max}}{p_r} \right)^{1-n(+50℃)}}{C_{(+50℃)}^* \, \rho_p a_{(+50℃)}} \tag{3-101}$$

式中：p_r 为初始压强峰的峰值比（$p_r > 1$）。

当燃烧室最小压强 p_{min} 有限制时，燃烧面可按下式计算：

$$A_b = \frac{A_t (1.1 p_{min})^{1-n(-40℃)}}{C_{(-40℃)}^* \, \rho_p a_{(-40℃)}} \tag{3-102}$$

4）装药的总肉厚 e_1

根据工作时间 t_k 的要求，可按下式计算总肉厚：

$$e_1 = ap^n t_k \tag{3-103}$$

5）确定通气参量 $æ$ 和喉通比 J

为了设计出高质量比的发动机，应使发动机的体积装填系数 η_V（或装填系数 η）尽量高，然而装填系数受到 $æ$ 和 J 的限制。

通气参量 $æ$、喉通比 J 与装填系数 η 之间有如下关系：

$$æ = \frac{A_b}{A_p} = \frac{A_b}{A_c(1-\eta)} = \frac{F}{I_{sp}\rho_p grA_c(1-\eta)} \tag{3-104}$$

$$J = \frac{A_t}{A_p} = \frac{A_t}{A_c(1-\eta)} = \frac{F}{C_F pA_c(1-\eta)} \tag{3-105}$$

式中：η 为装填系数，$\eta = A_T/A_c$，A_T 为装药横截面积；A_c 为燃烧室内腔横截面积；A_b 为装药燃烧面积；A_t 为喷管喉部面积。

由以上两式可知，在推力、压强和燃烧室内径一定的情况下，装填系数 η 愈大，通气参量 $æ$ 和喉通比 J 也愈大。过大的通气参量 $æ$ 和 J 会引起严重的侵蚀燃烧效应，出现过大的初始压强峰，且推力和压强曲线会有较长的拖尾现象，使发动机内弹道性能变坏。

各种推进剂的 $æ$ 和 J 值与 p_r 的关系可由推进剂手册查到，也可以通过缩比发动机的内弹道实验来确定。因为在一定的 $æ$ 和 J 值时，装药形状不同则 p_r 的值也不同。

轮孔装药尺寸的选取和计算可参考星孔装药设计方法进行。

3.2.4 三维星型药柱设计

为了提高发动机的质量比，增加推进剂的体积装填分数同时也是为了调整药柱燃面，通常在燃烧室的前后封头部分都装有推进剂，且药柱的尾端是不限燃的。这样的星形或车轮形药柱就不再是二维的而是三维的了。这样的药柱头、尾部燃面变化规律较复杂，本节以三维星形药柱为例，介绍一种工程上实用的计算方法——图解解析法，该方法很容易推广用于三维车轮形药柱。

1. 头部燃面计算

燃烧室壳体的封头一般呈椭球形，药柱头部的星孔表面（即芯模头部外型面）为两相外切圆弧构成的回转面（见图3-20）。从药柱强度和壳体隔热考虑，要求药柱头部肉厚与圆柱部分肉厚相接近，并根据整个药柱燃面变化来调整头部肉厚。由头部肉厚确定两相外切圆弧的半径 r_i 和 r_e，以及其圆心 O_i 和 O_e，通常圆心 O_i 取在壳体前封头与圆柱段相切的横截面上。

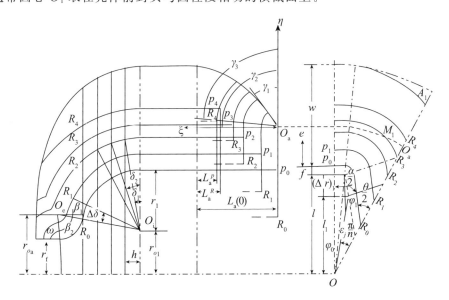

图 3-20　三维星形药柱燃面计算图

沿药柱轴线以若干与轴线垂直的平面将头部分成几等份，间距为 h。为了简化计算，假设截面上的星尖导圆半径仍为 r，由图 3-20 可以得到头部内孔的几何关系。

对于以 O_i 为圆心的圆弧，在任一截面 j 处有下列关系：

$$(\Delta r_i)_j = r_i - r_i\cos\left[\arcsin\left(\sum_1^j h/r_i\right)\right] = r_i - \sqrt{r_i^2 - \left(\sum_1^j h\right)^2}$$

$$(3-106)$$

$$\varphi_j = \arctan\frac{l\tan\varphi_0 + (\Delta r_i)_j\tan\dfrac{\alpha}{2}}{l - (\Delta r_i)_j}$$

$$(3-107)$$

其中

$$\varphi_0 = (1-\varepsilon)\frac{\pi}{n}$$

$$\frac{\alpha}{2} = \frac{\theta}{2} - \frac{\pi}{n}$$

而该截面上的角分数和特征长度为

$$\varepsilon_j = 1 - \frac{n}{\pi}\varphi_j$$

$$(3-108)$$

$$l_j = l - (\Delta r_i)_j \tag{3-109}$$

对于以 O_e 为圆心的圆弧，其任意截面上有下列关系：

$$\varphi_j = \arctan \frac{l \tan\varphi_0 + (a + r_e\sin\beta_j)\tan\frac{\alpha}{2}}{l - (a + r_e\sin\beta_j)} \tag{3-110}$$

$$l_j = l - (a + r_e\sin\beta_j) \tag{3-111}$$

由上述几何关系知道，药柱头部的角分数 ε_i 和特征长度 l_i 是随其轴线位置变化的，因此其燃烧周长和通气道截面积也随位置变化。与圆柱部分（二维星形）计算相似，也将头部星形分为星边消失前和后两个阶段。

垂直于药柱轴线的截面上的烧去肉厚距离不再是 e 而是 e_j，在任一截面上有

$$e_j = \sqrt{(r_j + e)^2 - \left(\sum_1^j h\right)^2} - \sqrt{r_j^2 - \left(\sum_1^j h\right)^2} \tag{3-112}$$

相应的消失点条件为

$$\frac{e_j + r}{l_j} = \frac{\sin\varepsilon_j\frac{\pi}{n}}{\cos\frac{\theta}{2}}$$

在星边消失前，内心（O_i）圆弧部分任一截面上的周边长和通气道截面积为

$$\frac{S_j}{l_j} = 2n\left[\frac{\sin\varepsilon_j\frac{\pi}{n}}{\sin\frac{\theta}{2}} + \frac{r + e_j}{l_j}\left(\frac{\pi}{2} + \frac{\pi}{n} - \frac{\theta}{2} - \cot\frac{\theta}{2}\right) + (1 - \varepsilon_j)\frac{\pi}{n}\right] \tag{3-113}$$

$$\frac{A_{p_j}}{l_j^2} = n\sin\varepsilon_j\frac{\pi}{n}\left(\cos\varepsilon_j\frac{\pi}{n} - \sin\varepsilon_j\frac{\pi}{n}\cot\sin\frac{\theta}{2}\right) + (1 - \varepsilon_j)\pi$$
$$+ 2n\frac{r + e_j}{l_j}\left[\frac{\sin\varepsilon_j\frac{\pi}{n}}{\sin\frac{\theta}{2}} + (1 - \varepsilon_j)\frac{\pi}{n} + \frac{r + e_j}{l_j}\left(\frac{\pi}{2} + \frac{\pi}{n} - \frac{\theta}{2} - \cot\frac{\theta}{2}\right)\right] \tag{3-114}$$

为便于计算燃面，将式（3-113）所标示的燃烧周边长 S_j 分成直线（平面）部分 S_j' 和曲线（曲面）部分 S_j''，即

$$\frac{S_j'}{l_j} = 2n\left(\frac{\sin\varepsilon_j\frac{\pi}{n}}{\sin\frac{\theta}{2}} - \frac{r + e_j}{l_j}\cot\frac{\theta}{2}\right) \tag{3-113a}$$

$$\frac{S''_j}{l_j} = 2n\left[\frac{r+e_j}{l_j}\left(\frac{\pi}{2}+\frac{\pi}{n}-\frac{\theta}{2}\right)+(1-\varepsilon_j)\frac{\pi}{n}\right] \quad (3-113\text{b})$$

因此得到内心到圆弧部分的燃面为

$$A_{b_1} = \sum \frac{S'_{j-1}+S'_j}{2}h + \frac{S''_{j-1}+S''_j}{2}(r_i+e)(\delta_j-\delta_{j-1}) \quad (3-115)$$

其中

$$\delta_j = \arcsin\frac{\sum_1^i h}{r_i+e}$$

如果星根尖倒圆半径为 r_1（仍假设在截面上也为 r_1），则在 $0 \leqslant e \leqslant r_1$ 时有

$$\frac{S'_j}{l_j} = 2n\left(\frac{\sin\varepsilon_j\frac{\pi}{n}}{\sin\frac{\theta}{2}} - \frac{r+r_1+e_j}{l_j}\cot\frac{\theta}{2} - \frac{r-e_j}{l_j}\frac{\pi}{n}\right) \quad (3-116\text{a})$$

$$\frac{S''_j}{l_j} = 2n\left[\frac{r+r_1+e_j}{l_j}\left(\frac{\pi}{2}+\frac{\pi}{n}-\frac{\theta}{2}\right)+(1-\varepsilon_j)\frac{\pi}{n}\right] \quad (3-116\text{b})$$

和

$$\frac{A_{p_j}}{l_j^2} = n\sin\varepsilon_j\frac{\pi}{n}\left(\cos\varepsilon_j\frac{\pi}{n}-\sin\varepsilon_j\frac{\pi}{n}\cot\frac{\theta}{2}\right)+(1-\varepsilon_j)\pi$$
$$+ n\left(\frac{r-e_j}{l_j}\right)^2\times\left(\cot\frac{\theta}{2}+\frac{\theta}{2}-\frac{\pi}{2}\right)$$
$$+ 2n\frac{r+e_j}{l_j}\times\left[\frac{\sin\varepsilon_j\frac{\pi}{n}}{\sin\frac{\theta}{2}}+(1-\varepsilon_j)\frac{\pi}{n}+\frac{r+e_j}{2l_j}\left(\frac{\pi}{2}+\frac{\pi}{n}-\frac{\theta}{2}-\cot\frac{\theta}{2}\right)\right]$$

$$(3-117)$$

星边消失后，内心圆弧部分任一截面上的燃烧周边长和通气道截面积为

$$\frac{S_j}{l_j} = 2n\left[(1-\varepsilon_j)\frac{\pi}{n}+\frac{r+e_j}{l_j}\left(\frac{\pi}{n}+\arcsin\frac{l\sin\varepsilon_j\frac{\pi}{n}}{f+e_j}\right)\right] \quad (3-118)$$

$$\frac{A_{p_j}}{l_j^2} = \left(1+\frac{r+e_j}{l_j}\right)^2(1-\varepsilon_j)\pi$$
$$+ n\left\{\left(\frac{r+e_j}{l_j}\right)^2\left[\varepsilon_j\frac{\pi}{n}+\arcsin\frac{l\sin\varepsilon_j\frac{\pi}{n}}{r+e_j}\right]+\sin\varepsilon_j\frac{\pi}{n}\left[\cos\varepsilon_j\frac{\pi}{n}+\sqrt{\left(\frac{r+e_j}{l_j}\right)^2-\sin^2\varepsilon_j\frac{\pi}{n}}\right]\right\}$$

$$(3-119)$$

而燃烧面积为

$$A_{b_1} = \sum \frac{S_{j-1} + S_j}{2}(r_i + e)(\delta_j - \delta_{j-1}) \tag{3-120}$$

外心(O_e)圆弧对应的燃面是由部分圆弧绕药柱轴线所成的旋转面,该燃面可分为三个阶段:其一,烧去肉厚在外心 O_e 未消失前,其燃面为 $\Delta\delta$、($\beta_2 - \beta_1$)和 ω 角所分别对应的圆弧(如图 3-20 中左图点 R_1 左下粗实线所示)绕轴线所形成的旋转面,即

$$A_{b_2} = 2\pi[(r_i + e)\Delta\delta R_\Delta + (r_e - e)(\beta_2 - \beta_1)R_\beta + e\omega R_\omega] \tag{3-121a}$$

式中:R_Δ、R_β 和 R_ω 分别为上述三圆弧之重心绕轴线旋转的旋转半径。

其二,外心(O_e)已烧去,但 $\Delta\delta$ 和 ω 角所对应的圆弧交点尚未达到燃烧室壁,这时的燃面为

$$A_{b_2} = 2\pi[(r_i + e)\Delta\delta R_\Delta + e\omega R_\omega] \tag{3-121b}$$

其三,$\Delta\delta$ 和 ω 角所对应的圆弧交点消失后的燃面为

$$A_{b_2} = 2\pi(r_i + e)\Delta\delta R_\Delta \tag{7-115c}$$

头部药柱燃烧面积为

$$A_b = A_{b_1} + A_{b_2} \tag{7-122}$$

2. 尾部燃面计算

燃烧室后封头部分的药柱叫作尾部,尾部燃面由侧面和端面两部分组成。侧面部分的燃烧周边长和通气道截面积的计算同二维药柱,只是由于端面燃烧尾部长 L_a 逐渐减小。现在的问题是求端面燃烧面积的变化规律。

由图 3-20 可见,由于尾部端面与后封头内壁相交,从而使尾部燃烧分为三个阶段。

第一阶段,$e \leqslant e_w$,尾部端面呈平面,药柱与后封头内壁交点 O_a 以上呈圆弧环面,此时

$$L_a = L_a(0) - e \tag{3-123}$$

第二阶段,$e > e_w$,但尾部端面还存在平面部分(即 $OR_j < OO_a'$),此时星尖和星根处的长度不一样,星尖处:

$$L_a^p = L_a(0) - e\sin\gamma_2 = L_a(0) - e\sin\left(\arccos\frac{e - e_w}{e}\right)$$

$$= L_a(0) - e\sqrt{2ee_w - e_w^2} \tag{3-124a}$$

式中：γ_2 为端面星尖与 η 轴之夹角；星根处：

$$L_a^R = L_a(0) - e \tag{3-124b}$$

第三阶段，尾部端面已无平面存在（即 $OR_j > OO_a'$），此时星尖处长度 L_a^p 仍以式（3-124a）计算，但星根处长度为

$$L_a^p = L_a(0) - e\sin\gamma_3 = L_a(0) - e\sin\left(\arccos\frac{R_m - (l+r+e_w)}{e}\right)$$
$$= L_a(0) - \sqrt{e^2 - (R_m - l - r - e_w)^2} \tag{3-125}$$

式中：γ_3 为端面（圆弧环面）星根点与 η 轴之夹角；R_m 为当时的星根圆半径（图 3-20 中右图的 OR_j），其值为

$$R_m = l\cos\varepsilon\frac{\pi}{n} + \sqrt{(r+e)^2 - \left(l\sin\varepsilon\frac{\pi}{n}\right)^2} \tag{3-126}$$

尾部的侧面燃面为

$$A_{b_s} = SL_a, \quad e \leqslant e_w \tag{3-127}$$

或

$$A_{b_s} = \frac{1}{2}S(L_a^p + L_a^R), \quad e > e_w \tag{3-128}$$

式中，S 计算见式（3-51）、式（3-57）。

尾部的端面燃面为

$$A_{b_e} = \pi(l+r+e_w)^2 - A_p + \Delta A_b, \quad e \leqslant e_w \tag{3-129}$$

$$\left.\begin{array}{l} A_{b_e} \approx \Delta A_b + \dfrac{\pi(l+r+e)^2 - A_p - \delta A}{\sin\psi} + \delta A, \quad e \leqslant e_w \\ OP_j \leqslant OO_a' \end{array}\right\} \tag{3-130}$$

$$\left.\begin{array}{l} A_{b_e} \approx \Delta A_b + \dfrac{\pi(l+r+e)^2 - A_p}{\sin\psi}, \quad e > e_w \\ OP_j > OO_a' \end{array}\right\} \tag{3-131}$$

式中：A_p 计算见式（3-69）、式（3-71）；ΔA_b 是尾部端面上半径为 $OO_a = l + r + e_w$ 的圆周以外以 O_a 为圆心，e 为半径的圆弧（圆心角为 $\gamma_2 - \gamma_1$）绕药柱轴线旋转所得的环形面积：

$$\Delta A_b = 2\pi\int_{\gamma_1}^{\gamma_2}\left[(l+r+e_w) + e\cos\gamma\right]e\,d\gamma$$
$$= 2\pi\left[(l+r+e_w)e(\gamma_2 - \gamma_1) + e^2(\sin\gamma_2 - \sin\gamma_1)\right] \tag{3-132}$$

式（3-130）中：角 ψ 为圆弧环形面积与药柱轴线的倾角；δA 为 $e > e_w$ 和 $OR_j \leqslant OO_a$ 时端面所剩余的平面燃面（见图 3-20 中右图的 $\triangle R_j M_j O_a$）：

$$\Delta A = nM_j O_a(OO_a - OR_j) \tag{3-133}$$

尾部燃烧面为侧面和端面燃面之和：

$$A_b = A_{b_s} + A_{b_e} \qquad (3-134)$$

3.2.5　变截面星孔装药设计

星孔装药由于具有一系列的优点：如装填系数大，对燃烧室绝热性能好，燃烧面随时间可按一定要求变化等，因此广泛应用于火箭和导弹的发动机中。对于等截面星孔装药(药柱内孔通道截面积恒定)来说，这种形状的装药设计简单，芯棒加工方便。但由于其受起始通气参量 α_0 的限制，当弹径一定时，随着装药长度的增加，其体积装填系数 η_V 将减小。为进一步提高装药的 η_V，可采用变截面星孔装药设计，如图 3-21 所示。

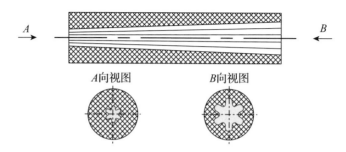

图 3-21　变截面星孔装药示意图

变截面星孔装药可用三维药柱设计方法设计。但这种方法比较复杂，内弹道计算和芯棒加工比较困难。这里介绍一种简单的变截面星孔装药设计方法。这种方法的特点是沿装药长度方向各截面星孔的星角数 n，角分数 ε，星根半角 $\theta/2$，过渡圆弧半径 r 和星根圆弧半径 r' 保持不变，只改变特征长度 l，如图 3-22 所示。

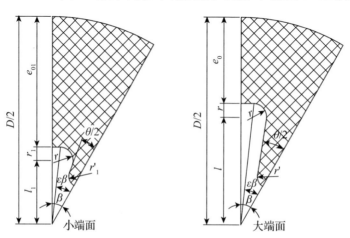

图 3-22　变截面星孔装药两端面尺寸 $(r=r_1,\ r'=r_1')$

1. 几何尺寸

变截面星孔装药计算用几何尺寸和参数表示如下：

D 为装药半径；L 为装药长度；n 为星角数；ε 为角分数；$\theta/2$ 为星根半角；β 为星孔半角（π/n）；r、r_1 为大、小端面上星尖过渡圆弧半径；r'、r_1' 为大、小端面上星根圆弧半径；

e_0、e_{01} 为大、小端面上装药起始肉厚；e 为某瞬时烧去的装药厚度；

α 为倾角，定义为装药两端面上内孔星尖过渡圆弧圆心的连线与装药轴线的夹角，即

$$\tan\alpha = \frac{l - l_1}{L} \text{ 或 } \alpha = \arctan\frac{l - l_1}{L}$$

变截面星孔装药的设计参量有：

S_0 为装药起始燃烧面积；$\mathit{æ}_0$ 为装药起始通气参量；A_{p_0} 为装药起始通气面积；η_v 为星孔装药体积装填系数。

2. 几何尺寸与设计参量的关系

1）变截面星孔装药起始燃烧面 S_0 与几何尺寸之间的关系

小端面星孔的起始周边长为

$$\Pi_{01} = 2nl_1\left[\frac{\sin\varepsilon\beta}{\sin(\theta/2)} + (1 - \varepsilon)\beta + \frac{r_1}{l_1}\left(\frac{\pi}{2} + \beta - \frac{\theta}{2} - \cot\frac{\theta}{2}\right) - \frac{r_1'}{l_1}\left(\cot\frac{\theta}{2} + \frac{\theta}{2} - \frac{\pi}{2}\right)\right]$$

因为 $r = r_1$，$r' = r_1'$，故上式可写成

$$\Pi_{01} = 2nl_1\left[\frac{\sin\varepsilon\beta}{\sin(\theta/2)} + (1 - \varepsilon)\beta\right] + 2n\left[\left(\frac{\pi}{2} - \frac{\theta}{2} - \cot\frac{\theta}{2}\right)(r + r') + r\beta\right]$$

$$(3-135)$$

令 $F_1 = 2n\left[\frac{\sin\varepsilon\beta}{\sin\theta/2} + (1 - \varepsilon)\beta\right]$

$$F_2 = 2n\left[\left(\frac{\pi}{2} - \frac{\theta}{2} - \cot\frac{\theta}{2}\right) \cdot (r + r') + r\beta\right]$$

则小端面的起始周边长为

$$\Pi_{01} = l_1F_1 + F_2 \qquad (3-136)$$

式（3-136）中 F_1 和 F_2 沿整个装药长度是不变的，因此与装药小端面相隔 x 长度的那个截面的周边长为

$$\Pi x = (l_1 + x\tan\alpha)F_1 + F_2$$

沿整个装药长度 L 积分，可得到起始燃烧面积：

$$S_0 = \left(l_1 L + \frac{L^2}{2}\tan\alpha\right)F_1 + LF_2 \tag{3-137}$$

以 $l_1 = l - L\tan\alpha$ 代入式(3-137)就可得到以大端面星孔几何尺寸表示的 S_0，即

$$S_0 = \left(lL - \frac{L^2}{2}\tan\alpha\right)F_1 + LF_2 \tag{3-138}$$

2)变截面星孔装药起始通气面积 A_{p_0} 与几何尺寸之间的关系

起始通气面积 A_{p_0} 是指靠近喷管一端装药的星孔面积，因此它与等截面的起始通气面积一样。

$$A_{p_0} = l^2 F_3 \tag{3-139}$$

其中

$$F_3 = n\left[(1-\varepsilon)\beta + \sin\varepsilon\beta\left(\cos\varepsilon\beta - \sin\varepsilon\beta\cot\frac{\theta}{2}\right)\right] + \frac{2nr}{l}\left[\frac{\sin\varepsilon\beta}{\sin\theta/2} + (1-\varepsilon)\beta\right.$$
$$\left. + \frac{r}{2l}\left(\frac{\pi}{2} + \beta - \frac{\theta}{2} - \cot\frac{\theta}{2}\right)\right] + \frac{nr'^2}{l^2}\left(\cot\frac{\theta}{2} + \frac{\theta}{2} - \frac{\pi}{2}\right) \tag{3-140}$$

3)变截面星孔装药起始通气参量 $æ_0$ 与几何尺寸之间的关系

起始通气参量 $æ_0$ 的定义为

$$æ_0 = \frac{S_0}{A_{p_0}}$$

将前面推导得到的 s_0 及 $æ_0$ 代入上式可得

$$æ_0 = \frac{L\left(l - \frac{L}{2}\tan\alpha\right)F_1 + LF_2}{l^2 F_3} \tag{3-141}$$

4)变截面星孔装药体积装填系数 η_v

固体火箭发动机装药的体积装填系数为

$$\eta_v = \frac{V_P}{V_0}$$

式中：V_P 为装药体积，$V_P = \frac{\pi}{4}D^2 L - V$，$V$ 为装药星孔容积；V_0 为发动机燃烧室容积，$V_0 = \frac{\pi}{4}D^2 L$。这样就得到

$$\eta_{\mathrm{v}} = 1 - \frac{V}{\frac{\pi}{4}D^2 L}$$

根据变截面星孔装药的特点可推导得到

$$V = L\left(l^2 - Ll\tan\alpha + \frac{L^2}{3}\tan^2\alpha\right)F_4 + L\left(l - \frac{L}{2}\tan\alpha\right)F_5 + LF_6 \quad (3-142)$$

将式(3-142)代入 η_{v} 式中可得

$$\eta_{\mathrm{v}} = 1 - \frac{\left(l^2 - Ll\tan\alpha + \frac{L^2}{3}\tan^2\alpha\right)F_4 + \left(l - \frac{L}{2}\tan\alpha\right)F_5 + F_6}{\frac{\pi}{4}D^2} \quad (3-143)$$

其中 $F_4 = n\left[(1-\varepsilon)\beta + \sin\varepsilon\beta\left(\cos\varepsilon\beta - \sin\varepsilon\beta\cot\frac{\theta}{2}\right)\right]$

$$F_5 = 2nr\left[\frac{\sin\varepsilon\beta}{\sin(\theta/2)} + (1-\varepsilon)\beta\right] = rF_1$$

$$F_6 = n\left[\left(\frac{\pi}{2} - \frac{\theta}{2} - \cot\frac{\theta}{2}\right) \cdot (r^2 - r'^2) + r^2\beta\right]$$

3. 变截面星孔装药设计方法

(1)首先按等截面星孔装药设计方法，确定装药的外径 D，长度 L 及星孔几何尺寸。

(2)将计算得到的星孔几何尺寸作为变截面星孔装药大端面(靠近喷管一端)的星孔几何尺寸。

(3)选择变截面星孔装药小端面星孔的特征长度 l_1，l_1 不能太大，若接近 l，则装填系数增大不多，体现不出变截面星孔装药的优点。l_1 也不能取得太小，否则燃烧结束后拖尾过长，且燃烧结束时的压力比起始压力峰高出许多，这是不合理的，因此一般取 $l_1 = \left(\frac{1}{2} \sim \frac{1}{3}\right)l$ 较为合适。由 l 和 l_1 就可以计算出倾斜角 α。

$$\alpha = \arctan\frac{l - l_1}{L}$$

(4)由上面计算得到的星孔尺寸及 D，l 和 l_1，若 η_{v} 相同，则变截面星孔装药的起始通气参量将小于等截面星孔装药的起始通气参量，若要保持等截面的起始通气参量 $æ_0$ 及特征长度 l，则变截面星孔装药的装药长度可比等截面的

长，其 L 的计算公式为

$$L = \frac{lF_1 + F_2 - \sqrt{(lF_1 + F_2)^2 - 2\text{\ae}_0 l^2 F_1 \cdot F_2 \tan\alpha}}{F_1 \tan\alpha} \tag{3-144}$$

当其他参数不变时，L 随 α 的增大而增大，但 α 必须满足：

$$\alpha < \arctan \frac{(lF_1 + F_2)^2}{2\text{\ae}_0 l^2 F_1 \cdot F_2}$$

计算出 L 后可由 $l_1 = l - L\tan\alpha$ 计算 l_1。

(5)若要保持等截面星孔装药的 $\text{\ae}_0$，则变截面星孔装药的特征长度 l 可按下式计算：

$$l = \frac{LF_1 - r\text{\ae}_0 F_1 + \sqrt{(LF_1 - r\text{\ae}_0 F_1)^2 - 2\text{\ae}_0 F_{10}(2\text{\ae}_0 F_{11} + L^2 F_1 \tan\alpha - 2LF_2)}}{2\text{\ae}_0 F_{10}} \tag{3-145}$$

其中

$$F_{10} = n\left[(1-\varepsilon)\beta + \sin\varepsilon\beta\left(\cos\varepsilon\beta - \sin\varepsilon\beta\cot\frac{\theta}{2}\right)\right]$$

$$F_{20} = n\left[\left(\frac{\pi}{2} + \beta - \frac{\theta}{2} - \cot\frac{\theta}{2}\right)(r^2 - r'^2) + \beta r'^2\right]$$

当其他参数不变时，l 随 α 的增大而减小，但 α 必须满足：

$$\alpha < \arctan \frac{F_1^2 \text{\ae}_0 (r - L/\text{\ae}_0)^2 - 4\text{\ae}_0 F_{10} \cdot F_{11} + 4F_2 \cdot F_{10} L}{2L^2 F_1 \cdot F_{10}} \tag{3-146}$$

同样计算出 l 后可由 $l_1 = l - L\tan\alpha$ 计算 l_1。

3.2.6 双燃速推进剂装药设计

双燃速推进剂装药是在同一药柱中使用两种不同燃速的推进剂组合的装药，这种装药又称为组合装药或双推进剂装药。它是为弥补单推进剂装药设计中的某些不足(如不易保持恒面、有余药损失等)而出现的。采用这种药可以实现肉厚系数约为 0.6，装填系数较低以及恒面燃烧的无余药发动机。由于增加了两种推进剂燃速比 k 这个参数，在装药设计时为了满足某些特定的内弹道性能有了更多的调节余地。当然由于采用了两种推进剂，就需要两次浇铸和两次固化，增加了工艺上的困难和成本。因此这种药型只有在某些特殊条件下才考虑使用。

双推进剂装药，可以做成与单推进剂相近的各种药型，如星型、轮辐型等。

一般以星型的较为常见，它的几何参数与单推进剂的相类似，只是多了参数 k。下面我们以双推进剂星型内孔装药为例，简要叙述这种装药燃面的计算方法。

1. 双推进剂星孔装药的主要几何参数

装药外径：$D = 2R$；装药长度：L；缓燃药肉厚：e_1；特征尺寸：l；星角数：n；过渡圆弧半径：r；星根半角：$\theta/2$；燃速比：k。

为使问题简化，设此药型的星角系数 $\varepsilon = 1$。

2. 燃面变化规律

研究半个星角的参数变化。在研究这种药型时，应当注意的一个问题是在同一时刻 t 内，两种药由于燃速不同所烧去的肉厚也是不相等的。设缓燃药的燃速为 r_1，速燃药的燃速为 r_2，则燃速比 $k = r_2/r_1$（$k >$ 1）。下面计算采用缓燃药的肉厚 $e = r_1 t$，则相应的速燃药的肉厚为 ke。

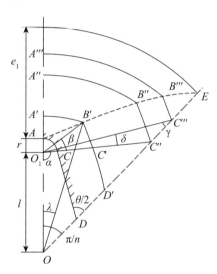

图 3 - 23　双燃速星型装药燃面变化规律

从图 3 - 23 中可以看出，缓燃药的燃烧线是以 O 为圆心的圆弧，而速燃药的燃烧线仍然和星型一样，分为有直线部分的第一阶段和无直线部分的第二阶段。当两种装药的交线为曲线 AE 时，则无余药。

下面首先求交线方程：以极坐标 ρ、λ 来表示。显然从缓燃药的燃烧圆弧 $A'B'$ 来看：

$$\rho = \overline{B'O} = \overline{A'O} = e + r + l$$

在 $\triangle O_1 B'O$ 中，利用余弦定理，有

$$\cos\lambda = \frac{\overline{O_1 O}^2 + \overline{OB'}^2 - \overline{O_1 B'}^2}{2\,\overline{O_1 O} \cdot \overline{OB'}}$$

$$= \frac{l^2 + (l + r + e)^2 - (r + ke)^2}{2l(l + r + e)}$$

有了交线上各点的 ρ 及 λ，即可求出交线 AE。下面研究双燃速装药的燃面变化规律。

对缓燃药：它的燃烧线始终是以 O 为圆心的圆。有

$$A_{b1} = (l + r + e)\lambda 2nL \tag{3-147}$$

对速燃药，仍和星型一样，首先划分为两个阶段。先求出划分两个阶段的肉厚。在 $\triangle O_1OC''$ 中，利用正弦定理：

$$\frac{\overline{OO_1}}{\sin\left(\frac{\pi}{2}-\frac{\theta}{2}\right)}=\frac{\overline{O_1C''}}{\sin\frac{\pi}{n}} \tag{3-148}$$

所以

$$\overline{O_1C''}=r+\overline{CC''}=\frac{l\sin\frac{\pi}{n}}{\cos\frac{\theta}{2}} \tag{3-149}$$

两个阶段分界时的肉厚为

$$\overline{CC''}=\frac{l\sin\frac{\pi}{n}}{\cos\frac{\theta}{2}}-r \tag{3-150}$$

第一阶段

$$ke<\frac{l\sin\frac{\pi}{n}}{\cos\frac{\theta}{2}}-r$$

设半个星角的燃烧周界为 s_2'，有

$$s_2'=B'C'+\overline{C'D'}$$
$$B'C'=(r+ke)\beta \tag{3-151}$$
$$\angle\beta=\angle B'O_1C''$$

在 $\triangle C''O_1O$ 中，利用三角形内角之和等于 π 的关系。则

$$\alpha=\angle C''O_1O=\pi-\frac{\pi}{n}-\frac{\pi}{2}+\frac{\theta}{2}=\frac{\pi}{2}-\frac{\pi}{n}+\frac{\theta}{2} \tag{3-152}$$
$$\angle\beta=\angle B'O_1O-\alpha$$

再求 $\angle B'O_1O$，利用 $\triangle O_1B'O$ 中正弦定理：

$$\frac{\overline{O_1B'}}{\sin\lambda}=\frac{\overline{OB'}}{\sin B'O_1O}$$

$$\frac{ke+r}{\sin\lambda}=\frac{l+e+r}{\sin B'O_1O}$$

所以

$$\angle B'O_1O=\arcsin\frac{(l+e+r)\sin\lambda}{ke+r}$$

$$\angle \beta = \arcsin \frac{(l+e+r)\sin\lambda}{ke+r} - \alpha \qquad (3-153)$$

$$\overline{C'D'} = (\overline{O_1 C''} - \overline{O_1 C'})\cot\frac{\theta}{2}$$

$$= \left[\frac{l\sin\dfrac{\pi}{n}}{\cos\dfrac{\theta}{2}} - (r+ke) \right]\cot\frac{\theta}{2}$$

所以第一阶段速燃药燃面变化为

$$A_{b2} = \left\{ (r+ke)\left[\arcsin\frac{(l+e+r)\sin\lambda}{ke+r} - \alpha \right] + \left[\frac{l\sin\dfrac{\pi}{n}}{\cos\dfrac{\theta}{2}} - (r+ke) \right]\cot\frac{\theta}{2} \right\} 2nL$$

$$(3-154)$$

第二阶段
$$ke > \frac{l\sin\dfrac{\pi}{n}}{\cos\dfrac{\theta}{2}} - r$$

半个星角的燃烧边长为 s_2'，有

$$s_2' = B'''C''' = (r+ke)(\beta - \delta) \qquad (3-155)$$

$\angle\beta$ 的关系式同前，下面求 $\angle\delta$。

在 $\triangle O_1 C''' O$ 中
$$\delta + \alpha + \gamma + \frac{\pi}{n} = \pi$$

所以
$$\delta = \pi - \alpha - \gamma - \frac{\pi}{n}$$

前已知
$$\alpha = \frac{\pi}{2} - \frac{\pi}{n} + \frac{\theta}{2}$$

所以
$$\delta = \frac{\pi}{2} - \frac{\theta}{2} - \gamma \qquad (3-156)$$

为此需求出 $\angle\gamma$，在 $\triangle O_1 C''' O$ 中利用正弦定理：

$$\frac{\overline{OO_1}}{\sin\gamma} = \frac{\overline{O_1 C'''}}{\sin\dfrac{\pi}{n}}$$

$$\gamma = \arcsin\frac{l\sin\dfrac{\pi}{n}}{ke+r}$$

$$\delta = \frac{\pi}{2} - \frac{\theta}{2} - \arcsin\frac{l\sin\dfrac{\pi}{n}}{ke+r} \qquad (3-157)$$

第二阶段速燃药的燃面变化为

$$A_{b2} = (r + ke)\left(\beta - \frac{\pi}{2} + \frac{\theta}{2} + \arcsin\frac{l\sin\frac{\pi}{n}}{ke + r}\right)2nL \qquad (3-158)$$

应当注意的是，由于两种推进剂的燃速不同，所以计算中不应当把两种推进剂的燃面相加。而是分别用它们各自的燃面乘以它们的燃速，相加后求得总的燃烧产物生成量。

某一时刻的燃烧产物生成量为

$$\rho_{p1} r_1 A_{b1} + \rho_{p2} r_2 A_{b2} = \rho_p r_1 (A_{b1} + kA_{b2}) \qquad (3-159)$$

由于通常燃速的调节是通过加入少量的催化剂来实现的，所以一般情况下两种推进剂的密度是近似相等的，即

$$\rho_{p1} = \rho_{p2} = \rho_p \qquad (3-160)$$

3.2.7　双推力装药设计

单室双推力发动机是指用一个燃烧室产生两级推力的固体火箭发动机。这种发动机可为火箭提供起飞时的大推力及飞行过程中的续航推力，起到主发动机和助推器所产生的相同效果。双推力可以借助于采用两种不同肉厚的药型来实现；也可以借助于采用两种燃速不同的推进剂来实现。当两级推力比大时，还可以借助于同时采用不同燃速的推进剂和不同肉厚的药型来实现。表3-5中列出了一些可实现单室双推力的装药设计方案。

表 3-5　实现单室双推力的一些装药设计方案

推进剂	药柱型状	备注
单推进剂系统		起飞：内燃管型 续航：端燃药柱
		起飞：星型 续航：内燃管型

（续）

推进剂	药柱型状	备注
双推进剂系统		起飞：内燃管型（高燃速） 续航：内燃管型（低燃速），全长同心
		起飞：星型（高燃速） 续航：内燃管型（低燃速），后部同心
		起飞：星型（高燃速） 续航：内燃管型（低燃速），后串联
		起飞：星型（高燃速） 续航：变截面内燃管型（低燃速），前串联
		起飞：端燃药柱（高燃速） 续航：端燃药柱（低燃速），后串联

3.3 装药结构完整性分析

　　发动机装药设计必须在考虑战术技术性能的同时，充分考虑药柱结构的完整性要求。装药从浇铸到完成燃烧任务，必然经受一系列使其产生应力应变响应的载荷条件，如固化后的降温，环境温度变化，长期贮存，运输、发射阶段的加速度，点火后的压力冲击等。药柱结构完整性分析就是要保证在这些载荷和环境条件作用下药柱内表面及其他部位不出现裂纹，药柱与衬层、绝热层界面不出现脱黏，即药柱结构完整性不被破坏。只有在从制造、贮存到试验或飞行的全过程中保持药柱的完整性才能保证发动机的正常工作。因此，在发动机的装药设计中，药柱的结构完整性分析与内弹道性能分析具有同等的重要地位。

发动机装药结构完整性分析是很重要、很复杂的工作。这是因为固体推进剂是含有大量固体颗粒的高分子聚合物，其力学性能强烈依赖于时间和温度，表现为高度的非线性黏弹性特征。

3.3.1   固体推进剂黏弹特性

固体推进剂因同时具备了弹性力学和黏性流体力学的特性，其力学性能表现出一定的独特性及复杂性。通过大量的试验与理论研究发现，推进剂的力学性能与载荷特性（如加载速率、频率等）、外在环境（如温度、湿度等）有较大的关系，因此为准确了解材料的力学性能，需要对黏弹性力学的基本特征有所了解。

1. 蠕变和应力松弛

蠕变和应力松弛是黏弹性材料典型的两个力学行为。在阶跃应力载荷作用下应变随时间而逐渐增加的现象或过程称为蠕变。当载荷卸载后，弹性应变部分瞬时响应，总应变瞬时减小一定值，而黏性应变随时间逐渐减小至 0，这种现象称为延迟回复。在载荷阶跃应变载荷作用下应力随时间逐渐降低的现象或过程称为应力松弛。

2. 加载速率相关性

为分析黏弹性材料力学响应与加载速率的相关性，需要研究不同应变加载速率对应力响应过程的影响，以及研究不同应力加载速率对应变响应过程的影响。大量的试验发现，随着应变载荷加载速率的增加，大多数黏弹性材料呈现应力响应幅值增大的现象，破坏应力也有明显的提高。

3. 频率相关性

蠕变、应力松弛和应变率效应是描述黏弹性材料在准静态载荷作用下的力学特性。然而对于很多黏弹性材料或结构，所受到的载荷随时间交替变化，由于材料的黏滞效应，将产生能量耗散，这是黏弹性材料的重要特征之一。

对于推进剂而言，在其寿命周期中受到多种交变载荷的作用。如运输过程中的持续颠簸过程，发动机装药受到反复的冲击载荷，此外在发动机贮存期间，随着一年四季环境温度的循环变化，药柱同样受到交变温度载荷。通常通过振动试验、疲劳试验研究黏弹性材料的动态力学性能，其中包括频率相关和温度相关的试验。

4. 温度相关性

温度变化对黏弹性材料黏性部分的力学性能影响较大。研究表明，要使黏弹性材料中的某个运动单元具有足够大的活动性而表现出力学松弛现象，需要一定的松弛时间，温度越高松弛时间越短。根据黏弹性材料所处温度范围的不同，可分为4种不同的力学状态：玻璃态、黏弹态、橡胶态和黏流态。在一定温度条件下，黏弹性材料力学性能的时间相关性对应于物质内部存在一种特征时间，特征时间受外在条件(温度、湿度、压力等)影响较大，其中温度效应尤为明显。针对黏弹性材料的温度相关性问题，国内外学者通过研究一类热流变简单材料发现，可通过建立时温等效模型来描述这类材料的温度相关性问题。

3.3.2　载荷和环境条件

固体火箭发动机遇到的载荷一般分为两类：规定载荷和诱导载荷(或导出载荷)。规定载荷是由使用部门或发动机技术文件中提出的要求确定的。它一般包括：工作环境温度、加速度、振动、冲击、运输和装卸载荷，以及物理环境(如老化状态、湿度等)载荷等。诱导载荷起因于特别选定的推进剂、加工方法和满足发动机任务目标的药柱形状，它一般包括固化收缩、压力、飞行和某些综合载荷等。

3.3.3　固体推进剂药柱应力分析

固体推进剂药柱内的应力分布，与推进剂的几何形状有关系，一般浇铸在壳体内的药柱，其内孔形状多为星角形或其他较复杂的几何形状。为了力学分析上的简便，多从简单圆形内孔着手，而后根据不同的几何形状考虑应力集中。下面分别就几种较典型的载荷情况考虑装药内的应力分布。

1. 浇铸圆孔药柱中的应力

推进剂浇铸在金属薄壳内，或是增强塑料缠绕的壳体，这里认为壳体材料是弹性的，而作为黏弹性材料的推进剂与壳体紧密黏结在一起。药柱空腔内受内压 $p(t)$，壳体外表面不受力。药柱内半径 a，外半径 b，壳体厚度 $\delta \ll b$，如图 3-24 所示。

假设按无限长圆柱体考虑，则问题变成轴对称的平面应变问题。因此，欲求黏弹性药柱内的应力分布，只需先求得相应问题的弹性解，然后利用对

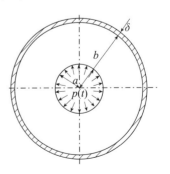

图 3-24　浇铸圆孔药柱的横截面

火炸药应用技术

应原理即可。

令 F_θ 表示薄壳中单位长度弧长的周向张力。从壳体的平衡考虑：

$$F_\theta = -b\,(\sigma_r)_{r=b} \tag{3-161}$$

$-(\sigma_r)_{r=b}$ 是交界面处推进剂加给壳体的压力。因为 $\delta \ll b$，壳体中周向应变为

$$\varepsilon_{\theta_c} = \frac{F_\theta(1-\mu_c^2)}{\delta E_c} \tag{3-162}$$

式中：μ_c，E_c 为壳体的弹性常数。

药柱在交界面处的周向应变为

$$\varepsilon_{\theta_p} = \frac{1-\mu^2}{E}\left(\sigma_\theta - \frac{\mu\sigma_r}{1-\mu}\right)_{r=b} \tag{3-163}$$

式中：μ、E 为推进剂药柱的弹性常数。因为交界面处的连续性，所以 $\varepsilon_{\theta_c} = \varepsilon_{\theta_p}$，将式(3-161)代入：

$$\frac{-b\sigma_r(1-\mu_c^2)}{\delta E_c} = \frac{1-\mu^2}{E}\left(\sigma_\theta - \frac{\mu\sigma_r}{1-\mu}\right)$$

整理后得

$$\sigma_r = \frac{1-\mu^2}{\mu(1+\mu) - (1-\mu_c^2)\,bE/\delta E_c}\sigma_\theta$$

令

$$\beta = \frac{1-\mu^2}{\mu(1+\mu) - (1-\mu_c^2)\,bE/\delta E_c} \tag{3-164}$$

则

$$\sigma_r = \beta\sigma_\theta \qquad [\text{在 } r = b \text{ 处}]$$

由弹性力学知识，推进剂药柱内部应力 σ_r 及 σ_θ 方程的解为

$$\sigma_r = A - \frac{B}{r^2}, \quad \sigma_\theta = A + \frac{B}{r^2}$$

式中，A，B 由边界条件确定：

$$r = a \qquad \sigma_r = -p(t)$$
$$r = b \qquad \sigma_r = \beta\sigma_\theta$$

所以

$$\sigma_r = -p\,\frac{\beta[(b^2/r^2)+1] - [(b^2/r^2)-1]}{\beta[(b^2/a^2)+1] - [(b^2/a^2)-1]} \tag{3-165}$$

$$\sigma_\theta = p\,\frac{\beta[(b^2/r^2)-1] - [(b^2/r^2)+1]}{\beta[(b^2/a^2)+1] - [(b^2/a^2)-1]} \tag{3-166}$$

此即推进剂药柱应力分布的弹性解答，为了求得相应问题的黏弹解，此处应用对应原则。首先对其取拉普拉斯变换：

$$\sigma_r(S) = -p(S)\frac{\beta[(b^2/r^2)+1]-[(b^2/r^2)-1]}{\beta[(b^2/a^2)+1]-[(b^2/a^2)-1]} \quad (3-167)$$

$$\sigma_\theta(S) = p(S)\frac{\beta[(b^2/r^2)-1]-[(b^2/r^2)+1]}{\beta[(b^2/a^2)+1]-[(b^2/a^2)-1]} \quad (3-168)$$

然后将上面方程中的弹性常数，用相应的黏弹性模数的拉普拉斯变换乘以 S 代换。为此，将式(3-164)中包含的 μ 及 E 用剪切模数 G 和体积模数 K 表达，由 $\mu = \frac{3K-2G}{6K+2G}$ 和 $E = \frac{9KG}{3K+G}$ 关系，所以得

$$\beta = \frac{3K+4G}{3K-2G-\dfrac{4}{\alpha}G(3K+G)} \quad (3-169)$$

其中
$$\alpha = \frac{\delta E_c}{(1-\mu_c^2)b}$$

下面进一步求解就需要知道 $G(t)$ 及 $K(t)$ 关系了。这里假设推进剂材料为不可压缩的，则 $K = \infty$，因此有

$$K(S) = \infty \quad (3-170)$$

假设材料用 Voigt 模型描述，则

$$G(t) = G_e H(t) + \eta\delta(t)$$

式中：G_e 为 $t\to\infty$ 时的 $G(t)$ 值；$H(t)$ 为单位阶跃函数；$\delta(t)$ 为单位脉冲函数。取拉普拉斯变换：

$$G(S) = G_e\frac{1}{S} + \eta$$

则
$$SG(S) = \eta S + G_e = \frac{1}{2}(AS+B) \quad (3-171)$$

将式(3-170)和式(3-171)代入式(3-169)，则得到变换后的 β 系数，表示为 $\bar\beta$

$$\bar\beta = \left[1-\frac{2}{\alpha}(AS+B)\right]^{-1} \quad (3-172)$$

如果规定内压变化规律为

$$p(t) = p_0(1-e^{-nt})H(t), \quad (n>0) \quad (3-173)$$

其拉普拉斯变换为

$$p(S) = p_0\frac{n}{S(S+n)} \quad (3-174)$$

将式(3-172)及式(3-174)代入式(3-167)、式(3-168)，则得到黏弹解的拉普拉斯变换形式：

$$\sigma_r(S) = -\frac{np_0}{S(S+n)} \frac{(AS+B)\left(\dfrac{b^2}{r^2}-1\right)+\alpha}{(AS+B)\left(\dfrac{b^2}{a^2}-1\right)+\alpha} \qquad (3-175)$$

$$\sigma_\theta(S) = \frac{np_0}{S(S+n)} \frac{(AS+B)\left(\dfrac{b^2}{r^2}+1\right)-\alpha}{(AS+B)\left(\dfrac{b^2}{a^2}-1\right)+\alpha} \qquad (3-176)$$

求其逆变换即可得到黏弹解。为此应先把上式分解为部分分式，由式(3-175)有

$$\frac{n\left[(AS+B)\left(\dfrac{b^2}{r^2}-1\right)+\alpha\right]}{S(S+n)\left[(AS+B)\left(\dfrac{b^2}{a^2}-1\right)+\alpha\right]} = \frac{X}{S} + \frac{Y}{S+n} + \frac{Z}{(AS+B)\left(\dfrac{b^2}{a^2}-1\right)+\alpha}$$

得到 X, Y, Z 的一组联立方程，可得到：

$$\begin{cases} X = \dfrac{B\left(\dfrac{b^2}{r^2}-1\right)+\alpha}{B\left(\dfrac{b^2}{a^2}-1\right)+\alpha} \\[2em] Y = \dfrac{(B-An)\left(\dfrac{b^2}{r^2}-1\right)+\alpha}{(B-An)\left(\dfrac{b^2}{a^2}-1\right)+\alpha} \\[2em] Z = \dfrac{A\left(\dfrac{b^2}{a^2}-1\right)\left[\alpha An\left(\dfrac{b^2}{a^2}-\dfrac{b^2}{r^2}\right)\right]}{\left[B\left(\dfrac{b^2}{a^2}-1\right)+\alpha\right]\left[(B-An)\left(\dfrac{b^2}{a^2}-1\right)-\alpha\right]} \end{cases}$$

所以得到 $\sigma_r(S)$：

$$\sigma_r(S) = -p_0\left\{ \frac{B\left(\dfrac{b^2}{r^2}-1\right)+\alpha}{B\left(\dfrac{b^2}{a^2}-1\right)+\alpha}\cdot\frac{1}{S} - \frac{(B-An)\left(\dfrac{b^2}{r^2}-1\right)+\alpha}{(B-An)\left(\dfrac{b^2}{a^2}-1\right)+\alpha}\cdot\frac{1}{S+n} \right.$$

$$\left. + \frac{aAn\left(\dfrac{b^2}{a^2}-\dfrac{b^2}{r^2}\right)}{\left[B\left(\dfrac{b^2}{a^2}-1\right)+\alpha\right]\left[(B-An)\left(\dfrac{b^2}{a^2}-1\right)+\alpha\right]}\cdot\frac{1}{S+\dfrac{B\left(\dfrac{b^2}{a^2}-1\right)+\alpha}{A\left(\dfrac{b^2}{a^2}-1\right)}} \right\}$$

求其逆变换得

$$\sigma_r(t) = -p_0 \left\{ \frac{B\left(\frac{b^2}{r^2}-1\right)+\alpha}{B\left(\frac{b^2}{a^2}-1\right)+\alpha} - \frac{(B-An)\left(\frac{b^2}{r^2}-1\right)+\alpha}{(B-An)\left(\frac{b^2}{a^2}-1\right)+\alpha} \cdot \exp(-nt) \right.$$

$$\left. - \frac{aAn\left(\frac{b^2}{a^2}-\frac{b^2}{r^2}\right)}{\left[B\left(\frac{b^2}{a^2}-1\right)+\alpha\right]\left[(An-B)\left(\frac{b^2}{a^2}-1\right)-\alpha\right]} \cdot \exp\left(-\frac{B\left(\frac{b^2}{a^2}-1\right)+\alpha}{A\left(\frac{b^2}{a^2}-1\right)}t\right) \right\}$$

$$(3-177)$$

同理可求 $\sigma_\theta(t)$：

$$\sigma_\theta(t) = p_0 \left\{ \frac{B\left(\frac{b^2}{r^2}+1\right)-\alpha}{B\left(\frac{b^2}{a^2}-1\right)+\alpha} - \frac{(B-An)\left(\frac{b^2}{r^2}+1\right)-\alpha}{(B-An)\left(\frac{b^2}{a^2}-1\right)+\alpha} \cdot \exp(-nt) \right.$$

$$\left. + \frac{\left[\alpha An\left(\frac{b^2}{a^2}+\frac{b^2}{r^2}\right)\right]}{\left[B\left(\frac{b^2}{a^2}-1\right)+\alpha\right]\left[(An-B)\left(\frac{b^2}{a^2}-1\right)-\alpha\right]} \cdot \exp\left(-\frac{B\left(\frac{b^2}{a^2}-1\right)+\alpha}{A\left(\frac{b^2}{a^2}-1\right)}t\right) \right\}$$

$$(3-178)$$

如果内压是在 $t=0$ 的瞬时施加的，则在式(3-177)和式(3-178)中令 $n=\infty$，即可得到 $\sigma_r(t)$ 和 $\sigma_\theta(t)$ 的解。图 3-25 所示为具有如下数据的 σ_r 和 σ_θ 的分布。

$b/a=2$，$A/B=10^{-2}(S)$，
$B=4.6\times10^3(N/m^2)$，$a=6.9(N/m^2)$

图 3-25 中曲线上的数字表示时间(ms)。曲线表示不同时间 t 应力随 r/a 的变化。由图(3-25)看出，径向应力 σ_r 总是压应力，而其绝对值在各点上都是持续上升的，10ms 以后趋于稳态，环向应力则在所有点上开始都是拉伸，但随时间逐渐降低，某个时间以后通过零点变为负值，10ms 以后亦趋于稳定。可

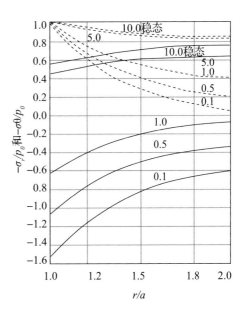

图 3-25 不可压 Voigt 圆孔药柱
内压为 $p_0 H(t)$ 时的应力分布

见，在紧接着施加压力之后，空腔内表面上发生的周向拉伸应力是主要的。如果这个应力超过推进剂药柱的拉伸强度，则可能产生裂纹，而径向压应力则一般不是主要的。

2. 浇铸圆孔药柱在旋转且具有消融内孔表面时的应力

上一节考虑了浇铸圆孔药柱内径固定不变的情况，实际上对于一个发射状态的固体火箭，其推进剂药柱是逐渐燃烧的。因此，内径便是时间的函数，$a = a(t)$，且 $\mathrm{d}a/\mathrm{d}t > 0$。另外有些情况，火箭还以 $\omega = \omega(t)$ 绕其本身轴线旋转。考虑这些情况，装药内边界是移动的，所以不能用拉普拉斯变换，而必须直接求解。

仍然和上节中一样，假设药柱是无限长的直圆筒。从弹性力学有下列径向平衡方程：

$$\frac{\partial \sigma_r}{\partial r} + \frac{\sigma_r - \sigma_\theta}{r} + \rho \omega^2 r = 0$$

或写为

$$r\frac{\partial \sigma_r}{\partial r} + \sigma_r - \sigma_\theta + \rho \omega^2 r^2 = 0 \qquad (3-179)$$

式中：$\omega = \omega(t)$ 为旋转角速度；ρ 为推进剂的质量密度。

令 u 表示径向位移，对弹性力学轴对称平面应变问题有下列关系：

$$\varepsilon_r = \partial u/\partial r \qquad (3-180)$$

$$\varepsilon_\theta = u/r \qquad (3-181)$$

$$\varepsilon_z = 0 \qquad (3-182)$$

为分析方便起见，假设体积变化为弹性，即体积弹性系数 K 为常数。这样便有下面类似弹性关系：

$$\sigma_r + \sigma_\theta + \sigma_z = 3K(\varepsilon_r + \varepsilon_\theta + \varepsilon_z)$$
$$= 3K(\partial u/\partial r + u/r) \qquad (3-183)$$

同时，有下列关系：

$$\sigma_\theta - \sigma_r = 2\int_0^t G(t-\tau)\frac{\partial}{\partial \tau}(\varepsilon_\theta - \varepsilon_r)\mathrm{d}\tau = 2\int_0^t G(t-\tau)\frac{\partial}{\partial \tau}\left(\frac{u}{r} - \frac{\partial u}{\partial r}\right)\mathrm{d}\tau$$
$$(3-184)$$

$$\sigma_\theta - \sigma_z = 2\int_0^t G(t-\tau)\frac{\partial}{\partial \tau}(\varepsilon_\theta - \varepsilon_z)\mathrm{d}\tau = 2\int_0^t G(t-\tau)\frac{\partial}{\partial \tau}\left(\frac{u}{r}\right)\mathrm{d}\tau$$
$$(3-185)$$

空腔内压力为 $p(t)$，则有边界条件：

$$\sigma_r[a(t), t] = -p(t) \qquad (3-186)$$

在弹性壳体内表面处的边界条件为

$$\sigma_r(b, t) = -B\varepsilon_\theta(b, t) \qquad (3-187)$$

式中：B 为常数，相当于式(3-169)中 α 的倒数，即

$$\frac{1}{B} = \frac{b}{\delta}\frac{1-\mu_c^2}{E_c}$$

从式(3-179)和式(3-184)消去 $\sigma_r - \sigma_\theta$，得到下面关系：

$$\frac{\partial \sigma_r}{\partial r} + \rho r\omega^2 = -2\int_0^t G(t-\tau)\frac{\partial^2 \varepsilon_\theta}{\partial r \partial \tau}\mathrm{d}\tau \qquad (3-188)$$

对 r 积分，有

$$\sigma_r = -\frac{1}{2}\rho r^2 \omega^2 - 2\int_0^t G(t-\tau)\frac{\partial \varepsilon_\theta}{\partial \tau}\mathrm{d}\tau + f(t)$$

式中：$f(t)$ 为积分常数，是时间的函数。上式分部积分后可得

$$\sigma_r = f(t) - \frac{1}{2}\rho r^2 \omega^2 - 2G(0)\varepsilon_\theta(r,t) + 2\int_0^t \varepsilon_\theta(r,t)G'(t-\tau)\mathrm{d}\tau$$

$$(3-189)$$

式(3-189)中，令 $r = b$，并代入式(3-186)之后，得

$$\sigma_r(b,t) - \frac{2\mu}{E}\int_0^t G'(t-\tau)\sigma_r(b,\tau)\mathrm{d}\tau = \frac{\mu B}{E}\left[\frac{1}{2}\rho b^2 \omega^2(t) - f(t)\right]$$

$$(3-190)$$

其中，$\mu = \dfrac{E}{2G(0)-B}$。

方程式(3-190)为 $\sigma_r(b, t)$ 的积分方程式，此式中有两个未知函数 $\sigma_r(b, t)$ 及 $f(t)$，因此还必须找到另一个 $\sigma_r(b, t)$ 和 $f(t)$ 的关系式。为此再利用式(3-180)~式(3-185)诸式消去 σ_z、σ_θ 和 u，得到

$$3\sigma_r = \frac{3K}{r}\frac{\partial}{\partial r}(r^2\varepsilon_\theta) + 2\int_0^t G(t-\tau)\frac{\partial}{\partial \tau}\left(\varepsilon_\theta + 2r\frac{\partial \varepsilon_\theta}{\partial r}\right)\mathrm{d}\tau \qquad (3-191)$$

利用式(3-188)和式(3-189)，消去式中的 ε_θ 和 $\partial \varepsilon_\theta/\partial r$ 项，则得

$$\Omega(r, t) = \frac{1}{2}f(t) - \frac{5}{4}\rho r^2 \omega^2 + \frac{3}{2}\frac{K}{r}\frac{\partial}{\partial r}(r^2\varepsilon_\theta) \qquad (3-192)$$

其中，$\Omega(r,t) = \dfrac{1}{r}\dfrac{\partial}{\partial r}(r^2\sigma_r)$。

从式(3-188)和式(3-189)还可以求得

$$\Omega(r,t) = 2f(t) - 2\rho r^2\omega^2 - \frac{2}{r}\int_0^t G(t-\tau)\frac{\partial^2}{\partial\tau\partial r}(r^2\varepsilon_\theta)\mathrm{d}\tau \quad (3-193)$$

从式(3-192)和式(3-193)消去$\dfrac{\partial}{\partial r}(r^2\varepsilon_\theta)$项，得到关于$\Omega(r，t)$的积分方程：

$$\Omega(r,t) + \frac{4}{3K}\int_0^t G(t-\tau)\frac{\partial\Omega(r,t)}{\partial\tau}\mathrm{d}\tau = 2f(t) - 2\rho r^2\omega^2$$

$$+ \frac{1}{3K}\int_0^t G(t-\tau)\frac{\partial}{\partial\tau}[2f(t) - 5\rho r^2\omega^2]\mathrm{d}\tau \quad (3-194)$$

引入辅助函数$R(t)$，其定义如下：

$$R(t) + \frac{4}{3K}\int_0^t G(t-\tau)\frac{\partial R(t)}{\partial\tau}\mathrm{d}\tau = 2G(\tau) \quad (3-195)$$

则式(3-192)可表示如下：

$$\Omega(r,t) = 2f(t) - 2\rho r^2\omega^2 + \frac{1}{K}\int_0^t R(t-\tau)\frac{\partial}{\partial\tau}\left[\frac{1}{2}\rho r^2\omega^2 - f(t)\right]\mathrm{d}\tau$$

$$(3-196)$$

或表示为

$$\Omega(r,t) = \left[2 - \frac{R(0)}{K}\right]f(t) - \rho r^2\omega^2(t)\left[2 - \frac{R(0)}{K}\right]$$

$$- \frac{1}{K}\int_0^t R'(t-\tau)f(\tau)\mathrm{d}\tau + \frac{\rho r^2}{2K}\int_0^t R'(t-\tau)\omega^2(\tau)\mathrm{d}\tau \quad (3-197)$$

将$\Omega(r，t) = \dfrac{1}{r}\dfrac{\partial}{\partial r}(r^2\sigma_r)$关系代入式(3-197)，两边乘以$r$后对$r$积分，从$r = a(t)$到$\tau$，并引用式(3-186)关系，则得

$$r^2\sigma_r(r,t) = \frac{1}{2}[r^2 - a^2(t)]\left[\left(2 - \frac{R(0)}{K}\right)f(t) - \frac{1}{K}\int_0^t f(\tau)\frac{\partial}{\partial\tau}R(t-\tau)\mathrm{d}\tau\right]$$

$$- \frac{\rho}{4}[r^4 - a^4(t)]\left[\left(2 - \frac{R(0)}{K}\right)\omega^2(t) - \frac{1}{2K}\int_0^t\omega^2(\tau)\frac{\partial}{\partial\tau}R(t-\tau)\mathrm{d}\tau\right] - a^2(t)\pi(t)$$

$$(3-198)$$

令$r = b$，则得

$$b^2\sigma_r(b,t) = \frac{1}{2}[b^2 - a^2(t)]\left[\left(2 - \frac{R(0)}{K}\right)f(t) - \frac{1}{K}\int_0^t f(\tau)\frac{\partial}{\partial\tau}R(t-\tau)\mathrm{d}\tau\right]$$

$$- \frac{\rho}{4} \left[b^4 - a^4(t) \right] \left[\left(2 - \frac{R(0)}{K} \right) \omega^2(t) - \frac{1}{2K} \int_0^t \omega^2(\tau) \frac{\partial}{\partial \tau} R(t-\tau) \mathrm{d}\tau \right] - a^2(t) \pi(t)$$

$$(3-199)$$

至此，得到了 $f(t)$ 及 $\sigma_r(b, t)$ 的另一个积分方程，与式(3-190)联立即可以解得 $f(t)$ 及 $\sigma_r(b, t)$，然后利用式(3-179)关系，即可求得 $\sigma_\theta(r, t)$。

式(3-179)可以写为如下关系：

$$\sigma_\theta(r, t) = \Omega(r, t) - \sigma_r(r, t) + \rho r^2 \omega^2(t) \qquad (3-200)$$

从关系：

$$\sigma_r(r, t) = - \frac{1}{2} \rho r^2 \omega^2(t) - 2 \int_0^t G(t-\tau) \frac{\partial \varepsilon_\theta(r, \tau)}{\partial \tau} \mathrm{d}\tau + f(t)$$

可以得到：

$$\varepsilon_\theta(r, t) = \frac{1}{2} \int_0^t \frac{1}{G(t-\tau)} - \frac{\partial}{\partial \tau} \left[f(\tau) - \sigma_r(r, \tau) - \frac{1}{2} \rho r^2 \omega^2(\tau) \right] \mathrm{d}\tau$$

$$(3-201)$$

求得 ε_θ 以后，则 $u(r, t)$ 可以从式(3-181)求得。方程的具体求解，可以应用有限差分方法。

3. 浇铸圆孔药柱在温度变化时的应力及应变分析

固体推进剂浇铸于金属壳体之中，在固化、冷却过程中，由于温度膨胀系数的不同，推进剂与壳体黏结表面上会产生应力；另外，贮存及使用过程中，都会因温度变化而导致药柱内部及与壳体黏结面之间的应力与应变。本节以浇铸固化为例，分析当温度降低时，装药与壳体间的应力。计算中仍将药柱简化为无限长厚壁圆筒，燃烧室壳体简化为薄壁圆筒处理。

计算可以分成两个部分：一是燃烧室壳体由于温度改变以及内表面与推进剂的接触压力而造成的弹性变形；第二部分则为推进剂的应变状态计算。此问题已被简化为在非均匀温度场，并有外部压力 q 作用的无限长厚壁圆筒的轴对称变形计算，问题在于黏弹性材料的特性如何考虑。当然仍可以按前面的办法直接引入反映黏弹性的本构关系，然后求解偏微分方程；但是由于引入了非均匀温度场，使得问题更加复杂。因此这里介绍一种工程上较通用的简化理论——老化理论。理论的基本点认为应力、应变和时间之间的关系是单值恒定的。这一假设对于载荷急剧变化的情况，可能导致显著的误差，但对于载荷为常值或平缓变化的情况，则可以满意地与试验相吻合。

按照老化理论计算应力，非常简单。从本质上说，它是在若干个时刻上把它们简化成相应的弹性理论问题来求解，其中每个时刻上，模数与温度、变形之间存在一个特定的关系（按非线性理论）。在过渡到多向应力系统的老化理论中，由于试验数据不充分，已经假定了在蠕变问题中可以应用弹-塑性小变形理论。如伊留辛（A. A. Ильюшин）所指出的，这个简单受载情况的理论，包含其他理论已为试验所证实。某种近似情况，可以认为固体火箭发动机装药仅受热效应时会产生一种趋于简单的载荷，它正比于一个与温度的时间变化规律有关的参数而变化。这时，按照老化理论写下的应力与应变之间的关系，形式如下：

$$\sigma_i = \varphi(\varepsilon_i, \ t)$$

式中：σ_i、ε_i 分别为应力强度和应变强度；t 为时间。

本节根据勒鲍特诺夫的非线性弹性介质的老化理论，研究固体火箭发动机浇铸装药在温度变化时的应力与应变计算问题。下面就壳体和装药分别讨论：

首先计算壳体的变形，考虑温度改变 $\Delta T = T_{浇铸} - T$，即浇铸温度与计算时刻温度 T 之差。对应的壳体切向应变 $\varepsilon_{\theta_T} = -\alpha_c \Delta T$，$\alpha_c$ 为壳体材料的温度膨胀系数。由内表面接触压力 q 引起的切向应变为 $\varepsilon_{\theta_q} = -qR/\delta E_c$，其中 R 为壳体半径，δ 为壳体厚度，E_c 为壳体材料弹性模数。

所以壳体的切向总应变为

$$\varepsilon_{\theta_c} = \varepsilon_{\theta_T} + \varepsilon_{\theta_q} = -\left(\frac{qR}{\delta E_c} + \alpha_c \Delta T\right) \tag{3-202}$$

根据变形一致条件，此 ε_{θ_c} 应该和黏结界面上装药外侧面的 ε_s 相等。由此条件即可以求得接触压力 q 值。

下面就推进剂应变状态进行分析，即求解非均匀温度场中无限长厚壁圆筒的轴对称问题。材料为非线性黏弹介质，考虑不同温度下的应力和变形之间的非线性关系，用图线或近似关系给出。考虑蠕变影响的方法，如前所述，是在勒鲍特诺夫假设下作出的，并认为外载荷（q）随时间变化是充分平缓的。

选用圆柱坐标系，药柱轴线为 Z 轴，药柱半径方向为 r 轴，圆筒表面切线方向为 θ 轴；a、b 分别为圆筒的内、外半径。根据弹性力学，切向应变 ε_θ、径向应变 ε_r、径向位移 u 和半径的关系有如下形式：

$$\varepsilon_\theta = \frac{u}{r}, \ \varepsilon_r = \frac{\mathrm{d}u}{\mathrm{d}r} \tag{3-203}$$

假设冷却过程中，装药的形变不引起总体积的变化，则有

$$\varepsilon_\theta + \varepsilon_r + \varepsilon_z = 3\theta \tag{3-204}$$

式中：ε_z 为轴向应变；$\theta = \alpha \Delta T$；α 为推进剂的温度膨胀系数。按平面应变考

虑，可以认为 $\varepsilon_z =$ 常量。由式(3-203)和式(3-204)，则

$$\frac{\mathrm{d}u}{\mathrm{d}r} + \frac{u}{r} = 3\theta - \varepsilon_z \qquad (3-205)$$

积分得

$$u = \frac{C}{r} + \frac{3}{r}\int_a^b \theta r \mathrm{d}r - \frac{\varepsilon_z r}{2} \qquad (3-206)$$

式中：C 为积分常数。

将式(3-206)u 值代入式(3-203)得

$$\begin{cases} \varepsilon_\theta = \dfrac{C}{r^2} + \dfrac{3}{r^2}\int_a^b \theta r \mathrm{d}r - \dfrac{\varepsilon_\theta}{2} \\[3mm] \varepsilon_r = -\dfrac{C}{r^2} - \dfrac{3}{r^2}\int_a^b \theta r \mathrm{d}r + 3\theta - \dfrac{\varepsilon_z}{2} \end{cases} \qquad (3-207)$$

引入下列无量纲表示：

$$\rho = \frac{r}{b}, \quad \overline{\alpha} = \frac{a}{b}, \quad Q = \int_{\overline{a}}^\rho \theta\rho\mathrm{d}\rho \qquad (3-208)$$

将表达式(3-208)代入式(3-207)中：

$$\begin{cases} \varepsilon_\theta = \dfrac{C}{\rho^2} + \dfrac{3Q}{\rho^2} - \dfrac{\varepsilon_z}{2} \\[3mm] \varepsilon_r = -\dfrac{C}{\rho^2} - \dfrac{3Q}{\rho^2} + 3\theta - \dfrac{\varepsilon_z}{2} \end{cases} \qquad (3-209)$$

在塑性形变理论中，应变强度由下式表示：

$$\varepsilon_i = \frac{\sqrt{2}}{3}\sqrt{(\varepsilon_\theta - \varepsilon_r)^2 + (\varepsilon_r - \varepsilon_z)^2 + (\varepsilon_z - \varepsilon_\theta)^2} \qquad (3-210)$$

将式(3-209)中的 ε_θ 及 ε_r 值代入式(3-210)，则有

$$\varepsilon_i = \sqrt{\frac{3}{4}\left(\frac{4}{3}\frac{C}{\rho^2} + \frac{4T}{\rho^2}2\theta\right)^2 + (\varepsilon_z - \theta)^2} \qquad (3-211)$$

圆筒微元的平衡方程，在径向和轴向分别为

$$\frac{\partial\sigma_r}{\partial r} + \frac{\sigma_r - \sigma_\theta}{r} = 0 \qquad (3-212)$$

$$2\pi\sum_a^b \sigma_z r \mathrm{d}r = Z \qquad (3-213)$$

考虑固化应力，无内压作用，所以由如下形式：

$$(\sigma_r)_r = a = 0, \quad (\sigma_r)_r = b = q$$

式(3-212)和式(3-213)引入无量纲表示后，则为如下形式：

$$\begin{cases} \rho \dfrac{\mathrm{d}\sigma_r}{\mathrm{d}\rho} + \sigma_r - \sigma_\theta = 0 \\ 2\pi b^2 \displaystyle\int_{\frac{1}{a}}^{1} \sigma_z \rho \mathrm{d}\rho = Z \end{cases} \tag{3-214}$$

考虑到$(\sigma_r)_r = a = 0$，则式(3-214)中第一式有如下关系：

$$\sigma_r = \int_{\frac{1}{a}}^{\rho} \frac{\sigma_\theta - \sigma_r}{\rho} \mathrm{d}\rho \tag{3-215}$$

按形变理论本构关系，考虑到温度应变，有如下一组方程：

$$\begin{cases} \varepsilon_\theta = \dfrac{3\varepsilon_i}{2\sigma_i}(\sigma_\theta - \sigma_m) + \theta \\ \varepsilon_r = \dfrac{3\varepsilon_i}{2\sigma_i}(\sigma_r - \sigma_m) + \theta \\ \varepsilon_z = \dfrac{3\varepsilon_i}{2\sigma_i}(\sigma_z - \sigma_m) + \theta \end{cases} \tag{3-216}$$

$$\sigma_i = \frac{1}{\sqrt{2}}\sqrt{(\sigma_\theta - \sigma_r)^2 + (\sigma_r - \sigma_z)^2 + (\sigma_z - \sigma_\theta)^2} \tag{3-217}$$

应力强度为

$$\sigma_m = (\sigma_\theta + \sigma_r + \sigma_z)/3 \tag{3-218}$$

为平均正应力。利用式(3-209)，由式(3-216)得

$$\sigma_\theta - \sigma_r = \frac{\sigma_i}{\varepsilon_i}\left(\frac{4}{3}\frac{C}{\rho^2} + \frac{4T}{\rho^2}2\theta\right) \tag{3-219}$$

将式(3-219)代入式(3-215)，则得到径向应力表示式：

$$\sigma_r = \frac{4}{3}C\int_{\frac{1}{a}}^{\rho}\frac{\sigma_i}{\varepsilon_i}\frac{\mathrm{d}\rho}{\rho^2} + 4\int_{\frac{1}{a}}^{\rho}\frac{\sigma_i}{\varepsilon_i}\frac{Q}{\rho^2}\mathrm{d}\rho - 2\int_{\frac{1}{a}}^{\rho}\frac{\sigma_i}{\varepsilon_i}\frac{\theta}{\rho}\mathrm{d}\rho \tag{3-220}$$

由式(3-219)得到切向应力表示式：

$$\begin{aligned} \sigma_\theta &= \sigma_r + \frac{\sigma_i}{\varepsilon_i}\left(\frac{4}{3}\frac{C}{\rho^2} + \frac{4Q}{\rho^2} - 2\theta\right) \\ &= \frac{4}{3}C\int_{\frac{1}{a}}^{\rho}\frac{\sigma_i}{\varepsilon_i}\frac{\mathrm{d}\rho}{\rho^2} + 4\int_{\frac{1}{a}}^{\rho}\frac{\sigma_i}{\varepsilon_i}\frac{Q}{\rho^2}\mathrm{d}\rho - 2\int_{\frac{1}{a}}^{\rho}\frac{\sigma_i}{\varepsilon_i}\frac{\theta}{\rho}\mathrm{d}\rho \\ &\quad + \frac{\sigma_i}{\varepsilon_i}\left(\frac{4}{3}\frac{C}{\rho^2} + \frac{4Q}{\rho^2} - 2\theta\right) \end{aligned} \tag{3-221}$$

由式(3-216):

$$\sigma_z - \sigma_m = \frac{2\sigma_i}{3\varepsilon_i}(\varepsilon_z - \theta) \qquad (3-222)$$

将式(3-218)代入式(3-222)则有

$$\sigma_z = \frac{\sigma_\theta + \sigma_r}{2} + \frac{\sigma_i}{\varepsilon_i}(\varepsilon_z - \theta) \qquad (3-223)$$

在各应力计算式中，常数 C 均属未知，这要用$(\sigma_r)_r = b = q$ 条件求得。

由式(3-220):

$$C = \frac{2\int_{\frac{a}{}}^{1}\frac{\sigma_i}{\varepsilon_i}\frac{\theta}{\rho}\mathrm{d}\rho - 4\int_{\frac{a}{}}^{1}\frac{\sigma_i}{\varepsilon_i}\frac{Q}{\rho^2}\mathrm{d}\rho + q}{\frac{4}{3}\int\frac{1}{a}\frac{\sigma_i}{\varepsilon_i}\frac{1}{\rho^2}\mathrm{d}\rho} \qquad (3-224)$$

将式(3-223)代入式(3-214)中第二式，则

$$Z = 2\pi b^2 \int_{\frac{a}{}}^{1}\left[\frac{\sigma_\theta - \sigma_r}{2} + \frac{\sigma_i}{\varepsilon_i}(\varepsilon_z - \theta)\right]\rho\mathrm{d}\rho$$

或

$$\varepsilon_z = \frac{\frac{Z}{2\pi b^2} - \int_{\frac{a}{}}^{1}\frac{\sigma_\theta - \sigma_r}{2}\rho\mathrm{d}\rho + \int_{\frac{a}{}}^{1}\frac{\sigma_i}{\varepsilon_i}\theta\rho\mathrm{d}\rho}{\int_{\frac{a}{}}^{1}\frac{\sigma_i}{\varepsilon_i}\rho\mathrm{d}\rho} \qquad (3-225)$$

分别将式(3-220)和式(3-221)中 σ_r，σ_θ 代入，考虑固化情况，忽略药柱重力作用，故可认为 $Z = 0$，所以

$$\varepsilon_z = \left\{-\int_{\frac{a}{}}^{1}\left[\frac{4}{3}C\int_{\frac{a}{}}^{\rho}\frac{\sigma_i}{\varepsilon_i}\frac{1}{\rho^2}\mathrm{d}\rho + 4\int_{\frac{a}{}}^{\rho}\frac{\sigma_i}{\varepsilon_i}\frac{Q}{\rho^2}\mathrm{d}\rho\right]\rho\mathrm{d}\rho\right\}\left[\int_{\frac{a}{}}^{\rho}\frac{\sigma_i}{\varepsilon_i}\rho\mathrm{d}\rho\right]^{-\frac{1}{2}}$$
$$+ \left\{-\int_{\frac{a}{}}^{1}2\int_{\frac{a}{}}^{\rho}\left[-\frac{\sigma_i}{\varepsilon_i}\frac{\theta}{\rho}\mathrm{d}\rho + \frac{1}{2}\frac{\sigma_i}{\varepsilon_i}\left(\frac{4}{3}\frac{C}{\rho^2} + \frac{4Q}{\rho^2} - 2\theta\right)\right]\rho\mathrm{d}\rho + \int_{\frac{a}{}}^{\rho}\frac{\sigma_i}{\varepsilon_i}\theta\rho\mathrm{d}\rho\right\}\cdot\left[\int_{\frac{a}{}}^{1}\frac{\sigma_i}{\varepsilon_i}\rho\mathrm{d}\rho\right]^{-\frac{1}{2}}$$
$$(3-226)$$

利用狄里克莱转换式:

$$\underbrace{\int_{x_0}^{x_1}\mathrm{d}\tau\int_{x_0}^{x_1}\mathrm{d}\tau\cdots\int_{x_0}^{x_1}f(\tau)\mathrm{d}\tau}_{\lambda次} = \frac{1}{(\lambda-1)}\int_{x_0}^{x_1}(x_1-\tau)^{\lambda-1}f(\tau)\mathrm{d}\tau$$

则上式简化为

$$\varepsilon_z = \frac{-\frac{1}{2}q + \int_{\frac{a}{}}^{1}\frac{\sigma_i}{\varepsilon_i}\theta\rho\mathrm{d}\rho}{\int_{\frac{a}{}}^{1}\frac{\sigma_i}{\varepsilon_i}\rho\mathrm{d}\rho} \qquad (3-227)$$

至此，得到了所需的全部关系式。具体求解则要采取逐步近似的方法。计算的前提是已知各个时刻燃烧室壳体的温度以及药柱内的温度分布。为了确定计算时刻接触压力的真实值，必须有两种曲线：$\varepsilon_{\theta_c} = \varepsilon_{\theta_c}(q)$ 和 $\varepsilon_{\theta_{(r=b)}} = \varepsilon_{\theta}(q)$。由它们交点可以确定 q 值。这个值也就是冷却过程中装药与燃烧室壳体黏结面上的剥离应力。当然对于随时间变化的温度场，应该按时间间隔 Δt 对应的瞬态温度画出一系列 $\varepsilon_{\theta_c} = \varepsilon_{\theta_c}(q)$ 和 $\varepsilon_{\theta_{(r=b)}} = \varepsilon_{\theta}(q)$ 的曲线。由此得到 q 随时间的分布，从中容易求得所需的最大值。已知对应各个温度分布的 q 值以后，可以通过式(3-224)，式(3-227)和式(3-208)逐次近似确定 C 和 ε_z。

在计算式(3-224)和式(3-227)中的积分时，需要给出 σ_i/ε_i 的一次近似值。可以取装药平均温度下的弹性模数值。进一步计算，则以如下方式进行：用第一次近似求得的常数 C 和 ε_z 值代入式(3-221)，计算出装药沿厚度各点的广义应变 ε_i，按照给定时刻和各装药层温度下的应力-应变关系，即可确定对应的广义应力值 σ_i，用以确定 C 和 ε_z，亦即进入第二次近似。

计算直至达到一定精度为止。确定了 C 和 ε_z 之后，再返回来用式(3-209)对于药柱 $r = b$ 处 ε_θ 值进行计算。改变 q 值重复计算，得出所需范围内的 $\varepsilon_{\theta_{(r=b)}} = \varepsilon_{\theta}(q)$ 曲线和壳体 $\varepsilon_{\theta_c} = \varepsilon_{\theta_c}(q)$ 曲线在各对应时刻的交点，即为该时刻的真实接触压力 q 值。利用各时刻的 q 值还可以计算药柱内部各层的应变强度，作为积累疲劳考虑。

4. 因轴向过载而引起的药柱下沉

当火箭处于发射状态时，由于轴向加速度所产生的应力是十分重要的。当火箭加速上升时，推进剂之变形称为坍落。下面仍把推进剂药柱简化为一个浇铸于壳体内的无限长空心圆筒，并假设圆筒两端是无支承的，从而不受轴向运动的约束。由于轴向惯性载荷 $\rho g n(t)$ 的作用，圆筒将产生剪切应变。其最大剪切应变是壳体交界面处。$n(t)$ 为与时间有关的过载系数，g 为重力加速度，ρ 为推进剂单位体积内的质量。

根据轴对称条件写出轴向(Z 向)平衡方程为

$$\frac{1}{r}\frac{\partial}{\partial r}(r\sigma_{rz}) + \rho g n(t) = 0 \qquad (3-228)$$

因已考虑药柱轴向无约束，故 $\sigma_z = 0$，令 u 及 w 分别为径向和轴向的位移分量，则边界条件可以写为

$$\sigma_{rz}[a(t), t] = 0 \qquad (3-229)$$

$$u(b,\ t) = w(b,\ t) = 0 \qquad (3-230)$$

解方程(3-228)得

$$\sigma_{rz}(r,\ t) = -\frac{1}{2}\rho g n(t)\left[\frac{C(t)}{r} + r\right]$$

式中：$C(t)$为积分常数，为任意的时间函数。利用式(3-229)条件，可以求得 $C(t) = -a^2(t)$，$a(t)$代表药柱内半径随时间 t 的变化。

所以 $$\sigma_{rz}(r,\ t) = \frac{1}{2}\rho g n(t)\left[\frac{a^2(t)}{r} - r\right] \qquad (3-231)$$

这就是药柱内部任意点的剪应力的弹性解。因为式中没有包含任何弹性常数，所以这个解答也可以适用于相应的黏弹性问题。

下面求剪应变则要考虑黏弹特性关系。利用卷积积分形式，可以表示剪切应变 ε_{rz}。

$$\varepsilon_{rz}(r,t) = \int_0^t J(t-\tau)\frac{\partial}{\partial\tau}\sigma_{rz}(r,t)\mathrm{d}\tau \qquad (3-232)$$

式中：$J(t)$表示剪切蠕变柔量。

如果考虑黏弹材料为不可压缩的，即 $\mu = 0.5$ 或 $K = \infty$，则弹性力学常数间的相应关系有 $J(t) \approx 3F(t)$，$F(t)$为拉伸蠕变柔量。假设加速度是时间的阶跃函数，即 $n(t) = n_0 H(t)$；并令 a_0 表示内边界的初始半径，b 为外半径，t_f 为总燃烧时间；认为燃烧速率为恒定的。则可以有如下关系：

$$a(t) = a_0 + mt \qquad (3-233)$$

其中，$m = (b - a_0)/t_f$。
所以有

$$\sigma_{rz}(r,\ t) = \frac{\rho g n_0}{2}\left[\frac{(a_0 + mt)^2}{r} - r\right] \qquad (3-234)$$

将此关系代入式(3-232)得

$$\varepsilon_{rz}(r,\ t) = -\frac{\rho g n_0 r}{2}\left\{\left[1 - \frac{1}{(r/a_0)^2}\right]J(t) - 2\frac{(m/a_0)}{(r/a_0)^2}J^1(t) - 2\frac{(m/a_0)^2}{(r/a_0)^2}J^2(t)\right\}$$

$$(3-235)$$

其中，
$$\left.\begin{array}{l}J^1(t) = \displaystyle\int_0^t J(\tau)\mathrm{d}\tau \\[2mm] J^2(t) = \displaystyle\int_0^t (t-\tau)J(\tau)\mathrm{d}\tau\end{array}\right\} \qquad (3-236)$$

式(3-236)的推导可利用卷积定理将式(3-232)写为

$$\varepsilon_{rz}(r,t) = \int_0^t \sigma_{rz}(r,t-\tau)\frac{\partial}{\partial\tau}J(\tau)\mathrm{d}\tau$$

然后将式(3-234)中 t 换成 $(t-\tau)$ 代入，常数项提出积分号外，整理即可。

令：$\lambda = b/a_0$，则 $m/a_0 = (\lambda-1)/t_f$；式(3-235)中令 $r = b$，并引用上面诸关系，则得

$$\varepsilon_{rz}(b,t) = -\frac{\rho g n_0 b}{2}\frac{\lambda^2-1}{\lambda^2}\left[J(t) - \frac{2}{\lambda+1}\left(\frac{t}{t_f}\right)\frac{J^1(t)}{t} - \frac{2(\lambda-1)}{\lambda+1}\left(\frac{t}{t_f}\right)^2\frac{J^2(t)}{t^2}\right]$$

$$(3-237)$$

此即推进剂药柱外侧表面（与壳体黏结表面）上的剪应变值。在非燃烧状态下，$t_f = \infty$，则上式变为

$$\varepsilon_{rz}(b,t) = -\frac{\rho g b}{2}\frac{\lambda^2-1}{\lambda^2}J(t) \tag{3-238}$$

非燃烧状态，考虑火箭垂直静止放置，此时 $n_0 = 1$。式(3-238)即表示贮存状态下推进剂药柱之坍落。式(3-237)中第二项和第三项均为负值；这说明，由于燃烧，推进剂重量逐渐减小，因而外壁之剪切应变亦随之减小。

知道推进剂材料的 $J(t)$ 以后，才能进一步算出 $\varepsilon_{rz}(b,t)$ 值。在一定的时间范围内，大多数推进剂的拉伸蠕变柔量可以表为如下近似关系：

$$F(t) = F_0\left(\frac{t}{\alpha_\mathrm{T}}\right)^k \tag{3-239}$$

式中：t/α_T 为换算时间；k 为一常数。再引用 $J(t) \approx 3F(t)$ 近似关系，导出 $\varepsilon_{rz}(b,t)$ 如下：

$$\varepsilon_{rz}(b,t) = -\frac{3}{2}\rho g n_0 b\frac{\lambda^2-1}{\lambda^2}F_0\left(\frac{t}{\alpha_\mathrm{T}}\right)^k$$

$$\cdot\left[1 - \frac{1}{k+1}\cdot\frac{2}{\lambda+1}\left(\frac{t}{t_f}\right) - \frac{2}{(k+1)(k+2)}\cdot\frac{(\lambda-1)}{\lambda+1}\left(\frac{t}{t_f}\right)^2\right] \tag{3-240}$$

从式(3-240)看出，推进剂燃烧的效果反映在方括号内。随 t 的增加，方括号内数值减小。当 $t \to t_f$ 时，方括号内数值亦趋于零。但总的 $\varepsilon_{rz}(b,t)$ 随 t 的变化则必然存在一个最大值。此时令 $t = t^*$，从式(3-240)求导一次便可以找到 $\xi^* = t^*/t_f$ 值为

$$\xi^* = \frac{\sqrt{(k+1)^2 + 2k(k+1)(\lambda^2-1)} - (k+1)}{2(\lambda-1)} \tag{3-241}$$

因此有

$$\varepsilon_{rz}(b, \xi^*) = -\frac{3\rho g n_0 b}{2} \frac{\lambda^2-1}{\lambda^2} F_0 \xi^{*k} \left(\frac{t_f}{\alpha_T}\right)^k$$

$$\cdot \left[1 - \frac{1}{k+1} \cdot \frac{2}{\lambda+1} \xi^* - \frac{1}{(k+1)(k+2)} \cdot \frac{2(\lambda-1)}{\lambda+1} \xi^{*2}\right] \quad (3-242)$$

取 $\lambda = 2$, $t_f/\alpha_T = 1$, $\rho g n_0 b F_0 = 1$, $k = 0.25$, 则可以作出 $\varepsilon_{rz}(b, t) - \lg(t/t_f)$ 曲线, 如图 3-26 所示。

如图 3-26 所示, 其最大剪切应变 $(\varepsilon_{rz})_{max} = 0.9$ 发生在 $t = 0.302t_f$ 时。如果燃烧没有进行, 则不存在最大 ε_{rz} 值。如图 3-26 中的虚线所示。

上面讨论都是把推进剂药柱简化为圆形内孔考虑的。为了解决实际复杂

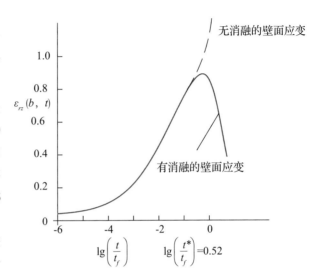

图 3-26　一种典型设计构形的剪切应变

内孔的差异, 一般是依靠光弹性力学原理, 对于不同孔形的试片进行加压试验, 比较试片上的条纹数目, 得到复杂内孔的应力修正系数, 称为应力集中系数。

5. 药柱端部脱黏

浇铸在发动机内的药柱与壳体黏结界面的末端, 由于几何不连续而成为应力奇点, 弹性理论预示该区域的应力无穷大, 这意味着在该点附近实际上存在高应力区。如果不采取特殊措施, 这里很可能出现药柱与壳体之间的脱黏现象。尤其是直径大的发动机以及药柱的长径比和和肉厚分数较大的发动机, 更易出现脱黏现象。这种无规则的脱黏, 会使发动机工作时穿火甚至爆炸。

迪尔(Dill)等研究了圆孔药柱与刚性壳体黏结界面末端的应力奇性。他以应力奇点 A 为原点建立局部极坐标系(ρ, φ), 如图 3-27 所示。因为壳体是刚性的, 点 A 的环向应变为 0, 点 A 的邻域满足平面应变条件。由线弹性理论知, 点 A 的邻域

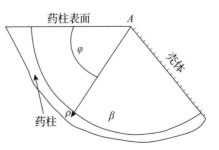

图 3-27　局部极坐标系

内，应力与 $\rho^{-\lambda}$ 成正比，位移与 $\rho^{1-\lambda}$ 成正比，λ 是奇性阶，$0 \leqslant \lambda \leqslant 1/2$。奇性阶 λ 依赖于药柱表面与壳体之间的夹角 β，还依赖于点 A 附近的边界条件和药柱的泊松比 ν，如表 3-6 所示。

表 3-6 β 和 ν 对 λ 的影响

ν	β	λ
0.5	$\pi/2$	0.40
0.5	2.4	0.495
0.5	π	0.5
0.47	$\pi/2$	0.39
0.47	2.4	0.485
0.47	π	0.5

扎克（Zak）研究了轴对称问题，若夹角 $\beta=\pi/2$，角的一边为固定边（刚性壳体），另一边为自由边（药柱表面），奇性阶 λ 由下列特征方程确定：

$$\sin^2(1-\lambda)\frac{\pi}{2} = \frac{4(1-\nu)^2-(1-\lambda)^2}{3-4\nu} \qquad (3-243)$$

方程的解如表 3-7 所示，这与迪尔的结果一致。

表 3-7   特征方程的解

泊松比 ν	奇性阶 λ
0.50	0.405388
0.49	0.400105
0.47	0.38937

迪尔指出，对于平面应变情形，夹角 β 的一边固定，一边自由，存在一个临界角 β_0，若 $\beta<\beta_0$，则应力不存在奇性。β_0 由下式确定：

$$\sin^2\beta_0 = 1-\nu \qquad (3-244)$$

因此只要有可能，最好使药柱端面与壳体之间的夹角 β 小于临界角 β_0。

在药柱与壳体黏结界面末端，由于应力奇性的存在，可以用线弹性断裂力学方法来分析。这是一种简化的分析方法，不考虑高应力区内推进剂固体颗粒的脱湿引起的线性行为，也不考虑药柱的黏性和塑性引起的能量耗散和局部大变形。根据对应力奇性的分析，定义应力强度因子，并以此作为断裂判据来分析脱黏问题。如上所述，图 3-33 中夹角 β 的角度不同，夹角两边的边界条件不同，材料的泊松比不同，应力奇性阶 λ 也不同，因而应力强度因子的定义和量纲也不同。对于夹角 $\beta = \pi$ 的情形，也就是裂纹问题，还可以用总体能量平衡的观点来分析脱黏问题。人工脱黏层作为人工预制的裂纹，属于 $\beta = \pi$ 情形。如果载荷作用点保持固定，载荷不做功，裂纹扩展单位面积所释放的弹性应变能称为裂纹扩展力，记作 G。

$$G = -\frac{\partial U}{\partial A} \qquad (3-245)$$

式中：U 为弹性应变能；A 为裂纹面积。

裂纹扩展力是引起裂纹扩展的驱动力。弹性能 U 由下式计算：

$$U = \int_V W \mathrm{d}V \qquad (3-246)$$

若壳体是刚性的，积分域 V 的整个药柱，W 是单位体积的弹性应变能

$$W = \frac{1}{2}(\varepsilon_{ij} - \delta_{ij}a\Delta T)\sigma_{ij} \qquad (3-247)$$

裂纹扩展力 G 值从弹性应力分析获得。如果不考虑热能和动能的变化，裂纹扩展单位面积所释放的弹性能转化为形成单位面积的新裂纹面所消耗的能量，用 G_c 表示。G_c 是裂纹扩展阻力，用预制裂纹试件实测。如果试件断裂时测得的 G 值是材料的固有性能，则成为材料的断裂韧度，记作 G_c，断裂判据可写成如下形式：

$$G = G_c \qquad (3-248)$$

药柱与壳体界面的不规则脱黏和人工脱黏层都可以看作界面裂纹，可以用断裂判据式(3-248)来说明发动机尺寸的大小对承载能力特别是防脱黏能力的影响。最简单的拓展问题是很长的圆孔药柱，外周面半截被固定，半截脱黏，形成圆柱面形状的裂纹面。Kunio 和威廉斯推导出这种药柱在固化降温载荷作用下的裂纹扩展公式：

$$G = \frac{(m^2-1)(3m^2+1)Eb\delta^2}{4m^2[1+m^2(1-2\nu)]} \qquad (3-249)$$

式中：m 为药柱外径与内径之比，用符号 δ 表示 $\alpha\Delta T$。若假设壳体是刚性的，根据弹性理论，对于几何相似、材料性能相同的两个发动机来说，$G/Eb\delta^2$ 是相同的(固化降温问题)，$G/Eb/(\rho ngb/E)^2$ 也是相同的(轴向过载问题)，从式(3-249)也可以看出这一点。这说明对于同样的固化降温载荷，裂纹扩展力和发动机直径成正比；对于同样的轴向加速度载荷，裂纹扩展力与发动机直径的

立方成正比。可见大发动机的承载能力比小发动机的低,大发动机的脱黏问题更加严重,值得注意。

为了防止药柱端部不规则脱黏,在大直径发动机的一端或两端设置人工脱黏层。人工脱黏层材料的模量与推进剂的差不多,而强度、伸长率和断裂韧性都应比推进剂的高得多,人工脱黏层根部还必须与壳体、推进剂牢固黏结,还必须选择人工脱黏深度,这样才能承受根部附近很高的局部应力。用有限元计算了某一个发动机药柱的应力分布和头部人工脱黏的 G 值,对固化降温和轴向加速度两种均匀载荷以及九种人工脱黏深度分别进行了计算和对比分析,讨论了人工脱黏深度的选择范围。将人工脱黏层看作药柱与刚性壳体之间的一条界面裂纹,其面积就是人工脱黏面积。刚性发动机药柱的几何形状和载荷分布都是轴对称的,采用柱坐标系(r、θ、z)。人工脱黏深度用裂纹前缘(即人工脱黏层根部)的径向坐标除以药柱中段外半径所得的商 r_0 表示。$r_0 = 1$ 表示沿前封头全脱,即脱至赤道。其中第九种人工脱黏深度越过赤道,脱到直筒段。对于固化降温问题,用式(3-250)计算 G 值;对于轴向过载问题,如果外力保持固定,裂纹扩展力由下式表达:

$$G = \frac{\partial U}{\partial A} \qquad (3-250)$$

计算结果表明,对于人工脱黏深度 $r_0 = 0.5 \sim 0.8$ 这个范围,G 值较大;而对于 $r_0 = 1$ 的情形,G 值较小。人工脱黏深度的选择,不仅要看 G 值和 G_c 值的对比,还要看人工脱黏层根部附近的应力分布和壳体-内绝热层-人工脱黏层盖层-衬层-推进剂黏结系统各界面黏结强度的对比,脱得越深,药柱-壳体黏结界面上轴向过载剪应力也越大。对于长度短、直径大的发动机,如果前、后封头都脱到赤道,人工脱黏层根部黏结系统能否经得住固化降温和轴向加速度载荷的联合作用,应通过离心试验和地面试验进行考核。

用 J 积分法计算人工脱黏裂纹扩展力的结果。在线弹性断裂力学里,裂纹扩展力 G 和 J 积分是相等的。赖斯(Rice)提出 J 积分概念,可以推广到包含热应变与体力的轴对称问题。对裂纹面是人工脱黏层,位于药柱与刚性壳体之间的界面上,药柱的温度和轴向过载引起的体力都是均匀分布的。考虑沿前封头全脱情形($r_0 = 1$),设人工脱黏扩展方向与 z 轴平行、方向相反(z 轴即发动机轴线,指向发动机头部)。在这些条件下,作为应变能释放率的路径无关积分(仍用符号 J 表示)表达式为

$$r_A J = \int_\Gamma r \left(W \mathrm{d}r + \boldsymbol{T} \cdot \frac{\partial \boldsymbol{U}}{\partial Z} \mathrm{d}s \right) + \iint r \boldsymbol{F} \cdot \frac{\partial \boldsymbol{U}}{\partial Z} \mathrm{d}r \mathrm{d}z \qquad (3-251)$$

式中：T 为面力向量；F 为体力向量；U 为位移向量；r_A 为裂纹前缘的径向坐标。

积分回路 Γ 包含作为界面裂纹的人工脱黏层，ds 是回路 Γ 的弧长微分，二重积分的积分域是回路 Γ 所谓的区域。利用格林（Green）公式将二重积分化为沿回路 Γ 的曲线积分，得

$$r_A J = \int_\Gamma r \left[(W - F \cdot U) \mathrm{d}r + T \cdot \frac{\partial U}{\partial Z} \mathrm{d}s \right] \qquad (3-252)$$

利用有限元计算得到的回路 Γ 上的位移、应力和应变能密度分布，就可以求出 J 积分值。将 J 值和 G 值的计算结果进行比较，表明两者确实很接近。如果只需求某一种人工脱黏深度的 G 值，用 J 积分法来代替式（3-245）和式（3-250），使计算简便得多。

以上分析是将人工脱黏层看作一条人工预制的裂纹，用裂纹扩展力 G 值表征裂纹前缘附近应力场的强弱。G 值越大，人工脱黏层根部的应力状态越恶劣，越容易发生不规则脱黏。这种线弹性断裂力学方法，严格说来并不适用于延性很好的人工脱黏层材料。但是在对该部位的应力状态作相对比较以确定人工脱黏深度时，采用扩展力判据式（3-248）进行分析是比较简短的方法。

3.3.4 固体推进剂破坏判据及分析

固体推进剂在其使用温度下是一种黏弹性固体。因此，其破坏原理基本上符合前面对玻璃状高聚物的破坏分析。本节主要介绍固体推进剂药柱的破坏判据。

固体推进剂药柱的破坏，通常是指由于药柱的因素而引起发动机的各种不正常工作或甚至爆炸。从这个意义上讲，药柱的破坏主要包含三种形式：药柱破裂（包含黏接面的破裂——脱黏），过度形变和药柱加热而导致的自燃。一旦计算出温度、应力、应变和变形，便可将这些计算值与允许的、不致引起破坏的极限值相比较，即可确定设计的可用性。关键是如何确切地规定这些破坏在允许值范围内的极限值。也就是破坏判据的问题。

1. 药柱破裂

1）内部裂纹

实用中发现，固体推进剂药柱内部裂纹是造成破坏的重要因素。根据裂纹的性质及程度，又可分为两种情况。

(1)扩展性裂纹：药柱成型过程或因事先负荷造成的宏观裂纹。这种情况，在各种负荷作用下裂纹可能扩张失稳，导致药柱的破碎。因此，对于这种类型的裂纹，要根据断裂力学的原理验算结构的应力强度因子 K_1 是否处在安全范围。断裂韧度 K_1 是材料的特性。对于具体推进剂而言，还与温度和加载速度有关，要靠实验的测定。

(2)微观裂纹：内部的裂纹或缺陷尺寸极小，一般负荷作用下不会造成进一步的扩展。这种情况下可以不考虑裂纹的存在，而按一般许用应力的概念进行验算，求得药柱内部最大应力 σ_{max} 后，与推进剂的许用应力相比较。

也可以平均致偏应力为破坏依据(最大应变能理论)验算，即

$$\sigma_0 = \left[(\sigma_\theta - \sigma_r)^2 + (\sigma_r - \sigma_z)^2 + (\sigma_z - \sigma_\theta)^2\right]^{1/2}/\sqrt{2} \qquad (3-253)$$

或

$$\varepsilon_0 = \left[(\varepsilon_\theta - \varepsilon_r)^2 + (\varepsilon_r - \varepsilon_z)^2 + (\varepsilon_z - \varepsilon_\theta)^2\right]^{1/2}/\sqrt{2} \times (1+\mu) \qquad (3-254)$$

考虑 $\varepsilon_z = 0$ 平面应变状态。并且 $\mu = 0.5$ 时，则式(3-254)简化为

$$\varepsilon_0 = \varepsilon_\theta/(1+\mu) = 1.15\varepsilon_\theta \qquad (3-255)$$

即 $\varepsilon_0 = 1.15\varepsilon_\theta$，应小于推进剂的许用应变值。

上面所说的许用应力和许用应变是指材料的极限拉伸应力 σ_m 除以安全系数 n_s，或对应极限拉伸应力的极限应变 ε_m 除以安全系数 n_s。因此，要确定推进剂的许用应力或许用应变，首先必须知道推进剂的极限特性。

2)推进剂的极限特性

推进剂的极限特性可以在一般材料实验机上测得。由于推进剂的黏弹性特性，就决定了其极限特性亦必然随温度和加载速度而变化。史密斯(Smith)发现，对于非晶态高聚物，其极限力学性质也和一般非破坏性态的力学特性一样，服从时间-温度等效关系。即时间和温度对破坏的影响也可以用某个位移因子关联起来。关于 σ_m 和 ε_m 的定义，σ_b 如图3-28所示。

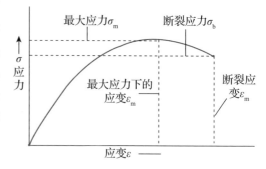

图3-28   复合推进剂恒应变速率下的典型应力-应变曲线

3)黏接面破裂

在负荷作用下，贴壁浇注推进剂药柱，在推进剂/衬里/壳体界面

黏接处，由于张应力和切应力作用而出现破裂现象，又称为脱黏。这种破坏后果往往是很严重的，甚至导致发动机爆炸。

张应力的产生是由于推进剂的热膨胀比外壳大。浇注后的发动机冷却到某程度时，推进剂与壳体黏结的外表面上便产生不可忽视的张应力。另外，气动加热则会造成壳体的膨胀，而由于衬里的隔热效应，使得药柱温度基本上未受影响。这种情况下，交界面处则必然产生张应力。

破坏验算是根据最大温差造成的应力与许用应力比较。黏结面破坏的极限强度，一般要靠模拟试件的实验确定。但若发现有扩张性裂纹时，则必须根据断裂力学原理，验算裂纹是否会扩张失稳。

药柱端部周边附近黏结面，同时存在着张应力和剪应力，受力状况比较复杂。而且由于结构因素，造成边缘处应力奇异点（数学上为无限大应力），这就意味着该区域应力是比较大的，而且不可能用一般解析办法预估。目前这个部位的问题，一般采用人工脱黏办法解决。

2. 过度变形

从推进剂浇注至发动机工作完毕整个过程中，药柱经受各种负荷作用，都会导致应力和变形。过度变形即指药柱几何形状产生过大变化，超出发动机允许的范围以外，造成过大的内弹道性能变化，或甚至导致发动机的爆炸等。长期贮存造成的重力塌陷及发射过载造成的轴向塌陷，都是引起过度变形的重要因素。验算办法要根据应力分析中求得的最大形变量，进行内弹道性能核算，以确定此变形是否允许。重要的是必须要考虑到总的应变历史的叠加，即所谓累积破坏。

3. 累积性破坏准则

固体推进剂为黏弹性物质，其损坏条件除瞬时加载外，还取决于应力历程，并且受每次作用力施加速率影响。迈因纳（Minor）对铝的累积疲劳损伤研究结果认为达到下列情况时发生破坏：

$$\sum_{i=1}^{M} (N_i / N_{Fi}) = 1 \qquad (3-256)$$

式中：N_i 为试件所受的第 i 级应力水平的循环数；N_{Fi} 为试件损坏时所受到的第 i 级应力水平的循环数；M 为试件所受不同应力水平级数。

实验结果表明，在计算由于累积性损坏所导致的损坏时，施加应力的大小不同，应该用不同的"加权"处理。因此用下面的损坏条件更为合理些。

$$\sum_{i=1}^{M} (N_i / N_{Fi})^{n_i} = 1 \qquad (3-257)$$

n_i 为一个与"i"级应力水平 σ_i 有关的指数。对于弱应力，$n_i > 1$；对于强应力，$n_i < 1$。

威廉斯通过用时间代替循环数的方式，导出适用于黏弹性物质的破坏的准则：

$$\sum_{i=1}^{M} (t_i / t_{Fi})^{n_i} = 1 \qquad (3-258)$$

式中：t_i 为试件保持在应变率 $\dot{\varepsilon}_i$ 的时间；t_{Fi} 为试件在应变率 $\dot{\varepsilon}_i$ 下损坏的时间；n_i 为取决于 $\dot{\varepsilon}_i$ 的加权数；M 为不同应变率的数目。

在这个表达式内，到出现损坏的总时间为

$$t^* = \sum_{i=1}^{M} t_i \qquad (3-259)$$

如果 $\dot{\varepsilon}_i$ 是时间函数，并且 $n_i = 1$，则式(3-258)可改为如下积分形式：

$$\int_0^t \frac{\mathrm{d}t(\dot{\varepsilon})}{t_F(\dot{\varepsilon})} = 1 \qquad (3-260)$$

引伸到连续变化的应变率。

为了说明式(3-260)的应用，引用如下 Voigt 模型表示应变随时间的变化关系：

$$\varepsilon = \varepsilon_0 (1 - e^{-t/t_a}) \qquad (3-261)$$

式中：ε_0 为原始应变。式(3-261)对时间求导数，则得

$$\dot{\varepsilon} = \dot{\varepsilon}_0 e^{-t/t_a} \qquad (3-262)$$

$\varepsilon = \varepsilon_0 / t_a$ 为原始应变率，t_a 为松弛时间。从式(3-262)得

$$t = t_a \ln \frac{\dot{\varepsilon}_0}{\dot{\varepsilon}} \qquad (3-263)$$

一般情况可以假定：

$$t_F = \varepsilon^* / \dot{\varepsilon} \qquad (3-264)$$

式中：ε^* 为某种材料的损坏应变。

代入式(3-260)以后，可得

$$1 = \int_{\dot{\varepsilon}_0}^{\dot{\varepsilon}} \frac{1}{t_F(\dot{\varepsilon})} \left(-\frac{\mathrm{d}t}{\mathrm{d}\dot{\varepsilon}} \right) \mathrm{d}\dot{\varepsilon} = \int_{\dot{\varepsilon}_0}^{\dot{\varepsilon}(t^*)} \frac{\dot{\varepsilon}}{\varepsilon^*} \cdot \left(-\frac{t_a}{\dot{\varepsilon}} \right) \mathrm{d}\dot{\varepsilon}$$

$$= \frac{t_a}{\dot{\varepsilon}}[\dot{\varepsilon}_0 - \dot{\varepsilon}(t^*)] \qquad (3-265)$$

将此关系代入式(3-263)，可得损坏时间表达式：

$$t^* = - t_a \ln(1 - \varepsilon^* / t_a \dot{\varepsilon}_a) \qquad (3-266)$$

应该指出，上述累计损坏准则是在材料完全线性的前提下建立的。也就是说，损坏时间与不同应力施加的顺序无关。这一点在某些加载情况下是有出入的。因此，具体计算中仍应严格考虑不同载荷的顺序进行叠加。

3.4 固体推进剂燃烧及发动机内弹道性能

3.4.1 固体推进剂点火理论

固体火箭推进剂的点燃是一个极其复杂的物理化学变化过程，包括传热、流动、相变、化学组分的质量和浓度扩散，以及有关化学动力学等过程的复杂瞬态现象，而且这些过程又是相互渗透的。当点火装置开始工作后，其高温燃气流经装药燃烧表面向装药内部传递能量，经历了如图 3-29 所示的一系列物理化学变化过程，这些过程有些是吸热的，有些是放热的，但总的热效应是放热的，因而使装药表面温度不断升高。由于表面各处的温度升高不是均匀的，导致表面某些点上的温度首先达到发火点，随即产生燃烧火焰，使推进剂装药局部点燃。未点燃的燃面一方面受到点火装置燃烧产物而继续加热；另一方面已燃表面产生的火焰迅速传播，使未燃面相继点燃，直到全部燃烧表面点燃为止。

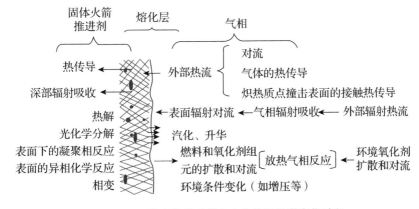

图 3-29　固体火箭推进剂点火的物理化学变化过程

由此可见，固体火箭推进剂的点火过程研究是一个难度很大的课题，几十年来国内外学者进行了大量理论和试验研究工作，提出了多种点火理论。虽然这些理论并不完善，但在特定条件下仍具有一定的应用价值。由于对点火过程中起关键作用的控制因数有着不同的理解，因而点火理论也不同，可以归纳为气相点火理论、固相点火理论和异相点火理论三大类。

1. 点火准则

衡量点火过程质量好坏的一个重要参数是点火延迟时间，即从外部施加激励能量开始到确认点火完成的时间间隔。点火延迟时间通常由三部分组成，即发火系统延迟时间、能量释放系统延迟时间和主装药点火延迟时间，其中最后部分是主要的，占很大比例。

为了确定点火延迟时间，必须首先确认推进剂已点燃，亦即要选择适当的点火判断准则。目前，关于点火判断准则尚无统一的标准，而且理论研究、试验研究与工程设计采用的也不一样。在理论研究方面，点火准则主要有以下几种：

(1)当推进剂表面温度 T_s 大于或等于某一临界值 T_{scr}（如推进剂燃点），即 $T_s \geqslant T_{scr}$ 时，确认点火，称为点火的温度准则；

(2)当推进剂表面温度 T_s 的升高速率大于或等于某一临界值，即 $\mathrm{d}T_s/\mathrm{d}t \geqslant (\mathrm{d}T_s/\mathrm{d}t)_{cr}$ 时，确认点火；

(3)当推进剂表面温度 T_s 随时间的变化曲线出现拐点时，即 $\mathrm{d}^2T_s/\mathrm{d}t^2 = 0$ 时，确认点火；

(4)当气相区温度 T_g 大于或等于某一临界值，即 $T_g \geqslant T_{gcr}$ 时，确认点火；

(5)当气相区火焰的发光强度大于或等于某一临界值时，确认点火；

(6)当气相区化学反应速率大于或等于某一临界值时，确认点火。

无论取哪一个准则，点火延迟时间主要与推进剂的物化性质、环境条件（初温、压强、环境气体成分等）、燃烧室空腔的自由容积、点火能量以及点火能量施加的时间等因数有关。显然，点火延迟时间越短越好，点火延迟时间的散布越小越好。

2. 固相点火理论

希克斯（Hicks）于20世纪50年代初提出固相点火理论的第一个数学模型，之后科伐尔斯基（Kovalskil）、米克希尔（Mikheer）、贝尔（Baer）、瑞安（Ryan）等人相继提出各自的数学模型，对固相点火理论作了进一步发展。本节以希克斯模型为例介绍固相点火理论。

固相点火理论的物理模型如图 3 - 30 所示。该理论认为，固体推进剂点火是外加激励能量和由此产生的凝聚相放热化学反应二者共同作用的结果，即固相加热使表面温度升高到点火温度而导致点火。点火气体以对流传热形式将热量传递给固相推进剂，当装药表面温度达到某一临界点火温度时，推进剂固相发生分解，分解产物在表面薄层内发生固相放热反应，进一步提高表面层温度，并为加热下一层推进剂提供热量。固相点火理论不考虑浓度和温度

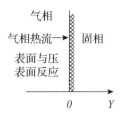

气相
气相热流→ 固相
表面与压
表面反应

O Y

**图 3 - 30　固相点火
理论模型**

引起的质量扩散以及周围气相的温度和压强等条件对点火过程的影响，并认为化学反应和形成火焰的时间极短，因此点火延迟时间 t_{id} 主要取决于惰性加热时间。固相点火理论采用的点火准则是推进剂表面温度 T_s 超过某一临界值 T_{scr}，即使固相发生快速放热化学反应的温度。

固相点火理论的主要假设是：

(1)固体推进剂是化学活性物质；

(2)点火期间无质量扩散和燃面退移；

(3)环境气体中的含氧量等因数对点火过程没有影响；

(4)固体推进剂药柱是半无限大的，只考虑一维热传导。

在上述假设下，固体推进剂药柱内部的一维不稳定导热方程为

$$\rho_p c \frac{\partial T}{\partial t} = \kappa \frac{\partial^2 T}{\partial y^2} + \rho_p q Z e^{-\frac{E}{R_0 T}} \tag{3-267}$$

式中：ρ_p、c 和 κ 分别为推进剂的密度、比热容和导热系数；q 和 E 分别为推进剂单位质量反应热和活化能；R_0 和 Z 分别为通用气体常数和前提因子。式 (3-267)的边界条件为

$$\begin{cases} y = 0, & -\kappa \dfrac{\partial T}{\partial y} = h_{gs}(T_{ig} - T) \\ y = \infty, & T = T_i \end{cases} \tag{3-268}$$

式中：T_{ig} 为点火气体的温度；T_i 为推进剂药柱的初始温度；h_{gs} 为点火气体与表面的对流换热系数。点火气体的温度 T_{ig} 是一个变化的量，从 $t = 0$ 至 $t = t_0$ 时的 T_{ig1} 变化到 $t > t_0$ 时的 T_{ig2}，且 $T_{ig1} \geqslant T_{ig2}$，这里的 t_0 是预设的点火气体 T_{ig1} 的加热时间。于是，初始条件可写成

$$\begin{cases} t = 0 & T = T_i \\ 0 < t < t_0 & T_{ig} = T_{ig1} \\ t > t_0 & T_{ig} = T_{ig2} \end{cases} \tag{3-269}$$

为了简化分析，在固相反应生成热对点火过程影响较小时，可以忽略反应预热，从而得到解析解：

$$T = T_i + (T_{ig} - T_i)\left[\mathrm{erfc}\left(\frac{y}{2\sqrt{a_p t}}\right) - \mathrm{e}^{\frac{h_{gs}y}{\kappa} + \frac{h_{gs}^2 a_p t}{\kappa^2}}\mathrm{erfc}\left(\frac{y}{2\sqrt{a_p t}} + \frac{h_{gs}\sqrt{a_p t}}{\kappa}\right)\right]$$

$$(3-270)$$

这就是固体推进剂内部的温度随 y 和 t 的变化关系。式中，∂_p 为推进剂热扩散系数，$\partial_p = \dfrac{\kappa}{\rho_p c}$，erfc 为余误差函数，定义为

$$\mathrm{erfc}(x) = \frac{2}{\sqrt{\pi}}\int_x^\infty \mathrm{e}^{-z^2}\mathrm{d}z \qquad (3-271)$$

在推进剂点火过程中，表面温度是最高的，根据点火的温度准则，当表面温度达到 T_{scr} 时即可点火燃烧。在式(3-270)中，令 $y=0$ 可得表面温度 T_s 随时间的变化，即

$$T_s = T_i + (T_{ig} - T_i)\left[1 - \mathrm{erfc}\left(\frac{h_{gs}\sqrt{a_p t}}{\kappa}\right)\mathrm{e}^{\frac{h_{gs}^2 a_p t}{\kappa^2}}\right] \qquad (3-272)$$

式(3-272)表明，表面温度 T_s 随时间增加而升高，并以 T_{ig} 为极限。因此，只要点火气体的温度 T_{ig} 超过推进剂的点火温度 T_{scr}，点火总是会发生。令 $T_s = T_{scr}$，当 $h_{gs}\sqrt{a_p t}/\kappa \ll 1$ 时，可得点火延迟时间 t_{id} 为

$$t_{id} = \frac{\pi\kappa\rho_p c}{4 h_{gs}^2}\left(\frac{T_{scr} - T_i}{T_{ig} - T_i}\right)^2 \qquad (3-273)$$

可见，当热响度 $\kappa\rho_p c$ 减小、点火温度 T_{scr} 降低、初始温度 T_i 提高、点火气体温度 T_{ig} 和对流传热系数 h_{gs} 增大时，点火延迟时间 t_{id} 均将缩短。

固相点火理论是在双基推进剂基础上建立起来的，因为双基推进剂存在放热的凝聚相反应。在外部热流较低、环境气体氧化浓度较高，以及高压下惰性加热时间比扩散和化学反应时间长得多的情况下，用该理论得到的点火延迟时间与实验结果吻合较好。对于熔化温度较相近的燃料黏合剂和氧化剂组成的复合推进剂，点火延迟时间也是以惰性加热时间占主导地位的，此时也可用固相点火理论预估点火延迟时间。

固相点火理论的主要缺陷是：

(1)由于忽略了质量扩散和气相成分在点火过程中的作用，因而不能预估环境压强的对点火过程的影响；

（2）由于固相熔化、发泡和某些化学反应等因素，导致推进剂表面层物理性质在点火过程和点火前的初始状态有很大的差别，但该理论未考虑。

3. 气相点火理论

随着高能复合推进剂和点火实验技术的发展，发现环境气体压强和氧化剂浓度对点火过程有着重要影响，这是固相点火理论所不能解释的。在激波管点火实验基础上，萨默菲尔德等建立了第一个气相点火的一维理论模型，之后又相继出现气相二维模型等其他模型。这里以赫马斯（Hermance）、希恩纳（Shinnar）和萨默菲尔德（Summerfield）的理论模型为例，简要介绍气相点火理论。

如图 3 - 31 所示，假设点火气体是高温氧化性气体，在其作用下推进剂表面温度升高，发生固相熔化和吸热分解，燃烧剂被氧化，但不直接发生放热的固相化学反应。生成的燃烧剂气体扩散到推进剂表面附近的热氧化性气体中，并与之发生放热化学反应，反应速度取决于燃烧剂气体和热氧化性气体的浓度，并可用贝尔定律来描述。由此可见，对

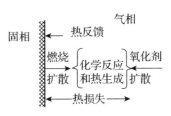

图 3 - 31　气相点火理论模型

点火过程起支配作用的是气相组分之间的化学反应，故称为气相点火理论。该理论的点火准则有两个，一是气相区温度达到点火气体温度的 α 倍，即 $T = \alpha T_{ig}$；二是气相中出现温度的极值（或温度突升），即 $\partial T / \partial y = 0$。

气相点火理论强调气相反馈热的影响，认为气相反应是控制点火过程的主要因素。该理论的主要优点是可以预估环境条件（氧浓度、压强等因素）对点火延迟的影响。由于复合推进剂中作为燃烧剂的黏合剂的熔化温度大大低于氧化剂颗粒的熔化温度，于是燃烧剂蒸发的气体与环境氧化剂有更多的反应时间，因此该理论的预估结果与复合推进剂点火参数的影响趋势一致性较好。

但是，气相点火理论的建立是以热氧化性气体点燃纯燃料（不含氧化剂）的实验为基础的，因而所得结论在应用上受到一定的限制。

4. 异相点火理论

异相点火理论由安德森（Anderson）和布朗（Brown）等人提出，最初是从研究自然点火理论发展起来的。该理论认为固相燃烧剂和环境氧化剂在固-气界面上的放热化学反应是点火过程的控制反应，因为初始的放热反应发生在固-气相之间，故称为异相点火理论。图 3 - 32

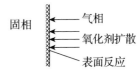

图 3 - 32　异相点
火理论模型

即为该模型的示意图。

由于该理论建立在一些简单的假设基础上，致使点火延迟时间的定量预估与实测结果不能很好吻合，而且固体火箭发动机一般不采用自然式点火，因此其实用性不大。

5. 影响点火过程的主要因素

习惯上用点火延迟时间和点火压强峰来表征推进剂的点火过程，这两个指标在点火过程中是相互联系、相互制约的。

点火压强峰是点火过程中的压强急升，压强急升的过程通常用峰值比来表示，即点火压强峰与正常工作压强（或平衡压强）之比。峰值比过高除了使发动机结构质量增加外，还会导致推力峰，使飞行过载增大。但是，对于缓燃推进剂而言，由于工作压强低或低温点火困难，保持一定的点火压强峰有助于提高点火的可靠性。

在工程上，点火延迟时间 t_{id} 一般定义为燃烧室内压强（或发动机推力）达到平衡状态的 75%～80% 所需要的时间。点火延迟时间是衡量点火过程质量好坏或可靠性的重要参数。对于射击活动目标的导弹，如地-空、反坦克、反战略导弹等，缩短点火延迟时间有利于及时迎击目标和迅速进入机动飞行；对于无控火箭，如野战火箭弹、反坦克火箭等，不仅要求点火延迟时间短，还要求其一致性好，即点火延迟时间的散布要小，以有利于提高射击密集度。但是，点火延迟时间也不宜过短，因为过短就意味着发动机启动期间受到的冲击过大。本节主要分析点火过程中的各种因素对点火延迟时间的影响。

1）点火药特性

（1）点火药燃烧温度。

根据动态实验，点火气流的滞止温度 T_{ig0} 与点火延迟时间存在以下关系：

$$t_{id} = \eta e^{\frac{T_A}{T_{ig0}}} \tag{3-274}$$

式中：η 为实验常数。推进剂活化温度 T_A 的变化范围为 3000～6000K，数值取决于气体流速以及气体和推进剂的特性。激波管实验结果表明，t_{id} 随气流速度增大而减小。

不考虑流动损失时，点火气流的滞止温度 T_{ig0} 与点火药的燃烧温度 T_{ig} 是相同的。由此可见，点火燃烧温度越高，则点火延迟时间 t_{id} 越短。黑火药的燃烧温度约为 2590K，常用于易点燃的双基推进剂的点火。而以镁粉或铝粉为燃烧剂的高能点火药的燃烧温度在 3000K 以上，通常用于难点燃的复合推进剂点火。如果点火药受潮使含水量增大，则点火延迟时间将明显延长。

(2)点火气体的成分。

当点火气体为惰性气体，即不参与点火过程的化学反应时，其质量和热扩散特性均能影响点火延迟时间。在其他条件相同的情况下，气体的质量扩散系数和热扩散系数越大，点火延迟时间则越短。

当点火气体中含有可以参与化学反应的氧化性气体时，氧化性气体的浓度越高，点火延迟时间 t_{id} 越短。由实验得到

$$t_{id} Y_{O_2}^m = 常数 \qquad (3-275)$$

式中：Y_{O_2} 为点火气体中氧的质量分数；m 为与点火状态和试件组分有关的常数。

(3)点火药粒度。

细粒点火药作用时间短，用于点燃大型推进剂药柱时往往来不及在全部装药表面上建立起加热层，导致点火延迟时间变长，甚至不能点燃。在这种情况下，需要采用大粒度点火药，或将点火药压制成尺寸较大的药片与药饼。

在点火装置中同时采用不同粒度的点火药也是缩短点火延迟时间、提高点火可靠性的有效措施，例如，俄罗斯 M-21 火箭发动机的点火装置由两个点火药包组成，一个装填 80g 大粒黑火药，另一个装填 2g 细粒黑火药和电发火管。点火时电发火管首先点燃细粒黑火药，然后再点燃大粒黑火药，从而延长了点火药的作用时间。

2)点火条件

(1)点火热流率。

点火延迟时间 t_{id} 随点火热流率 $\dot{q}_{ig}$ 的增大而减小。大多数实验表明，t_{id} 与 $\dot{q}_{ig}$ 之间存在以下关系：

$$t_{id}^{\frac{1}{2}} = \frac{A}{\dot{q}_{ig}^n} \qquad (3-276)$$

式中：A 为由实验测得的常数；n 为接近于 1 的指数，并有

$$n = 1 - 4.2x \frac{T_i}{T_A} \qquad (3-277)$$

式中：T_i 为推进剂的初始温度；T_A 为与点火过程有关的活化温度。当 $\dot{q}_{ig}$ 较低时，n 的数值趋近于 1。

因此，增加点火药量以提高点火热流率，可以显著缩短点火延迟时间，这是改善点火性能最常用和最简便的措施。但是，在增加点火药量时必须注意对点火压强峰和点火冲击的影响。

（2）点火压强。

实验表明，当点火压强 p_{ig} 超过 $0.35 \sim 0.70$MPa 时，复合推进剂的点火延迟时间与压强无关；而当点火压强低于上述数值时，点火延迟时间则随压强降低而明显增大。多数复合推进剂都存在一个临界点火压强，在此压强之下推进剂不能被点燃。因此，为保证可靠点火，点火压强应至少大于 $0.35 \sim 0.70$MPa。对于双基推进剂，尚缺乏临界点火压强的数据，可近似取保证稳定燃烧的临界压强作为临界点火压强。

点火延迟时间与压强上升速率 $\mathrm{d}p/\mathrm{d}t$ 也有关，随其增大而减小。

（3）推进剂初温。

推进剂的初始温度 T_i 越低，点火延迟时间 t_{id} 越长，反之亦然。推进剂初温对点火延迟时间的影响还与推进剂点火温度 T_{scr} 有关，点火温度越低则初温 T_i 的影响越大。初温对双基推进剂点火的影响比对复合推进剂的大。

3）推进剂特性与装药状态

点火延迟时间 t_{id} 随气体与固体的密度比和热传导系数比的增大而减小；t_{id} 随气体和固体的热响应度 $k\rho_p c$ 之比的增大而增大；推进剂装药内部辐射吸收系数增大时，表面附近吸收的能量增大，t_{id} 还随气相反应速率和活化能的增大而减小。

推进剂的点火温度 T_{scr} 越高，点火延迟时间越长。复合推进剂中的过氯酸铵在 $430℃$ 左右开始分解，其点火温度高于双基推进剂，因此复合推进剂的点火通常比双基推进剂困难。

推进剂中的氧化剂粒度增大时，t_{id} 增长。但是当点火过程中装药表面形成熔化层时，粒度的影响将减小。推进剂中加入少量铜铬酸盐和氧化铁等催化剂时，可使点火延迟时间缩短。在复合推进剂中，各种催化剂对点火延迟时间的影响，通常与它们促进过氯酸铵热分解的效果是一致的。

推进剂装药燃烧表面较粗糙时，有利于对流换热，可使点火延迟时间 t_{id} 缩短；表面残留脱模剂时，对对流换热起阻碍作用，将使 t_{id} 增长；对于浇注成型的装药，表面氧化剂质量分数稍低于装药内部，因此如果表面经过加工（如车削、铣等），则可使点火延迟时间缩短。装药表面老化、受潮及结霜等对点火均将产生不利影响。

4）发动机结构

发动机燃烧室自由容积的大小对点火延迟时间有影响。当自由容积增大时，点火药燃烧产物充填燃烧室空腔的时间将延长，压强上升变慢，因而使点火延迟时间增长。

点火装置处于发动机内不同位置时也会影响点火延迟时间。若点火装置位于发动机头部，则所有点火药燃烧产物均参与点火过程，点火延迟时间短；反之，若点火装置位于喷管一端时，部分点火药燃烧产物直接从喷管排出，相当于降低了点火能量，点火延迟时间将延长。因此，与前置相比，后置点火装置通常需要更多的点火药量。

发动机喷管堵盖除了具有密封和防潮的作用外，对点火过程也有很大影响。堵盖有助于加快点火药燃烧产物充填燃烧室空腔的过程，压强升高快，故可缩短点火延迟时间。

3.4.2　固体推进剂的燃烧特性

固体推进剂是固体火箭发动机的能量来源，推进剂通过燃烧将其化学能转换为燃烧产物的热能，完成固体火箭发动机工作过程中的第一个能量转换过程。因此，固体推进剂的燃烧特性与火箭发动机的性能密切相关。

1. 复合推进剂稳态燃烧模型

复合推进剂是非均质混合物，由氧化剂晶粒和金属燃烧剂等固体粒子分散在黏合剂弹性基体中组成。复合推进剂所用的氧化剂和黏合剂种类繁多，如氧化剂有硝酸铵（AN）、过氯酸铵（AP）、过氯酸钾（KP）等，黏合剂有沥青、聚硫橡胶（PS）、聚氨酯（PU）、聚氯乙烯（PVC）和各种聚丁二烯（PB）。不同的氧化剂和黏合剂有不同的物理化学性质，燃烧过程差别很大，特别是含量最大的氧化剂对燃烧过程的影响尤为突出。因此，复合推进剂稳态燃烧中的化学反应、传热传质过程要比双基推进剂复杂得多。

本节主要针对应用最广泛的过氯酸铵（AP）氧化剂介绍 AP 复合推进剂的稳态燃烧模型。

20 世纪 60 年代以来，先后提出多种 AP 复合推进剂的稳态燃烧模型，这些模型主要分为气相型稳态燃烧模型和凝聚相型稳态燃烧模型两大类。

气相型稳态燃烧模型认为凝聚相无放热的化学反应，维持燃烧所需要的热量全部来自气相的放热反应。该模型提出较早，研究较为系统，但其某些基本假设与推进剂燃烧表面存在氧化剂与黏合剂的熔化液这一实验现象不相符。

凝聚相型稳态燃烧模型与气相模型相反，认为推进剂在燃烧过程中所需要的热量部分甚至全部是由凝聚相的放热反应所提供的。该模型虽然提出较晚，但是与许多实验现象相吻合。

下面分别介绍这两类稳态燃烧模型中有代表性的模型。

1)粒状扩散火焰模型

粒状扩散火焰(granular diffusion flame,GDF)模型属于气相型稳态燃烧模型,是美国学者萨默菲尔德(M. summerfield)提出的。

(1)燃烧过程。

粒状扩散火焰模型认为 AP 复合推进剂的稳态燃烧过程可以分为三个阶段。

首先,推进剂表面受热升温,氧化剂与黏合剂通过热分解或升华直接由固相转化为气体,这些气体并未在燃烧表面上混合,而是各自以"气囊"形式从燃烧表面逸出。作为氧化剂的过氯酸铵 AP,受热后的分解为

$$NH_4ClO_4(s) \rightarrow NH_3(g) + HCl_4(g) - Q$$

其次,过氯酸铵分解产物在推进剂燃烧表面附近的气相中进行放热反应,形成 AP 火焰(属于预混火焰)和富氧气流。

最后,在远离燃烧表面的气相中,过氯酸铵分解气体和黏合剂的热解气体之间仅扩散燃烧,形成扩散火焰,生成最终燃烧产物,并放出大量热量(见图 3-33)。

(2)粒状扩散火焰模型的基本观点。

①氧化剂和黏合剂均不熔化,燃

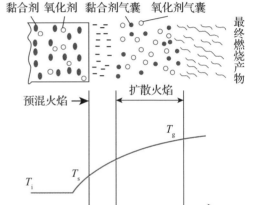

图 3-33　粒状扩散火焰模型示意图

烧表面是干燥的。根据过氯酸铵和不同黏合剂的热分解特性,过氯酸铵晶粒可能凸出,也可能凹入黏合剂表面,因而燃烧表面相当粗糙。氧化剂和黏合剂各自受热分解和汽化,不能在燃烧表面预先混合。

②在推进剂固相内部没有化学反应。在燃烧表面过氯酸铵有两个分解过程:其一是吸热的升华分解过程,与压强无关;其二是在表面附近气相中进行的放热的预混反应过程,该过程与压强有关。过氯酸铵总的分解过程为净放热过程,并在表面形成预混火焰。

③在过氯酸铵和黏合剂热分解表面上方,存在着黏合剂热解气体向过氯酸铵分解气体扩散的扩散火焰。此扩散火焰和过氯酸铵预混火焰向凝聚相分解反应提供所需要的全部反馈热量。

④扩散火焰距推进剂表面的距离比过氯酸铵预混火焰的厚度大得多,并且该距离取决于扩散火焰中的扩散混合及化学反应速度。因此,扩散混合过程和

化学反应速度对整个燃烧过程都有控制作用。

在高压下(固体火箭发动机的一般工作压强范围),预混火焰很薄,通常可不予考虑。但在低压下,预混火焰不能忽略不计,这时燃烧过程中明显存在着两段火焰,故又称此模型为"两段粒状扩散火焰模型"。

粒状扩散火焰模型能够解释很多燃烧现象。但是,某些实验发现过氯酸铵复合推进剂燃烧表面并不是干燥的,而是存在着过氯酸铵和黏合剂的熔化液,从而否定了各组元热解汽化是由固相直接分解为气体的基本假设。尽管如此,GDF 模型是 AP 型复合推进剂稳态燃烧研究的开创性工作,为其他改进模型奠定了基础。

2)多火焰模型

多火焰模型是 20 世纪 60 年代末期由贝克斯特德(M. W. Beckstead)、迪尔(R. L. Derr)和普莱斯(C. F. Price)等人提出的,故又简称为 BDP 模型。该模型特别强调凝聚相放热反应的重要作用,属于凝聚相型稳态燃烧模型。

(1)实验现象。

贝克斯特德等人用高速显微镜和扫描电子显微镜研究 AP 复合推进剂的燃烧过程时发现:

①推进剂在 4.2MPa 压强下燃烧时,过氯酸铵和黏合剂的消失速度相等;压强 $p < 4.2$MPa 时,燃烧表面的 AP 晶粒凸出于黏合剂表面之上;反之,当 $p > 4.2$MPa时,AP 晶粒则凹于黏合剂表面之下。这说明 AP 晶粒周围和中心处的热交换是不一样的,AP 晶粒上方的火焰结构十分复杂,不仅有 AP 预混火焰,而且在燃烧表面附近的 AP 晶粒周围还有其他火焰,具有不可忽视的影响。

②推进剂在所有压强下燃烧时,AP 晶粒表面上都有一薄层熔融液体,而且液体熔融层内部进行着凝聚相化学反应。

③推进剂在很高压强下燃烧时,燃烧表面上处于熔融状态的黏合剂熔化液会流到凹于表面之下的 AP 晶粒上,阻止 AP 的分解,使燃烧中止。这个压强就是推进剂爆燃压强的上限值。

以上实验结果表明,推进剂的燃烧特性与其表面结构有着密切的关系。复合推进剂燃烧时,由于燃烧表面向推进剂内部传热,使氧化剂和黏合剂得到预热,并在燃烧表面上进行初始分解,此分解过程是吸热的。分解产物被吸附在燃烧表面上,并进行凝聚相放热反应,使得燃烧表面上进行的物理化学过程的总热效应是放热的。这些燃烧产物由表面进入气相区,进行扩散混合,并发生各种放热的化学反应,放出的热量有一部分反馈到固相,以维持推进剂继续燃烧。

(2)火焰结构。

根据上述实验结果，贝克斯特德等人提出了多火焰模型。该模型认为，在单个氧化剂晶粒周围存在着以下三种火焰，其结构如图 3 - 34 所示。

①初焰(PF)。初焰是过氯酸铵分解的富氧产物（如 ClO、OH、O_2 等）与黏合剂热解的富燃产物（如 CH_4、C_2H_2、C 等）之间发生化学反应形成的火焰，该火焰位于氧化剂颗粒与黏合剂接触界面附近的燃烧表面上方，是反应产物之间边扩散边反应的扩散火焰。

②过氯酸铵火焰(AP 火焰)。AP 火焰是过氯酸铵分解产物

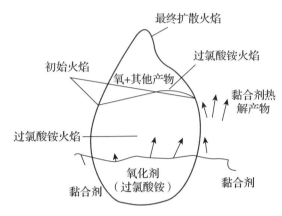

图 3 - 34   多火焰燃烧模型

NH_3 与 $HClO_4$ 之间反应形成的火焰，HCl、H_2、H_2O 等惰性物质和氧化性物质（含氧约 30%）。AP 火焰属于预混火焰，位于过氯酸铵晶粒上方。

③终焰(FF)。终焰是过氯酸铵分解的富氧产物与黏合剂热解的富燃产物之间的二次扩散火焰，离燃烧表面较远，反应后形成最终燃烧产物，达到推进剂的燃烧温度。

(3)影响燃烧过程的因素。

多火焰模型认为，氧化剂过氯酸铵的分解反应控制着整个燃烧过程。各组元分解产物相互扩散和反应在燃烧区内形成多种火焰，各种火焰之间通过传热传质相互影响，并对固相产生一定的热反馈，从而影响推进燃速。显然，推进剂组成和燃烧条件对其燃烧过程有着重要的影响，这些影响因素包括压强、氧化剂粒度、金属离子等。

①燃烧室压强对燃烧过程有重大影响。

在低压下，气相反应速度慢，AP 火焰离表面较远，流向固相的反馈热量少，再加上各种热量损失，使固相分解得不到足够的热量，有可能导致燃烧终止。因此，存在一个稳定燃烧的压强下限，即临界压强，其大小与初温和催化剂等因素有关。在常温下，临界压强一般为 2MPa 左右。

推进剂在高于临界压强的低压下燃烧时，因气相反应时间比扩散过程的时间长，因此燃烧过程主要受化学反应速度的控制。同时，由于 AP 火焰离表面较远，固相分解所需的热量主要来源于初焰。初焰位于 AP 晶粒与黏合剂的交

界面上方，AP 晶粒表面的中心部位得到的反馈热量相对较少，分解速度慢，从而使 AP 晶粒凸出于黏合剂表面之上。当压强增大时，气相反应加快，AP 火焰离表面距离缩短，初焰强度减弱。此时，固相分解所需的热量主要来自 AP 火焰，AP 晶粒分解加快，因而 AP 晶粒凹于黏合剂表面之下。

当压强升高到火箭发动机常用的工作压强范围（6～10MPa）内时，化学反应与扩散混合有着相同的影响，两者共同影响推进剂的燃速。若压强升高到 10MPa 以上，则气相反应速度加快，扩散混合过程所需的时间相对延长，因此终焰远离燃烧表面，而 AP 火焰却更贴近燃烧表面，因此固相反应所需的热量主要来自 AP 火焰，推进剂的燃速也主要由 AP 火焰来控制。

②AP 晶粒尺寸对推进剂燃烧的影响。

AP 晶粒尺寸表征着推进剂本身结构的不均匀性，将直接影响燃烧区中火焰结构的不均匀程度，晶粒尺寸越大这种不均匀性也越大。AP 晶粒汽化时将形成与晶粒尺寸相对应的氧化剂气柱从燃烧表面逸出，通过侧向扩散与周围的黏合剂气相混合。晶粒尺寸越大，相应的气柱越粗，则扩散混合所需的时间就越长，使扩散火焰更加远离燃烧表面，从而减少了对固相的热反馈，导致推进剂燃速减小。反之，AP 晶粒越细，则燃速越快。因此，AP 晶粒尺寸是影响推进剂燃速的一个重要因素。

③金属铝对燃速的影响。

铝是以小颗粒（5～50μm）的粉末加入推进剂的。铝在常温呈固态，熔点 933K，容易被氧化，是一种反应能力较强的金属。铝粒燃烧时首先在外表面形成熔点高达 2320K 的 Al_2O_3 外壳，使壳内的铝不能与氧化剂继续反应。AP 复合推进的燃烧表面温度只有 900K 左右，不能使 Al_2O_3 外壳熔化。因此，铝粒在燃烧表面上停留、聚集，最后形成比原来尺寸大得多的铝粒积块。实验表明，铝粒积块的尺寸随燃烧室压强升高而缩小。

铝粒在外壳保护下离开燃烧表面，进入温度更高的燃烧反应区。由于 Al_2O_3 的膨胀系数小于铝的膨胀系数，因此随着温度的升高，外壳胀裂或熔化，壳内的铝熔化液散发出来，在氧化剂气体中燃烧。铝的燃烧速度与压强、火焰温度、含氧量等因素有关，并随这些因素的提高而加快。只有当铝粒积块在燃烧室中逗留的时间大于其燃烧所需时间时，才能获得较高的燃烧效率。

铝对推进剂燃速产生两个效果相反的作用。一方面，铝粒从固相进入推进剂的表面层需要吸收热能，增加固相汽化所需的能量，从而使燃速减小；另一方面，铝燃烧后提高了火焰温度，使气相对固相的反馈热增加，从而使燃速增大。但由于高温火焰距燃烧表面较远，这部分反馈热的作用并不明显。因此，加入铝对推进剂燃速的影响不大，主要是用来提高推进剂的能量。

综上所述，可以认为多火焰燃烧模型与其他已有燃烧模型相比是比较完善的，既考虑了推进剂燃烧表面上的微观结构，又考虑了气相反应和凝聚相的反应，而且还特别强调了凝聚相反应的重要作用，因此能够解释很多实验现象，并能较好地预测氧化剂含量对燃速的影响，但还不能预测氧化剂粒度对燃速的影响。

BDP 模型的主要缺陷是：所假设的规则粒子结构与实际推进剂多分散的随机填充结构不符；用一种特征火焰来代替不同火焰的总体性质在物理上是不真实的。

2. 固体推进剂燃速定律

燃烧速度（简称燃速）是固体火箭推进剂的重要燃烧特性参数，与火箭发动机的性能密切相关。因此，准确确定推进剂的燃烧速度是提高火箭发动机性能预估精度的关键。燃烧速度虽然可以通过推进剂燃烧理论推导出来，但由于燃烧过程极其复杂，目前的理论燃烧公式还难以用于定量计算，工程上均采用由实验测得的半经验燃速公式。

1）几何燃烧定律

固体推进剂经过压伸、浇注或其他方法成型后，就成为具有一定结构形状的装药药柱。如果装药的组成结构及其物理化学性质处处均匀一致，燃烧表面各点处于相同的燃烧条件，全部燃烧表面又同时点燃，则全部燃烧表面将沿其法线方向，以相同的速度向装药内部退移，也就是说，固体推进剂的装药燃烧表面按平行层燃烧的规律逐层燃烧。这种燃烧规律通常称为几何燃烧定律，是由皮奥伯特（Piobert）于 19 世纪提出的。

实践证明，几何燃烧定律基本上是正确的。尽管装药的实际燃烧过程不可能完全严格遵循上述理想化条件，但在宏观上几何燃烧定律反映了装药稳定燃烧的基本定律，故仍为人们所公认。采用几何燃烧定律，就可以按照纯几何关系推导出各种结构的装药在整个燃烧过程中的燃烧面积变化规律，方便了装药设计和发动机性能预估。同时，几何燃烧定律也为定义固体推进剂的燃烧速度奠定了基础。

2）燃速定义

假设在 dt 时间内，装药燃烧表面沿其法线方向向药柱内部退移了距离 de，则装药的燃烧速度定义为

$$\dot{r} = \frac{\mathrm{d}e}{\mathrm{d}t}$$

可见，燃速就是推进剂固相表面在燃烧过程中沿其法线方向的退移速度，又称装药的法线燃烧速度，单位为 mm/s 或 m/s。

为了应用方便，有时还引入质量燃速的概念。所谓质量燃速是指在单位时间内、单位装药燃烧表面积上固体推进剂烧去的质量，以符号 $\dot{r}_m$ 表示。若以 ρ_p 表示推进剂的密度，则有

$$\dot{r}_m = \rho_p \dot{r}$$

固体火箭推进剂的燃速除了取决于其自身的化学组成和物理结构外，还取决于火箭发动机的工作条件，如压强、初温、流经装药燃烧表面的气流速度、装药承受的加速度、载荷等，其中又以压强的影响最为显著。

3）燃速定律

燃速定律特指压强对燃速的影响规律。从推进剂稳态燃烧模型中可以看出，压强影响燃速的机理对双基推进剂和复合推进剂是不同的。双基推进剂内部结构均匀，各组元开始热分解、汽化时就按一定比例混合均匀了，因此双基推进剂的燃烧属于预混燃烧，其凝聚相分解过程（包括热分解反应和分解产物向气相逸出的扩散过程）对燃烧起着决定性的作用。压强升高对双基推进剂燃烧的影响主要是：①气相反应速度快，释放热量增加；②气相反应区薄，高温火焰区更接近燃烧表面，增强了气相向固相的热反馈；③凝聚相分解产物 NO_2 不容易从表面逸出，有利于凝聚相放热化学反应的充分进行，增强了凝聚相的放热程度。上述诸因素都可促使燃速增大。当然，从化学平衡的角度看，NO_2 在凝聚相的滞留又会减慢凝聚相的分解，使燃速减小。不过后一因素的影响较小，因而总的效果是压强升高，对推进剂的燃速起增大作用；复合推进剂的燃烧属于扩散燃烧，除了化学反应因素以外，还受扩散混合过程的影响，因此压强对燃速的影响机理比双基推进剂复杂。

目前，常用的固体火箭推进剂燃速定理包括指数燃速定律和萨默菲尔德燃速定律。

（1）指数燃速定律。

指数燃速定律的燃速表达式即燃速公式为

$$\dot{r} = ap^n$$

式中：p 为燃烧室内的燃气压强（Pa 或 MPa）；a 为燃速系数（$mm \cdot s^{-1} \cdot Pa^{-n}$ 或 $mm \cdot s^{-1} \cdot MPa^{-n}$）；$n$ 为燃速压强指数。燃速系数 a 和燃速压强指数 n 都

是由实验确定的常数，其数值取决于推进剂性质、装药初温和燃烧室内的压强范围。

对上式两边取对数并微分，有

$$n = \frac{\mathrm{d}\ln \dot{r}}{\mathrm{d}\ln p}$$

可见，n 的大小反映了燃速对压强的敏感度，其值越小意味着压强对燃速的影响越小。通常，推进剂燃速压强指数的数值范围为 $0 < n < 1$，所以燃速 $\dot{r}$ 随压强升高而增大。

指数燃速定律在固体火箭发动机常用的压强范围内是使用的，燃速压强指数 n 一般在 $0.2 \sim 0.7$ 之间。由于很难在相当大的压强范围内用同一个指数燃速定律计算燃速，因此通常都是在不同压强范围内给出不同的燃速公式，使用时要特别注意其适用范围，并选取正确的计量单位。

（2）萨默菲尔德燃速定律。

应用一维粒状扩散火焰模型，可以推导出适用于 AP 复合推进剂的理论燃速公式，即

$$\frac{1}{\dot{r}} = \frac{A}{p} + \frac{B}{p^{\frac{1}{3}}}$$

式中：$\dot{r}$ 为燃速（mm/s）；p 为燃烧室内的压强（Pa 或 MPa）；A 为燃速系数（s·Pa/mm 或 s·MPa/mm）；B 也是一个燃速系数（s·Pa$^{1/3}$/mm 或 s·MPa$^{1/3}$/mm）。系数 A 和 B 均取决于推进剂性质、装药初温和燃烧室内的压强范围。

萨默菲尔德燃速定律也表明推进剂的燃速随压强升高而增大。从上式可以清楚看出萨默菲尔德燃速定律的物理意义，$1/\dot{r}$ 表示装药燃去单位厚度所需的时间，这个时间由两部分组成，即化学反应所需的时间 A/p 和扩散混合所需的时间 $B/p^{1/3}$。

①系数 A 表征除压强以外的各种因素对化学反应速度的影响。实验表明，系数 A 与推进剂组元有关。当氧化剂含量增加时，燃烧温度有所提高，化学反应速度加快，则 A 值减小。同样，系数 B 表征除压强外的各种因素对扩散混合的影响，因而与过氯酸铵颗粒尺寸的大小有关。一般情况下，加大过氯酸铵颗粒尺寸，则结构不均匀性增大，使扩散混合过程所需的时间延长，系数 B 增大，导致燃速减小。

②在低压下，复合推进剂的燃烧过程为化学动力学过程所控制，$B/p^{1/3}$ 项可近似忽略不计，此时的装药燃速与压强近似呈线性关系；在中等压强范围内，

化学反应与扩散混合过程两者作用相当,燃烧规律符合萨默菲尔德燃速定律;在高压下,燃烧过程转为扩散过程所控制,A/p 项可忽略不计,此时的燃速更接近指数定律。

萨默菲尔德燃速公式在较大压强范围内与实验结果吻合很好,比较适用于复合推进剂的燃速计算。但是,该定律在形式上不如指数燃速公式使用起来方便,也不便于与双基和改性双基推进剂比较,所以通常仍将复合推进剂燃速处理成不同压强范围内的指数燃速形式。

4)推进剂燃速的平台效应

从指数燃速定律的燃速表达式可以看出,燃速压强指数 n 的大小反映了燃速对压强的敏感度,n 越大,压强对燃速的影响越大。通常情况下,设计者希望推进剂的燃速压强指数越低越好,从而使发动机某些参数的偶然变化所引起的压强波动不致对发动机推力等性能产生很大的影响,有利于提高火箭发动机性能参数的重现性和武器的射击精度。为此,人们一直在寻求燃速压强指数 n 的数值很小甚至趋近于零的推进剂,以尽量降低压强对燃速的影响。需要注意的是,这种要求并不是绝对的,高的燃速压强指数对某些应用可能是有利的。例如,为了精确控制主动段终点的弹道参数,必须能够精确地主动终止固体导弹的发动机推力,对于采用燃烧室卸压方法的推力终止系统而言,n 越大则压强下降得越快,发动机熄火越容易。此外,为了通过改变喷管喉部面积来调节发动机的压强和推力,也要求燃速压强指数不能太小。

在固体火箭推进剂的研制实践中发现,在双基推进剂中加入少量铅化物后,其燃速特性会发生很大变化,如图 3-35 所示。在低压下,燃速 $\dot{r}$ 和压强指数 n 均较大,形成"超速燃烧"(super-rate burning);在某一压强范围内,燃速基本上不随压强变化,即 n 值很小,甚至趋于零,成为"平台燃烧"(plateau-burning);在另一压强范围内,燃速却随压强升高而降低,即 $n<0$,形成"麦撒燃烧"(Mesa-burning)。这种具有超速—平台—麦撒燃烧特性的推进剂,或者只明显表现平台燃烧特性的推进剂,均称为"平台推进剂"。

例如,某双基平台推进剂,在压强 $p=17.5\sim22.0$MPa 范围内,

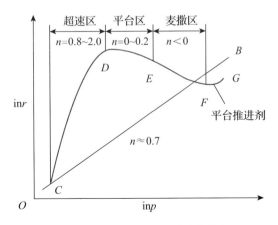

图 3-35 双基平台推进剂的燃速特性曲线

不同初温下的燃速公式为

$$\dot{r} = \begin{cases} 23.238\,p^{0.09}\,(\text{mm/s}) & T_i = +50\text{℃} \\ 21.672\,p^{0.11}\,(\text{mm/s}) & T_i = +20\text{℃} \\ 25.837\,p^{0.05}\,(\text{mm/s}) & T_i = -40\text{℃} \end{cases}$$

可见，该推进剂的 n 值很小，使燃烧对压强的敏感度大幅度降低，因而可以有效提高固体火箭发动机性能参数的重现性。

平台推进剂是一种很有应用前途的推进剂。除双基平台推进剂以外，复合平台推进剂和无烟改性双基平台推进剂的研究也取得了很大进展。目前，平台推进剂的应用尚受到能量、燃速和平台压强范围的限制。

3. 固体推进剂侵蚀燃烧效应

固体火箭推进剂的侵蚀燃烧（erosive burning）效应指的是平行于装药燃烧表面的气体流动状态对装药燃速的影响。对于采用侧面燃烧的固体火箭发动机，当装药的装填密度较高时，侵蚀燃烧效应几乎是不可避免的。侵蚀燃烧效应对固体火箭发动机的性能有很大影响，自 1927 年莫拉奥（Muraour）首次明确提出固体推进剂侵蚀燃烧问题以来，研究推进剂侵蚀燃烧特性并控制推进剂的侵蚀燃烧效应一直是固体火箭发动机领域的重要课题。

1）侵蚀燃烧效应

通过中止实验使具有侵蚀燃烧效应的装药燃烧熄灭，可以发现装药并不是严格按照集合燃烧定律燃烧的。如果装药燃烧表面的初始形状为内孔正圆管状，则燃烧中止后装药内孔大致呈截锥形，如图 3-36 所示。由图可见，装药通道下游（近喷管端）的燃速大于上游。装药通道上下游两端的燃烧条件差别主要体现在平行于燃烧表面的气体流动条件不同，即上游燃气压强高、流速低，而下游则压强低、流速高。根据固体推进剂燃速定律，上游压强高于下游，则上游的燃速亦应大于下游，但实际情况正好相反，这说明燃速差别主要是由上下游的流速不同造成的。一般情况下，平行于装药燃烧表面的燃气流速将使燃速增大，这种现象称为固体推进剂的侵蚀燃烧效应。进一步观察燃烧中止后的燃烧表面形状还可发现，在装药通道上游仍有一部分燃烧表面呈圆管形，说明并不是任何状态的平行气流都能产生侵蚀燃烧效应，只有当气流速度大于某个值时，侵蚀燃烧效应才会出现，这个流速度的临界值称为侵蚀燃烧界限流速，用符号 v_{th} 表示。

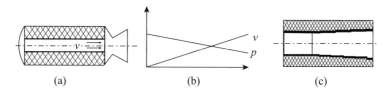

图 3-36　内孔燃烧装药的侵蚀效应

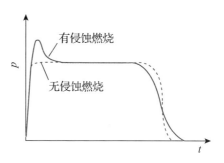

**图 3-37　侵蚀效应对燃烧室
压强-时间曲线的影响**

侵蚀燃烧效应使装药燃速增大，燃气生成率也随之增大，导致燃烧室中的燃气压强升高。在发动机工作的初始阶段，装药通道的横截面积很小，气流速度大，因而侵蚀燃烧效应最严重，常引起压强急升，这种由侵蚀燃烧效应引起的压强急升称为侵蚀压强峰，如图 3-37 所示。此后，随着装药的不断燃烧，通道截面积逐渐扩大，流速不断减小，侵蚀效应也逐渐减弱，燃速恢复到无侵蚀时的燃速，压强也随之降低到无侵蚀时的压强。

燃烧温度低于 3000K 固体推进剂大都有明显的侵蚀燃烧效应。一般地，燃烧温度越高侵蚀效应越小，推进剂燃速越低侵蚀效应越明显，在无喷管发动机中侵蚀燃烧效应尤为严重。侵蚀燃烧效应对固体火箭发动机性能的危害主要表现在：①侵蚀压强峰提高了燃烧室的强度负荷，使发动机的消极质量增大；②侵蚀燃烧效应引起的燃速增加了装药的燃烧时间和发动机的工作时间，改变了预定的推力方案；③对贴壁浇注的内孔燃烧发动机，由于装药通道内的气流速度沿流动方向逐渐增大，导致装药肉厚不能同时烧完，使下游部分燃烧室壳体过早暴露于高温高速燃气中，加大了燃烧室壳体的热负荷；④在侵蚀燃烧效应作用下装药燃速沿轴向增大，导致不能完全燃烧甚至熄灭的余药量增多，降低了发动机的总冲和比冲。由此可见，侵蚀燃烧效应对火箭发动机性能有多方面的重要影响，而且装药装填密度越大，侧面燃烧装药的这种影响就越严重。因此，在发动机的装药设计中，必须准确计算装药在寝室燃烧条件下的燃速，合理选择各种影响寝室燃烧效应的设计参数，只有这样才能正确预估火箭发动机的性能。

固体推进剂在燃烧过程中出现侵蚀燃烧效应时，装药的实际燃速不同于燃速定律给出的值。燃速的改变量或侵蚀燃烧效应的大小可以用相同压强和初温下的有侵蚀速度与无侵蚀燃速之比来度量，这个比值称为侵蚀比或侵蚀函数，

用 ε 表示，即

$$\varepsilon = \frac{\dot{r}}{\dot{r}_0} \tag{3-278}$$

式中：$\dot{r}$ 为有侵蚀燃烧效应时的燃速；$\dot{r}_0$ 为无侵蚀燃速，为了区别称为基本燃速或静态燃速。

根据侵蚀函数 ε 相对于数值 1 的大小，将侵蚀燃烧效应分为两种，即：$\varepsilon > 1$ 称为正侵蚀，$\varepsilon < 1$ 称为负侵蚀。在绝大多数情况下，侵蚀燃烧效应都是正侵蚀，负侵蚀只在特殊条件下出现。

2）侵蚀燃烧效应的物理解释

分析和解释侵蚀燃烧效应产生的原因以及各种因素对侵蚀燃烧效应的影响，是固体推进剂侵蚀燃烧理论所要解决的问题，对此已进行了大量的理论和实践研究工作，并提出了多种侵蚀燃烧理论模型。由于侵蚀燃烧效应是推进剂燃烧与燃气流动相互作用、相互影响的十分复杂的过程，所以要弄清侵蚀燃烧机理难度非常大。尽管如此，利用已有侵蚀燃烧模型中的基本观点，可以定性分析侵蚀燃烧现象。

燃气的湍流运动时产生侵蚀燃烧效应的重要原因之一。根据附面层理论可知，随着流速的增加，雷诺数 Re（Reynolds number）增大，装药燃烧表面附近的气体流动状态由层流流动逐渐过渡到湍流流动。当湍流流动侵入到气相反应区时，气体导热系数将由层流状态下的单纯分子运动引起的导热系数增加到湍流时由气体微团运动引起的湍流导热系数，从而加大气象火焰对固相的热反馈，使装药燃速增大。对复合推进剂而言，湍流进入气相反应区还会加速氧化剂和燃料气体之间的扩散混合，提高气象反应速度，增强反应的热效应，并使火焰更靠近燃烧表面。气相向固相热反馈的增加是燃速增大、产生侵蚀的一个重要因素。

在湍流附近层的黏性底层中，炉体输运仍保持分子运动的输运特性。黏性底层的厚度 δ 随雷诺数（或流速）和压强的增大而减薄，其数量级可与气相反应区厚度相当，如图 3-38 所示。通常，气相反应区是很薄的，且随着压强的增大，其厚度可以减少到几十微米的数量级。因此，只有当黏性底层厚度小于气相反应区厚度时，气相反应区才会进入湍流流动状态，从而产生侵蚀燃烧效应。

当流速沿装药轴向距离增加时，湍流压强分布随之发生变化。这种变化不仅表现在湍流强度峰值 I_P 的增大，同时也使湍流压强峰值出现的位置更靠近燃烧表面，如图 3-39 所示，从而进一步增强了气相的燃气输运特性，是燃速增大，这是平行于装药燃烧表面的燃气流速导致侵蚀燃烧效应的基本原因。此外，装药燃烧表面并不是完全光滑的固体边界，而是微观上高低不平的粗糙表面，其上可能附着某些液体和气泡，在气流的机械冲刷作用下表面剥落也会加速，使燃速增大。

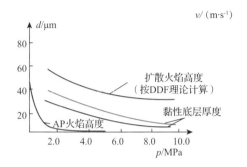

图 3-38　黏性底层厚度与扩散火焰高度变化

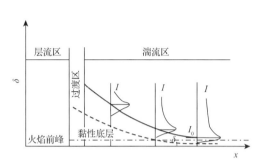

图 3-39　湍流强度分布

上述分析能解释侵蚀燃烧存在界限流速的现象。当流速很低时，湍流附面层的黏性底层较厚，气相反应区在黏性底层内得到保护，不受湍流的影响，燃速仍保持为无侵蚀时的基本燃速。随着流速的增大，黏性底层厚度不断减薄，当达到某个流速时，黏性底层厚度正好与气相反应区厚度相同，湍流效应开始产生作用。这个流速值就是侵蚀燃烧效应的界限流速 v_{th}。当燃气压强升高时，黏性底层厚度和气相反应区厚度均减小，但相比之下黏性底层厚度减小得更快，从而使气相反应区更容易进入湍流流动状态，这应该是界限流速随压强增大而减小的原因。

对于基本燃速 $\dot{r}_0$ 较低的推进剂，在相同燃烧条件下，气相反应区较厚，因此更容易使湍流流动进入气相反应区；另一方面，在推进剂燃烧过程中，装药燃烧表面上的燃烧产物有一个离开表面的垂直气流分速，这个速度分量既有对来自气相的热反馈的阻碍作用，同时也将湍流流动推离燃烧表面，相当于增加了黏性底层的厚度。这种增加黏性底层厚度的作用与燃气垂直离开表面的速度有关。基本燃速较低的推进剂，燃气生成率小，离开表面的气流速度低，对热反馈的阻碍作用弱，因此与高燃速推进剂相比，低燃速推进剂相对来说更容易出现较大的侵蚀燃烧效应。

有些推进剂在 $v < v_{th}$ 时，出现 $\varepsilon < 1$ 的负侵蚀现象，而且压强越低，负侵蚀现象越严重，如图 3-40 所示。左克罗(Zucrow)等对此现象的解释是：一方面，新生成燃气从装药燃烧表面垂直注入附面层的传质作用减少了对推进剂表面的传热效率，使燃速减少；另一方面，新生成燃气不断加入平行于燃烧表面的主流，使主流速度逐渐减弱，后者的作用逐渐增强，当流速超过界限流速后，后

者则占主要地位，这时燃烧将由负侵蚀转变成正侵蚀，如图3-41所示。

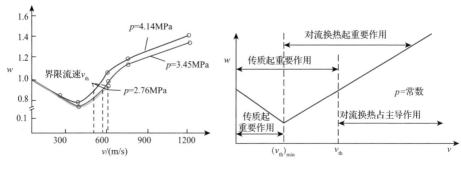

图 3-40   负侵蚀现象   图 3-41   负侵蚀现象的物理解释

3)侵蚀公式和侵蚀准则

如前所述，由于固体推进剂侵蚀燃烧机理的复杂性和多样性，现有的侵蚀燃烧理论模型还不能用于定量计算。因此，工程上使用的侵蚀函数都是在实验研究基础上获得的半经验公式，并表示成以侵蚀燃烧效应主要影响因素(如 v、p、D_P 等)为自变量的函数，称为侵蚀公式。根据对侵蚀燃烧机理及其主要影响因素的不同理解，出现过多种不同形式的侵蚀公式，其中有些彼此之间并无本质区别。这里给出几个有代表性的侵蚀公式。

根据侵蚀公式的具体形式，通过控制某一自变量的大小以达到控制侵蚀燃烧效应的目的，由此得到的判别准则称为侵蚀准则。

3.4.3   固体火箭发动机内弹道参数

固体火箭发动机内弹道是指发动机内部的工作过程，主要研究发动机在设计或非设计状态下燃烧室及喷管内流动参数随时间或空间的变化规律，根据简化程度的不同，分为零维内弹道、一维内弹道和多维工作过程仿真等。零维内弹道将发动机内部参数看作平均值，主要解决燃烧室压强随时间的变化规律；一维内弹道将发动机内部流动近似为一维或准一维流动，解决内部流动参数随时间和一维空间的变化规律；二维或三维工作过程仿真则是用计算流体力学等方法数值模拟真实燃气的多维流动规律，可以考虑化学反应、传质传热、退移边界等实际流动现象，是目前固体火箭发动机内弹道的重要研究方向。

零维和一维内弹道研究的参数主要是燃烧室压强，并在此基础上进一步计算出推力、质量流率、总冲、比冲等重要参数。燃烧室压强是固体火箭发动机的重要参数，其影响主要表现在：

(1)推力及其随时间的变化规律;

(2)推进剂的燃速和发动机的工作时间;

(3)直接影响发动机的比冲等重要性能参数;

(4)正常燃烧需要一定压强(推进剂燃烧的临界压强);

(5)发动机的结构质量。

计算压强时间曲线(即 p-t 曲线)常采用零维和一维两种方法。所谓零维,即认为燃烧室中各处的压强完全一致,是只与时间有关的燃烧室平均压强,可表示成 $p=p(t)$;一维计算除考虑压强随时间的变化外,还考虑压强沿燃烧室轴向的变化,即 $p=p(x,t)$。从固体火箭发动机工程设计的角度看,零维内弹道计算方法简单、直观,在适当修正的基础上能够得到比较满意的计算结果,因此很实用。零维内弹道是本章的主要研究内容,同时简单介绍一维内弹道的求解方法。

3.4.4 零维内弹道微分方程

为使问题简化,在建立零维内弹道计算方程时作如下假设:

(1)推进剂在燃烧室内完全燃烧,并且燃烧过程中燃烧温度不变;

(2)推进剂燃烧产物是组分不变的理想气体。

1. 装药燃烧阶段内弹道方程

根据质量守恒原理,燃烧室内燃气质量 m_g 随时间的变化率应等于燃烧室内燃气生成率 $\dot{m}_b$ 与燃气从喷管排出的质量流率 $\dot{m}$ 之差,即

$$\frac{dm_g}{dt}=\dot{m}_b-\dot{m} \qquad (3-279)$$

燃气生成率和喷管的质量流率可以分别写成

$$\dot{m}_b=\rho_p A_b \dot{r}, \quad \dot{m}=\frac{\varphi_{\dot{m}}\Gamma p_0 A_t}{\sqrt{\chi R T_0}}=\frac{\varphi_{\dot{m}} p_0 A_t}{c^*} \qquad (3-280)$$

式中:$\dot{r}$ 为燃烧室内的平均燃速;$\chi R T_0$ 为考虑了热损失修正系数 χ 的火药力;p_0 为喷管中的滞止压强或喷管入口处的总压,p_0 在数值上等于燃烧室的平均压强 p。

燃烧室中的燃气质量 m_g 可以表示为

$$m_g=\rho V_g \qquad (3-281)$$

式中:ρ 为燃气的平均密度;V_g 为燃气所占的容积,称为燃烧室自由容积。微

分式(3-281)，得

$$\frac{\mathrm{d}m_g}{\mathrm{d}t}=\rho\,\frac{\mathrm{d}V_g}{\mathrm{d}t}+V_g\,\frac{\mathrm{d}\rho}{\mathrm{d}t} \qquad (3-282)$$

式(3-282)表明，燃烧室内燃气的质量变化率是由两部分组成的，一部分为 $\rho\mathrm{d}V_g/\mathrm{d}t$，另一部分为 $V_g\mathrm{d}\rho/\mathrm{d}t$，其意义如下：

(1) $\rho\,\dfrac{\mathrm{d}V_g}{\mathrm{d}t}$，表示在单位时间内由于燃烧室自由容积的增大而填充的燃气质量，称为燃气填充量。如图 3-42 所示，自由容积的增大量实际上等于推进剂烧去的体积，即

图 3-42   燃烧室装药燃烧过程示意图

$$\mathrm{d}V_g=A_b\cdot\mathrm{d}e=A_b\dot{r}\mathrm{d}t$$

所以，有

$$\rho\,\frac{\mathrm{d}V_g}{\mathrm{d}t}=\rho A_b\dot{r} \qquad (3-283)$$

(2) $V_g\,\dfrac{\mathrm{d}\rho}{\mathrm{d}t}$，表示在单位时间内由于燃气密度改变所需要的燃气质量。

对燃气的热状态方程：

$$\rho=\frac{p}{\chi RT_0}$$

进行微分，得

$$\frac{\mathrm{d}\rho}{\mathrm{d}t}=\frac{1}{\chi RT_0}\frac{\mathrm{d}p}{\mathrm{d}t}-\frac{p}{(\chi RT_0)^2}\frac{\mathrm{d}(\chi RT_0)}{\mathrm{d}t}$$

根据假设，在推进剂燃烧期间，燃气温度 $T_0=\mathrm{Const}$；理想气体组分和气体常数 R 不变；热损失修正系数 χ 也可以看作常数，则上式右端的第二项为零，于是有

$$\frac{\mathrm{d}\rho}{\mathrm{d}t}=\frac{1}{\chi RT_0}\frac{\mathrm{d}p}{\mathrm{d}t} \qquad (3-284)$$

将式(3-283)和式(3-284)代入式(3-282)中，可得

$$\frac{\mathrm{d}m_g}{\mathrm{d}t}=\rho A_b\dot{r}+\frac{V_g}{\chi RT_0}\frac{\mathrm{d}p}{\mathrm{d}t} \qquad (3-285)$$

式中：燃速和压强均应理解为燃烧室内平均燃速和平均静压强。将式(3-285)

和式(3-280)代入式(3-279),有

$$\frac{V_g}{\chi R T_0}\frac{\mathrm{d}p}{\mathrm{d}t}=(\rho_p-\rho)A_b\dot{r}-\dot{m} \tag{3-286}$$

这就是计算零维内弹道即燃烧室内 p-t 曲线的微分方程。

若令

$$\Delta\dot{m}_b=(\rho_p-\rho)A_b\dot{r} \tag{3-287}$$

表示扣除填充量的燃气净生成量,则式(3-286)可以写成:

$$\frac{V_g}{\chi R T_0}\frac{\mathrm{d}p}{\mathrm{d}t}=\Delta\dot{m}_b-\dot{m} \tag{3-288}$$

又由于燃气的密度 ρ 远远小于固体推进剂的密度 ρ_p,即 $\rho\ll\rho_p$,因而有

$$\Delta\dot{m}_b\approx\rho_p A_b\dot{r}=\dot{m}_b \tag{3-289}$$

于是,p-t 曲线的微分方程式(3-286)还可改写成

$$\frac{V_g}{\chi R T_0}\frac{\mathrm{d}p}{\mathrm{d}t}\approx\dot{m}_b-\dot{m}=\rho_p A_b\dot{r}-\dot{m} \tag{3-290}$$

从式(3-286)或式(3-288)可以看出,燃烧室内平均压强的变化规律如下:

(1)$\Delta\dot{m}_b>\dot{m}$ 时,$\mathrm{d}p>0$,即压强升高;

(2)$\Delta\dot{m}_b<\dot{m}$ 时,$\mathrm{d}p<0$,则压强下降;

(3)$\Delta\dot{m}_b=\dot{m}$ 时,$\mathrm{d}p=0$,压强保持不变,即处于平衡状态。

2. 拖尾段内弹道方程

当 $\dot{m}_b=0$(或 $A_b=0$)即装药燃烧结束时,由于燃烧室内无新生燃气的补充,燃气温度很快下降,燃烧室自由容积等于燃烧室容积 V_c,即 $V_g=V_c$,这一期间称为拖尾段。实际上,当烧去肉厚达到装药的总肉厚之后($e>e_p$),燃烧结束(即 $\dot{m}_b=0$)或燃烧面积迅速减小(虽然 $\dot{m}_b\neq0$,但下降很快),相应的燃烧室压强和推力也迅速降低,这一阶段称为后效段或下降段,产生的推力称为后效推力,所以拖尾段只是后效段的一部分。

由式(3-279)、式(3-280)和式(3-282),可得零维内弹道拖尾段方程为

$$V_c\frac{\mathrm{d}\rho}{\mathrm{d}t}=-\dot{m} \tag{3-291}$$

式(3-291)是以燃气密度变化的形式给出的,不能直接用于计算压强,需要通过其他模型联立求解,内容在本章第 5 节将详细讨论。

3.4.5 平衡压强

从上一节的分析可知，当 $\Delta\dot{m}_b=\dot{m}$ 时，有 $dp=0$，即燃烧室压强处于平衡状态，此时的压强称为平衡压强，用 p_{eq} 表示。需要说明的是，燃烧室压强的平衡状态不是绝对的，而是动态平衡，即当某个扰动（如燃面变化等）促使 $\Delta\dot{m}_b$ 变化时，它也会引起 $\dot{m}$ 的变化，直到达到新的平衡状态，其间所需的时间（称为松弛时间）很短。

1. 平衡压强的计算公式

压强的平衡条件为

$$\Delta\dot{m}_b=\dot{m} \tag{3-292}$$

其中，燃气生成率和质量流率由式（3-280）给出。显然，采用不同的燃速定律，可以得到不同的计算公式。

以指数燃速定律为例，并考虑侵蚀燃烧效应，有

$$\Delta\dot{m}_b=(\rho_p-\rho)A_b\dot{r}=(\rho_p-\rho)A_b\cdot ap^n\varphi(æ)$$

式中：$\varphi(æ)$ 为平均侵蚀函数。将上式代入平衡条件式（3-292），可得

$$(\rho_p-\rho)A_b ap^n\varphi(æ)=\frac{\varphi_{\dot{m}}\Gamma pA_t}{\sqrt{\chi RT_0}}$$

因为此时的压强 p 即为平衡压强 p_{eq}，所以上式可整理成

$$p_{eq}=\left[\frac{\rho_p A_b a\varphi(æ)\sqrt{\chi RT_0}}{\varphi_{\dot{m}}\Gamma A_t}\left(1-\frac{\rho}{\rho_p}\right)\right]^{\frac{1}{1-n}} \tag{3-293}$$

令

$$K_N=\frac{A_b}{A_t} \tag{3-294}$$

称为面喉比，并将特征速度公式代入式（3-293），则有

$$p_{eq}=\left[\frac{\rho_p ac^*\varphi(æ)\cdot K_N}{\varphi_{\dot{m}}}\left(1-\frac{\rho}{\rho_p}\right)\right]^{\frac{1}{1-n}} \tag{3-295}$$

定义装填参量 M 和密度比 δ 为

$$M=\frac{\rho_p A_b a\varphi(æ)\cdot\sqrt{\chi RT_0}}{\varphi_{\dot{m}}\Gamma A_t}=\frac{\rho_p ac^*\varphi(æ)\cdot K_N}{\varphi_{\dot{m}}} \tag{3-296}$$

$$\delta = \frac{\rho}{\rho_p} = \frac{p_{eq}}{\rho_p \cdot \chi R T_0} \tag{3-297}$$

装填参量 M 的单位为 Pa^{1-n} 或 MPa^{1-n}。于是，可将平衡压强改写为

$$p_{eq} = [M(1-\delta)]^{\frac{1}{1-n}} \tag{3-298}$$

显然，$\delta = \delta(p_{eq})$，所以（式 3-293）、式（3-295）或式（3-298）均为隐式方程，需要迭代求解。

由于 $\rho \ll \rho_p$，即 $\delta \ll 1$，为了简化计算，将上式中的指数项展成幂级数，并忽略高阶项，可得

$$(1-\delta)^{\frac{1}{1-n}} = 1 - \frac{\delta}{1-n}$$

于是，式（3-298）变为

$$p_{eq} = \left(1 - \frac{\delta}{1-n}\right) \cdot M^{\frac{1}{1-n}}$$

再将密度比定义式（3-297）代入上式，整理可得

$$p_{eq} = \frac{M^{\frac{1}{1-n}}}{1 + \dfrac{M^{\frac{1}{1-n}}}{(1-n)\rho_p \cdot \chi R T_0}} \tag{3-299}$$

或者，不计 δ 的影响，即令 $\delta = 0$，有

$$p_{eq} = M^{\frac{1}{1-n}} = \left(\frac{\rho_p A_b a \varphi(\boldsymbol{\alpha}) \sqrt{\chi R T_0}}{\varphi_m \Gamma A_t}\right)^{\frac{1}{1-n}} = \left(\frac{\rho_p a c^* \varphi(\boldsymbol{\alpha}) \cdot K_N}{\varphi_m}\right)^{\frac{1}{1-n}} \tag{3-300}$$

通常，忽略 δ 带来的计算误差约在 2% 以内。

上述各式均为计算平衡压强的常用计算式，其中，式（3-299）和式（3-300）为显式公式，可直接计算出平衡压强，其余公式则为隐式公式，需要迭代计算。

采用隐式方程迭代计算平衡压强 p_{eq} 时，计算步骤为：

（1）令 $\delta = 0$，即采用式（3-300）计算，得到 p_{eq} 的初值；

（2）以 p_{eq} 的初值代入式（3-297）求解 δ；

（3）用式（3-298）求解出新的 p_{eq}；

（4）返回第（2）步，用 p_{eq} 的新值再求解 δ，于是又得到一个 p_{eq} 的新值。如此重复迭代，直到相邻两次的 p_{eq} 值相差小于所要求的精度 ε_p 为止，如图 3-43 所示。

通常情况下，由于用显式方程式(3-300)求出的 p_{eq} 误差并不大，所以上述过程的迭代次数不会很多，一般数次迭代即可满足精度。

2. 平衡压强的影响因素

从式(3-291)或式(3-295)中可以看出，影响平衡压强的因素主要有：推进剂性质如 ρ_p、a、n，装药结构如 A_b、$\varphi(æ)$，发动机结构和工作特性如 A_t、$\varphi(æ)$、热损失，另外还有初温 T_i 等的影响。

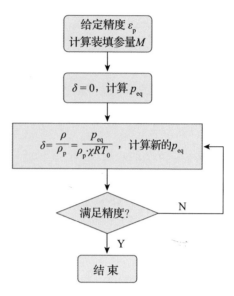

图 3-43　平衡压强迭代计算过程

为了分析这些因素对平衡压强的影响，忽略燃气填充量，将式(3-300)和式(3-296)取对数并微分，可得

$$\frac{\Delta p_{eq}}{p_{eq}} = \frac{1}{1-n}\frac{\Delta M}{M}$$

$$= \frac{1}{1-n}\left[\frac{\Delta \rho_p}{\rho_p} + \frac{\Delta a}{a} + \frac{\Delta \varphi(æ)}{\varphi(æ)} + \frac{1}{2}\frac{\Delta RT_0}{RT_0} + \frac{\Delta A_b}{A_b} - \frac{\Delta A_t}{A_t}\right] \qquad (3-301)$$

或

$$\frac{\Delta p_{eq}}{p_{eq}} = \frac{1}{1-n}\left[\frac{\Delta \rho_p}{\rho_p} + \frac{\Delta a}{a} + \frac{\Delta \varphi(æ)}{\varphi(æ)} + \frac{\Delta c^*}{c^*} + \frac{\Delta K_N}{K_N}\right] \qquad (3-302)$$

1)推进剂性质

(1)推进剂的燃速特性 a 和 n。其中，燃速的压强指数 n 值的影响特别敏感，n 越小则平衡压强的跳动 $\Delta p_{eq}/p_{eq}$ 就越小；同时，系数 $1/(1-n)$ 对所有影响因素均起着放大的作用，因此 n 对压强的跳动影响非常大。所以，降低推进剂燃速的压强指数或采用平台推进剂有利于燃烧室压强的稳定。

(2)在推进剂制造过程中，配方成分不可避免地存在工艺误差，导致 ρ_p、c^*、a、n 等参数偏差，使平衡压强产生跳动。

(3)工作条件的影响，如 a、n 的测量偏差，也导致压强跳动。

(4)燃烧不完全和各种损失使 c^* 发生变化，产生压强跳动。

2)发动机面喉比 K_N

如果将装填参量 M 中的面喉比 K_N 提出来，并令

$$A = \left[\frac{\rho_{\mathrm{p}} a \varphi(\boldsymbol{æ}) \cdot \sqrt{\chi R T_0}}{\varphi_{\mathit{m}} \Gamma} \right]^{\frac{1}{1-n}} = \left[\frac{\rho_{\mathrm{p}} a \varphi(\boldsymbol{æ}) c^*}{\varphi_{\mathit{m}}} \right]^{\frac{1}{1-n}} \qquad (3-303)$$

则有

$$p_{\mathrm{eq}} = M^{\frac{1}{1-n}} = A \cdot K_N^{\frac{n}{1-n}} \qquad (3-304)$$

可见，对于给定的推进剂，如果初温一定，不考虑侵蚀时，有 $A = \mathrm{Const}$，因此压强的大小主要取决于面喉比；同时，由于系数 $1/(1-n) > 1$，所以改变面喉比可以显著改变压强的大小。

平衡压强 p_{eq} 随面喉比 K_N 的变化如图 3-44 所示。由图可知，当 K_N 增大时，p_{eq} 对 K_N 的敏感程度（斜率）增大。因此，在设计发动机时不宜使平衡压强 p_{eq} 处于比较敏感的 K_N 范围内，即 K_N 不能超过一定值。对式(3-304)求导可以得到 p_{eq}-K_N 曲线的斜率，即

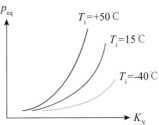

图 3-44　平衡压强与面喉比的关系

$$k = \frac{\mathrm{d}p_{\mathrm{eq}}}{\mathrm{d}K_N} = \frac{A}{1-n} K_N^{\frac{n}{1-n}} \qquad (3-305)$$

在固体火箭发动机设计中，选定推进剂以后，选择适宜的面喉比是控制平衡压强或火箭发动机工作压强的主要途径。

3）初温 T_{i}

初温对压强的影响是初温影响燃速的结果，且对压强的影响更大。初温对压强的影响通常用压强的初温敏感系数来表示，定义为

$$\alpha_{\mathrm{p}} = \frac{1}{p} \frac{\partial p}{\partial T_{\mathrm{i}}} \bigg|_{K_N} \qquad (3-306)$$

即在给定面喉比 K_N 下，初温变化 1℃ 或 1K 导致的平衡压强的相对变化量。

可以证明，压强的初温敏感系数与燃速初温敏感系数存在如下关系

$$\alpha_{\mathrm{p}} = \frac{1}{1-n} \alpha_{\mathrm{T}} \qquad (3-307)$$

式中：α_{T} 为燃速初温敏感系数。式(3-307)表明，初温对压强的影响是对燃速影响的 $1/(1-n)$ 倍。因此，为了保持燃烧室压强稳定，控制燃速初温敏感系数和降低燃速的压强指数都是十分必要的。

在工程上，压强的初温敏感系数通常用一定初温范围内的平均值表示，即

$$\bar{\alpha}_p = \frac{1}{p}\frac{\Delta p}{\Delta T_i} = \frac{\Delta(\ln p)}{\Delta T_i} = \frac{\ln p - \ln p_{st}}{\Delta T_i} \tag{3-308}$$

式中：$\Delta T_i = T_i - T_{st}$ 为初温的变化范围；p_{st} 为标准初温 T_{st} 下的压强。

如果已知推进剂压强的初温敏感系数，则任意初温 T_i 下的压强可通过上式计算出来，即

$$p = p_{st} \cdot e^{\bar{\alpha}_p(T_i - T_{st})} \tag{3-309}$$

将式(3-309)按幂级数展开，并忽略高阶项，可近似为

$$p \approx p_{st} \cdot [1 + \bar{\alpha}_p(T_i - T_{st})] \tag{3-309a}$$

图3-44给出了不同初温下平衡压强随面喉比的变化，表3-8是某双基推进剂在不同面喉比下压强初温敏感系数的实测值。

表3-8　某双基推进剂在不同面喉比下的压强初温敏感系数

$T_i/℃$	$-40\sim+20$				$+20\sim+50$				
K_N	140	180	220	260	115	140	180	220	260
$\bar{\alpha}_p(\%/℃)$	0.408	0.473	0.481	0.427	0.299	0.333	0.321	0.366	0.466

3.4.6　零维内弹道计算与分析

零维内弹道计算的主要目的是得出压强-时间(p-t)曲线，从而进一步计算出推力-时间(F-t)曲线，有时还需要得到质量流率-时间($\dot{m}$-t)曲线，为火箭或导弹系统提供设计依据。

如前所述，通过装药的几何参数变化可以计算出平衡压强随时间(p_{eq}-t)的变化规律，在精度要求不高的情况下可以作为一种 p-t 曲线的近似结果，而更精确的计算则需要求解零维内弹道方程式(3-286)，本节主要介绍其计算方法。

1. 压强-时间曲线微分方程分析

将质量流率式(3-280)代入零维内弹道方程式(3-286)，可得

$$\frac{V_g}{\chi R T_0}\frac{dp}{dt} = (\rho_p - \rho)A_b \dot{r} - \frac{\varphi_m \Gamma p A_t}{\sqrt{\chi R T_0}} \tag{3-310}$$

注意，质量流率公式中的压强为喷管入口的滞止压强 p_{02}，p_{02} 在数值上等于燃烧室的平均压强 p；另外，燃烧室中的温度假设是不变的，即有 $T = T_1 = T_{01} = T_0$。考虑到燃气的热状态方程和指数燃速公式，可将内弹道方程写成

$$\frac{V_g}{\chi RT_0}\frac{dp}{dt} = \left(\rho_p - \frac{p}{\chi RT_0}\right)A_b a p^n \varphi(\ae) - \frac{\varphi_m \Gamma p A_t}{\sqrt{\chi RT_0}} \tag{3-311}$$

整理得

$$\frac{dp}{dt} = \frac{\rho_p A_b a \varphi(\ae)\chi RT_0}{V_g}p^n - \frac{A_b a \varphi(\ae)}{V_g}p^{1+n} - \frac{\varphi_m \sqrt{\chi RT_0}\Gamma A_t}{V_g}p$$

$$\tag{3-312}$$

考虑特征速度公式，式(3-312)可写成

$$\frac{dp}{dt} = \frac{\rho_p A_b a \varphi(\ae)\Gamma^2 c^{*2}}{V_g}p^n - \frac{A_b a \varphi(\ae)}{V_g}p^{1+n} - \frac{\varphi_m \Gamma^2 c^* A_t}{V_g}p \tag{3-313}$$

如果忽略燃气的填充量，则有

$$\frac{dp}{dt} = \frac{\rho_p A_b a \varphi(\ae)\chi RT_0}{V_g}p^n - \frac{\varphi_m \sqrt{\chi RT_0}\Gamma A_t}{V_g}p \tag{3-314}$$

或

$$\frac{dp}{dt} = \frac{\rho_p A_b a \varphi(\ae)\Gamma^2 c^{*2}}{V_g}p^n - \frac{\varphi_m \Gamma^2 c^* A_t}{V_g}p \tag{3-315}$$

上述各式即为零维内弹道计算的微分方程。在定常或准定常条件下，方程中的系数均为常数，因此，零维内弹道方程是一阶常系数微分方程，可使用龙格-库塔(Runge-Kutta)法求解。

2. 四阶龙格-库塔法介绍

四阶龙格-库塔法具有较高的积分精度，常用于一阶常系数微分方程或方程组的求解。对于一般形式的一阶常系数微分方程：

$$\frac{dp}{dt} = f(p, t)$$

已知在某时刻 t_n 的函数值为 p_n，可以计算出如下四个系数：

$$\begin{cases} k_1 = f(p_n, t_n) \\ k_2 = f\left(p_n + \frac{k_1}{2} \cdot \Delta t, \ t_n + \frac{\Delta t}{2}\right) \\ k_3 = f\left(p_n + \frac{k_2}{2} \cdot \Delta t, \ t_n + \frac{\Delta t}{2}\right) \\ k_4 = f(p_n + k_3 \cdot \Delta t, \ t_n + \Delta t) \end{cases} \tag{3-316}$$

则下一时刻 $t_{n+1} = t_n + \Delta t$ 时的函数值 p_{n+1} 为

$$p_{n+1} = p_n + \frac{\Delta t}{6}(k_1 + 2k_2 + 2k_3 + k_4) \qquad (3-317)$$

这就是四阶龙格-库塔法。其中，Δt 为时间步长。

一般而言，步长 Δt 越小即积分间隔越小，则计算精度越高。但是，随着步长的减小，计算步骤增多，龙格-库塔法的误差积累也趋于严重，因此，必须合理选取步长。固体火箭发动机的零维内弹道计算通常取 $\Delta t = 0.01 \sim 0.2$s。如果在整个计算过程中将步长 Δt 取为定值，则称为定步长龙格-库塔法，否则称为变步长法，其求解更精确，但计算时间增长，这里不作介绍。

3. 计算步骤

内弹道方程式(3-312)~式(3-315)，在定常或准定常假设下为常系数微分方程，可以利用龙格-库塔法求解。计算时，需要已知函数的初值，即 $t=0$ 时的函数值 p。在固体火箭发动机计算中，一般取点火压强为积分初值，即 $p_{(t=0)} = p_{ig}$。取步长 Δt，则积分计算过程如图 3-45 所示，各计算步骤如下：

(1)设定初值，即 $t=0$ 时 $e(t)=0$，$p(t)=p_{ig}$；

(2)计算当前肉厚 e 下的 A_b、A_p 和 V_g，以及通气参量 α、侵蚀函数 $\varphi(\alpha)$ 和方程的各系数；

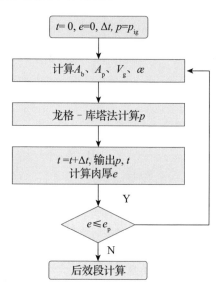

图 3-45   零维内弹道压强计算过程

(3)利用龙格-库塔法解出 $t+\Delta t$ 时刻的压强 $p(t+\Delta t)$；

(4)计算 $t+\Delta t$ 时刻的肉厚：$e(t+\Delta t) = e(t) + \dot{r}(t) \cdot \Delta t$；

(5)判断：当 $e > e_p$ 时转入后效段计算，否则转入步骤(2)进行循环。

4. 后效段计算

零维内弹道的后效段有两种处理方式，一是考虑到在燃烧末期，由于存在余药、碎药而使燃气温度近似保持不变，可以处理成等温过程继续计算，因而计算方程不变；二是按等熵过程计算，即满足 $p/\rho^{\gamma} = \text{Const}$，这是因为燃烧结束以后，温度变化大，是一个纯排气过程，可近似为等熵流动。实际上，在压强下降的初始阶段可按等温计算，而压强下降到较低时可按等熵计算，因此可以将两种处理方式结合起来。

1）等温过程计算

进入余药燃烧阶段时，方程仍为式（3-312）～式（3-315），但燃烧面积和通气面积需按余药变化规律计算，其余求解过程与前述内弹道完全相同。当余药燃烧结束时，对应的压强和时间分别为 p_f 和 t_f，燃烧面积 $A_b = 0$，燃烧室自由容积为 $V_g = V_c = \pi D_{ci}^2 \cdot L_c / 4$（$L_c$ 为燃烧室长度），计算方程变为

$$\frac{\mathrm{d}p}{\mathrm{d}t} = -\frac{\varphi_m \sqrt{\chi R T_0} \Gamma A_t}{V_c} \cdot p = -\frac{\varphi_m \Gamma^2 c^* A_t}{V_c} \cdot p$$

或

$$\frac{\mathrm{d}p}{p} = -\frac{\varphi_m \sqrt{\chi R T_0} \Gamma A_t}{V_c} \cdot \mathrm{d}t = -\frac{\varphi_m \Gamma^2 c^* A_t}{V_c} \cdot \mathrm{d}t \qquad (3-318)$$

积分得

$$p = p_f \cdot \mathrm{e}^{-\frac{\varphi_m \sqrt{\chi R T_0} \Gamma A_t}{V_c}(t - t_f)} = p_f \cdot \mathrm{e}^{-\frac{\varphi_m \Gamma^2 c^* A_t}{V_c}(t - t_f)} \qquad (3-319)$$

等温过程计算的结束点可以认为是压强下降到推进剂临界压强 p_{cr} 对应的时刻 t_{cr}，即结束条件为 $p < p_{cr}$。如果余药开始燃烧时刻压强就已经变得低于 p_{cr}，则不需进行等温计算。

对于等截面圆孔装药，如果没有余药，则 $p_f = p_b$，其中 p_b 是 $e = e_p$ 即燃烧结束时的压强。

2）等熵过程计算

当压强降低到 p_{cr} 以下时，可以将排气过程当成等熵流动，使用拖尾段方程进行计算。等熵方程为

$$\frac{p}{\rho^\gamma} = \mathrm{Const} \qquad (3-320)$$

将 p_{cr} 作为参考点，利用式（3-320）可得到等熵过程任意点的参数，即

$$\frac{p}{\rho^\gamma} = \frac{p_{cr}}{\rho_{cr}^\gamma}$$

令

$$C = \frac{p_{cr}}{\rho_{cr}^\gamma}$$

则有

$$\rho = \left(\frac{p}{C}\right)^{\frac{1}{\gamma}}$$

微分得

$$\mathrm{d}\rho = \frac{1}{\gamma}C^{-\frac{1}{\gamma}}p^{\frac{1}{\gamma}-1}\mathrm{d}p$$

代入拖尾段方程，可得

$$V_c \frac{1}{\gamma}C^{-\frac{1}{\gamma}}p^{\frac{1}{\gamma}-1}\frac{\mathrm{d}p}{\mathrm{d}t} = -\dot{m} = -\frac{\varphi_m p A_t}{c^*}$$

积分得

$$p = \left[p_{cr}^{-\frac{\gamma-1}{\gamma}} + \frac{\gamma-1}{\gamma}C_{cr}(t - t_{cr}) \right]^{-\frac{\gamma}{\gamma-1}} \tag{3-321}$$

式中，系数 C_{cr} 为

$$C_{cr} = \frac{\gamma\, C^{\frac{1}{\gamma}} A_t}{V_c c^*} = \frac{\gamma\, \varphi_m\, p^{\frac{1}{cr}} A_t}{\rho_{cr} V_c c^*} \tag{3-322}$$

等熵排气时，燃烧室内的压强很低，而且下降程度逐渐趋缓。理论上，当压强降低到不满足喷管膨胀流动的力学条件(如 $p_e < p_a$)时，计算即可结束。在工程应用中，一般以工作时间 t_k 为计算结束点。

考虑后效段计算的内弹道计算框图如图 3-46 所示。各特征点 p_b、p_f 和 p_{cr} 如图 3-47 所示，其中由 $e \leqslant e_p$ 得到的最末一点压强为 p_b，由 $A_b \geqslant 0$ 得到的最末一点压强为 p_f。

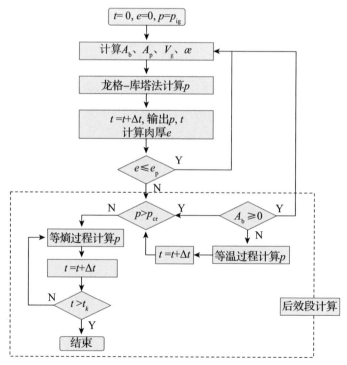

图 3-46　零维内弹道压强计算的完整过程

5. 固体火箭发动机压强 - 时间曲线的特征

图 3 - 47 所示是等面燃烧装药固体火箭发动机零维 p - t 曲线的典型形状，该曲线有以下特点：

(1)上升段、平衡段和后效段特征分明；

(2)在发动机工作的初期出现压强峰 p_m，称为初始压强峰；

(3)后效段有明显的拖尾，这是燃气的排气流动现象。

初始压强峰 p_m 的存在，给发动机设计带来了困难：首先 p_m 数值较大，提高了燃烧室的强度负荷，导致发动机结构质量增加。由于 p_m 持续的时间非常短，

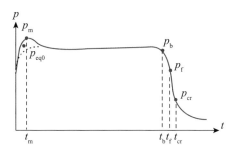

图 3 - 47 p - t 曲线特征

在大部分工作时间内压强都比较低，因而使材料强度的储备过大。其次，初始压强峰使发动机内弹道的重现性变坏。然而，适当的初始压强峰也有积极的一面，如增加炮口速度，从而提高无控火箭密集度等。一般情况下，在发动机设计时应将初始压强峰 p_m 控制在适当范围之内。

影响初始压强峰 p_m 的因素主要有侵蚀燃烧效应、点火药量和发动机结构等。点火药量越大，初始压强峰越高，所以必须严格控制点火药量。通常先根据经验选取用量，再通过多次实验验证和调整得到合理的值。在发动机喷管喉部或出口截面上放置防潮密封塞，有的发动机点火装置放置在喉部，装药点火后需要一定的压强才能打开它们，有利于装药的可靠点燃，并可提高内弹道的重现性，但同时也会进一步加大初始压强峰，因此必须合理控制打开密封塞的压强。

由侵蚀燃烧效应引起的初始压强峰又称侵蚀压强峰，图 3 - 47 中的虚线表示 $\varphi(\alpha e) = 1$ 即无侵蚀时的 p - t 曲线。当存在侵蚀燃烧效应即 $\varphi(\alpha e) > 1$ 时，为什么会引起压强峰呢？由 p - t 曲线微分方程式(3 - 288)或式(3 - 312)～式(3 - 315)可以看出，压强的变化取决于推进剂的燃气生成量(使压强升高)和通过喷管流出去的燃气量(使压强降低)。在发动机工作初期，装药通道最小，侵蚀燃烧效应最严重，由于燃气生成量的增大而引起了压强升高。随着燃烧的持续进行，促使压强下降的因素也在增长之中：一是压强升高时则相应的喷管质量流率升高，使压强趋向于降低；二是燃烧过程中装药通道的通气面积扩大，使 $\varphi(\alpha e)$ 减小，因而燃气生成量也减小，从而使压强降低。因此，发动机工作

初期的压强升降导致了初始压强峰的出现。

侵蚀燃烧效应对燃烧室压强的影响程度可用峰值比 r_p 来度量，定义为

$$r_p = \frac{p_m}{p_{eq0}} \tag{3-323}$$

式中：p_{eq0} 为同一面喉比时与侵蚀压强峰对应时刻的无侵蚀平衡压强，如图 3-47 所示。由平衡压强公式可得

$$r_p = \varphi\ (æ)^{\frac{1}{1-n}} \tag{3-324}$$

对式(3-324)取对数并微分，有

$$\frac{\Delta r_p}{r_p} = \frac{1}{1-n} \frac{\Delta \varphi(æ)}{\varphi(æ)} \tag{3-325}$$

可见，峰值比 r_p 的变化量是侵蚀函数变化量的 $1/(1-n)$ 倍。所以，降低推进剂的燃速压强指数 n、减小通气参量 $æ$ 和喉通比 J 值以控制侵蚀燃烧效应，是减小侵蚀压强峰的有效途径。但是，减小 $æ$ 和 J 值必然降低发动机的装药装填密度，从而使火箭的总体性能变坏。因此，发动机总体设计必须权衡综合性能，即在燃烧室壳体强度允许条件下应尽量增大 $æ$ 和 J 值以获得足够大的装药装填密度，同时又不致引起太高的初始压强峰。图 3-48 给出了几个成功的发动机设计方案，它们都能起到既增大装药装填密度，又可减小侵蚀效应的作用。

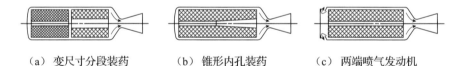

（a）变尺寸分段装药　　（b）锥形内孔装药　　（c）两端喷气发动机

图 3-48　减小侵蚀压强峰的装药结构

6. 燃烧室头部压强计算

在工程设计中应用较多的发动机压强参数是头部压强 p_1，这是因为一方面此处的压强最高，在设计中必须考虑；另一方面，多数发动机实验测量的也是头部压强 p_1。零维内弹道计算出的压强为燃烧室平均静压强，与喷管入口处的滞止压强 p_{02} 近似相等，因此有必要将其换算成头部压强。

由气体动力学可知，对等截面装药通道，任一截面的总压 p_0 与头部 1-1 截面总压 p_{01} 的关系为

$$p_{01} = p_0 \cdot \pi(\lambda)$$

式中：$\pi(\lambda)$ 为气体动力学函数；λ 是燃气的速度系数。在发动机头部，流速

$V_1 = 0$，因而 $p_1 = p_{01}$。将上式应用于装药通道末端的 $2-2$ 截面，有

$$p_1 = p_{02} \pi(\lambda_2)$$

注意，式中的 p_{02} 与燃烧室平均压强(即这里的 p)是相等的。所以，上式可写成：

$$p_1 = p\pi(\lambda_2) \tag{3-326}$$

装药通道末端 $2-2$ 截面的速度系数 λ_2 可通过喉通比 J 计算，即

$$J = \frac{A_t}{A_p} = q(\lambda_2) \tag{3-327}$$

于是，对任意时刻，计算出 λ_2 后，就可以用式(3-326)将平均压强 p 换算成头部压强 p_1 值。

7. 推力和其他参数计算

通过内弹道计算得到 $p-t$ 曲线后，可以利用发动机性能参数公式计算出所需参数。得到推力

$$F = C_F p_{02} A_t = C_F p A_t \tag{3-328}$$

推力系数 C_F

$$C_F = C_{Fv} - \zeta_e^2 \frac{p_a}{p_{02}} = C_{Fv} - \zeta_e^2 \frac{p_a}{p} \tag{3-329}$$

式中：真空推力系数 C_{Fv} 只与扩张比 ζ_e 和比热比有关，可按下述过程求解

$$\begin{cases} q(\lambda_e) = \dfrac{1}{\zeta_e^2} \\ z(\lambda_e) = \dfrac{1}{2}\left(\lambda_e + \dfrac{1}{\lambda_e}\right) \\ C_{Fv} = 2\left(\dfrac{2}{\gamma+1}\right)^{\frac{1}{\gamma-1}} z(\lambda_e) \end{cases} \tag{3-330}$$

式中：λ_e 为排气速度系数。

代入喷管质量流率公式

$$\dot{m} = \frac{\varphi_m p_{02} A_t}{c^*} = \frac{\varphi_m p A_t}{c^*} \tag{3-331}$$

在外弹道中，通常需要计算推进剂的瞬时质量。推进剂的瞬时质量等于烧去后剩余的质量，即有

$$m_p = m_{p0} - \int_0^t \dot{m} \, \mathrm{d}t \tag{3-332}$$

式中：m_{p0}为推进剂的初始质量。对于等截面燃烧，也可按下式计算：

$$m_p = \rho_p \left(\frac{\pi}{4} D_{ci}^2 - A_p \right) \cdot L_p \qquad (3-333)$$

由总冲定义式对计算出的 $F-t$ 曲线积分即可得到总冲；由比冲定义，可以得到平均比冲；代入推力 F 与喷管质量流率 $\dot{m}$，可以得到时间比冲。

3.4.7 特殊装药发动机的内弹道

固体火箭发动机作为一种高可靠性、低成本的动力装置，为满足各种各样的任务需求，对推力方案的要求是多种多样的。不同的推力方案涉及不同的推进剂装药形式，有时甚至使用不同的推进剂。根据任务特点，火箭发动机通常可分为助推、续航以及"助推＋续航"等几种类型，与之相应的推力方案也很不相同。一般地，为了同时满足"助推＋续航"的要求，大多采用多级推力发动机。注意，多级推力发动机在概念上不同于多级火箭。双推力是多级推力发动机常用的推力方案，通常称为双推力发动机，如图 3-49 所示。这种发动机启动后有一个工作时间较短的高推力的助推段，在助推段结束时达到预定的飞行速度，然后在较长时间内形成一个低推力的续航段，用以进一步提高飞行器的飞行速度，或者用以克服空气阻力和重力的影响。高推力助推的主要目的是使反坦克导弹、防空导弹或战术导弹能尽快达到要求的飞行控制速度，或者增加无控火箭的炮口速度以提高火箭密集度。

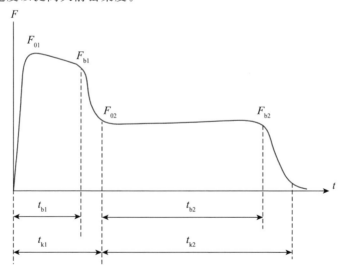

图 3-49 双推力发动机的推力－时间曲线

F_0－初始推力；F_b－燃烧结束推力；t_b－燃烧时间；t_k－工作时间

（下标：1——级推力，2—二级推力）。

双推力发动机可以分为双室双推力、两次点火和单室双推力三种结构形式。双室双推力发动机由相互隔离的燃烧室和各自的喷管组成，可以看作两个独立的发动机单独工作以实现连续或间断的双推力；两次点火发动机由两个燃烧室和一个喷管组成，两个燃烧室可以采用完全独立的装药结构，通过两次点火实现间断的双推力；单室双推力发动机则共用一个燃烧室和一个喷管，通过采用不同的推进剂组合（串联、并联等）、不同燃速的推进剂或不同的装药结构实现双推力。

1. 双室双推力发动机和两次点火发动机

典型的双室双推力发动机如图 3-50 所示。其中，图 3-50(a) 为串联式双室双推力发动机。后装药 2 为助推装药，点燃后燃气从后喷管喷出，形成高推力的助推段。然后点燃前装药 1 即续航装药，燃气经过内喷管，在后燃烧室中膨胀、降压，最后从后喷管喷出，形成低推力的续航段。内喷管的作用是控制前燃烧室压强，使其不因过低而降低续航发动机的燃烧效率。燃气通过内喷管流向后燃烧室是一个通道截面积突然扩大的流动过程，将导致总压损失和流速减小；图 3-50(b) 为并联式双室双推力发动机。助推装药点燃后，燃气通过周向分布的多喷管喷出，形成助推级。续航装药的燃气经长尾管从中心喷管喷出，形成续航级。两个燃烧室内的装药可以同时点燃，也可以依次点燃。

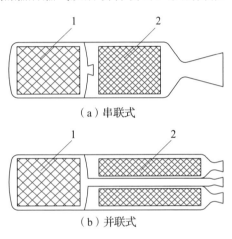

（a）串联式

（b）并联式

图 3-50　双室双推力发动机示意图

1—续航装药；2—助推装药。

双推力发动机的推力比定义为两级推力之比。双室双推力发动机的优点是对推力比限制较小，通常推力比大于 8 时采用双室双推力较适宜。其缺点是结构较复杂，总压损失大，消极质量较大。由于双室双推力发动机可以看作两个独立的发动机，所以其内弹道计算方法与普通发动机完全相同，可以分别计算。

两次点火发动机由于采用了两个独立的燃烧室，只是共用喷管，因此其内弹道特性和计算方法与双室双推力发动机是类似的。

2. 单室双推力发动机

单室双推力发动机的推力比是通过一定的压强比来实现的。由于助推级燃烧室压强不宜过高，否则将增大燃烧室壁厚而使火箭的消极质量增大，同时续航级压强过低时又将导致比冲下降，因此这类发动机的推力比一般不宜超过8。

为了实现一定的压强比，单室双推力发动机通常采用特殊的装药组合形式，主要有以下三种：

(1)相同推进剂，不同结构的组合装药，如图3-51所示；

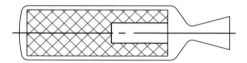

助推装药：内侧面燃烧；续航装药：端面燃烧

图3-51　单室双推力发动机：相同推进剂的不同结构组合装药

(2)不同推进剂，并联组合装药(即双层组合)，如图3-52所示；

(3)不同推进剂，串联组合，如图3-53所示。

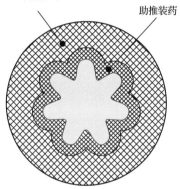

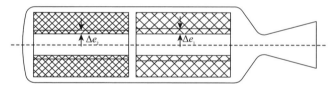

图3-52　单室双推力发动机：
不同推进剂的双层组合装药　　　**图3-53　单室双推力发动机：**
不同推进剂的串联组合装药

对于不同推进剂串联组合的发动机，由于在同一时间段内有不同的推进剂在燃烧，需要重新建立其内弹道方程，后面将详细讨论。而前两种装药的单室双推力发动机在同一时间段内只有同一种推进剂在燃烧，其内弹道方程和计算方法与普通发动机完全相同，只是在装药的几何参数(如燃烧面积、通气面积、自由容积等)计算等方面需要进行更细致的处理——主要是发动机和装药在不同时间阶段的工作状况，即不同装药结构是单独工作还是共同工作、不同推进剂装药的参数是否一致等。需要注意的是，对于双层组合装药，由于实际燃烧过程并不严格按照几何燃烧定律进行，因此在两种装药的交界面上可能存在交叉现象，即两种推进剂同时燃烧，从而使推力的过渡段延长，导致内弹道计算误差增大。

3. 不同推进剂串联组合装药发动机的内弹道

计算不同推进剂串联组合装药发动机（见图 3 - 53）的内弹道特性时不能直接采用同种推进剂的数学模型，需要分别考虑不同推进剂的燃烧特性和物理性能。其中，除自由容积的变化 $\mathrm{d}V_g$ 和燃气生成量 $\dot{m}_b$ 必须分别计算不同推进剂所产生的燃气外，其余过程与一般的内弹道模型相同。自由容积变化和燃气生成量分别为

$$\frac{\mathrm{d}V_g}{\mathrm{d}t} = A_{b1}\dot{r}_1 + A_{b2}\dot{r}_2 \tag{3-334}$$

$$\dot{m}_b = \rho_{p1}A_{b1}\dot{r}_1 + \rho_{p2}A_{b2}\dot{r}_2 \tag{3-335}$$

式中：ρ_{p1}、A_{b1}、$\dot{r}_1$ 和 ρ_{p2}、A_{b2}、$\dot{r}_2$ 分别为第 1 种和第 2 种推进剂的密度、燃面和燃速。代入式（3 - 279），可以建立零维内弹道计算的微分方程，即

$$\frac{V_g}{\chi RT_0}\frac{\mathrm{d}p}{\mathrm{d}t} = (\rho_{p1} - \rho)A_{b1}\dot{r}_1 + (\rho_{p2} - \rho)A_{b2}\dot{r}_2 - \dot{m} \tag{3-336}$$

在近似计算时，忽略燃气填充量，则有

$$\frac{V_g}{\chi RT_0}\frac{\mathrm{d}p}{\mathrm{d}t} = \rho_{p1}A_{b1}\dot{r}_1 + \rho_{p2}A_{b2}\dot{r}_2 - \dot{m} \tag{3-337}$$

燃烧结束时的后效段方程仍为式（3 - 281）。

取指数燃速公式，即

$$\dot{r}_1 = a_1 p^{n_1}\varphi_1(\text{æ}), \quad \dot{r}_2 = a_2 p^{n_2}\varphi_2(\text{æ})$$

令式（3 - 336）中的压强变化率 $\mathrm{d}p/\mathrm{d}t = 0$ 可得平衡压强 p_{eq}，有

$$\rho_{p1}A_{b1}\dot{r}_1\left(1 - \frac{\rho}{\rho_{p1}}\right) + \rho_{p2}A_{b2}\dot{r}_2\left(1 - \frac{\rho}{\rho_{p2}}\right) - \dot{m} = 0 \tag{3-338}$$

若忽略燃气填充量，则

$$\rho_{p1}A_{b1}\dot{r}_1 + \rho_{p2}A_{b2}\dot{r}_2 - \dot{m} = 0 \tag{3-339}$$

显然，求解上述方程也需要迭代过程，计算时需要注意不同推进剂装药的特征速度 c^* 的处理。特征速度表征燃烧过程的能量特性，不同推进剂、不同工作压强的特征速度是不同的，但在共同的燃烧过程中，需要有一个平均值，可按推进剂的燃气生成量为权重进行取值，即

$$c^* = \frac{\dot{m}_{b1}c_1^* + \dot{m}_{b2}c_2^*}{\dot{m}_{b1} + \dot{m}_{b2}} \tag{3-340}$$

式中：$\dot{m}_{b1}$、c_1^* 和 $\dot{m}_{b2}$、c_2^* 分别为第 1 种推进剂和第 2 种推进剂的燃气生成量与特征速度。积分上式还可以得到按推进剂质量为权重处理的特征速度平均值，则有

$$c^* = \frac{m_{p1}c_1^* + m_{p2}c_2^*}{m_{p1} + m_{p2}} \tag{3-341}$$

式中：m_{p1} 和 m_{p2} 分别为相同时刻下烧去的推进剂质量。

将指数燃速公式代入式(3 - 336)，并考虑特征速度和质量流率公式，整理可得

$$\frac{\mathrm{d}p}{\mathrm{d}t} = \frac{\Gamma^2 c^{*2}}{V_g} \left[\rho_{p1} A_{b1} a_1 p^{n_1} \varphi_1(\text{æ}) + \rho_{p2} A_{b2} a_2 p^{n_2} \varphi_2(\text{æ}) \right]$$
$$- \frac{1}{V_g} \left(A_{b1} a_1 p^{1+n_1} + A_{b2} a_2 p^{1+n_2} + \varphi_m \Gamma^2 c^* A_t p \right) \qquad (3-342)$$

或改写成

$$\frac{\mathrm{d}p}{\mathrm{d}t} = C_1 \cdot p^{n_1} + C_2 \cdot p^{n_2} - C_3 \cdot p^{1+n_1} - C_4 \cdot p^{1+n_2} - C_5 \cdot p \quad (3-343)$$

其中，各系数定义为

$$\begin{cases} C_1 = \dfrac{\Gamma^2 c^{*2}}{V_g} \rho_{p1} A_{b1} a_1 \varphi_1(\text{æ}), \quad C_2 = \dfrac{\Gamma^2 c^{*2}}{V_g} \rho_{p2} A_{b2} a_2 \varphi_2(\text{æ}) \\ C_3 = \dfrac{1}{V_g} A_{b1} a_1, \quad\quad\quad\quad\quad C_4 = \dfrac{1}{V_g} A_{b2} a_2 \\ C_5 = \dfrac{1}{V_g} \varphi_m \Gamma^2 c^* A_t \end{cases} \quad (3-344)$$

由于燃面 A_{b1}、A_{b2} 和自由容积 V_g 均随时间 t 或肉厚 e 变化，所以上述系数也是变化的，但在准定常计算中给定时刻的系数则为常数，因而式(3 - 343)是标准的常系数微分方程，可使用龙格 - 库塔法迭代求解，计算框图如图 3 - 54 所示。

在计算中，还需要注意处理不同推进剂装药的肉厚关系。对于单推力发动机，一般两种推进剂同时燃烧结束；而对于双推力或多推力发动机，燃烧可能不是同时结束（如肉厚不同），计算时需要将已完成燃烧的推进剂装药所对应的系数置为零（实际上燃烧面积为零）。因此，式(3 - 333)是不同推进剂串联装药发动机的通用内弹道公式，既适用于单推力发动机，也适用于双推力发动机。

对于三种以上推进剂，按上述类似方法也可建立零维内弹道数学模型和计算方法，这里不再赘述。

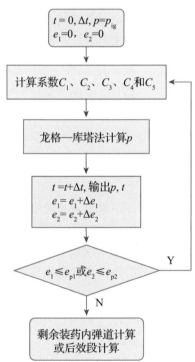

图 3 - 54   不同推进剂串联组合装药发动机的内弹道计算框图

3.4.8 内弹道性能的预示精度

无论是零维内弹道还是一维内弹道，都是在一定假设基础上建立的计算模型，由于其具有简单、方便和计算快速的特点，在固体火箭发动机工程设计领域得到了广泛应用。但是，在发动机的实际工作过程中影响内弹道的参数很多，很难完全符合理想模型，导致各种计算误差的出现，从而影响内弹道的预示精度。因此，分析内弹道预示精度及其影响因素是非常必要的。

1. 内弹道参数的随机偏差预估

这里着重讨论压强、质量流率和推力等主要内弹道参数的随机偏差预估。

1）压强偏差预估

在发动机 $p-t$ 曲线的平衡段，燃烧室内实际压强非常接近于平衡压强，因此各种因素对平衡压强的影响在很大程度上代表了对实际压强的影响。根据推进剂装药燃速初温敏感系数和指数燃速公式，有

$$\alpha_T = \left[\frac{1}{r}\frac{\partial r}{\partial T_i}\right]_p = \frac{1}{a}\frac{\partial a}{\partial T_i} \tag{3-345}$$

假设在初温 T_i 至标准初温 T_{st} 范围内，燃速初温敏感系数为常数，则积分式 (3-345)并利用指数燃速公式，有

$$a = a_{st} \cdot e^{\alpha_T(T_i - T_{st})} = \frac{\dot{r}_{st}}{p_{st}^n} \cdot e^{\alpha_T(T_i - T_{st})} \tag{3-346}$$

式中：$\dot{r}_{st}$、a_{st} 和 p_{st} 分别为标准初温 T_{st} 下的燃速、燃速系数和压强。将式(3-346)代入平衡压强式，为简单起见，忽略燃气填充量，可得

$$p = \left[\frac{\dot{r}_{st}}{p_{st}^n} \cdot e^{\alpha_T(T_i - T_{st})} \cdot \frac{\rho_p c^* \varphi(\alpha) A_b}{\varphi_m A_t}\right]^{\frac{1}{1-n}} \tag{3-347}$$

从上式可见，影响燃烧室压强预示精度的主要因素如下：

(1)推进剂装药的燃速偏差。包括由于工艺因素引起的装药标准燃速 $\dot{r}_{st}$ 与名义值之间的偏差，以及对全尺寸发动机装药平均燃速的预示误差。

(2)装药初温 T_i 的估计偏差。目前，发动机点火时的实际药温是由环境温度来估算的，其偏差为 $\pm5\sim10$℃，其中不包括由于环境温度的动态变化所引起的系统偏差。

(3)喷喉直径因烧蚀或沉积导致的偏差。对喷喉烧蚀情况，尽管可以通过点火实验获得其近似的烧蚀规律，但由于计算方法的误差和喉衬材料烧蚀性能的偏差，使得瞬时喉径的预示仍存在一定误差。

（4）衡量推进剂能量和燃烧效率的特征速度实测值的散布。

（5）推进剂装药的密度、燃速系数、初温敏感系数的散布。

（6）装药瞬时燃烧面积 A_b 的预示精度。

引起以上因素散布的原因除了测试精度和工艺因素以外，还有计算方法的误差。

为了分析各因素的影响程度，可对式（3-417）取对数微分（忽略修正系数的偏差），有

$$\frac{\Delta p}{p} = \frac{1}{1-n}\left[\frac{\Delta \dot{r}_{st}}{\dot{r}_{st}} + \alpha_T \Delta T_i + \frac{\Delta \rho_p}{\rho_p} + \frac{\Delta \varphi(\alpha e)}{\varphi(\alpha e)} + \frac{\Delta c^*}{c^*} + \frac{\Delta A_b}{A_b} - \frac{\Delta A_t}{A_t}\right]$$

$$(3-348)$$

式中：$\Delta T_i = T_i - T_{st}$。由于各项偏差都是随机的，因此燃烧室压强的随机偏差可由下式预估：

$$\frac{\Delta p}{p}\bigg|_{rand} = \frac{1}{1-n}$$

$$\left\{\left(\frac{\Delta \dot{r}_{st}}{\dot{r}_{st}}\right)^2 + (\alpha_T \Delta T_i)^2 + \left(\frac{\Delta \rho_p}{\rho_p}\right)^2 + \left[\frac{\Delta \varphi(\alpha e)}{\varphi(\alpha e)}\right]^2 + \left(\frac{\Delta c^*}{c^*}\right)^2 + \left(\frac{\Delta A_b}{A_b}\right)^2 + \left(\frac{\Delta A_t}{A_t}\right)^2\right\}$$

$$(3-349)$$

2）质量流率偏差预估

不考虑修正系数，对质量流率式（3-331）取对数并微分，有

$$\frac{\Delta \dot{m}}{\dot{m}} = \frac{\Delta p}{p} + \frac{\Delta A_t}{A_t} - \frac{\Delta c^*}{c^*}$$

$$(3-350)$$

将式（3-348）代入式（3-350），可得

$$\frac{\Delta \dot{m}}{\dot{m}} = \frac{1}{1-n}\left(\frac{\Delta \dot{r}_{st}}{\dot{r}_{st}} + \alpha_T \Delta T_i + \frac{\Delta \rho_p}{\rho_p} + \frac{\Delta \varphi(\alpha e)}{\varphi(\alpha e)} + \frac{\Delta A_b}{A_b}\right) + \frac{n}{1-n}\left(\frac{\Delta c^*}{c^*} - \frac{\Delta A_t}{A_t}\right)$$

按随机量处理，则质量流率的随机偏差为

$$\frac{\Delta \dot{m}}{\dot{m}}\bigg|_{rand} = \frac{1}{1-n}\left\{\left[\left(\frac{\Delta \dot{r}_{st}}{\dot{r}_{st}}\right)^2 + (\alpha_T \Delta T_i)^2 + \left(\frac{\Delta \rho_p}{\rho_p}\right)^2 + \left(\frac{\Delta \varphi(\alpha e)}{\varphi(\alpha e)}\right)^2 + \left(\frac{\Delta A_b}{A_b}\right)^2\right]\right.$$

$$\left. + n^2\left[\left(\frac{\Delta c^*}{c^*}\right)^2 + \left(\frac{\Delta A_t}{A_t}\right)^2\right]\right\}^{\frac{1}{2}}$$

$$(3-351)$$

值得注意的是，不能用压强的偏差直接计算质量流率的随机偏差，这是因为从式（3-348）和式（3-350）可以看出，喷管喉径和特征速度的变化对两者的影响正好是相反的，直接使用可能会放大质量流率偏差的预估值。

3）推力偏差预估

同理，对实际推力公式（不考虑长尾管修正，$\sigma_\mathrm{L}=1$）

$$F = \varphi_{C_F} C_F p A_\mathrm{t} = \varphi_{C_F} \frac{I_\mathrm{sp}}{c^*} p A_\mathrm{t} = \varphi_{C_F} I_\mathrm{sp} \dot{m}$$

取对数微分，得

$$\begin{aligned}
\frac{\Delta F}{F} &= \frac{\Delta \varphi_{C_F}}{\varphi_{C_F}} + \frac{\Delta C_F}{C_F} + \frac{\Delta p}{p} + \frac{\Delta A_\mathrm{t}}{A_\mathrm{t}} \\
&= \frac{\Delta \varphi_{C_F}}{\varphi_{C_F}} + \frac{\Delta I_\mathrm{sp}}{I_\mathrm{sp}} + \frac{\Delta p}{p} + \frac{\Delta A_\mathrm{t}}{A_\mathrm{t}} - \frac{\Delta c^*}{c^*} \\
&= \frac{\Delta \varphi_{C_F}}{\varphi_{C_F}} + \frac{\Delta I_\mathrm{sp}}{I_\mathrm{sp}} + \frac{\Delta \dot{m}}{\dot{m}}
\end{aligned} \tag{3-352}$$

将式（3-348）和式（3-350）代入上式，有

$$\begin{aligned}
\frac{\Delta F}{F} &= \frac{\Delta \varphi_{C_F}}{\varphi_{C_F}} + \frac{\Delta I_\mathrm{sp}}{I_\mathrm{sp}} - \frac{\Delta c^*}{c^*} + \frac{\Delta A_\mathrm{t}}{A_\mathrm{t}} + \frac{1}{1-n}\left[\frac{\Delta \dot{r}_\mathrm{st}}{\dot{r}_\mathrm{st}} + \alpha_\mathrm{T}\Delta T_\mathrm{i} + \frac{\Delta \rho_\mathrm{p}}{\rho_\mathrm{p}} + \frac{\Delta \varphi(\mathit{æ})}{\varphi(\mathit{æ})} + \frac{\Delta c^*}{c^*} + \frac{\Delta A_\mathrm{b}}{A_\mathrm{b}} - \frac{\Delta A_\mathrm{t}}{A_\mathrm{t}}\right] \\
&= \frac{\Delta \varphi_{C_F}}{\varphi_{C_F}} + \frac{\Delta I_\mathrm{sp}}{I_\mathrm{sp}} + \frac{n}{1-n}\left(\frac{\Delta c^*}{c^*} - \frac{\Delta A_\mathrm{t}}{A_\mathrm{t}}\right) + \frac{1}{1-n}\left[\frac{\Delta \dot{r}_\mathrm{st}}{\dot{r}_\mathrm{st}} + \alpha_\mathrm{T}\Delta T_\mathrm{i} + \frac{\Delta \rho_\mathrm{p}}{\rho_\mathrm{p}} + \frac{\Delta \varphi(\mathit{æ})}{\varphi(\mathit{æ})} + \frac{\Delta A_\mathrm{b}}{A_\mathrm{b}}\right]
\end{aligned}$$

按随机量处理，可得推力的随机偏差为

$$\begin{aligned}
\left.\frac{\Delta F}{F}\right|_\mathrm{rand} &= \left\{\left(\frac{\Delta \varphi_{C_F}}{\varphi_{C_F}}\right)^2 + \left(\frac{\Delta I_\mathrm{sp}}{I_\mathrm{sp}}\right)^2 + \frac{n^2}{(1-n)^2}\left[\left(\frac{\Delta c^*}{c^*}\right)^2 + \left(\frac{\Delta A_\mathrm{t}}{A_\mathrm{t}}\right)^2\right]\right. \\
&\left. + \frac{1}{(1-n)^2}\left[\left(\frac{\Delta \dot{r}_\mathrm{st}}{\dot{r}_\mathrm{st}}\right)^2 + (\alpha_\mathrm{T}\Delta T_\mathrm{i})^2 + \left(\frac{\Delta \rho_\mathrm{p}}{\rho_\mathrm{p}}\right)^2 + \left(\frac{\Delta \varphi(\mathit{æ})}{\varphi(\mathit{æ})}\right)^2 + \left(\frac{\Delta A_\mathrm{b}}{A_\mathrm{b}}\right)^2\right]\right\}^{\frac{1}{2}}
\end{aligned} \tag{3-353}$$

与计算质量流率时一样，推力的随机偏差计算也不能直接使用压强偏差的预估值，但可以直接使用质量流率的随机偏差预估值式（3-351），并由式（3-353）的第三式计算推力偏差，即

$$\left.\frac{\Delta F}{F}\right|_\mathrm{rand} = \left[\left(\frac{\Delta \varphi_{C_F}}{\varphi_{C_F}}\right)^2 + \left(\frac{\Delta I_\mathrm{sp}}{I_\mathrm{sp}}\right)^2 + \left(\frac{\Delta \dot{m}}{\dot{m}}\right)^2\right]^{\frac{1}{2}} \tag{3-354}$$

如果缺少比冲偏差 $\Delta I_\mathrm{sp}/I_\mathrm{sp}$ 的数据，则可以通过式（3-352）的第一式计算推力偏差，这时需要对推力系数的偏差 $\Delta C_F/C_F$ 进行预估。对推力系数式

$$C_F = \Gamma \cdot \sqrt{\frac{2\gamma}{\gamma-1}\left[1 - \pi\left(\lambda_\mathrm{e}\right)^{\frac{\gamma-1}{\gamma}}\right] + \zeta_\mathrm{e}^2\left[\pi(\lambda_\mathrm{e}) - \frac{p_\mathrm{a}}{p}\right]}$$

微分，并利用扩张比公式

$$\zeta_e^2 = \frac{\left(\frac{2}{\gamma+1}\right)^{\frac{1}{\gamma-1}}\sqrt{\frac{\gamma-1}{\gamma+1}}}{\sqrt{\pi\left(\lambda_e\right)^{\frac{2}{\gamma}} - \pi\left(\lambda_e\right)^{\frac{\gamma+1}{\gamma}}}} = \frac{\Gamma \cdot \sqrt{\frac{\gamma-1}{2\gamma}}}{\sqrt{\pi\left(\lambda_e\right)^{\frac{2}{\gamma}} - \pi\left(\lambda_e\right)^{\frac{\gamma+1}{\gamma}}}}$$

可得

$$dC_F = \frac{\partial C_F}{\partial \pi(\lambda_e)} \cdot d\pi(\lambda_e) + \frac{\partial C_F}{\partial p} \cdot dp$$

$$= \left\{-\Gamma \cdot \sqrt{\frac{2\gamma}{\gamma-1}\frac{\gamma-1}{2\gamma}}\pi\left(\lambda_e\right)^{-\frac{1}{\gamma}}\left[1 - \pi\left(\lambda_e\right)^{\frac{\gamma-1}{\gamma}}\right]^{-\frac{1}{2}} + \left[\pi(\lambda_e) - \frac{p_a}{p}\right] \cdot \frac{\partial \zeta_e^2}{\partial \pi(\lambda_e)} + \zeta_e^2\right\}$$

$$\cdot d\pi(\lambda_e) + \zeta_e^2 \frac{p_a}{p^2} \cdot dp$$

$$= \left\{-\zeta_e^2 + \left[\pi(\lambda_e) - \frac{p_a}{p}\right] \cdot \frac{\partial \zeta_e^2}{\partial \pi(\lambda_e)} + \zeta_e^2\right\} \cdot d\pi(\lambda_e) + \zeta_e^2 \frac{p_a}{p^2} \cdot dp$$

$$= \left[\pi(\lambda_e) - \frac{p_a}{p}\right] \cdot \frac{\partial \zeta_e^2}{\partial \pi(\lambda_e)} \cdot d\pi(\lambda_e) + \zeta_e^2 \frac{p_a}{p^2} \cdot dp$$

$$= \left[\pi(\lambda_e) - \frac{p_a}{p}\right] \cdot d\zeta_e^2 + \zeta_e^2 \frac{p_a}{p^2} \cdot dp$$

$$= \zeta_e^2\left[\pi(\lambda_e) - \frac{p_a}{p}\right] \cdot \frac{d\zeta_e^2}{\zeta_e^2} + \zeta_e^2 \frac{p_a}{p} \cdot \frac{dp}{p}$$

则有

$$\frac{\Delta C_F}{C_F} = \frac{1}{C_F}\left\{\zeta_e^2\left[\pi(\lambda_e) - \frac{p_a}{p}\right] \cdot \frac{\Delta \zeta_e^2}{\zeta_e^2} + \zeta_e^2 \frac{p_a}{p} \cdot \frac{\Delta p}{p}\right\}$$

对扩张比定义取对数微分，得

$$\frac{\Delta \zeta_e^2}{\zeta_e^2} = \frac{\Delta A_e}{A_e} - \frac{\Delta A_t}{A_t}$$

联立以上两式消去扩张比变化，并忽略喷管出口截面积 A_e 的加工误差 ΔA_e，可得

$$\frac{\Delta C_F}{C_F} = \frac{\zeta_e^2}{C_F}\left\{\frac{p_a}{p} \cdot \frac{\Delta p}{p} - \left[\pi(\lambda_e) - \frac{p_a}{p}\right] \cdot \frac{\Delta A_t}{A_t}\right\}$$

代入式(3-352)的第一式，有

$$\frac{\Delta F}{F} = \frac{\Delta \varphi_{c_F}}{\varphi_{c_F}} + \frac{\Delta C_F}{C_F} + \frac{\Delta p}{p} + \frac{\Delta A_t}{A_t}$$

$$= \frac{\Delta \varphi_{c_F}}{\varphi_{c_F}} + \frac{\zeta_e^2}{C_F}\left\{\frac{p_a}{p} \cdot \frac{\Delta p}{p} - \left[\pi(\lambda_e) - \frac{p_a}{p}\right] \cdot \frac{\Delta A_t}{A_t}\right\} + \frac{\Delta p}{p} + \frac{\Delta A_t}{A_t}$$

$$= \frac{\Delta \varphi_{C_F}}{\varphi_{C_F}} + \left\{ 1 - \frac{\zeta_e^2}{C_F} \left[\pi(\lambda_e) - \frac{p_a}{p} \right] \right\} \frac{\Delta A_t}{A_t} + \left(1 + \frac{\zeta_e^2}{C_F} \cdot \frac{p_a}{p} \right) \frac{\Delta p}{p}$$

再将压强变化式(3-348)代入上式，最终有

$$\frac{\Delta F}{F} = \frac{\Delta \varphi_{C_F}}{\varphi_{C_F}} - \left[\frac{\zeta_e^2}{C_F} \cdot \pi(\lambda_e) + \frac{n}{1-n} \left(1 + \frac{\zeta_e^2}{C_F} \cdot \frac{p_a}{p} \right) \right] \frac{\Delta A_t}{A_t}$$

$$+ \frac{1 + \frac{\zeta_e^2}{C_F} \cdot \frac{p_a}{p}}{1-n} \left[\frac{\Delta \dot{r}_{st}}{\dot{r}_{st}} + \alpha_T \Delta T_i + \frac{\Delta \rho_p}{\rho_p} + \frac{\Delta \varphi(\boldsymbol{\alpha})}{\varphi(\boldsymbol{\alpha})} + \frac{\Delta c^*}{c^*} + \frac{\Delta A_b}{A_b} \right]$$

于是，推力的随机偏差为

$$\left. \frac{\Delta F}{F} \right|_{rand} = \left\{ \left(\frac{\Delta \varphi_{C_F}}{\varphi_{C_F}} \right)^2 + \left[\frac{\zeta_e^2}{C_F} \cdot \pi(\lambda_e) + \frac{n}{1-n} \left(1 + \frac{\zeta_e^2}{C_F} \cdot \frac{p_a}{p} \right) \right]^2 \left(\frac{\Delta A_t}{A_t} \right)^2 \right.$$

$$+ \left(1 + \frac{\zeta_e^2}{C_F} \cdot \frac{p_a}{p} \right)^2 \frac{1}{(1-n)^2} \left[\left(\frac{\Delta \dot{r}_{st}}{\dot{r}_{st}} \right)^2 + (\alpha_T \Delta T_i)^2 + \left(\frac{\Delta \rho_p}{\rho_p} \right)^2 \right.$$

$$\left. \left. + \left(\frac{\Delta \varphi(\boldsymbol{\alpha})}{\varphi(\boldsymbol{\alpha})} \right)^2 + \left(\frac{\Delta c^*}{c^*} \right)^2 + \left(\frac{\Delta A_b}{A_b} \right)^2 \right]^{\frac{1}{2}} \right. \tag{3-355}$$

式(3-354)或式(3-355)均可用于推力随机偏差的预估，并且只要已知比冲的偏差，利用式(3-354)计算要简单得多。可以看出，影响推力偏差的因素除了影响压强的所有因素外，还包括了比冲和推力系数修正量这两个因素；同时，从影响程度上看，特征速度和喷管喉径变化对推力的影响低于对压强的影响，其倍数由 $1/(1-n)$ 变为 $n/(1-n)$。

根据目前的统计资料，各因素偏差的 3σ 值如表 3-9 所示。由表中数据可知，影响内弹道预示精度的最大因素是燃速偏差，然后依次是喷喉直径、燃烧面积、初温、特征速度和密度的偏差。

表 3-9　固体火箭发动机各因素的统计偏差

因素	统计偏差 3σ 值/%
$\Delta \dot{r}_{st} / \dot{r}_{st}$	4.7~6.7
$\alpha_T \Delta T_i$	1.5~2.0
$\Delta A_b / A_b$	2.0~2.5
$\Delta A_t / A_t$	2.7~4.0
$\Delta \rho_p / \rho_p$	0.85~1.1
$\Delta c^* / c^*$	1.4~1.9
$\Delta \varphi_{C_r} / \varphi_{C_r}$	1.62
$\Delta I_{sp} / I_{sp}$	1.5

2. 提高内弹道预示精度的途径

根据内弹道影响因素的统计数据和计算分析表明，影响内弹道预示精度的因素主要包括发动机结构（主要是喷喉直径）、装药结构（主要是燃烧面积）、推进剂性能（燃速、特征速度、密度等）以及初温等，所以控制内弹道的预示精度也需要从这几方面入手。例如，装药的实际初温可能与测量误差存在较大关系，因此可以预先在装药的有关部位埋入热电偶，将发动机放入保温室保温，并记录热电偶指示的温度，由此获得装药内部温度场对环境温度的响应曲线，该曲线可以用来确定装药在给定环境下的真实初温。在以上几类影响因素中，推进剂燃速、喷喉直径和燃烧面积的偏差是影响内弹道及发动机性能预示精度的最主要因素，下面分别讨论。

1）用小尺寸标准发动机预示全尺寸发动机的燃速

在工程上，推进剂的燃速主要是由燃速测量仪测定的，然后通过数据拟合方法确定燃速公式。这种方法确定的燃速是静态燃速，与发动机实际工作条件下的动态燃速存在差异。更精确的燃速测量需要在发动机工作条件下进行，可以用小尺寸标准发动机预示全尺寸发动机的燃速，这是一种经验统计方法，即通过大量测量推进剂方坯、小尺寸标准发动机和同批装药的全尺寸发动机的平均燃速，获得其统计规律。为此，对小尺寸标准发动机提出如下要求。

（1）小尺寸标准发动机的结构与工作特性。

①长细比≈2，喉通比 $J<0.17$，以减小侵蚀燃烧对燃速的影响。

②近似等面燃烧。一般要求压强的相对变化小于5%，即压强的中性度为

$$\frac{|\bar{p}-p_{max}|}{\bar{p}}\leqslant 5\% \tag{3-356}$$

式中：$\bar{p}$ 为发动机工作时间内的平均压强；p_{max} 为最大压强。

③工作时间 $t_k>3s$，以提高燃速数据处理精度。

④喷喉直径烧蚀要尽量小。

⑤压强-时间曲线后效段要短，使

$$\frac{\int_0^{t_b}p\,dt}{\int_0^{t_k}p\,dt}\geqslant 95\% \tag{3-357}$$

式中：t_b 为装药燃烧时间；t_k 为发动机工作时间。

⑥点火过程要短，以减小点火过程对 $p-t$ 曲线中性度的影响。要求初始

压强峰满足：

$$p_m \leqslant 1.1\bar{p} \qquad (3-358)$$

（2）小尺寸标准发动机与全尺寸发动机的相似性。

①必须用同一母体的推进剂，工艺过程（如混合、浇注、固化等）应该一致或基本一致；

②小尺寸标准发动机点火实验应在固化过程完成后两天内进行，以减小存放时间对燃速的影响，最好是固定大小发动机的点火时间间隔，且此时间间隔越短越好；

③大、小尺寸发动机均需保温，并在相同初温下点火；

④在点火实验之前，应分别测量大、小发动机装药肉厚的实际尺寸；

⑤大、小发动机燃烧室压强应接近相等，以减小压强差异对燃速的影响。

2）喷喉直径的烧蚀或沉积规律

喷喉直径的烧蚀或沉积是固有的现象，只是程度不同而已。一般地，工作时间较短的发动机以烧蚀现象为主，而工作时间较长的发动机，喷喉是否烧蚀或沉积与喷喉材料、推进剂性质特别是含铝等金属成分有关。在工程上，通过比较发动机喷管在工作前、后的喉径变化即可判断其烧蚀或沉积的程度。

确定喷喉直径的烧蚀或沉积规律有助于进一步提高发动机内弹道的预示精度。下面主要介绍烧蚀规律的处理方法，关于沉积现象的处理相对复杂一些，简化时也可按烧蚀规律类似处理。

（1）喷喉直径呈线性变化。

喷喉直径的烧蚀规律可以通过地面静止实验获得的内弹道 $p-t$ 和 $F-t$ 数据推导出来。假设喉径随时间呈线性变化，即 t 时刻的瞬时喉径和喉部面积为

$$d_t(t) = d_{t0} + C \cdot t, \quad A_t(t) = \frac{\pi}{4}[d_t(t)]^2 \qquad (3-359)$$

式中：d_{t0} 为喷喉初始直径；C 为待定系数。一次近似时，C 的初值可取

$$C = \frac{d_{tk} - d_{t0}}{t_k} \qquad (3-360)$$

式中：d_{tk} 为发动机工作结束时的喷喉直径，由实验测量确定。设喷管的出口直径为 d_e（设为常数），则发动机在当前喉径下的扩张比为

$$\zeta_e = \frac{d_e}{d_t(t)} \qquad (3-361)$$

根据实验测量的 $p-t$ 数据和扩张比，可以确定发动机的当前推力系数和

理论推力 F_{th}，即

$$C_F(t) = C_{Fv} - \zeta_e^2 \cdot \frac{p_a}{p(t)}, \quad F_{th} = C_F(t) \cdot p(t) A_t(t) \qquad (3-362)$$

式中：C_{Fv} 为真空推力系数，只与当前的扩张比有关。于是，由理论推力和测量的 $F-t$ 数据可以得到推力系数的修正系数，即

$$\varphi_{C_F} = \frac{\int_0^{t_k} F(t)\mathrm{d}t}{\int_0^{t_k} F_{th}\mathrm{d}t} \qquad (3-363)$$

则新的喉径为

$$A_t(t) = \frac{F(t)}{\varphi_{C_F} \cdot C_F(t) p(t)}, \quad d_t(t)^{(1)} = \sqrt{\frac{4A_t(t)}{\pi}} \qquad (3-364)$$

式中，上标"(1)"表示第一次迭代得到的值。比较 $d_t(t)$ 与 $d_t(t)^{(1)}$ 的差，若满足精度要求，即可得到当前时刻的待定系数 C，迭代结束；否则，将新的喉径 $d_t(t)^{(1)}$ 代入式(3-359)，得到 C 的新的预估值，重新进行以上计算。当所有时刻的系数 C 值确定以后，通过线性拟合可以得到一个常系数 C，从而获得喷喉直径的烧蚀变化规律。

(2)喷喉直径烧蚀规律的非线性表达式。

表示喷喉面积 $A_t(t)$ 烧蚀规律的函数形式有多种，这里推荐一种物理概念较为明确的烧蚀规律表达式。喷喉直径的烧蚀是一个气动热化学反应过程，与装药燃烧产物特性、燃烧产物与喉衬之间的热传递、发动机的工作条件以及喉衬材料的特性等有关。研究表明，一些碳素喉衬材料的烧蚀率与材料密度 ρ_m 成反比，喷喉半径 r_t 的烧蚀变化率可写成

$$\dot{r}_t = \frac{c_1}{\rho_m} \rho V St \qquad (3-365)$$

式中：c_1 为经验常数；ρ 和 V 分别为喷喉处的燃气密度和流速；St 为斯坦顿数（Stanton number），定义为

$$St = \frac{h}{c_p \rho V} \qquad (3-366)$$

喷管在高速流动中的传热是一种强迫对流换热，其换热系数 h 可通过如下的努赛尔数 Nu 相似准则求出

$$Nu = \frac{h \cdot d_t}{\kappa} = 0.029 \, Re^{0.8} Pr \qquad (3-367)$$

式中：κ 为喉衬材料的导热系数；这里的雷诺数 Re 和普朗特数 Pr 分别定义为

$$Re = \frac{\rho V d_t}{\mu}, \quad Pr = \frac{c_p \mu}{\kappa} \tag{3-368}$$

式中：c_p 和 μ 分别为燃气的定压比热和动力黏度。

于是，由以上各式以及喷管质量流率公式，可得喷喉处的密流为

$$\rho V = \frac{\dot{m}}{A_t} = \frac{p}{c^*}$$

代入式(3-365)，可得喷喉半径 r_t 的烧蚀变化率为

$$\dot{r}_t = \frac{0.029 c_1 \mu^{0.2}}{\rho_m d_t^{0.2}} \cdot \left(\frac{p}{c^*}\right)^{0.8} \tag{3-369}$$

(3)燃烧面积的实际变化规律。

在发动机的实际工作过程中，装药燃烧表面并非严格按照平行层或沿其内法线方向退移，亦即几何燃烧定律并非严格成立，至少受到以下几种因素的影响：装药通道各处的燃气压强和流速并不相等，导致的侵蚀燃烧效应使得各截面的燃速也不相等；装药受力变形，改变了燃面与燃去肉厚之间的理论关系；装药密度的分布不均匀。

为了在计算时使燃面变化规律更接近实际情况，可借助实验测量的内弹道曲线对实际燃面进行修正，具体修正步骤如下：

①根据地面试验前后的喷喉直径，初步确定一个喉径变化规律；

②用地面试验测量的装药燃烧时间 t_b 和装药的实际肉厚 e_p 确定平均工作压强 $\overline{p}$、平均燃速 $\overline{r}$ 以及燃速系数 a，即

$$\begin{cases} \overline{p} = \dfrac{\displaystyle\int_0^{t_b} p \, \mathrm{d}t}{t_b} \\[3mm] \overline{r} = \dfrac{e_p}{t_b} \\[3mm] a = \dfrac{\overline{r}}{\overline{p}^n} \end{cases} \tag{3-370}$$

③根据地面试验测量的特征速度 c^* 和装药密度 ρ_p，计算各瞬时 t 的燃烧面积

$$A_b(t) = \frac{\overline{p}^{1-n} A_t(t)}{\rho_p a c^*} \tag{3-371}$$

④用试验测量的瞬时压强 $p(t)$ 和对应的时间间隔 Δt_i，计算相应的燃去肉厚和总肉厚

$$\begin{cases} \Delta e_i = a\overline{p}_i^{\,n} \cdot \Delta t_i \\ e(t) = \sum_{i=1}^{N} \Delta e_i \end{cases} \qquad (3-372)$$

式中：N 为预先确定的时间间隔数。由上述过程得到的 $e(t)$ 与式(3-381)联立即可得到实际的燃烧面积 $A_b(e)$。

对于工作时间较长的发动机，在准稳态工作期间，应用上述燃面和喉径的修正关系得到的计算结果一般具有较高的精度。应该指出的是，这里的"实际燃面 $A_b(e)$"包含了对计算方法、各瞬时实际燃速与平均燃速的差异以及装药变形等未知因素影响的综合修正。此外，由于内弹道测试数据本身已包含了所有因素的实际影响，按上述过程对喉径和燃面同时进行处理有可能使这些因素存在交叉影响的情况，因此，一般可根据实际情况重点选择一种因素进行处理。例如，对于烧蚀或沉积严重的发动机，只需处理喉径的变化，而对喉径变化不大的发动机则仅对燃面进行处理。

参考文献

[1]周长省,鞠玉涛,等.火箭弹设计理论[M].北京:北京理工大学出版社,2008.

[2]武晓松,陈军,等.固体火箭发动机原理[M].北京:兵器工业出版社,2011.

[3]王春利.航空航天推进系统[M].北京:北京理工大学出版社,2004.

[4][美]萨顿 GP,比布拉兹 O.火箭发动机基础[M].洪鑫,张宝炯,等译.北京:科学出版社,2003.

[5]杨挺青,罗纹波,等.黏弹性理论与应用[M].北京:科学出版社,2004.

[6]孟红磊.改性双基推进剂装药结构完整性数值仿真方法研究[D].南京:南京理工大学,2011.

[7]王玉峰,李高春,等.持续降温过程中发动机药柱的热黏弹性应力分析[J].航空动力学报,2010,25(11):214-219.

[8]潘文庚,王晓鸣,等.环境温度对发动机药柱影响分析[J].南京理工大学学报,2009,(33)01:117-121.

[9]许进升,鞠玉涛,等.变截面星孔药柱在温度冲击载荷作用下的力学特性[J].固体火箭技术,2011,34(002):184-188.

[10]许进升,鞠玉涛,周长省,等.模数对药柱热应力的影响[J].弹道学报,2011(3):74-78.

[11]谭惠民. 固体火箭推进剂[J]. 兵器知识,2004(03):70-71.

[12]李坐社. 高强度、高密度固体推进剂配方研究[D].西安:西北工业大学,2005.

[13]刘运飞,张伟,谢五喜,等. 高能固体推进剂的研究进展[J]. 飞航导弹,2014
(09):93-96.

[14]程山,丁涛,刘佳. 固体推进剂安全灭火问题的研究现状[J]. 化工中间体,2013
(1):15-18.

[15]许进升. 复合推进剂热黏弹性本构模型实验及数值仿真研究[D].南京:南京理
工大学,2013.

[16]许进升,鞠玉涛,郑健,等. 复合固体推进剂松弛模量的获取方法[J]. 火炸药学
报 2011,34(05):58-62.

[17]梁蔚,陈雄,许进升. 应力控制下HTPB推进剂的疲劳损伤及寿命研究[J]. 化
工新型材料,2018,46(11):146-149.

[18]许进升,杨晓红,赵磊,等. 聚合物时温等效模型有限元应用研究[J]. 应用数学
和力学,2015(5):95-103.

[19]XU J S, JU Y T. Research on relaxation modulus of viscoelastic materials under
unsteady temperature states based on TTSP[J]. Mech. Time Mater,2013(17):
543-556.

[20]Shiang-Woei Chyuan. Numerical study of solid propellant grains subjected to
unsteady state thermal loading [J]. Int. J. Computer Applications in
Technology,2005,24(2):98-109.

[21] YILDIRIM,OZUPEK. Structural assessment of a solid propellant rocket
motor:Effects of aging and damage[J]. Aerospace Science and Technology,
2011,15(8):635-641.

[22]OZUPEK S. Computational procedure for the life assessment of Solid Rocket
Motors[J]. Journal of Spacecraft and Rockets,2010,47(4):639-648.

[23]KETSDEVERAD,MicciMM. Micropropulsion for small spacecraft[J]. Progress.
M Aeronautics and Astronautics,2000:45-137.

[24]VIGOR Y,THOMAS B B. Solid Propellant chemistry,combustion,and motor
interior ballistics [J]. Reston,Va.:American lnstitute of Aeronautics and
Astronautics,2000,8:689-722.

[25]MARTIN jL. Turner Rocket and spacecraft propulsion:principles,practice,and
new developments[M].New York:Springer,2000.

[26] GEORGE P,SUTTON,OSCAR B. Rocket propulsion elemenys,7th Edition
[M].New York:John Wiley & Sons,2001.

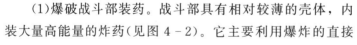

04 / 第4章
炸药应用技术

炸药在军事中的应用主要是通过战斗部装药实现毁伤效果，本章主要论述炸药在战斗部的应用技术——炸药装药技术。

4.1 绪论

4.1.1 炸药装药的基本概念

弹药的毁伤效应主要由战斗部完成。典型的战斗部由壳体（弹体）、炸药装药和引信等组成（见图4-1）。引信是为了使战斗部产生最佳终点效应而适时引爆的控制装置。壳体容纳炸药装药并连接引信，在某些情况下，又是形成破片的基体。炸药装药是战斗部完成弹药毁伤或既定终点效应的主要组成部分，它是将炸药以一定的形式装填于壳体中，在炸药被引信引爆后，通过炸药爆炸反应，产生相应的机械、热、冲击波等效应来毁伤目标。战斗部中全部爆炸品，从引信中的雷管（火帽）直至弹体中的炸药装药，按感度递减而输出能量递增的顺序配置，组成爆炸序列，保证弹药的安全性和可靠性。

根据对目标作用和战术技术要求的不同，不同类型战斗部的装药结构和作用机理呈现不同特点。主要包括：

（1）爆破战斗部装药。战斗部具有相对较薄的壳体，内装大量高能量的炸药（见图4-2）。它主要利用爆炸的直接作用（高温高压气体）或爆炸冲击波、爆炸时产生的碎片等毁伤各类地面、水中和空中目标。

（2）杀伤战斗部装药。又称为破片战斗部装药，战斗部具有适中厚度整体或刻有槽纹的金属壳体，内装炸药及其他金属杀伤元件（见图4-3），通过爆炸后形成高速破片场的作用，利用破片对目标的高速撞击、引燃和引爆作用来毁伤目标，杀伤有生力量，毁伤车辆、飞机或其他轻型技术装备。破片的分布密度

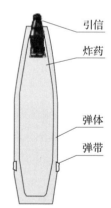

图4-1 典型战斗部装药结构

与形状可以通过结构设计来实现。

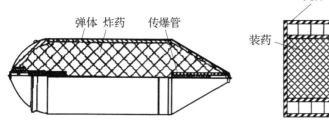

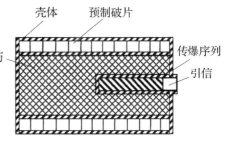

图 4-2　典型爆破战斗部装药结构　　　　图 4-3　典型杀伤战斗部装药结构

（3）侵彻战斗部。具有实心的或装少量炸药的高强度高断面比重的弹体，以其动能击穿各类装甲目标。毁伤基本原理是：硬质合金弹头以足够大的动能进入目标，然后靠冲击波、破片和燃烧等作用毁伤目标。其作用特点是，穿甲能力强，穿甲后效好。穿甲战斗部的结构有装药式和实心式、钝头形和尖头形之分，图 4-4 是典型尖头穿甲战斗部装药的结构图。

（4）破甲战斗部。具有聚能装药结构，利用带金属药型罩的聚能装药的聚能效应产生的高速金属射流或自锻弹丸，侵彻穿透装甲目标造成破坏效应，毁伤各类装甲目标。射流的能量密度大，头部速度可达 $7000\sim9000\mathrm{m/s}$，对装甲的穿透力很强，破甲深度可达数倍甚至 10 倍以上药型罩口径。破甲战斗部典型结构如图 4-5 所示。

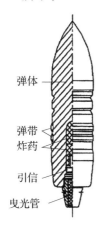

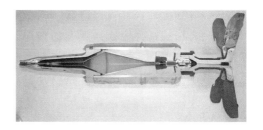

图 4-4　典型尖头穿甲战斗部装药结构　　图 4-5　聚能破甲弹结构图（黄色部分为炸药装药）

（5）特种弹战斗部。具有较薄的壳体，内装发烟剂、照明剂、宣传品等，以达到特定目的。

（6）子母战斗部。母弹体内装有抛射系统和子弹等，到达目标区后，抛出子弹，毁伤较大面积上的目标。

弹药按用途可分为主用弹药、特种弹药、辅助弹药等。其中主用弹药直接杀伤敌人的有生力量和摧毁非生命目标。本章重点论述主用弹药。

对炸药装药而言，混合炸药是主体炸药装药，除部分国家的部分弹种直接装填单体 TNT 炸药外，其他军事强国以 TNT、RDX、HMX、PETN 及 Tetryl 等单质炸药为主，加入少量的 TATB、DATB、HNS、NQ 及铝粉等制成的混合炸药装备武器弹药。随着装药工艺技术的不断进步，高能单体炸药在混合炸药中所占的比例逐步提高，如以 TNT 为载体混合炸药，其高能炸药的比例可达 80%～85%；高聚物黏结炸药中，高能单体炸药所占比例可达 98.5%，这显著提高了弹药爆炸的威力。

炸药装药一般包含炸药装药结构如空心装药、炸药装填物、炸药装填工艺等 3 个内涵。弹药装药是研究如何将炸药装入弹体中，以达到长期贮存和战斗使用的目的。装入弹体的炸药一般称为"爆炸装药"，它是以炸药为原料，根据弹药的技战术要求，经过加工的具有一定强度、一定密度和一定形状的药件。

制备装药是弹药装药的核心，将散粒体炸药制成满足一定技战术要求的装药是装药过程的关键之一。而爆炸装药可以直接在弹体药室中制成，称为直接装药；也可以预先制成而后固定于弹体药室中，称为间接装药。

4.1.2　炸药的装药方法和工艺简介

炸药装药方法与炸药、弹药、武器装备的发展紧密联系，而炸药的物理化学性质、爆轰性能、安全性能等关系到正确选择装药方法和装药工艺的安全性。对炸药装药的一般要求是：对目标造成尽可能大的破坏作用，爆炸性能好，作用可靠；使用安全，冲击和摩擦感度低；有良好的化学、物理安定性，便于长期贮存；装药工艺性好，毒性低，成本低，原材料立足于国内等。

装药方法的选择应依据弹丸的作用与结构、选用的炸药、装药的生产效率等方面综合考虑。目前常用的装药方法有注装、压装、螺旋压装、热塑态装药。随着装药工艺设备向自动化方向的发展，逐渐形成了复合装药、真空振动装药、球注法、块注法、等静压装药等新型装药技术。

（1）捣装法：该方法是最原始的装药方法，用手工或简单工具将粒状炸药装入药室，然后用力捣紧。目前已基本不被采用。

（2）注装法：将熔化的炸药或悬浮炸药，注入药室中凝固成药柱。可以装填任何口径、任何形状的药室，设备简单。

（3）压装法：用液压机的压力将模具、弹体中的散粒炸药压紧，可获得高密度炸药。对炸药的适应性大，适用于装填小口径、药室不鼓起的弹药。

（4）螺旋装药法：用螺旋装药机的螺杆将散粒体炸药输入药室并压紧。适应较大药室形状的变化及装填弧形药室的弹药。目前只能用于摩擦感度和冲击波感度小的炸药。

（5）塑态装药法：将塑态炸药借助螺杆的推送压入药室，然后固化成型。

（6）复合装药法：即混合采用两种以上的装药方法，如有的弹药一部分装药用螺旋装药法，另一部分用注装法或者用压装和注装的结合。

（7）振动装药法：将较高黏度的熔态悬浮炸药装入弹体内，用振动的方法使之密实，凝固成型。常在真空条件下操作，故又称真空振动装药。

（8）其他装药方法：离心沉降法、压力沉降法、压力注装法、注射法，均属于注装法范畴。

炸药装药工艺过程取决于不同弹种和不同种类的炸药，装药工艺一般分为六个部分：装药前弹体及炸药准备→弹体装药→药柱加工与固定→弹体零件装配→弹体外表面防腐处理→弹体装药的最后加工。

弹体准备：将弹体准备到适合装药的状态。包括拆箱、去油、清理外表面、检查弹体质量、弹体预热等，然后将弹体送到装药工序。

炸药准备：将炸药过筛、加热混合。注装法还需将炸药熔化、晶化处理，然后送往装药工序。

药柱加工与固定：装药后除去药室内多余的炸药，刮平药面、加工传爆孔、清理螺纹等使装药符合规定尺寸。如采用间接装药，制备好的药柱用黏合剂与弹腔牢固结合。有口螺或底螺的弹体需上紧口螺和底螺，保证弹体连结处的密封性，也保证了弹道稳定性。

零件装配完成工作：包括弹体外表面擦锈、涂漆、装配零件、检验、图标记、包装等。

弹体外表面防腐处理和装药最后加工：使弹药宜于长期贮存、运输、使用和检查。

近年来，国内外高度重视装药工艺技术的研究与开发，主要体现在：普通压装技术的连续化、自动化改造、熔铸法的改进、浇注固化装药工艺的改进与应用、适用于柔性制造与装填的双螺杆挤压技术的开发与应用，使得装药质量、生产效率、安全性等方面得到了极大的提高。

4.1.3 对炸药装药的性能基本要求

为了使弹药战斗部对目标有尽量大的破坏作用，作用于各类目标的不同弹种，对炸药装药的要求不同。例如：对于爆破弹和水下弹药来说，要求炸药装药有尽可能大的做功能力，通常选择爆热和爆容大的炸药、提高装药密度。对破甲弹来说，在一定范围内，破甲深度与装药爆压成正比，所以要求炸药装药有尽量大的爆压和爆速。当炸药类型确定后，则要求适当提高装药密度，并保证密度的均匀和整体装配的对称性，以提高破甲率。对于碎甲弹的炸药装药，除要求高爆压外，还要求在较大温度范围内（−40∼50℃）保持塑性，炸药装药在碰靶和变形过程中不早炸，提高碎甲效果。对于杀伤榴弹，有的希望它有高速飞行的破片，有的希望在壳体膨胀过程中保持完整（连续杆杀伤战斗部）。因此，选择炸药装药时，要考虑炸药能量与壳体材料或壳体膨胀速度的匹配，以提高弹药的杀伤威力。

通常来说，为了提高炸药装药的性能和质量，使炸药装药既能充分爆轰，又能承受各种机械和热力学载荷，安全可靠，需要从爆轰性能、化学性能、力学性能、热性能、感度和成本等多方面对炸药装药提出要求。

1. 爆轰性能要求

炸药装药的爆轰性能可从以下三方面考虑：

（1）起爆性能，炸药装药能否充分和可靠地起爆。为了使炸药装药不能太敏感，起爆压力一般大于 8kPa。另外，炸药装药不要求传爆药产生很高的压力，炸药装药在较短的起爆距离内应完全起爆。

（2）爆轰性能，为了保证炸药装药的完全爆轰，炸药装药必须有合适的爆轰感度，制作传爆药柱的炸药要有足够的起爆能力，必须保证药柱的装药质量。此外，要保证炸药装药的完全爆轰还必须保证传爆系列各元件装配准确，可靠传爆。

（3）做功性能，特别是能够加速药型罩、板或破片速度，或产生强力爆轰波或水中大气泡的能力。爆速对威力的贡献比较明显。当炸药装药必须加速空心装药和 P 装药的药型罩时，在较小膨胀压力的上限范围内需要较高的做功性能。在加速破片和弹丸壳体中，做功的有效时间应更长。在水下爆炸时，最强的爆炸波或最高的做功性能是要求生成气泡。在各种不同的做功时间内，要求炸药装药在所应用的范围内最佳化。

2. 化学安定性能要求

炸药在长期贮存或受环境条件（如压力、湿度、温度）的影响，保持不变的能力称为炸药的安定性，炸药装药长期稳定性特别重要，应能稳定贮存 10 年甚至几十年。

（1）化学安定性，长期贮存期间应保持化学性能稳定，不发生明显的化学反应。炸药装药绝不能转化成更敏感、更危险的物质。

（2）相容性，所谓炸药的相容性是指炸药的各组分间。炸药与其相接触的各种材料间，在长期贮存中不起化学反应或反应速度满足贮存年限要求的性能。如果炸药的相容性不好，那么炸药的组分间或与其相接触的材料间，可能会生成敏感度高或低的化合物，或者腐蚀所接触的材料。影响弹药发射安定性或撞击目标时的爆炸完全性。炸药装药与接触物质反应不应生成不稳定的甚至危险的物质。

（3）可溶性，炸药应不受相关物质的影响或溶解，特别是不受水的影响或溶解，在任何情况下不应水解。

（4）物理安定性，装药中如有低熔点的物质或混合物，在长期贮存过程中，要保证这些物质不渗出。有些混合炸药长期贮存后可能产生晶析，如果晶析的成分感度高，则会造成使用上的危险。

3. 力学性能要求

炸药装药在可能承受高达数千或上万个重力加速度（如火炮发射）时，必须保证炸药装药在承受载荷下不可破裂。

4. 热性能要求

炸药装药的热性能有如下三方面：比热、热传导和热膨胀系数。

炸药装药的比热较小，对其贮存和操作性并无大的影响；炸药装药的热传导较低，在温度迅速变化的情况下可出现相当高的温度梯度和热应力。当炸药的力学性能（如延伸率）较差时，温度梯度和热应力的变化可导致炸药装药的裂纹。炸药装药的热膨胀和收缩性能比弹药中常用的钢、铜和铝大 3~9 倍，在环境温度下，将炸药装入弹体并无任何间隙时，炸药装药在加热情况下膨胀对壳体施加一定的压力。当从 20℃ 冷却到 -50℃ 时，壳体和炸药装药之间易形成间隙。克服这一缺点的特殊方法是加入少量添加剂，如六硝基芪（HNS）等。

5. 炸药装药使用安全性

弹丸在发射时，要受到加速作用，加速度在几毫秒之内便从零增加到最大值。有时火药燃烧不稳定，弹丸所受的加速作用又常常是冲击式的。这样，弹丸装药底部就受到惯性力的作用，这个力与被加速部分的质量和加速度成正比。由于惯性力的作用，装药中要产生应力，当应力达到某一临界值 σ_s 值时，炸药因急剧压缩或冲击而发生爆炸。因此，对各种炸药都要规定有相当安全的允许应力值 σ_s，为了保证安全，炸药装药中所产生的最大应力值，必须小于允许应力值 σ_s。

　　除此之外，从弹药可靠作用来说还必须考虑，炸药装药结构在到达目标起作用之前不能破坏，否则会大大降低作用效果。如空心装药破坏或产生严重裂纹，会严重影响破甲效果。其他弹药如果装药结构破坏，就不能进行正常爆轰。特别是在发射应力作用下，弹丸结构一旦破坏，装药即会由破裂处高速流出，会导致炸膛或早炸。在弹药的贮存、运输和勤务处理时，还要考虑环境对炸药装药的影响，如温度、湿度、摩擦、偶然的电信号以及化学腐蚀的作用等。

6. 感度要求

　　炸药和炸药装药的感度可从两个方面考虑，一是处理使用炸药和炸药装药时的感度，二是制造炸药装药时的感度。在所谓炸药的寿命时间，鉴定炸药和炸药装药的感度。

　　马赫数 1 以上的现代高性能飞机在一定时间内在空气密实的低空飞行，新式导弹在几分钟内以数倍声速速度飞行，战斗部外皮受空气动力摩擦加热。这种情况下炸药装药应不熔化。弹药作用之前，战斗部应能穿透混凝土和钢板，具有半穿甲弹的作用冲击速度高达每秒数百米到近千米，炸药装药能经受住相当的冲击载荷而不爆炸。如果装药是连续的分级战斗部，第一级用空心装药或大锥型装药，第二级用爆破或破片装药，或者用制式引信的双空心装药时，第二级装药受第一级爆轰后产生的剧烈冲击和爆炸载荷的影响。因此，这种弹药需要特别钝感的炸药。

7. 成本要求

　　原材料成本，如梯恩梯、黑索今、奥克托今、钝感剂、黏结剂等，各种消耗必计算在内。此外，还需考虑工艺成本，如使颗粒分布最佳化的原材料重结晶工艺、成核添加剂（如 HNS）以及浇注和压装工艺的生产成本。最后还必须根据各种炸药装药和生产工艺，计算生产和贮存时的检验成本。样品和发展系列的拆卸成本、废旧仓库的清理和销毁成本也不能忽视。在这些直观成本中，必须考虑到某些物质在处理和工艺中需要特殊措施，因为在工艺中使用的某些炸药以及某些添加剂有毒性和致癌作用。某些炸药和添加剂对湿气敏感，从而要求环境控制的生产设施也应计入成本。

4.1.4　炸药装药的任务

1. 炸药装药技战术要求

　　弹药对敌方有生力量的杀伤作用，对装甲、水面舰艇、潜艇和其他水中目标、飞机等技术兵器的破坏作用，对机场、桥梁、交通枢纽、武器库及其他重点目标、各种防御工事的摧毁主要取决于装药量及装药质量等。据此，炸药装药必须满足如下技战术要求。

(1)对目标作用有足够的威力和尽量大的破坏作用。炸药装药的性能应适应完成不同的任务，对于不同的目标，需要不同作用的弹药或战斗部，对装药的爆炸性能要求也不同。装药的威力是相对弹药威力而言，涉及到弹种，如杀伤弹、爆破弹、破甲弹、穿甲弹等，技战术目的不同，威力含义也不同，具体情况具体分析。

(2)作用确实。保证装药或战斗部在引信的作用下完全爆轰，而不瞎火或半爆，药柱要有足够的感度，传爆药柱应有足够的起爆能力，且二者装配正确。作用确实是装药对所受到的起爆冲量有足够的感度，能确实可靠地爆炸。影响因素有炸药性质、装药方法、装药密度等。

(3)保证弹药发射时的安全，不发生早炸、不影响弹道性能。炮弹发射时弹体内的底部装药承受着很大的惯性力，因此其发射时的安全性与装药工艺密不可分。当惯性力超过了装药的临界应力，就会发生膛炸、早炸。装药底部的惯性力不应超过所选择的炸药的最大容许应力。

(4)贮存和勤务处理时安定不变质。弹药在长期贮存时要有足够的化学安定性和物理安定性，避免理化性能和爆炸性能的改变，应保持设计要求的性能。选择性能优良的炸药和合理的装药装配工艺。各组分之间、弹体、各种防腐漆都要有良好的相容性。勤务处理为确保安全所选用的炸药的机械感度、热感度不宜太高。

(5)保证弹药在运输过程中的安全。运输过程中弹药应能经受颠簸和振动，炸药装药具有较低的机械感度和较好的药柱强度及合理的装配工艺。

(6)保证弹药装药生产者的安全和良好的劳动条件。在炸药装药加工生产中存在爆炸危险。各种炸药都具有不同程度的毒性和挥发性。装药工艺应采用人机隔离、机械化、自动化和远程控制、在线检测。

(7)装药结构简单、原材料丰富达到经济合理要求。战时弹药消耗量大，为保证弹药的战时需要，提高生产效率，要求弹药装药结构简单，原料来源丰富、价格低廉。

2. 炸药装药的研究内容

1)炸药的选择及配方设计

炸药及其装药技术是战斗部核心技术之一，是战斗部实现高效毁伤的重要因素。炸药是战斗部重要组成部分，是其能量来源；装药是对炸药及含能材料进行加工成型，将能量源装入战斗部壳体，完成能量源与战斗部壳体的匹配。

弹药的威力在于高效毁伤。随着弹药毁伤方式和作用对象的日益广泛，对炸药性能的要求也各不相同。对于大型爆破型弹药，要求炸药具有较高的冲击波超压和冲量；对于破片杀伤式弹药，破片速度、动能及其分布是决定毁伤效果的重要参数，要求炸药对破片具有较高的加速能力；对于聚能战斗部，要求炸药能产生高速射流和自锻弹丸，对于重型鱼雷、水雷和深水炸弹等水下爆破弹药，要求炸药具有较高的冲击抗过载特性和较高的内部爆炸威力。炸药设计都是根据战斗部毁伤机制和目标易损性求得炸药和战斗部的最佳匹配，提高炸药装药的能量利用率和战斗部终点毁伤效果。

威力更大的硝胺炸药、高分子黏结炸药、含铝炸药等新型炸药技术得到广泛应用。各种高能复合炸药正在大口径鱼雷、水雷、深水炸弹中作为爆破型装药；高分子黏结炸药（PBX）用于硬目标侵彻战斗部；CL-20作为新型高能量密度化合物之一，性能与传统炸药相比有显著提高，加强CL-20在高能混合炸药中的应用。

配方设计的任务：从原料的种类、配比上满足混合炸药的使用性能，保证工艺性能及装药性能，达到较好的破坏效果。军用混合炸药组成取决于战术技术要求及爆炸作用目的。混合炸药的类型有两种或两种以上单质炸药组成的混合炸药、单质炸药加一定量添加剂组成的混合炸药、由氧化剂与可燃剂组成的混合炸药等品种。

不同弹种对军用混合炸药的性能要求是不同的。从使用角度考虑，配方设计对其基本性能要求包括能量、密度、安全性、安定性、相容性、成型性能、贮存性能，且具有良好的力学性能。

基于混合炸药的技战术要求，了解和掌握炸药原材料的氧平衡、物理化学特性、组分间的配伍相容性、各组分在炸药中的作用，进行配方设计。

配方设计设计原则包括：

主体炸药的选择。主体炸药是炸药能量的主要来源，多采用RDX、TATB、NQ、HMX和PETN等性能优良的单质炸药。

添加剂的选择。用来改善混合炸药的安全性能、工艺性能、力学性能及物理化学安定性。通常采用的添加剂有黏结剂、增塑剂、钝感剂、表面活性剂、吸水剂、安定剂、防老剂、发泡剂、交联剂、引发剂等。

安全是设计炸药配方和生产工艺时必须首先考虑的要素。

配方设计与制药、装药工艺匹配性。配方不仅影响炸药的性能，而且在一定程度上决定着生产工艺的安排布置。合适的组分配比选择，能提高炸药的性能指标，有利于工艺、设备的妥善布置，简化工艺操作。

从安全性的角度出发，通常应该选取得到应用与充分考核安全性高的钝感炸药。而高能量密度化合物应用于混合炸药中，能获得更高的威力但同时却会降低安全性。从炸药的配方设计本质来看，一直是在寻求高威力与高安全性的矛盾平衡点，但往往追求了高安全性，可能会适当降低威力。

调整配方与性能验证。根据设计的配方，制备炸药、通过性能测试来验证是否最优配方，需调整组分及其配比而获得最佳性能。

需要研究炸药装药的能量输出规律，根据弹药的结构和需求，选择相应的炸药配方。

炸药的设计与应用需要根据战斗部的毁伤方式和目标易损性进行。例如：为了提高对目标的毁伤威力，对于聚能鱼雷战斗部，需要考虑爆速高、爆压高的炸药品种；对于水下爆破式战斗部，在装药品种的选择应用上，适宜选择爆炸能量高，而不是爆速、爆压高的炸药品种；对于反舰的重型鱼雷战斗部，适宜选择气泡能高的炸药品种；而对于反鱼雷鱼雷（ATT）战斗部，则应选择冲击波能高的炸药品种。

2）装药工艺的选择

常用的装药方法有铸装、压装、螺旋压装、热塑态装药。不同弹种的结构和技战术作用不同，所选用的炸药、装药量、装药密度、装药结构等不同。因此，装药方法的选择应依据弹丸的作用与结构、选用的炸药的性质、装药的生产效率等方面综合考虑。

杀伤弹装填系数较小，弹体的破裂性质取决于装药对弹壁的比冲量。炸药的威力高，装填密度大，则爆速和比冲量大。当杀伤弹装填的炸药为 TNT 时，采用螺旋压装威力不够。可选择高能单体或混合炸药取代 TNT，用压装、铸装、塑态装来取代螺旋压装。普通穿甲弹选用钝化 RDX、钝黑铝炸药等，应选择压装法。破甲弹选用以 RDX、HMX 为主体的高威力混合炸药，采用压装法和注装法制备装药。迫击炮弹选用 TNT 或硝胺炸药作为弹体装药，选择螺旋压装法。

用于我国反坦克导弹、激光制导炸弹等精确制导武器系统的 JO‐X 为代表的高能炸药，装药工艺以压装为主；以复合浇注 PBX 炸药为代表的高能炸药，采用真空振动复合浇注装药工艺，应用于我国水中兵器、大型钻地攻坚等武器系统。

AFX‐757 是一种含有金属粉末的 PBX 炸药，用作穿甲弹的主装药，采用浇注-固化成型工艺。

4.1.5　炸药装药技术的发展方向

1. 大力发展高能量密度炸药装药

高的能量性能是炸药装药高毁伤性的保证。高能量密度化合物的应用将有力促进武器装备性能的提高和更新换代。我国炸药装药仍以 TNT 一代含能材料为基的炸药为主，目前正在加快二代含能材料 RDX、HMX 等在炸药装药中的应用步伐，同时大力开展三代含能材料 CL-20、DNTF 等在炸药装药中的应用研究。也同时开展新一代含能材料，如多氮、全氮、金属储氢材料、含能离子液体合成和性能表征等基础研究工作。

混合炸药是目前各国武器装备使用的主要品种，发展氧化剂-可燃剂复合型非理想炸药、借用体系外物质和能量成为提高炸药装药能量水平的重要途径之一。

纳米含能材料具有释放化学能反应更迅速、化学反应更完全的特点，采用纳米结构的复合含能材料可以使混合炸药的能量释放不完全等问题得到解决，成为炸药研究领域的方向之一。

2. 大力研究高能不敏感性炸药装药，提高弹药的安全性

近几十年来，美国和其他一些国家在生产、贮存、运输和使用过程中曾发生过多起意外事故。所以世界各国特别关注弹药的安全性及生存能力问题，而问题的核心实际上是解决炸药的安全性，即要求弹丸受外界能量刺激时，引起意外反应的敏感度低。若引爆则反应的激烈程度低，或只燃烧而不转爆轰。这样既可以大幅度提高武器系统在战场上的生存能力，还能减少在生产、加工、贮存、运输和使用时的事故，目前这一问题受到各国的重视，成为弹药领域重要发展方向，高能不敏感炸药成为近年来新列装武器弹药的主流装药。

研究者对安全性火炸药配方和性能、装药结构、火炸药不敏感性评价标准和实验方法等方面开展了重点的研究。不敏感炸药分为传统型不敏感炸药和新型不敏感炸药。传统型不敏感炸药由高能炸药如 RDX、HMX、CL-20 等作为主体炸药，以不敏感添加剂作为不敏感助剂，采用合适的工艺制备而成。新型不敏感炸药是指以不敏感单质炸药为主体的不敏感炸药。已经使用的不敏感单质炸药为基的混合炸药主要有 TATB 基炸药和 NTO 基炸药等。

3. 开展炸药装药能量输出结构等基础研究

不同的武器装备，对炸药装药性能的要求是不尽相同的。如对于大型爆破型弹药，要求炸药具有较高的冲击波超压和冲量；对于破片杀伤式弹药，要求

炸药对破片具有较高的加速能力；对于水中兵器，炸药在水中爆炸后，其能量主要由冲击波能和气泡能两部分构成，冲击波主要产生局部的结构性破坏，而气泡主要引起整体性破坏，而且不同目标对不同的能量因素大小具有不同的易损性。能量输出结构的多样化和精细化、能量释放利用的组合化和一体化已成为炸药装药设计的重要内容之一。因此，需要开展不同武器弹药炸药装药能量的输出结构、规律等研究，为弹药和装药炸药类型的确定、结构设计提供理论和实验基础。

4. 提高装药工艺的水平，改善炸药装药性能，确保装药质量

从装药角度考虑，提高弹丸威力的途径主要有两个方面：一是提高炸药的威力和装药性能；二是提高装药密度和装药质量。在炸药方面主要是研究成型性能好、装药时相对密度高、与同类炸药相比装药量大的炸药，从而达到提高战斗部威力的目的。在提高装药密度和装药质量方面，主要是在原材料规格的选取、配比、装药工艺及机理等方面进行广泛研究。

5. 开展炸药安全性评价方法、模拟仿真技术的研究

炸药安全性评价方法和试验鉴定技术是国内外普遍关心的重大课题。因为安全性不仅是产品质量的重要特性，而且关系到武器装备的研制、生产、贮存、使用中的安全。炸药安全性评价方法制定的目的在于认识和评价炸药产品的潜在危险因素，以防止事故的发生，保证安全和作用的可靠性及提高弹药的生存能力。目前，急需解决的是如何正确、客观地评价炸药安全性及其试验方法，而对危险性能够作出充分的评价，必须是在实际使用条件下，对一个完整的弹药系统进行大量的试验，这显然是很困难的，因此建立炸药安全性评价方法是一个迫切需要解决的问题。

炸药装药设计及性能模拟仿真技术可以有效地指导炸药的装药设计，大大缩短研究周期，节约研究成本，越来越受到研究工作者的重视。

6. 大力发展装药性能检测技术研究

弹药生产向连续化、自动化、隔离操作与自动控制方向发展，这样既保证产品质量的稳定性和提高生产效率，同时还有利于安全生产。检测技术是弹药生产中十分重要的环节之一，它是保证产品质量和使用安全的重要手段。因此，发展无损检测技术是目前普遍关心的研究课题。

炸药与装药之间有着密切的联系，尤其是混合炸药应用技术的发展，改变了单独使用单体炸药的局面，使炸药品种层出不穷，不仅大幅度提高了弹药的

威力，还使弹药的生产和使用更加安全，炸药装药的能量密度提高到一个新的水平。

炸药与装药的发展方向是不断提高能量和使用更加安全，这就要求炸药的综合性能和装药质量不断提高。这也促进了炸药与装药技术的持续改善，并进入更高的发展阶段。

4.2 炸药装药性能理论基础

4.2.1 炸药装药性能概述

炸药装药性能，包括密度与成型性能、爆轰性能、力学性能、化学性能、热性能、安全性能以及炸药装药的质量性能等，直接关系到装药工艺、贮存、运输和使用的安全性以及对目标的毁伤效能。开展炸药装药性能研究，充分认识、掌握并有效运用炸药装药性能，对装药设计、弹药设计以及武器装备的研制与发展具有重要的理论及实际意义。

4.2.2 炸药装药的密度与成型性能

1. 炸药装药的密度

炸药的密度是指单位体积内所含的炸药质量，包括晶体密度、装药密度、装填密度等。其中，晶体密度是指炸药装药组成中单质炸药晶体的密度。由于晶体体积不易压缩，所以炸药的晶体密度可看作炸药装药的理论密度；装药密度是指具有一定形状的炸药制成品的表观密度，可以从侧面反应装药内部的空隙率，其大小和分布均匀性是炸药装药的一个重要参数；装填密度是指装填于弹体（如炸弹、炮弹）内的单位体积炸药的质量。

1）装药密度

炸药的理论密度取决于组成炸药装药的各原料的密度，可用下式计算：

$$\rho_{\mathrm{T}} = \frac{\sum m_i}{\sum V_i} = \frac{\sum V_i \rho_i}{\sum m_i / \rho_i} \tag{4-1}$$

式中：ρ_{T} 为炸药的理论密度；m_i 为第 i 组分的质量；V_i 为第 i 组分的体积；ρ_i 为第 i 组分的理论密度。

实际炸药装药密度 ρ_0 均小于理论密度 ρ_{T}。炸药装药中总存在一定的空隙，空隙率可由下式定义：

$$\varepsilon = (1 - \rho_0/\rho_T) \times 100\% \tag{4-2}$$

则炸药装药密度可由下式求得：

$$\rho_0 = \frac{\sum m_i}{V} = \frac{\sum m_i}{\sum V_i}(1 - \varepsilon) = \rho_T(1 - \varepsilon) \tag{4-3}$$

式中：ρ_0 为炸药装药密度；ε 为空隙率；V 为装药的实际体积。

2）影响密度的因素

装药密度的大小及分布主要受炸药组成、装药工艺和装药条件等因素的影响。

（1）主体炸药的晶体密度。

炸药晶体密度与炸药的分子结构和晶体结构密切相关。炸药的晶体密度越大，则炸药的装药密度越高，装药的能量密度也越大。常见单质炸药的晶体密度如表 4-1 所示。

表 4-1 各种炸药晶体密度

名称	TNT	RDX	FOX-7	HMX	NTO	TATB	CL-20	ONC
密度/（g/cm³）	1.65	1.81	1.88	1.91	1.93	1.94	2.04	2.1

（2）主体炸药的粒度和形貌。

主体炸药的粒度和形貌也是影响装药密度的重要因素。以 RDX 基熔铸炸药为例，与普通 RDX 颗粒相比，球形化 RDX 颗粒晶体本身表面光滑、形状规则、致密，以其为基的熔铸炸药内部缺陷少，大幅度提高了熔铸炸药装药密度。

（3）装药工艺。

装药工艺是影响装药密度和密度分布的重要因素。以螺压工艺为例：随着螺杆直径的增大，周边和平均装药密度均呈上升的趋势；装药过程中初始压力越高，越有利于提高装药密度和密度分布，当压力达到一定值后，装药密度趋于一致；螺杆距弹体底部间距越小，底部越容易压实，密度越高；螺杆每次带入的进料量越少，压制次数越多，密度均匀性越高。

（4）装药条件。

对于模压装药炸药，装药密度与装药条件有关，成型压力是首要因素。例如，室温下，几种炸药的装药密度随成型压力而变化的情况如表 4-2 所示，装药密度随成型压力增大而增加，趋近于它们的理论密度，且装药相对密度（装药密度 ρ_0 与理论密度 ρ_T 的比值）与成型压力之间存在一定数值关系：

$$\rho_0/\rho_T = a + b\log p \tag{4-4}$$

式中：p 为成型压力（MPa）；a、b 为常数。

表 4 - 2　装药密度与加载压力的关系（室温）

种类	装药密度/（g/cm³）				理论密度/（g/cm³）
	1000 kg·cm⁻²	1500 kg/cm²	2000 kg/cm²	2500 kg/cm²	
钝化黑索今	1.650	1.672	1.681	1.684	1.722
某高分子黏结炸药	1.699	1.712	1.722	1.725	1.780
钝黑铝炸药	—	1.760	1.770	1.780	1.850

在一定成型压力作用下，炸药的可塑性、流动性就起决定的作用，而这些往往又受温度、颗粒情况、附加物等因素影响。一般情况下，装药密度随温度升高而升高。例如，某高分子黏结炸药在 2000kg/cm² 成型压力的模压条件下，装药密度随成型温度变化的情况如表 4 - 3 所示。

表 4 - 3　装药密度与成型温度的关系（成型压力：2000kg/cm²）

成型温度/℃	20	40	50	60	70
装药密度/(g·cm⁻³)	1.7135	1.7224	1.7240	1.7246	1.7318

3）测量方法

（1）排水法。

在环境温度下称量已干燥好的清洁弹体，以水充入弹体中（装水高度与装炸药时相同），重新称量。倒尽弹体中的水，彻底干燥后在规定装药条件下装填炸药，再称量。按下式计算装药密度 ρ_0（g/cm³）。此时假定水的密度为 1.0g/cm³。

$$\rho_0 = (m_2 - m_1)/(m_3 - m_1) \tag{4-5}$$

式中：m_1 为空弹体质量（g）；m_2 为装有炸药的弹体质量（g）；m_3 为装有水的弹体质量（g）。

（2）工业 CT 法。

将工业计算机断层成像（CT）技术应用于装药密度检测，具有非破坏、高精度、可全样品检测优势。

以 X 射线作为射线源的工业 CT 工作原理：

当射线穿过均匀物质时，有

$$I = I_0 e^{(-\mu \times l)} \tag{4-6}$$

当射线穿过非均匀物质时，有

$$I = I_0 e^{[-(\mu_1 + \mu_2 + \cdots + \mu_i) \times l]} \tag{4-7}$$

式中：l 为射线穿过被检测物各体积元的长度；I 为射线穿过被检测物以后的强度（即经被检测物衰减后探测到的计数和）；μ_i 为射线穿过不同物质的线衰减系数（与被检物质的密度和原子序数以及使用辐射源的能量有关）；I_0 为射线入射端初始强度（射线在空气中探测器测到的原始计数和）。

当一束单能射线透射过物质，必然产生衰减，检测物的密度、厚度不同，其衰减系数也不同，在 CT 图片上则得到相应的密度反映，形成了反映密度变化的样品内部结构图。

CT 机检给出的是密度 CT 值和相对密度误差，必须采取一定的方法由 CT 值得到样品检测断层的实际密度才能计算出所要的密度差。实际 CT 检测中，有一批样品需要检测样品轴向密度差异，采取各层取 80% 范围内 CT 平均值，然后采用（最大值 - 最小值）/最大值 × 100%，得到 CT 检测结果表征的样品轴向密度差。一组结果列于表 4-4 中。

表 4-4 样品密度 CT 值及相对密度差检测结果

产品编号	检测位置 (200±1)mm	检测位置 (250±1)mm	相对密度差/%
10-1	5771	6028	4.26
10-2	5768	6021	4.20
10-3	5792	6090	4.89
10-4	5748	6029	4.66
10-5	5736	6032	4.90
10-6	5737	6015	4.62
10-7	5767	6068	4.96
10-8	5737	6036	4.95
10-9	5715	6010	4.91
10-10	5750	6016	4.42

2. 炸药装药的成型性能

炸药装药的安全性能、爆轰性能、力学性能与成型性能密切相关，装药要求炸药具有良好的成型性能，即在常温和通常工业条件下制成密度高、均匀性好、无疵病的药柱。一般情况下成型性能愈好，成型密度愈高，安全性能、爆轰性能和药柱的强度也随之提高。成型性能主要取决于炸药装药的配方组成、主体炸药的粒度和形貌、制备工艺及装药方式等。

1)影响因素

炸药装药的成型性能主要取决于装药的可塑性、黏结性、可压性、装药疵病的控制等。

炸药晶体颗粒的大小及形貌对炸药的成型性能影响较大,其中细颗粒以及颗粒级配的炸药成型性能较好,因为颗粒级配或颗粒越小在压制成型过程中越不易破碎,有利于提高成型性能。

炸药装药在成型的过程中,炸药晶体颗粒在发生位移、破碎、重排的同时,也伴随着黏结剂的塑性形变,且形变贯穿整个过程。因此,配方黏结剂的弹塑性非常重要,适当的黏结剂可有效减少药柱的内部损伤,并将配方中的炸药颗粒黏结在一起,对提高成型性具有重要作用。

高分子黏结剂的种类、本身的性质及其力学状态对成型性能有直接影响。通常,柔性高分子链有两种运动单元,即分子链整体和链中个别链段。因此,线型非晶相高分子存在三种力学状态:玻璃态、高弹态、黏流态。高分子的这种状态变化是逐渐转变的,即在一定温度范围内进行的。各类高分子,或者具有不同分子量的高分子化合物都有其特定的温度变形曲线,对成型性能产生重要影响。

同时,添加功能添加剂,对成型性能的改善是行之有效的,可提高炸药的力学性能,便于混合炸药的加工和成型。但添加剂的含量不超过3%。

炸药制备工艺也是影响炸药装药成型性能的重要因素。例如,较传统水悬浮法制备工艺,捏合法造型粉制备工艺可以显著改善 TATB 基 PBX 中黏结剂的分布均匀性,从而改善 TATB 基 PBX 的成型性能。

2)表征方法

炸药装药成型性能的表征方法有很多,一般通过装药密度、密度分布的均匀性、力学性能、装药外部形稳性、装药内部质量等来表征炸药装药的成型性能。

(1)装药密度。装药密度是炸药装药成型性能的重要指标。一般情况下,装药密度越高,成型性能越好。同时,常用装药相对密度大小来表征压装炸药的可压性。

(2)密度分布。采用十字取样法,铣削 13 块标准样品尺寸 30mm × 30mm × 100mm 的长方条。加工成 ϕ20mm × 20mm 的密度测试试件,采用排水法测试密度,分析密度均匀性。一般情况下,装药内部各部位密度越均匀,成型性能越好。

（3）力学性能测试。对炸药装药的压缩强度、拉伸强度、抗过载强度等进行测试。一般情况下，力学性能越强，成型性能越好。

（4）内部微观结构。利用工业 CT 技术对成型件的内部微观结构进行检测。在剖面图中内部颗粒聚集紧密且分布均匀，则成型性能好。

（5）形稳性。开展高低温冲击循环实验，温度范围：$-40\sim65℃$（3 轮），温度转换时间小于 5min，升降温速率 10℃/h，恒温时间大于 1h，恢复到常温后对药柱的外观、尺寸进行检验，形变量越小则成型性能越好。

4.2.3 炸药装药的爆轰性能

爆轰是炸药装药发生化学反应的的基本形式和特征性能，是决定炸药装药做功能力和应用前景的核心指标，了解炸药装药的爆轰性能，掌握和控制爆轰过程的规律性对于炸药装药设计和武器弹药设计具有重要的实际意义。

1. 凝聚炸药的起爆与传爆

炸药的爆轰往往要通过外界能量如热冲击、机械冲击或雷管、传爆药等起爆装置的爆炸作用来引发。起爆是指用一种炸药装药（雷管或传爆药等）的爆炸引起与它直接接触的另一炸药装药的爆轰。起爆的炸药装药称为主发装药，被起爆的炸药装药称为被发装药。起爆的能量形式有以下几种：

（1）热冲量起爆：是炸药受到外界加热或局部引燃后，形成不稳定的燃烧过程，此燃烧状态不断加速，直至形成爆轰过程。燃烧向爆轰的转变过程称为 DDT 过程，DDT 过程的长短与炸药自身的物理化学性质、装药直径、密度、外界压力、初温以及外界强度等因素有关。

（2）机械冲量起爆：是指炸药在外界机械冲击的作用形式，如撞击、摩擦等机械作用下，炸药的局部形成所谓的"热点"或"活化中心"，化学反应首先从热点开始，而后热点迅速扩张（低速燃烧）直至形成炸药的爆轰。爆轰能否传播下去，取决于第一层受冲击炸药爆炸产生的能量大小，如果激发下一层炸药爆轰，则爆轰可传递下去，否则爆轰只在局部发生或发生后便衰减下去。

爆炸冲量的起爆：强冲击波起爆只有冲击波压力大于某一临界值并保持一定时间才能可靠地起爆被发炸药，同时被发炸药装药直径需要足够大，否则无论多么强的起爆也不能使爆轰传播下去。能够传播稳定爆轰的最小装药直径称为临界直径。

2. 炸药装药爆轰反应机理

由于炸药的化学组成以及装药的物理状态不同，造成了爆轰波化学反应的机理不同。根据炸药结构特点，可分为三种类型的凝聚炸药爆轰反应机理：整体反应机理、表面反应机理和混合反应机理。

1）整体反应机理

整体反应机理又称为均匀灼烧机理，它存在于强激波条件下均质炸药的爆轰过程中，特征是在整个压缩层的体积内发生化学反应。例如 NG、高密度RDX 的爆轰等。

能按整体反应机理爆轰的炸药装药，必须是组成密度都均匀的均质炸药，如不含气泡的液态炸药；接近晶体密度时的固体炸药（如铸装 TNT 或压装密度很高的粉状炸药）。这类炸药爆轰时能产生很强的引导激波，其爆轰速度至少在6000m/s 以上，波阵面温度高达 1000℃ 以上，只有这样的爆轰才能激起凝聚炸药的整体反应。

2）表面反应机理

表面反应机理又称不均匀灼烧机理，它存在于较弱的激波条件下、非均质炸药的爆轰反应中。自身结构不均匀的炸药，不是在整个压缩的体积内，使得温度均匀升高而发生反应，而是在个别或局部区域温度升高，形成"热点"或"起爆中心"，化学反应首先在这些高温区开始，进而再扩展到整个炸药层。这类反应炸药的爆轰速度往往不高，一般在 2000～4000m/s。

3）混合反应机理

该机理适用于非均匀混合炸药，特别是反应能力相差悬殊的固体物质组成的混合物，反应在一些组分分界面上进行，有这类反应机理的炸药爆轰也不是在整体压缩层内全部反应，和表面反应机理类似，也是在一些局部区域开始反应，但是这类反应不仅受初始反应的影响，而且还受初始分解产物传质、传热的控制，一般存在一个有利于最高爆轰速度的最佳密度。一般来说，各组分混合得越均匀，颗粒度越小，越有利于爆轰的诱发。工业炸药的爆轰反应特点十分符合混合反应机理。

对表面和混合反应机理，激波作用都是在局部形成"起爆中心"或"热点"。一般有以下几种热点形成途径：

（1）炸药中气泡（气体形成蒸气）受到激波的绝热压缩；

（2）炸药颗粒表面摩擦，或药层间的高速黏滞流动；

（3）高温气体产物由炸药颗粒表面向内部渗透，使炸药表面局部过热；

（4）激波与炸药中的间隙发生相互作用，形成射流，碰撞（反射）致使空穴崩溃等；

(5)药粒晶体表面局部缺陷的湮灭而形成热点。

凝聚炸药爆轰反应机理并不都是按照上述机理中的某一种进行的,而往往是两种或两种以上机理共同作用的结果。

3. 炸药装药爆轰参数计算

炸药的爆炸特性是综合评价炸药装药能量水平的特性参数。炸药爆炸时能产生很大破坏作用的原因,一是爆炸反应的速度(即爆速)非常快,通常达6000~9000m/s;二是爆炸时产生高压(即爆压),其值在20~40 GPa;三是爆炸时产生大量气体(即爆炸产物),一般可达1000L/kg。这样,在十几微秒到几十微秒的极短时间内,战斗部壳体内形成一个高温高压环境,使壳体膨胀、破碎,形成许多高速的杀伤元素。同时,高温高压的爆炸气体产物迅速膨胀,推动周围空气,形成在一定距离内有很大破坏力的空气冲击波。据此,炸药爆轰性能的主要表征参数有爆热、爆温、爆速、爆压及爆容等。

1)爆热

在一定条件下单位质量炸药爆炸时放出的热量,是炸药借以做功的能源,与爆压、爆温和做功能力都有密切关系。爆热分为定容爆热及定压爆热,用爆热弹测得的是定容爆热,根据炸药及其爆轰产物标准生成焓用盖斯定律计算得到的是定压爆热。由于爆轰产物的成分难以准确确定,所以计算爆热的误差较大。炸药的爆热也可用经验式计算。定压爆热与定容爆热可以换算。

(1)理论计算。

根据盖斯定律,反应过程热效应与反应进行的途径无关,只取决于系统的初态与终态,也就是说,如果由相同物质不同途径得到相同最终产物时,则这些不同途径放出或吸收的热量是相等的。

利用图 4-6 所示的盖斯三角形可以计算炸药的爆热。图中状态 1 为组成炸药的元素的稳定状态单质,状态 2 为炸药,状态 3 为爆轰产物。由 1 到 3 有两条途径,一是由元素生成炸药,热效应为 $\Delta H_{f(1-2)}^0$(炸药的标准生成焓),然后由炸药生成爆轰产物,热效应为 Q_{2-3}(爆热);另一途径是由元素直接生成爆轰产物,热效应为 $\Delta H_{f(1-3)}^0$

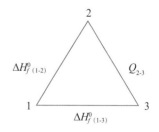

图 4-6 计算爆热的盖斯三角形

(爆轰产物的标准生成焓),根据盖斯定律有:

$$\Delta H_{f(1-2)}^0 - Q_{2-3} = \Delta H_{f(1-3)}^0 \qquad (4-8)$$

$$- Q_{2-3} = \Delta H_{f(1-3)}^0 - \Delta H_{f(1-2)}^0 \qquad (4-9)$$

由炸药的爆炸化学反应式及爆轰产物和炸药的标准生成焓就可算出炸药的爆热。

炸药的爆炸化学反应式可以由实验确定，也可以按经验方法确定；炸药的标准生成焓可以由燃烧热求得或根据经验和半径验公式计算；爆轰产物的标准生成焓可由物化手册查得。

按式(4-9)算出的爆热为定压爆热，定容爆热可按式(4-10)进行换算：

$$Q_V = Q_p + 2.477n \qquad (4-10)$$

式中：Q_V 为定容爆热(kJ/mol)；Q_p 为定压爆热(kJ/mol)；n 为1mol炸药产生的气态爆炸产物量(mol/mol)。

(2)经验计算。

①单体炸药爆热的经验计算。

单体炸药爆热的经验计算公式很多，比较简单而实用的公式是阿瓦克扬公式：

$$Q_V = Q_{max}K \qquad (4-11)$$

式中：K 为真实性系数；Q_{max} 为按最大放热原则得出的最大放热量(kJ/mol)。

按照最大放热原则，对通式为 $C_a H_b O_c N_d$ 的正氧和零氧平衡炸药，Q_{max} 可按式(4-12)计算：

$$Q_{max} = 393a + 121b + \Delta H_{f(V)}^0 \text{(kJ/mol)} \qquad (4-12)$$

负氧平衡炸药的 Q_{max} 可按式(4-13)计算：

$$Q_{max} = 197c + 22b + \Delta H_{f(V)}^0 \text{(kJ/mol)} \qquad (4-13)$$

式中：$\Delta H_{f(V)}^0$ 为炸药定容标准生成焓(kJ/mol)。

大部分有机炸药的真实性系数与炸药的氧系数之间有如下关系：

$$K = 0.32A^{0.24} \qquad (4-14)$$

式中：A 为炸药的氧系数(%)。

按阿瓦克扬公式计算所得爆热，对大部分炸药的误差不超过3.5%，但该式未考虑密度对爆热的影响，因而只适用于高密度单体炸药或由这类单体炸药组成的混合炸药的爆热的计算。

②混合炸药爆热的经验计算。

混合炸药根据氧平衡可分为两类，一类属正氧平衡或零氧平衡，这类炸药一般由正氧炸药或氧化剂与负氧炸药或可燃物混合而成，它们的爆热可按最大放热原则进行估算。另一类属负氧平衡，这类炸药通常由负氧炸药与添加剂组成，它们的爆热计算方法如下：

a. 假定混合炸药中每一组分均有一特征热值 Q_{oi}，如该组分为爆炸性物质，则 Q_{oi} 为该物质在理论密度时的爆热值；如该组分为各种添加剂，则 Q_{oi} 表示该添加剂对爆轰过程能量的贡献或影响。

b. 混合炸药理论密度时的爆热 Q_o 与各组分的特征热值 Q_{oi} 及质量分数 m_i 成线性关系（见式 4 – 15）：

$$Q_o = \sum m_i Q_{oi} \qquad (4-15)$$

c. 混合炸药的爆热与密度成线性关系：

$$Q_\rho = Q_o - B(\rho_o - \rho) \qquad (4-16)$$

式中：Q_ρ 为密度为 ρ 时混合炸药的爆热（kJ/mol）；B 为混合炸药爆热的密度修正系数（kJ·cm³/mol·g）；ρ_o 为混合炸药的理论密度（g/cm³）。

d. 混合炸药的密度修正系数与组分的密度修正系数 B_i 之间存在式（4 – 17）所示关系：

$$B = \sum m_i B_i \qquad (4-17)$$

常用炸药及添加剂的 Q_o 及 B_i 值，可查阅有关参考文献。

当混合炸药的组成已知时，根据式（4 – 15）～式（4 – 17）可计算任意密度时混合炸药的爆热，计算步骤如下：

a. 按式（4 – 15）求出混合炸药理论密度时的爆热 Q_o。

b. 按式（4 – 17）求出混合炸药的密度修正系数 B。

c. 按式（4 – 16）求出密度为 ρ 时混合炸药的爆热 Q_ρ。

按上法计算所得混合炸药的爆热与实验值相差一般不大于 4%，而实验测定爆热的允许偏差为 3%。

(3)实验测定。

实验测定爆热采用容积为 1～5L 的爆热弹。测定时将一定质量、一定密度的炸药试样置于厚壁惰性外壳中，再吊放在爆热弹中，爆热弹则装在置有定量蒸馏水的量热计中，放出的爆热由爆热弹体及量热计中的蒸馏水所吸收，根据弹体或蒸馏水的温升及量热系统的热容值，即可求出爆热。负氧平衡炸药的爆热随其密度的增大而增大，零氧及正氧平衡炸药的爆热基本上与密度无关。往炸药中加入铝粉，可大幅度提高炸药的爆热，这是因为这类金属粉能与爆炸产物中的一氧化碳、水和二氧化碳发生放热反应，这是提高炸药爆热的一个主要途径。炸药爆热一般为 2～8MJ/kg。

2）爆温

全部爆热用来定容加热爆轰产物所能达到的最高温度。爆温愈高，气体产物的压力愈高，做功能力愈大。爆温可以理论计算，也可近似实验测定。

（1）理论计算。

理论计算时，系假设爆轰过程中是定容绝热的，爆热全部用于加热爆轰产物，且爆轰产物的热容只是温度的函数，而与爆炸时所处压力（或密度）及状态无关，于是只需知道爆热及爆炸产物组成即可计算出爆温。

①按爆炸产物的平均比热容计算，有

$$Q_V = \int_{T_1}^{T_2} c_V \mathrm{d}t = \bar{c}_V(T_2 - T_1) = \bar{c}_V t \qquad (4-18)$$

式中：Q_V 为炸药定容爆热（kJ/mol）；T_1 为炸药初始温度（K）；T_2 为炸药爆温（K）；c_V 为爆轰产物分子热容之和（kJ/mol·K）；$\bar{c}_V$ 为温度 $T_1 \sim T_2$ 内爆轰产物平均分子比热容之和（按式（4-19）计算）（kJ/mol·K）；t 为温度间隔，即净增温度（K）。

$$\bar{c}_V = \sum n_i \bar{c}_{Vi} \qquad (4-19)$$

式中：n_i 为第 i 种产物的量（mol/mol）；$\bar{c}_V$ 为第 i 种产物的平均分子比热容（kJ/mol·K）。

2000 K 以下时，平均分子比热容与温度 t（℃）之间有如下关系：

$$\bar{c}_V = a + bt \qquad (4-20)$$

故 $$Q_V = \bar{c}_V t = (a + bt)t = bt^2 + at$$

$$t = \frac{-a + \sqrt{a^2 + 4bQ_V}}{2b} \qquad (4-21)$$

爆轰产物的 a、b 值可查阅有关参考文献。

在 2000~6000 K 范围内，平均分子比热容与温度 T（K）之间有如下关系：

$$\bar{c}_V = \bar{A} + \frac{\bar{B} \times 10^3}{T}\left(1 + \frac{\bar{C} \times 10^3}{T}\right) \qquad (4-22)$$

式中：$\bar{A}$、$\bar{B}$、$\bar{C}$ 为常数。

当爆轰产物的组成及爆热已知时，根据式（4-18）和式（4-21）即可算出爆温。

②按爆炸产物内能值计算。

根据热力学第二定律有

$$- \mathrm{d}E = \mathrm{d}Q + p\mathrm{d}V \qquad (4-23)$$

因爆轰过程为定容过程，$\mathrm{d}V = 0$，故反应放出的热量全部用于使爆轰产物的内能增加，因此根据不同温度时产物内能的变化就可以求出爆温。计算时，首先假设一个温度，按此温度求出全部爆轰产物的内能，将此数值和爆热值进行比较，如果两数值相差较大，再另行假设一个爆温值重新进行计算，直至基本符合时为止。

对某些工业炸药的爆温，可以采用表 4 - 5 的经验公式进行近似计算。

表 4 - 5　爆温(℃)的近似计算式

炸药类型	爆温计算式[①]
含硝化甘油的非安全炸药	$0.607Q + 280$
含硝化甘油的安全炸药	$0.423Q + 430$
含梯恩梯的非安全阿莫尼特	$0.449Q + 560$
含梯恩梯的安全阿莫尼特	$0.416Q + 470$
巴里斯太火药	$0.502Q + 697$

①：Q 为液态水时的定容爆热(kJ/kg)

(2)实验测定。

目前，实验测定爆温尚十分困难，因为爆温很高，且达最大值后在极短时间内即迅速下降，同时又伴随有爆轰的破坏效应。爆温可采用色光法测定，此法系将炸药的爆轰产物视为吸收能力一定的灰体，能辐射出连续光谱，如测得光谱的能量分布或两个波长的光谱亮度的比例，则可计算出爆温。常用炸药爆温值为 2000～5000K。

3)爆速

爆速是爆轰波在炸药中稳定传播的速度。它不仅是衡量炸药爆炸性能的重要示性数，而且还可以用来推算其他爆轰参量。

(1)理论计算。

近几十年来，出现了许多计算炸药爆速的经验和半经验式，如 A. R. Martin 和 H. J. Yallop 提出了计算爆速的修正氧平衡公式，W. Pagowski 提出了有效氧平衡公式，它们都是利用氧在炸药分子结构中的有效性而提出的经验计算式，初步涉及了爆速与分子结构的某些关系。其后，M. J. Kamlet 等人又发表了 CHON 系炸药爆轰参数的计算方法，我国学者提出了氮当量和修正氮当量计算爆轰参数的方法，还有再后由 L. R. Rothstein 及 S. R. Peterson 提出的计算爆轰

参数的 F 值公式等。现将应用较普遍的几个经验和半经验计算方法介绍如下。

①Kamlet 公式。

Kamlet 公式可用来计算 CHON 系炸药的爆速和爆压。Kamlet 认为炸药的爆轰性能可归结于以下四个参数的关系上，即单位质量炸药的爆轰气体的量（mol/g），爆轰气体的平均摩尔质量，爆轰反应的化学能和装药密度。从而提出了计算爆速的 Kamlet 公式：

$$D = 1.01\varphi^{1/2}(1 + 1.30\rho_0) = (1.011 + 1.312\rho_0)\varphi^{1/2} \qquad (4-24)$$

$$\varphi = N\overline{M}^{1/2}Q^{1/2} \qquad (4-25)$$

式中：D 为炸药的爆速（mm/μs 或 km/s）；ρ_0 为炸药的装药密度（g/cm^3）；φ 为炸药的特性值；N 为每克炸药气体爆轰产物量（mol/g）；$\overline{M}$ 为气体爆轰产物的平均摩尔质量（g/mol）；Q 为每克炸药的爆轰化学能，即单位质量炸药的最大爆热值（cal/g）。

对 N、$\overline{M}$、Q 值的计算，如果假设炸药爆轰时，爆轰产物的组成取决于以下两个化学反应的平衡：

$$2CO \rightleftharpoons CO_2 + C + 172.5kJ$$

$$H_2 + CO \rightleftharpoons H_2O + C + 131.5kJ$$

且这两个化学平衡在较高的装药密度下都以向右移动为主。如果再规定爆轰产物形成的方式为：氧首先与氢反应生成水，剩余的氧再与碳反应生成二氧化碳。如再有多余的氧，则以氧分子存在；如有多余的碳，则形成固态的碳（最大放能原则），则对于 $C_aH_bO_cN_d$ 炸药的 N、$\overline{M}$、Q 值的计算可按表 4-6 所述方法计算。

表 4-6 N、$\overline{M}$、Q 值的计算方法

参数	组分条件		
	$c \geqslant 2a + \dfrac{b}{2}$	$2a + \dfrac{b}{2} > c \geqslant \dfrac{b}{2}$	$\dfrac{b}{2} > c$
N(mol/g)	① $\dfrac{b + 2c + 2d}{4M}$	$\dfrac{b + 2c + 2d}{4M}$	$\dfrac{b + d}{2M}$
$\overline{M}$(g/mol)	$\dfrac{4M}{b + 2c + 2d}$	$\dfrac{56d + 88c - 8b}{b + 2c + 2d}$	$\dfrac{2b + 28d + 32c}{b + d}$
$Q \times 10^{-3}$ (cal/g)	② $\dfrac{28.9b + 94.05a + 0.239\Delta H_f^0}{M}$	$\dfrac{28.9b + 94.05\left(\dfrac{c}{2} - \dfrac{b}{4}\right) + 0.239\Delta H_f^0}{M}$	$\dfrac{57.8c + 0.239\Delta H_f^0}{M}$

注：M 为炸药的摩尔质量（g/mol）；ΔH_f^0 为炸药的标准生成焓（kJ/mol）

炸药的特性值 φ 是 N、$\overline{M}$、Q 的函数,可直接按式(4-25)求出,所以 φ 值在某种程度上反映了炸药的爆轰性能特性。

值得指出,N、$\overline{M}$、Q 值并不是孤立的,三者之间有关联。N 值增大,会使 $\overline{M}$、Q 值减小;反之,N 值的减小却引起 $\overline{M}$、Q 值的增大。这样,在不同的适应状态下(即决定爆轰产物组成的平衡化学反应不同),三者的数值都有所变化,但对 φ 值所带来的影响却可以相互抵消或补偿,即计算出的 φ 值较为恒定。

②氮当量公式和修正氮当量公式。

计算炸药爆速的氮当量公式可用式(4-26)表示:

$$D = 1850 \sum N + 1160(\rho_0 - 1) \sum N \qquad (4-26)$$

式中:D 为炸药的爆速(m/s);ρ_0 为炸药的装药密度(g/cm³);$\sum N$ 为炸药的氮当量。

炸药的爆速除与装药密度有关外,还与爆轰产物密切有关。采用氮当量公式时,爆轰产物的组成可按下列规则定出:即分子中的氢首先被氧化生成水;然后碳被氧化生成一氧化碳,多余的氧再将一氧化碳氧化为二氧化碳,还剩下氧,则以元素状态存在;若不足以将碳完全氧化成一氧化碳时,则形成固体碳。此即 B-W 规则。

取爆轰产物中的氮对爆速的贡献为 1,其他爆轰产物对爆速的贡献与氮相比的系数,称为氮当量系数,如表 4-7 所列。

表 4-7　爆轰产物的氮当量系数

爆轰产物	N_2	H_2O	CO	CO_2	O_2	C
氮当量系数	1	0.54	0.78	1.35	0.5	0.15

以 100g 炸药为基准,各种爆轰产物的量(mol/100g)与其氮当量系数乘积的总和,称为炸药的氮当量。

将式(4-26)简化,可表示为

$$D = 1850 \sum N + 1160(\rho_0 - 1.0) \sum N$$
$$= (690 + 1160\rho_0) \sum N \qquad (4-27)$$

$\sum N$ 可由式(4-28)计算:

$$\sum N = \frac{100}{M} \sum X_i N_i \qquad (4-28)$$

式中：M 为炸药的摩尔质量(g/mol)；X_i 为每摩尔炸药中第 i 种爆轰产物的量(mol/mol)；N_i 为第 i 种爆轰产物的氮当量系数。

用式(4-26)及式(4-27)计算 CHON 系炸药的爆速时，如炸药中含有下述基团：OH、C—O—C、NH_2、NH、C＝O、C＝C、C＝N、N—NO_2、ONO_2、CHO、N_3，则爆速计算值与实测值相差较大(上下误差超过3%)。产生误差的主要原因在于原始氮当量概念中，较少考虑炸药分子的结构因素，为此人们将结构因素引入氮当量概念中，而得到修正氮当量的概念和计算爆速的修正氮当量公式：

$$D = (690 + 1160\rho_0)\sum N''' \qquad (4-29)$$

$\sum N'''$ 可按式(4-30)计算：

$$\sum N''' = \frac{100}{N}\left(\sum P_i N_{pi} + \sum B_k N_{Bk} + \sum G_j N_{Gj}\right) \qquad (4-30)$$

式中：$\sum N'''$ 为炸药的修正氮当量；P_i 为每摩尔炸药中，第 i 种爆轰产物量(mol/mol)；N_{pi} 为第 i 种爆轰产物的氮当量系数；B_k 为第 k 种化学键在分子中出现的次数；N_{Bk} 为第 k 种化学键的氮当量系数；G_j 为第 j 种基团在分子中出现的次数；N_{Gj} 为第 j 种基团的氮当量系数。

③F 值公式。

L. R. Rothstein 和 S. R. Petersen 提出了最大理论密度下 CHON 系炸药的爆速和因子 F 之间有着简单的线性关系，而因子 F 只取决于炸药的化学组成和结构。这样便不需任何物理、化学或热化学参数和炸药的爆炸反应方程式，就可以直接估算炸药的最大爆速，但是在计算时必须预先估计所计算的炸药是液体还是固体。

此方法有关的计算式如下：

$$F = 0.55D' + 0.26 \qquad (4-31)$$

$$D' = \frac{F - 0.26}{0.55} = 1.818F - 0.473 \qquad (4-32)$$

$$F = \left[100 \times \frac{n(O) + n(N) - \dfrac{n(H)}{2n(O)} + \dfrac{A}{3} - \dfrac{n(B)}{1.75} - \dfrac{n(C)}{2.5} - \dfrac{n(D)}{4} - \dfrac{n(E)}{5}}{M}\right] - G$$

$$(4-33)$$

式中：D' 为炸药的最大爆速(km/s)；F 为与炸药的化学组成及结构有关的因子；$n(O)$ 为炸药分子中的氧原子数；$n(N)$ 为炸药分子中的氮原子数；$n(H)$ 为

炸药分子中的氢原子数；A 为常数，对于芳香族炸药，它等于 1，其他炸药等于零；$n(B)$ 为生成 CO_2 和 H_2O 后剩余氧原子数；$n(C)$ 为与碳原子成双键的氧原子数，如 C=O 基团等；$n(D)$ 为与碳原子以单键联结的氧原子数，如 C=O=R，其中 R 可为 H、C 等。$n(E)$ 为硝酸酯(盐)基团数目；G 为常数，对于固体炸药，$G=0$；对于液体炸药，$G=0.4$；M 为炸药的摩尔质量(g/mol)。

F 值公式所计算的爆速可作为估计值来衡量和检验所设计炸药的能量水平，但误差是较大的。在不要求高准确度时，此法可认为是一个估算有关爆轰参数的简便而快速的方法。另外，F 值法还可用于混合炸药的计算。

由 F 值计算式可以看出，炸药的 F 值随分子中氮含量的增加而增大，随氢含量的增加而减小，而氧含量与 F 值的关系较为复杂，但总的趋势是随无效氧含量增加而使 F 值降低，且一般零氧平衡炸药的 F 值比正氧和负氧平衡的炸药稍大。

④势能因子 ω 法。

此方法既可用于计算单体炸药，也可用于计算混合炸药的爆速。计算结果能与实验值较好地符合，得到了国内的广泛重视。

此法计算爆速的经验公式为

$$D = aQ^{\frac{1}{2}} + b\omega\rho_0 \tag{4-34}$$

式中：D 为爆速(m/s)；Q 为爆热(J/g)；ρ_0 为炸药初始密度(g/cm³)；ω 为势能因子；a、b 为常数，分别为 33.0 和 243.2。

由式(4-34)可看出，爆速 D 由两部分组成：一为能量项 $aQ^{\frac{1}{2}}$，另一为势能项 $b\omega\rho_0$，Q 可由式(4-35)求得，即

$$Q = \frac{-\left(\sum n_i \Delta H_i^0 - \Delta H_f^0\right)}{M} \tag{4-35}$$

式中：n_i 为产物 i 组分的量(mol/mol)；ΔH_i^0 为产物 i 组分的标准生成焓(J/mol)；ΔH_f^0 为炸药的标准生成焓(J/mol)；M 为炸药的摩尔质量(g/mol)。

计算势能因子 ω 的公式为

$$\omega = \frac{\sum n_i k_i}{M} \tag{4-36}$$

式中：k_i 为 i 产物组分的余容。

势能因子法也能用于计算混合炸药的爆速，此时混合炸药的 Q 及 ω 可分别由式(4-37)及式(4-38)求得，即

$$Q = \sum \chi_i Q_i \tag{4-37}$$

$$\omega = \sum \chi_i \omega_i \tag{4-38}$$

式中：ω 为总势能因子；Q 为总爆热(J/g)；χ_i 为混合炸药中 i 组分的质量百分数；ω_i 为混合炸药中 i 组分的势能因子，Q_i 为混合炸药中 i 组分爆热(J/g)。

（2）实验测定。

测定爆速的方法有多种，最古老的方法是道特里什(Deutriche)法，此法是通过与已知爆速的导爆索相比较以测定爆速，故也称导爆索法。我国规定采用电测法测定爆速。此法系利用爆轰波阵面的电离导电特性，用测时仪和电探针测定爆轰波在一定长度炸药柱中传播的时间，再以时间除长度求得爆速。

爆速与一系列因素有关，只有在一定的装药条件下，爆速才为特定值。单组分猛炸药的爆速为 6～9km/s，民用炸药爆速为 2～4km/s。

4）爆压

炸药爆轰时爆轰波阵面的压力，也称 C-J(Chapman-Jouguet)压力，可根据爆轰流体动力学理论、C-J 条件及爆轰产物状态方程计算，但相当繁琐。在工程设计中，常以经验公式估算，简便快捷，也具有一定的精度。对大多数碳氢氧氮系固体炸药，上述计算爆速的各种方法，包括 Kamlet 法、氮当量及修正氮当量法，F 值法都可用于计算爆压。另外还有一种可用的方法，叫绝热因子 $\varGamma$ 法。

（1）理论计算。

①Kamlet 法：

$$p = 1.558\rho_0^2 \varphi \tag{4-39}$$

②氮当量法：

$$p = 1.092\left(\rho_0 \sum N\right)^2 - 0.874 \tag{4-40}$$

③修正氮当量法：

$$p = 1.106\left(\rho_0 \sum N'''\right)^2 - 0.840 \tag{4-41}$$

④F 值法：

$$p = 9.33D' - 45.6 \tag{4-42}$$

以上公式中爆压 p 的单位均为 GPa，其他各参数的物理量及单位见爆速的计算。

⑤绝热因子 $\varGamma$ 法：

$$p = \frac{\rho_0 D^2 \times 10^{-6}}{\varGamma + 1} \tag{4-43}$$

式中：p 为爆压（GPa）；D 为爆速（m/s）。$\varGamma$ 可由式（4-44）计算得到

$$\varGamma = \gamma + \varGamma_0 (1 - e^{-0.546\rho_0}) \tag{4-44}$$

$$\varGamma_0 = \frac{\sum n_i}{\sum \left(\dfrac{n_i}{\varGamma_{0i}}\right)} \tag{4-45}$$

式中：γ 为定压热容与定容比热容的比值；ρ_0 为炸药初始密度（g/cm³）；n_i 为爆轰产物中 i 组分的量（mol/mol）。

当 $\rho_0 \to 0$ 时，$\varGamma \to \gamma = 1.25$；$\rho_0 \to \infty$ 时，$\varGamma \to \gamma + \varGamma_0$。

一些爆轰产物的 $\varGamma_{0i}$ 值列于表 4-8 中。

表 4-8　一些爆轰产物的 $\varGamma_{0i}$ 值

爆轰产物	N_2	N_2O	CO_2	CO	CH_4	O_2	H_2	C（固）
$\varGamma_{0i}$	3.8	1.68	3.1	2.67	2.93	3.35	3.4	3.5

（2）实验测定。

我国规定爆压采用水箱法或铜压力传感器法测定。水箱法系在炸药平面定常爆轰条件下，测量炸药与水接触爆轰时水中的初始冲击波速度和炸药的爆速，再利用水的冲击绝热关系和声学近似公式计算出爆压。常用炸药爆压为 10~40GPa。

5）爆容

爆容也称比容，是单位质量炸药爆炸时生成的气态产物在标准状态（0℃，101.325kPa）下占有的体积。爆炸产物中的水为液态时，其余爆炸产物的体积称为干爆容；水为气态时，全部爆炸产物的体积称为全爆容。爆容是衡量爆炸作用的一个重要标志，因为高温高压的气体产物是对外做功的工质。爆容越大，越易于将爆热转化为功。爆容可根据爆炸反应方程式按阿伏伽德罗定律（式（4-46））计算，也可由实验测定：

$$V_0 = \frac{22400n}{m} \tag{4-46}$$

式中：V_0 为爆容（L/kg）；m 为炸药质量（g）；n 为气态爆炸产物总量（mol）。

我国规定爆容的测定采用压力法，即在爆热弹（或其他钢弹）内将炸药爆炸后，冷却至室温，测定弹内压力、环境温度和大气压力（弹的容积已知），然后

按式(4-47)计算干爆容。为测定全爆容，则还需求出被吸收水量在标准状态下的体积。一般炸药的全爆容为 300～1100L/kg。

$$V = \frac{V_0(P - P_w + P_0)T_0}{101 \cdot T \cdot m} - \frac{V_d}{m} \qquad (4-47)$$

式中：V 为试样的干爆容(L/kg)；V_0 为爆热弹的内容积(L)；P 为冷却至温度为 T 时爆炸产物的压力(kPa)；P_w 为温度为 T 时水的饱和蒸汽压(kPa)；P_0 为大气压(kPa)；T_0 为 273K；T 为冷却后爆炸产物的温度(K)；m 为试样质量(g)；V_d 为雷管爆炸产物在标准状态下所占有的体积(L)。

4. 炸药装药爆炸作用

炸药爆炸时对周围物体的各种机械作用，统称为爆炸作用，常以做功能力及猛度表示。研究炸药的爆炸作用，有助于合理地设计装药和充分发挥炸药的效能。

1)做功能力

爆炸产生的所有功的总和叫作总功，称为做功能力。总功是爆炸总能量的一部分。即

$$A = A_1 + A_2 + A_3 + \cdots + A_n = \eta E \qquad (4-48)$$

式中：A 为炸药的做功能力；A_1，A_2，$\cdots$，A_n 为部分功；η 为做功效率。

当爆炸的外界条件变化时，总功一般变化不大，但功的各部分可能有很大的变化。为了充分利用炸药的能量，应尽可能提高有用功(有效功)的比例。

(1)理论表达式。

炸药爆轰时，高温高压的爆炸产物膨胀对外做功。根据热力学第一定律，应有

$$- dU = dQ + dA \qquad (4-49)$$

炸药内能的减少($-dU$)等于在膨胀过程中传给周围介质的热量(dQ)和在这种情况下所做的功(dA)。由于爆炸气体做功的时间极短，可以近似地认为和介质间没有热交换，也就是说膨胀过程是绝热过程，故

$$dQ = 0$$
$$dA - dU = -c_V dT \qquad (4-50)$$

即爆炸产物由温度 T_1 膨胀到 T_2 时所做的功为

$$A = \int_{T_1}^{T_2} - c_V dT = \bar{c}_V(T_1 - T_2) \qquad (4-51)$$

式中：T_1 为爆温（K）；T_2 为膨胀终了时的温度（K）；$\bar{c}_V$ 为 $T_1 \sim T_2$ 间爆炸产物平均定容比热容（J/g·K）。

因为终了温度 T_2 很难确定，常用膨胀体积和压力的变化来代替温度的变化。由于爆炸产物的膨胀可以认为是一个等熵膨胀过程，故其压力和体积之间符合式（4-52）所示关系：

$$pV^\gamma = 常数 \tag{4-52}$$

式中：γ 为等熵指数。

假设爆轰产物性质符合理想气体，则其状态方程为

$$\frac{p_1 V_1}{T_1} = \frac{p_2 V_2}{T_2}$$

或

$$\frac{T_2}{T_1} = \frac{p_2 V_2}{p_1 V_1} = \left(\frac{V_1}{V_2}\right)^{\gamma-1} = \left(\frac{p_2}{p_1}\right)^{\frac{\gamma-1}{\gamma}} \tag{4-53}$$

式中：p_1、V_1 为未膨胀时爆炸产物的压力和体积；p_2、V_2 为膨胀终了时爆炸产物的压力和体积。

将式（4-53）代入式（4-51）可得

$$A = \overline{c_V}(T_1 - T_2) = \overline{c_V}T_1\left(1 - \frac{T_2}{T_1}\right) = \overline{c_V}T_1\left[1 - \left(\frac{V_1}{V_2}\right)^{\gamma-1}\right] = \bar{c}_V T_1\left[1 - \left(\frac{p_2}{p_1}\right)^{\frac{\gamma-1}{\gamma}}\right] \tag{4-54}$$

又 $\bar{c}_V T_1$ 近似于炸药的爆热，所以：

$$A = Q_V\left[1 - \left(\frac{V_1}{V_2}\right)^{\gamma-1}\right] = Q_V\left[1 - \left(\frac{p_2}{p_1}\right)^{\frac{\gamma-1}{\gamma}}\right] = Q_V\eta \tag{4-55}$$

式中：Q_V 为爆热；η 为做功效率。

由式（4-55）可以看出，爆炸产物所做的功小于炸药的爆热，其做功值与产物膨胀程度及等熵指数有关。爆热愈大，爆炸产物膨胀程度愈高，做功愈大；当爆热与膨胀程度相同时，等熵指数愈大，做功也愈大。

炸药的爆热和爆炸产物组成与炸药的氧平衡有关，因而炸药的做功能力也与氧平衡有关，零氧平衡或微负氧平衡炸药的做功能力均较大。

大部分炸药，相对做功能力与相对爆热基本上是一致的，但对某些正氧平衡炸药（如硝化甘油）及含铝炸药，相对做功能力比相对爆热小得多。

（2）经验计算法。

①特性乘积法。

爆热 Q_V 决定了炸药的能量，而此能量又通过气态爆炸产物膨胀转变为功，产物体积 V_g 愈大，Q_V 转变为功的效率愈高，所以 Q_V 与 V_g 的乘积，即 $Q_V V_g$ 值

与做功能力直接有关。一般称 $Q_V V_g$ 为炸药的特性乘积。用臼炮法测定的做功能力 A 表明，A 与 $Q_V V_g$ 间存在下述关系：

$$A = 3.65 \times 10^{-4} Q_V V_g \qquad (4-56)$$

式中的常数 3.65×10^{-4} 是由实验测定的，A、Q_V 及 V_g 的单位分别为 kJ/g、kJ/g 和 cm^3/g。

Q_V 及 V_g 可由实验确定，但比较困难，而如根据炸药的氧平衡用经验方法进行计算，又相当繁琐，也不准确。不过研究表明，虽然采用不同公式算出的 Q_V 及 V_g 的差别较大，但对其乘积的影响不大。故为简化起见，可以采用按最大放热原则算出的 Q_{max} 及相应的 V_m 的乘积（$Q_{max} V_m$）作为特性乘积以计算 A。

在实验测定做功能力时，一般采用在同样条件下被试炸药的 A 与一定密度下某一参比炸药的 A 的比值作为试样的相对做功能力。常用的参比炸药为梯恩梯，相对做功能力称为梯恩梯当量。

用 $Q_{max} V_m$ 法计算梯恩梯当量时，只需计算某炸药的 $Q_{max} V_m$ 与梯恩梯的 $Q_{max} V_m$ 即可。

由特性乘积法计算的常用炸药相对做功能力与实验值比较一致。

②威力指数法。

对炸药分子结构与做功能力关系的研究结果表明，炸药的做功能力是其分子结构的可加函数，而各种分子结构对做功能力的贡献可以用威力指数 π 表示。由 π 可按式(4-57)计算炸药相对做功能力。

$$A = (\pi + 140)\% \qquad (4-57)$$

$$\pi = \frac{100 \sum f_i \chi_i}{n}$$

式中：A 为相对做功能力（梯恩梯当量）；π 为威力指数；f_i 为炸药分子中特征基和基团的个数；χ_i 为特征基和基团的特征值；n 为炸药分子中的原子数。

常用炸药的特征基和基团的特征值如表4-9所示。

表4-9 特征基和基团的特征值(χ_i)

特征基和基团	χ_i	特征基和基团	χ_i
C	-2	O(在 N＝O 中)	$+1.0$
H	-0.5	O(在 C—O—N 中)	$+1.0$
N	$+1.0$	O(在 C＝O 中)	-1.0
N—H	-1.5	O(在 C—O—H 中)	-1.0

（3）实验测定。

常采用铅墙扩孔法（也称 Trauzl 法）及弹道臼炮法。铅墙扩孔法系将 10g 炸药置于一圆柱形铅墙中央的孔中（铅墙直径及高均为 200mm，孔径为 25mm，深 125mm），引爆炸药后，爆轰产物将孔扩张为梨形，测量孔的扩张体积，以此值衡量做功能力。此法简便易行，被欧洲国际炸药测试方法标准化委员会定为工业炸药的标准测试方法。常用单质猛炸药的铅墙扩孔值为 280～550mL。弹道臼炮法系在一悬挂的钢制臼炮体的爆炸室中装入带有雷管的 10g 炸药，在与爆炸室相连的膨胀室中塞入一钢制弹丸，炸药被引爆后，爆炸产物膨胀，将弹丸抛出，而臼炮体则向后摆动一个角度，根据摆角计算做功能力。而由于此法测得的只是做功能力的一部分，所以通常系测定同样条件下被试炸药做功能力与参比炸药（梯恩梯）做功能力的比值，即试样的相对做功能力（称为梯恩梯当量值）。做功能力还可用漏斗坑法、圆筒试验及水下爆炸试验测定。

2）猛度

爆轰产物粉碎或破坏与其接触（或接近）介质的能力，可用爆轰产物作用在与爆轰传播方向垂直的单位面积上的冲量表示。

（1）理论表达式。

假设一维平面爆轰波从左向右传播，在垂直于爆轰波传播方向的右方有一刚性壁，则爆轰产物作用在壁（目标）上的压力为

$$p = \frac{8}{27} p_{\text{C-J}} \left(\frac{l}{D\tau} \right)^3 \qquad (4-58)$$

式中：$p_{\text{C-J}}$ 为爆轰压；l 为爆轰波距壁的距离；D 为爆速；τ 为作用时间。

当爆轰波自壁反射时，作用在壁上的总冲量 I 为

$$I = \int_{\frac{l}{D}}^{\infty} sp \mathrm{d}\tau = \frac{64}{27} sp_{\text{C-J}} \left(\frac{l}{D} \right)^3 \int_{\frac{l}{D}}^{\infty} \frac{\mathrm{d}\tau}{\tau^3} = \frac{32}{27} sp_{\text{C-J}} \cdot \frac{l}{D} \qquad (4-59)$$

式中：s 为炸药装药横截面的面积。

将 $p_{\text{C-J}} = \frac{1}{4} \rho D^2$ 代入式（4-59）可得

$$I = \frac{8}{27} sl\rho D = \frac{8}{27} mD \qquad (4-60)$$

式中：m 为炸药的质量。

作用在壁（目标）上的比冲量 i 为

$$i = \frac{I}{s} = \frac{8}{27} mD/s \qquad (4-61)$$

因为爆轰产物存在测向飞散，而不是全部作用在目标上，所以式(4-60)及式(4-61)中的 m 不应是全部装药质量，而应是爆轰产物朝给定方向飞散的那一部分装药质量，即有效装药质量。

对圆柱形装药，当装药长度超过直径的 2.25 倍时，有效装药量为

$$m_e = \frac{2}{3}\pi r^3 \rho \qquad (4-62)$$

式中：m_e 为有效装药量；r 为装药半径；ρ 为装药密度。

当装药长度小于直径的 2.25 倍时，有效装药量为

$$m_e = \left(\frac{4}{9}l - \frac{8}{81}\frac{l^2}{r} + \frac{16}{2187}\frac{l^3}{r^2}\right)\rho \qquad (4-63)$$

式中：l 为装药长度。

根据式(4-61)~式(4-63)就可计算已知爆速的不同装药尺寸的炸药的比冲量，计算值与试验值一致性良好。

(2)试验测定。

炸药密度及颗粒度(特别是混合炸药)等因素对猛度有明显影响。对工业炸药来说，密度较低时，猛度随密度的增加而增大；但当密度达到一定值后，密度增高反而导致猛度下降。混合炸药各组分的颗粒度愈小，猛度愈高。常采用下述两种方法测定。

①铅柱压缩法(又称 Hess 试验)。在钢板上放置一个直径 40mm、高 60mm 的铅柱，铅柱上放置一直径 11mm、厚 10mm 的钢片，钢片上放置 50g 试样(药装于直径 40mm 的纸筒中，密度 1.0g/cm³)，引爆试样，铅柱被压缩成蘑菇形，以试验前后铅柱的高度差(铅柱压缩值)表示猛度。常用炸药的铅柱压缩值为 10~25mm。此法适用于低猛度炸药。

②铜柱压缩法(又称 Kast 试验)。在 Kast 猛度计活塞下放置一测压铜柱，炸药试样置于猛度计的铅板上引爆，活塞即可使铜柱压缩变形，以试验前后的铜柱高差(铜柱压缩值)表示猛度。此法适用于高猛度炸药。

还可用平板炸坑试验及猛度摆法测定猛度。

4.2.4　炸药装药的机械力学性能

炸药装药作为武器战斗部的核心部件，在加工、装配、贮存、运输、发射过程中都将经历复杂的应力状态，这些受力过程包括压缩、拉伸、剪切、摩擦、冲击等。若炸药装药的机械力学强度较差，其结构容易遭到破坏，应用会受到严重限制，并可能进一步提供热点起爆的热能，导致装药的意外爆炸。因此，

炸药装药必须具有良好的物理力学性能，以保证弹药安全性和做功可靠性。

1. 力学性能试验方法

由于炸药装药的细观结构比较复杂，其在不同的应力条件下力学行为存在很大的差异。比如 PBX 炸药受压缩时，炸药颗粒、黏结剂以及黏结剂与颗粒的界面摩擦效应决定着 PBX 炸药在压缩下的力学响应；而拉伸性能主要由黏结剂以及黏结剂与炸药的黏接强度来决定。所以需要研究炸药装药在不同加载条件下的力学性能，主要包括装药的抗压强度、抗拉强度、抗剪强度及抗冲击强度等。

1）抗压强度

将一定形状、尺寸的药柱放在材料试验机上，使药柱端面受力，直至破坏时，药柱单位面积上所承受的最大压力称为在该试验条件下药柱的抗压强度，试验方法参照 GJB 772A—97 - 416.1，并依据下式计算抗压强度：

$$\sigma_a = P/S \tag{4-64}$$

式中：σ_a 为药柱的抗压强度（MPa）；P 为药柱破坏时承受的最大压力（N）；S 为药柱试验前的横截面积（mm^2）。

2）抗拉强度

将一定形状、尺寸的药柱放在材料试验机上，沿药柱的轴线方向施加拉伸载荷，药柱断裂时的拉力载荷为药柱的抗拉强度，试验方法参照 GJB 772A—97 - 413.1，并依据下式计算抗拉强度：

$$\sigma = P/S \tag{4-65}$$

式中：σ 为药柱的抗拉强度（MPa）；P 为药柱断裂时承受的最大拉力载荷（N）；S 为药柱断裂处的横截面积（mm^2）。

但是，上述方法存在对药型、夹具要求高的缺点，制样难度大，所以圆柱形装药常用巴西试验测试拉伸强度。巴西试验也称劈裂试验，如图 4 - 7 所示，可间接测量拉伸应力应变，具有操作简单、样品易加工等特点。采用巴西试验进行拉伸强度测量的有效性只对线弹性材料成立。测试过程通过夹具对直径为 D（mm）的圆形样品进行径向压缩，而受压直径产生拉应力，当试样圆心的拉应力达到材料的拉伸破坏强度时发生破坏。依据下式计算抗拉强度：

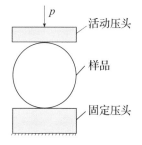

图 4 - 7　巴西试验示意图

$$\sigma = \frac{2P}{\pi D \delta} \tag{4-66}$$

式中：σ 为药柱的拉伸强度（MPa）；δ 为圆柱形试样的厚度（mm）；P 为试样劈裂时的集中载荷（N）。

式（4-65）适用的两个前提条件是平面应力状态和中心起裂。

3）抗剪强度

将一定形状、尺寸的药柱放在材料试验机的夹具中，施加单轴向静载荷使试样受剪切力作用，当剪切力达到某一极大值时，药柱就会被剪断，此剪切力为炸药的抗剪强度，试验方法参照 GJB 772A—97-415.1，并依据下式计算抗剪强度：

$$\tau = F/S \tag{4-67}$$

式中：τ 为药柱的抗剪强度（MPa）；F 为最大剪切力载荷（N）；S 为剪切力作用面积（mm^2）。

4）抗冲击强度

炸药装药的跌落、撞击过程，以及完成冲击或侵彻的极端机械任务过程，从力学角度看是一个高应变率、复杂动载条件下的变形（响应）过程。准静态的拉伸、压缩试验难以准确反映炸药装药的真实受力过程，常用 Hopkinson 压杆度研究高应变率下的动态力学性能，获得动态应力-应变曲线。

2. 影响炸药力学性能的因素

1）装药密度对抗压强度的影响

对于同一种炸药来说，装药密度高，由于药柱结构均匀性好，装药空隙少，炸药装药的抗压强度就高。以 8701 炸药为例，其抗压强度与密度的关系如表 4-10 所列。

表 4-10　不同装药密度下 8701 炸药的抗压强度

$\rho_0/(g/cm^3)$	σ_a/MPa
1.686	45
1.710	83
1.724	98

2）温度对炸药装药力学性能的影响

由于炸药组分中增塑剂的作用，温度升高，抗压强度和抗拉强度下降。比如 DNT 随温度升高，对黏结剂的增塑作用提高，使黏结剂的强度明显下降。但使用温度系数小的液体增塑剂对黏结剂的增塑作用变化不大，药柱的强度也变化不大。

3）黏结剂相对分子质量对塑料黏结炸药装药力学性能的影响

黏结剂相对分子质量升高，药柱的刚度上升，抗压强度及抗拉强度升高。

4.2.5　炸药装药的化学性能

弹药中的炸药装药一般是要进行长期存放的，由于长期存放的条件，如堆放方式、通风条件、环境温度和湿度会发生变化，炸药装药的化学性能会发生不同程度的变化，直接影响弹药的贮存安全性、使用寿命以及毁伤效能。本节内容主要对炸药装药的化学相容性和安定性进行阐述。

1. 相容性

炸药装药的相容性是指炸药与材料混合或接触后，保持其物理、化学性质和爆炸性质不发生明显变化的能力，与炸药装药的加工、运输、贮存和使用过程中的安全性和弹药性能的可靠性密切相关。炸药中各组分之间的相容性称为内相容性，炸药与接触材料的相容性称为外相容性。显然，若混合或接触体系与原炸药相比，反应能力明显增加，说明体系成分之间是不相容的；反应能力没有发生明显变化或者变化很小的，说明体系成分之间是相容的。炸药与材料的相容性不好，会使炸药安定性下降、爆发点下降、机械感度增加、爆轰感度改变、接触材料被腐蚀等。

1）影响因素

（1）炸药本身的性质。

炸药本身热分解产物对高分子材料稳定性的影响。如果分解产物能够促使高分子材料的裂解，则会影响体系的相容性。另外，炸药本身的氧化能力也应该考虑在内。有些炸药对高聚物分子有氧化作用，这既要注意到炸药分子的氧化能力，也要分析高分子是否容易被氧化。

（2）高聚物的反应能力。

高聚物本身具有较大的分子量和复杂的分子结构，因此，高聚物的反应具有两个特征，一是官能团反应，如果炸药分子和高聚物的官能团在常温下相互作用，那么该体系的相容性不好。另一个是大分子链的裂解反应，该反应发生在其本身，分为无规则裂解和链锁裂解，前者主要发生在杂链高分子化合物中，即分子主链上含有 C—N，C—O，C—S，Si—O 等键的高聚物。链锁裂解反应是指在各种物理因素影响下，高分子链的某一处发生裂解后引起自由基的链锁反应。如果大分子本身在某些内在或外在的因素下，发生裂解反应，都会影响整个体系的相容性。

（3）金属的反应能力。

炸药与金属的相容性主要体现在三个方面：一是炸药的氧化性和酸碱性对金属的影响；二是炸药热分解产物以及与高聚物反应后的产物对金属的影响；三是炸药和金属所处的环境对整个反应的影响，如温度、湿度等。

2）测试方法

炸药与材料不相容时，会出现放热、放出气体、失重等现象。因此通常采用测量气体、热量、失重和热分析等方法评估炸药的相容性。

（1）真空安定性试验方法。

方法原理：定量试样在定容、恒温和一定的真空条件下受热分解，用汞压力计测量其在一定时间内放出气体的压力，再换算出标准状态下的体积 R，以评价炸药试样的相容性，试验方法参照 GJB 772A—97 - 501.1。

评价相容性的推荐性等级：$R < 3.0 \text{mL}$ 相容；

$\qquad\qquad\qquad\qquad R = 3.0 \sim 5.0 \text{mL}$ 中等反应；

$\qquad\qquad\qquad\qquad R > 5.0 \text{mL}$ 不相容。

（2）差热分析和差示扫描量热法。

方法原理：试样在程序控制温度下，由于化学或物理变化产生热效应，从而引起试样温度的变化，用热分析仪记录试样和参比物的温度差（或功率差）与温度（或时间）的关系，即差热分析（DTA）曲线或差示扫描量热（DSC）曲线。

本方法采用单独体系相对于混合体系分解峰温的改变量（ΔT_p）和这两种体系表观活化能的改变率（$\Delta E/E_a$），综合评价试样的内外相容性，试验方法参照 GJB 772A—97 - 502.1。

评价相容性的推荐性等级：

$\Delta T_p \leqslant 2.0\,℃$，$\Delta E/E_a \leqslant 20\%$ 相容性好，1级；

$\Delta T_p \leqslant 2.0\,℃$，$\Delta E/E_a > 20\%$ 相容性较好，2级；

$\Delta T_p > 2.0\,℃$，$\Delta E/E_a \leqslant 20\%$ 相容性较差，3级；

$\Delta T_p > 2.0\,℃$，$\Delta E/E_a > 20\%$ 或 $\Delta T_p > 5\,℃$，相容性差，4级。

（3）微热量热法。

方法原理：采用微量热量计进行测量，用混合体系的热流曲线与由纯组分的热流曲线所绘制的混合体系的理论热流曲线的差值，来评价试样的内外相容性，试验方法参照 GJB 772A—97 - 502.2。

炸药试样相容性的判定：

如果理论热流曲线位于混合体系实测热流曲线之上或两者基本重叠，则混合体系是相容的；如果理论热流曲线位于混合体系实测热流曲线之下或混合体系热流曲线位于试验基线以下，则判定该混合体系为不相容。

（4）100℃加热法。

在大气压下，定量试样在专用仪器和设备内受热分解，测出一定温度、一定时间内试样减少的质量，以减少的质量分数评价炸药试样的相容性，试验方法参照 GJB 772A—97 - 502.3。

（5）气相色谱法。

定量的试样在定容、恒温和一定真空条件下受热分解，用气相色谱仪对分解放出的一氧化氮、氧化亚氮、氮气、二氧化碳、一氧化碳进行测定，以其标准状态下的体积评价试样的相容性，试验方法参照 GJB 772A—97 - 502.4。

对每克试样热分解产生的五种气体组分在标准状态下的体积进行计算，每种试样平行测定两次，其相对偏差应在 ±10% 以内。记录混合试样组分质量比，热分解后气体产物的组分，在标准状态下的体积及相对偏差，并注明试验温度和时间。

（6）腐蚀金属法。

方法原理：试样和金属试片以一定方式接触，置于专用的不锈钢反应器内，在一定的恒温恒湿条件下贮存一定时间，检查金属试片被腐蚀的程度，与空白试验对比，评价腐蚀程度，试验方法参照 GJB 772A—97 - 504.1。

腐蚀程度分为三个等级：

①无腐蚀：试验后的试片光亮如初，或与空白试验的试片无明显差异；

②轻微腐蚀：试验后的试片与空白试验试片比较，颜色显著变暗，出现一些斑点，但无明显的锈蚀；

③严重腐蚀：试验后的试片与空白试验试片比较，有明显的锈蚀，大面积出现腐蚀斑纹，锈的颜色很重。

2. 化学安定性

炸药的化学安定性是指炸药在一定条件下保持其化学和爆炸性质不发生显著变化的能力。炸药的化学安定性对于炸药使用和贮存的安全性具有重要意义。常见的外界环境或刺激有热、光、酸、水等，其中最常见的是热的作用。炸药在贮存中产生的化学变化主要是炸药的热分解。炸药抵抗热分解的能力，叫作炸药的热安定性。炸药的热分解导致自燃或爆炸时，都伴随有热分解的自行加速。所以，炸药的化学安定性主要是指热安定性。炸药的热安定性愈差，热分解的速度就愈大，在贮存和使用上都是危险的。

1）影响因素

（1）炸药的热分解。

炸药的热分解，是指炸药本身的温度低于发火温度时，由于热作用，炸药分子发生热分解的过程。当炸药和其他物质构成混合体系后，它们的热分解过程就会复杂很多，包括不同炸药分子本身的热分解、不同炸药分子之间的相互作用、炸药分子或其热分解产物同炸药装药配方中的其他物质之间发生的化学反应以及炸药之间或炸药与其他成分形成共熔点混合物。这些现象都有可能加快混合体系的热分解进程。因此，研究炸药装药的热安定性时，除了研究配方中每个成分自身的热分解，还应该考虑整个混合体系的热分解特性。

（2）炸药的分子结构。

①爆炸性基团的性质。在硝基化合物、硝胺炸药和硝酸酯炸药中，一般情况下，硝基化合物比硝胺炸药安定，而硝胺炸药又比硝酸酯炸药安定，产生这种现象的主要原因是这三种炸药分子中的爆炸性基团的性质不同，如 $C=NO_2$ 键的解离能大于 $N=NO_2$ 键和 $O=NO_2$ 键的解离能。

②爆炸性基团的数目和其排列方式。炸药分子中爆炸性基团数目和排列方式对炸药的热安定性产生着重要的作用。一般情况下，随着炸药分子中爆炸性基团数目的增加，炸药分子的热安定性下降。带有并列负电性取代基的化合物都是比较不安定的，并且，随着并列负电性基团的数目的增多而愈不安定。

③分子内的活泼氢原子。炸药分子中活泼氢原子的存在是决定热安定性的重要因素。凡是带有活泼氢原子的炸药分子，其热安定性均比同类型化合物的热安定性差，主要原因是炸药的热分解可以通过活泼氢原子的转移引起的消除反应来进行，并且这类反应比化学键的断裂更容易发生，从而导致炸药热安定性的下降。因此，在设计合成新型炸药分子的结构时，要尽量避免活泼氢的存在；在炸药的应用方面，也应该特别注意炸药分子中活泼氢原子引起与相关材料之间的化学反应加速。

④分子内的取代基。炸药分子中的爆炸性基团和活泼氢原子，并不是影响炸药分子热安定性唯一的因素，其他取代基团同样对炸药分子的热安定性产生影响。例如，在多硝基烷分子中引入烷基会使新分子的热安定性下降，并且随着烷基数目的增多，其热安定性下降的愈快。产生这种现象的主要原因是引入的烷基具有正诱导效应，增加了 $C=NO_2$ 键的极化程度，因此，增加了它们的反应能力。

⑤分子结构的对称性。炸药分子结构的对称性，可以使分子中的各个化学

键之间相互均衡，不致于使炸药分子中某些化学键薄弱。因此，在炸药分子的同系物中，具有对称结构的炸药分子的热安定性较好。但是，这并不是绝对的，如果从炸药分子的结构来评估炸药的热安定性，一定要与其他因素结合起来进行评估。

⑥分子内及分子间氢键。炸药分子内氢键及炸药分子间的氢键是一种具有不同寻常的特殊地位的强缔合力。炸药分子内的氢键使分子中的某些键长缩短，分子的体积缩至最小，此时分子的势能最小，分子处于较高的稳定状态，炸药分子的热安定性较好。而炸药分子间的氢键使分子的晶格能增大，熔点提高。因此。许多高热安定性、熔点高的炸药，其分子内和分子间都有氢键。

⑦ 炸药的物理状态。炸药的物理状态主要包括炸药的晶型、晶癖、颗粒度、比表面积及其相态。例如 HMX 是一种多晶型的炸药，有四种晶型，分别为 α - HMX，β - HMX，δ - HMX 和 γ - HMX。它们的热安定性有明显的差异，β - HMX 的热安定性最好。一般来说，表面光洁、边缘圆滑的完整的球形结晶，具有较佳的热安定性。

因此，在研究炸药分子结构对热安定性的影响时，不仅要将分子中原子连接顺序和分子中的化学键考虑在内，也要将分子中原子的空间分布以及分子间的相互作用考虑在内。只有从分子结构影响热安定性的各个方面来进行比较分析，才能得到比较准确的评估。

2)测试方法

炸药热安定性的高低与其热分解速度有密切关系，所以，炸药热安定性从问题本质上来说就是讨论炸药热分解速度的问题。这样，可以测量炸药试样的温度、质量、分解气体产物体积(或压力)与时间的变化关系，为评定炸药的热安定性提供依据。通常，测试安定性的试验方法与测试相容性的基本相同，其中常用的测试方法有如下三种。

(1)真空安定性试验(汞压力计法)。

方法原理：同炸药相容性测试中的真空安定性试验的方法原理，试验方法参照 GJB 772A—97 - 501.1。

评价安定性的标准：每克试样放气量不大于 2mL，安定性合格，否则为不合格。

(2)差热分析和差示扫描量热法。

方法原理：同炸药相容性测试中的差热分析和差示扫描量热法的方法原理。本方法用加热速率为零时 DTA 或 DSC 曲线的峰温 T_{P_0} 评定试样的安定性。

评价安定性标准：炸药的 T_{P_0} 值越高，其安定性越好。

(3)75℃加热法。

方法原理：在大气压下，定量试样在专用仪器和设备内受热分解，测出一定温度、一定时间内试样减少的质量，同时需要关注试样发生的一些现象，如试样是否变色，在试样上部是否出现有色烟雾，以减少的质量分数和特殊现象评价试样的安定性。

4.2.6　炸药装药的热性能

炸药装药在加工、装配、运输和使用过程中，不可避免地会受到一定的环境温度变化影响，由此在内部或表面产生力和热共同作用的热应力，导致材料产生形变、损伤，甚至发生破坏。因此，提高抵抗热冲击损伤的能力对改善炸药装药的尺寸稳定性、安全性、可靠性和环境适应性具有重要意义。

1. 热导率

热导率是炸药装药主要热物理性能参数之一，是表征装药导热能力的重要参数，是装药结构可靠性分析、热安全性能评估和热爆炸计算的关键参数之一。

1)热导率对抗热冲击性能的影响机理

炸药装药在使用和贮存中经常受到外界环境温度的冲击，例如突然放在冷水、热风等介质中时，由于炸药的导热性能差，使装药内部产生较大的温度梯度而出现热应力。通常，线性温度梯度引起的多层结构热应力分布，并使多层结构发生弯曲，温度梯度越大，热应力和弯曲程度越大。同时，由于炸药抗拉强度不高，当热应力超过抗拉强度时，就使炸药构件产生裂纹，影响其贮存和使用。

2)热导率测定方法

护热板法：在稳定传热状态下，测量一定厚度试样的热流及两表面的温度差，计算出热导率，试验方法参照 GJB770A‑409.1，热导率按下式计算：

$$\lambda = \frac{Q\bar{\delta}}{S(T_1 - T_2)} \qquad (4-68)$$

$$Q = IU$$

式中：λ 为炸药装药热导率(W/m·K)；Q 为通过试样有效热面的热流(W)；$\bar{\delta}$ 为试验前与试验后试样厚度的平均值(m)；S 为试样的有效传热面积(m²)；T_1 为试样热面温度(K)；T_2 为试样冷面温度(K)；I 为主炉的电流(A)；U 为主炉的电压(V)。

2. **热膨胀系数**

受热膨胀是物体的一种基本性质，炸药装药的热膨胀特性也是其重要的热特性之一。线膨胀系数对于药柱的热应力计算、战斗部设计、装药工艺选定、弹药的贮存、使用条件的确定、装药密度的修正等都有重要的实用价值。根据有关定义，线膨胀系数可表述为

$$\alpha(T) = \mathrm{d}l/l_0\mathrm{d}T \tag{4-69}$$

式中：$\alpha(T)$ 为药柱在 T 时的线膨胀系数（K^{-1}）；l_0 为药柱在 T_0 时的长度（mm）；T 为绝对温度（K）。

1）热膨胀系数对抗热冲击性能的影响机理

炸药装药的热膨胀和收缩性能比弹药中常用的钢、铜和铝大 3～9 倍。炸药装药在贮存寿命周期内，环境温度的变化以及组成高能炸药的材料的线膨胀系数的不同，对药柱会产生交变热应力作用。在交变热应力作用下，药柱内部产生热应力和热应变，致使炸药装药的尺寸产生不可逆的变化。药柱尺寸不可逆的变化会引起弹内或战斗部内的装药发生歪斜或破裂，损坏了弹或战斗部，从而使武器弹药失去作战能力。

而该过程，收缩性能比热膨胀性能影响更大。在环境温度下将炸药装入弹体并无任何间隙时，炸药装药在加热情况下膨胀对壳体施加一定的压力，这一压力可以由材料的延伸率所抵消。当从 20 ℃ 冷却到 -50 ℃ 时，壳体和炸药之间形成间隙。例如，100 mm 直径的装药形成 0.3～0.8 mm 宽的间隙，此间隙对炸药装药和弹药的功能和安全性有很大影响。

2）热膨胀系数的测定方法

热机分析法：将已知原始长度的试样按设置的程序升温、降温、再升温，记录试样随温度变化的长度形变，绘制温度-形变曲线，计算出某温区的线膨胀系数，试验方法参照 GJB 770A-408.1，线膨胀系数按下式计算：

$$\alpha = \frac{|\Delta L_1| + |\Delta L_2|}{2L_0 \cdot \Delta T} \tag{4-70}$$

式中：α 为线膨胀系数（1/℃）；ΔL_1 为降温区试样的形变量（mm）；ΔL_2 为升温区试样的形变量（mm）；L_0 为试样在室温下的原始长度（mm）；ΔT 为试验温差（℃）。

4.2.7 炸药装药的安全性能

炸药装药在生产、运输、贮存和使用过程中不可避免地会受到外界能量的

作用。通常，外界能量的形式主要有：机械作用(包括撞击、摩擦、针刺、射击等)、热作用(包括直接加热、火焰、电火花)、冲击波作用、爆轰波作用、静电作用等。这些外界能量在一定条件下都可使炸药激发爆炸，引发安全问题，该激发条件与炸药感度密切相关。炸药感度是指炸药受到外界能量作用时发生爆炸的难易程度，使炸药激发爆炸的外界能量也称为初始冲能或起爆能。研究炸药的起爆机理及感度，对解决炸药装药安全问题具有十分重要的意义。

1. 导致安全问题的机理

1)炸药的热感度

炸药在热作用下发生爆炸的难易程度称为炸药的热感度。典型的外界热作用形式有两种：一种是均匀加热，另一种是火焰点火。

(1)炸药在热作用下发生爆炸的机理。

炸药受热时，由于自催化反应、自由基链锁反应、热积累而加速分解，可导致爆炸。如果两种机理叠加，如热积累与自催化、热积累与连锁反应，反应将更快，最终导致爆炸。

生产过程中，炸药的干燥、熔化以及贮运过程中的高温辐射等，对炸药的性能都有影响，因此对炸药的热感度要有一定的要求。

(2)炸药热感度的测试方法。

①爆发点。炸药在一定试验条件下开始发生爆炸时的最低环境温度。

②延滞期。在不同的恒定温度下，测量炸药从开始受热到发生爆炸的时间，也称为爆炸延滞期。常用5s延滞期爆发点 T 来判断炸药的热感度。

爆发点 T 和延滞期 β 的关系为

$$\ln\beta = \ln c + E/RT \tag{4-71}$$

式中：c 为常数；E 为与炸药爆炸反应有关的活化能(J/mol)；R 为气体常数；T 为爆发点(K)。

③火焰感度。火焰感度随火焰初温升高而升高，随压力增加而升高。点火药、发射药、起爆药要求火焰感度适当，猛炸药要求火焰感度低。

2)炸药的机械感度

炸药在机械作用下发生爆炸的难易程度称为机械感度。

(1)炸药在机械作用下的爆炸机理。

目前比较公认的是热点学说：当炸药受到机械作用时，首先机械能转变成热能，由于机械作用是不均匀的，热能只集中在一些局部的小区间，这些温度很高的微小区间成为热点。在热点处炸药发生分解，由于反应的放热性，使分解急剧加快，如果热点的数目、尺寸(试验测得热点尺寸为 $10^{-4} \sim 10^{-3}$ mm，存在时间为 $10^{-5} \sim 10^{-3}$ s)及温度达到炸药的爆炸临界值时，就可以引起爆炸。

热点产生的途径如下：

①炸药中含有微小气泡的绝热压缩形成热点：由于气体可压缩性大，气泡受压后温度升高形成热点，可把周围炸药引爆。

②炸药受到机械作用时，炸药晶粒之间的摩擦、炸药与固体杂质或金属之间的摩擦，均可形成热点而发展成爆炸。

③机械作用下，液体炸药(或低熔点炸药)被挤压产生黏滞流动，形成热点。

④在没有气泡的情况下，炸药在受到撞击挤压时，使部分炸药熔化，并在炸药颗粒之间发生黏性流动，各层炸药之间产生摩擦、升温，也可能形成热点。

(2)撞击感度。

炸药在机械撞击下发生爆炸的难易程度称为炸药的撞击感度。在炸药制造、运输和使用过程中，都会遇到机械撞击作用，可能导致爆炸，因此撞击感度是炸药非常重要的一个感度特性。

炸药受撞击时，撞击压力引起炸药的流动加快、炸药的内外摩擦力增加等，形成热点，导致炸药爆炸。

撞击感度的表征采用落锤仪，将试样放在上下击柱之间，承受一定重量的落锤从不同高度落下的撞击作用，观察试样是否发生分解、燃烧或爆炸，以爆炸百分数或特性落高值(H_{50})表征炸药的撞击感度。

(3)摩擦感度。

炸药在机械摩擦下发生爆炸的难易程度称为炸药的摩擦感度。

在实际加工和处理炸药时，炸药经常受到摩擦。固体相互压紧时只在表面不平的突出点上发生接触，若两个固体互相滑动，则摩擦所产生的热集中在接触点上。在这些点上所形成的热点的温度取决于压力、滑动速度和物体的导热性。压力、滑动速度增加，摩擦力升高产生热点的概率增大；物体的导热性低，热量不易释放，产生热点的概率也增加。

摩擦感度的表征采用摩擦摆，试样放在上下击柱之间，在一定载荷的摆锤打击下，上下击柱发生水平移动产生摩擦，观察试样是否发生分解燃烧或爆炸，以爆炸百分数表征炸药的摩擦感度。

3)炸药的爆轰感度

实际使用炸药时，通常是采用雷管爆轰引爆炸药，或雷管引爆传爆药，再由传爆药引爆炸药。被引爆的炸药、传爆药和雷管中的炸药都存在爆轰感度的问题。实际的起爆过程是强冲击波作用，雷管炸药和传爆药爆炸产物、雷管破片的综合作用。

(1)炸药爆轰感度的测试。

炸药爆轰感度的大小用最小起爆药量表示:炸药的装药量、装药密度、装药直径一定时,通过改变起爆药的装药量,得到使炸药达到完全爆轰所需的最小起爆药量。

(2)影响炸药爆轰感度的因素:

①炸药本身的性质。

②炸药的颗粒度:粒度减小,爆轰感度升高。

③炸药装药密度:密度升高,爆轰感度降低。

④炸药装药温度:温度升高,爆轰感度升高。

4)冲击波感度

炸药的冲击波感度是指炸药在冲击波作用下发生爆炸的难易程度。冲击波感度是研究炸药的起爆、传爆、隔爆的重要特性,对于弹药的设计、生产、使用、贮存都具有重要意义。炸药的冲击起爆性能和传爆性能是用冲击波感度来衡量的。

(1)均相炸药冲击波起爆机理。

均相炸药冲击波起爆符合热起爆机理:当平面冲击波传入均相炸药时,波所经过平面上的全部炸药质点被冲击压缩升温至爆炸。

均相炸药以临界起爆压力(P_k)作为起爆判据。临界起爆压力是指能引起炸药爆轰的冲击波临界参数,是使炸药50%爆炸时加载面处的冲击波压力。

$$P_k = \rho_0 D_x [(D_x - a)/b] \tag{4-72}$$

式中:D_x 为加载面冲击波速度;ρ_0 为装药密度;a、b 为常数。

(2)非均相炸药冲击波起爆机理。

非均相炸药冲击波起爆也符合热点起爆机理。炸药中的空气隙和气泡在冲击作用下的绝热压缩过程,炸药颗粒、炸药与杂质之间,由于冲击波作用而发生的摩擦;炸药晶粒在冲击剪切应力作用下,晶体表面断裂或层裂,晶体位错、变形,直至发生原子键断裂过程;冲击波与炸药中的密度间断发生相互作用,产生流体力学现象,如射流、空穴塌陷、冲击波的分离和碰撞、反射、叠加等都可导致热点的形成。

非均相炸药以临界起爆能(E_e)作为起爆判据。临界起爆能是指临界起爆情况下炸药吸收的能量。量值上等于单位面积飞片对炸药所做的功,即

$$E_e = P^2 t \times 1/\rho_0 D_x \tag{4-73}$$

式中：P 为冲击波速度；t 为冲击波加载时间。

（3）炸药的冲击波感度测试方法。

炸药冲击波感度一般采用隔板法评估。隔板材料可用空气、蜡、有机玻璃、铝、醋酸纤维板等。主发炸药爆轰所产生的冲击波经过一定厚度的惰性隔板衰减后输出。通过调整隔板厚度得到被测药柱 50% 爆炸的隔板厚度，此厚度作为表示冲击波感度大小的示性数。隔板越厚，输出的冲击波越弱，说明被测药柱所需能量越小，即冲击波感度越高；反之，冲击波感度越低。被测炸药是否被引爆由见证板是否被击穿来判断。

（4）影响炸药冲击波感度的因素：

①炸药本身的性质。

②炸药装药密度：密度升高，冲击波感度降低。

③炸药的结构、粒度等：结构不均匀、粒度小易吸收冲击波能，感度高。

总之，有利于形成热点的因素都可使冲击波感度增加，因此要降低炸药冲击波感度，需采用提高装药质量及装药密度、钝感技术等措施，防止热点的形成。

5）炸药的殉爆

殉爆是指炸药爆轰时引起周围一定距离处的炸药发生爆炸的现象。研究炸药的殉爆，可以给炸药弹药生产车间和弹药仓库的布局、工程爆破的设计及工程爆破中爆轰的稳定连续进行提供数据。

炸药的殉爆性能用殉爆距离及殉爆安全距离表征。殉爆距离是指主爆炸药爆炸使被爆炸药 100% 发生爆炸的最大距离；殉爆安全距离是指主爆炸药爆炸使被爆炸药 100% 不发生爆炸的最小距离。

（1）引起殉爆的原因：

①主爆炸药的冲击波引起被爆炸药发生殉爆。主爆炸药爆轰后，冲击波经过空气等惰性介质衰减，当其冲击波压力大于被爆炸药的临界起爆压力时，发生殉爆。

②主爆炸药的爆轰产物引起被爆炸药发生殉爆。当主爆与被爆炸药距离较近时，其间没有水、沙土、金属等密实介质阻挡，爆轰产物可直接冲击被爆炸药，发生殉爆。

③主爆炸药爆轰时抛出的物体冲击被爆炸药，发生殉爆。主爆炸药爆轰时抛出的金属破片、飞石以很高的速度冲击被爆炸药，发生殉爆。

在实际过程中下，可能是以上两种或三种因素的综合作用，但一般情况下最重要的是冲击波的作用。

（2）影响炸药殉爆的因素：

①主爆炸药。主爆炸药的爆轰性能好，装药密度大、药量大，带有外壳时，殉爆距离增大。

②被爆炸药。被爆炸药的爆轰感度大，装药密度低，粒度小时，殉爆距离增大。

③惰性介质的性质。沙土、水、空气等惰性介质对冲击波爆轰产物、飞片等有吸收衰减、阻挡的作用，介质越稠密，殉爆距离减小越明显，因此可用土围墙隔离工房。

另外，炸药之间用管道连接有利于殉爆，所以在危险工房和实验室之间不能用串联通风管道。

④装药直径。装药直径加大，容易发生殉爆。

6）炸药的枪击感度

炸药的枪击感度是指炸药在步枪射击下发生燃烧或爆炸的难易程度。考核炸药枪击感度的主要目的是防止弹药被子弹击中着火或爆炸，因此要求弹药对子弹射击不敏感。

炸药的枪击感度通过 7.62mm 口径步枪，对 25m 外的药柱（$\phi 60mm \times 60mm$）进行射击，检验药柱是否燃烧或爆炸。

有壳体的情况下，子弹的高速撞击，使壳体发生强烈的变形和破坏，容易导致燃烧和爆炸，另外，有壳体的弹药更容易燃烧转爆轰。

7）炸药的静电感度

炸药的静电感度是指炸药在静电火花作用下发生燃烧或爆炸的难易程度。炸药的静电感度包括两层含义：①摩擦作用下产生静电的难易程度、带电量多少；②静电放电火花作用下发生爆炸的难易程度。有的炸药摩擦时容易产生静电，但对电火花作用不一定敏感，但实际生产过程中，必须保证既要消除静电，又要防止静电火花的产生，才能更好地保证安全。

绝大多数炸药都是绝缘物质，电阻率在 10^{12} Ω/cm 以上，因此炸药颗粒之间、炸药与其他物体之间发生摩擦都会产生静电，形成高电压，在适当条件下就会放电，产生电火花，当火花能量达到一定值时，就可能引燃或引爆炸药（见表 4-11）。

表 4-11   不同静电压时炸药的爆炸概率（%）

炸药	静电压				
	0.5kV	1.0kV	1.5kV	2.0kV	2.5kV
TNT/%	18	50	68	83	100
RDX/%	0	13	20	38	55

静电是火炸药生产中发生事故的重要原因，特别是在有炸药粉尘及筛选、管道输送热风干燥时，都容易产生静电。另外，炸药生产和加工过程中，不可避免地会发生摩擦（如炸药的粉碎、混合、筛选、运送等），在炸药筛选中静电压高达数万伏，操作人员穿尼龙衣服在干燥的房屋走动，可能产生几百伏的静电，当静电量积累到足够大时，一旦放电产生火花即可引爆炸药。

8）炸药对光的感度

某些炸药（特别是起爆药）在适当波长的光照射下发生分解，若光的强度足够就会发生爆炸。发火点低的炸药起爆所需的光能也低，颜色深的炸药对光的反射较少而吸收得较多，其光感度要比浅色炸药敏感。

激光的亮度极高，比太阳表面亮度高 10^{10} 倍，能量高度集中，为平行光速，颜色极为单纯。用激光照射可以不用起爆药直接引爆炸药，大大提高了安全性和可靠性。

激光起爆炸药的机理属热点起爆，主要的形式有两种：①激光辐射到炸药上，由于激光束的电场强度对炸药有击穿作用，激光脉冲的光能变成热能，在炸药中形成热点；②炸药受到激光辐射后，除了部分光能被反射，大部分被炸药表面吸收，辐射能转变成热能进而形成热点。

炸药表面对激光的反射率的大小及表面微观形貌都对激光感度有影响。炸药表面反射率高，激光感度下降；炸药颗粒尺寸小，比表面积大，装药密度低等因素，都可能使激光感度升高。

2. 实际存在的安全性问题与解决方案

了解炸药装药的起爆机理与感度性能，有助于认清炸药装药的安全问题，有效提升炸药装药"全生命周期"的安全性，包括发射过程的安全、生产过程的安全、贮存和勤务处理时的安全、运输过程中的安全。

1）炸药装药在发射过程中的安全性

炸药装药发射安全性是指在发射过程中炸药装药不会因过载等外界作用发生自燃、自爆而导致膛炸、早炸的性能。影响炸药装药发射安全性的主要因素有：装药缺陷、疵病、密度、发射过程中装药所受的载荷以及炸药本身的物理性能等。

（1）炸药的装药缺陷及装药损伤对发射安全性的影响。

主要的装药缺陷有装药底隙和壁隙、装药疵病。装药缺陷造成装药质量变差，有关装药缺陷形成的原因以及如何防止缺陷产生的内容将在下一小节进行介绍。本部分主要介绍装药缺陷和装药损伤影响发射安全性的原因。

①装药底隙和壁隙。底隙和壁隙是影响发射安全性的主要因素之一。发射过程中，底隙中的空气在高过载的作用下绝热压缩，温度急剧升高并加热相邻的炸药层形成热点，造成炸药早炸。底隙的厚度决定了火炮发射的安全性，一般来说，厚度越大，发射安全性越低。因此底隙厚度安全阈值以及如何减小底隙厚度是近年来该领域研究的重要方向。若在炸药装药与空气间隙之间加一层石墨，可以减少炸药中热点生成的数量，从而起到提高炸药装药发射安全性的作用。如果存在壁隙，弹丸在发射时，由于弹体旋转会造成弹壁与装药之间相对转动、摩擦，导致弹药爆炸。

②装药疵病。炸药装药中含有缩孔、气泡、裂纹、分层以及混有其他杂质均称为装药疵病。发射过程中，高过载使缩孔、气泡等疵病产生急剧压缩，导致局部形成热点引起炸药早炸。同时裂纹、分层在急剧压缩过程中也会形成相对位移引起摩擦，导致炸药起爆。美国洛斯阿拉莫斯国家实验室主任斯密斯曾指出：如果装药没有疵病，即使是纯黑索今，发射也是安全的；如果装药有严重缺陷，即便是十分钝感的 D 炸药也会膛炸。因此，对炸药装药疵病的研究一直是该领域的研究重点。

③装药损伤。炸药装药损伤产生的具体形式：一为机械变形（按照应变率的不同分类）。长期贮存过程中炸药因发生蠕变而损伤（应变率小于 $10^{-5}\mathrm{s}^{-1}$）；加工、装填及运输过程中产生的损伤，相对长期贮存下的应变率较高，可理解为准静态条件（应变率小于 $10^{-1}\mathrm{s}^{-1}$）；发射过载和低速撞击时产生的损伤（应变率 $10^{-1}\sim10^{2}\mathrm{s}^{-1}$）；高速撞击时产生的损伤，对应的应变率最高（应变率大于 $10^{2}\mathrm{s}^{-1}$）。二为温度载荷。炸药所处外界环境温度的变化；使用过程中的热传导或弹塑性能引起的温度升降。装药存在损伤，可能导致发射过程中炸药因高过载产生裂纹，导致早炸的发生。

(2)弹药所受载荷及炸药材料本构关系对发射安全性的影响。

弹丸发射过程中，膛压加载的不同会使炸药装药的受力状态及大小不同。弹塑性力学的相关理论认为任何材料对加载速率的变化都很敏感，在较大的加载速率下原来的本构关系发生了改变，材料表现出另外一种本构关系。这就是我们所说的准静态和动态的差别，一般理论认为，可以采用两个特征参量进行划分，即材料应变率量级和载荷作用时间。炮弹发射时弹体内的底部装药承受着很大的惯性力，当惯性力超过了装药的临界应力，就会发生膛炸、早炸。因此装药底部的惯性力不应超过所选择的炸药的最大容许应力。

(3)炸药装药密度对装药发射安全性的影响。

炸药的装药密度是一个很重要的参数，它与炸药的爆炸性能、力学性能及安全性都有着密切的关系。炸药是一种多孔介质，一般散装、熔铸、压装的固态炸药中，晶粒周围都保留有空隙，装药密度的大小反映了装药内部的空隙度。空隙过多，在发射过程中会因压缩产生热点，导致早炸、膛炸。

2）炸药装药在生产过程中的安全性

导致压装事故的发生有以下原因：①作业人员思想麻痹；②压药压力的影响；③模具装配和间隙不当；④炸药混入坚硬杂质。注装生产所发生的事故大多发生在熔药工序。其原因是温度升高后炸药的机械感度也升高，因此熔药工序易产生爆炸事故。炸药在原材料称量、转运和装药后处理时在机械刺激作用下引起爆炸危险。因此要充分认识到生产过程中可能存在的安全隐患。

（1）对注装工艺而言，在生产过程中要注意：熔药时应避免杂质掉入熔药锅内，熔化炸药应采用低压蒸汽；严禁炸药长时间加热，熔药锅和预结晶处理设备要定期清洗；工具应使用较软的有色金属（如铜、铝），严禁使用黑色金属器具撞击，防止火花产生；工房应尽量减少炸药的存放量。

（2）对压装工艺而言，在压药过程中，炸药本身承受着很大的压力，且冲头与模壁、炸药之间存在着摩擦力，夹在模具滑动部分间隙中的炸药也受到较大的挤压力，这些都有可能引起压爆事故。压爆事故的发生可以认为是由机械作用而引起的，故可用机械起爆的热点理论来研究爆炸事故的原因。在机械作用下，产生的热来不及均匀地分布到全部炸药上，而是集中到炸药个别点处（如棱角处），这种局部温度很高的小点称为热点。当热点温度达到足够高（300～600℃），尺寸达到足够大（10^{-5}～10^{-3} cm），维持时间足够长（10^{-7} s）时，爆炸反应首先就在个别热点处开始，随后扩展到整个炸药的爆炸。宏观地看，热点的形成除取决于炸药本身的性质外，主要还取决于作用在炸药局部的应力率或应变率，即应力或应变随时间的变化率，应力率或应变率越大，热点越易形成，爆炸越易发生。

3）炸药装药在储存和勤务处理时的安全性

弹药在长期贮存时要有较好的相容性和足够的安定性，避免理化性能和爆炸性能的改变，应保持设计要求的性能。其中，炸药安定性除了包含化学安定性外，还应包含物理安定性。物理安定性主要指炸药的吸湿性、挥发性、可塑性、机械强度、老化、收缩变形等一系列的物理性质。选择安定性优良的炸药和合理的装药装配工艺，并保证各组分之间、弹体、各种防腐漆都要有良好的相容性，可以避免炸药装药在长期贮存中的安全性问题。同时，为确保勤务处理安全，所选用的炸药的机械感度、热感度不宜太高。

4）炸药装药在运输过程中的安全性

近几十年来，在弹药的运输中，自燃自爆的事故屡屡发生，其原因无外乎是受到各种意外刺激条件所导致的。因此，运输过程中弹药应具有经受颠簸和振动等外界刺激而不影响理化性能的能力，这就要求炸药装药具有较低的机械感度和较好的药柱强度。采用合理的配方设计、装药方法与装药工艺可以有效提升炸药装药安全性，防止在运输过程中安全问题的发生。

4.2.8　炸药装药的质量与性能

炸药装药质量的优劣，对装药爆轰性能、力学性能、安全性能等均有重要的影响，直接关系到弹药的威力及使用、贮存的安全性，因此，研究装药质量对性能的影响规律与提高炸药装药质量是解决弹药应用和安全问题的首要任务。

装药密度可以直接反映炸药装药的密实程度与内部均匀性，并从侧面反映装药的内部疵病，所以装药密度是评价装药质量的核心参数，也是影响装药性能的主要因素。

1. 对爆轰性能的影响

装药密度的大小及分布直接影响装药的爆轰性能，表现在燃烧转爆轰阶段和爆轰阶段。

1）燃烧转爆轰阶段

燃烧转爆轰过程（DDT）的理论研究表明，热点温度、质量燃耗率决定着装药 DDT 的敏感性，装药密度与热点温度和质量燃耗率有直接的关系。

装药密度越大，相应的初始孔隙度就越小，在相同压力作用下，药床温度的增加就越小，或者说药床温度越不容易升高，药床越不容易被起爆。

装药密度越大，单位体积内的药粒个数就越多，药柱质量燃耗率也越大，使单位体积内产生的能量与压力梯度变大，有利于冲击波的传播，提高了 DDT 敏感性。

以上分析表明，装药密度的减小一方面加快了药床热点温度的升高，另一方面又减小了药柱的质量燃耗率。因此，从这一对相互矛盾的结果来看，存在一个比较适宜的装填密度，使药床的 DDT 的敏感性最高，这即是爆轰发生时间与装药密度拟合关系呈"U"形曲线的关系。

2）爆轰阶段

爆速、爆压、爆热和爆容是表征炸药爆轰性能最为重要的四个参数，装药密度是影响其大小的重要因素。一般情况下，爆速、爆压、爆热和爆容爆轰性能随装药密度的增大而增加。

(1)爆速。对碳氢氧氮系炸药，其爆速随密度线性增长(当密度在 0.5g/cm^3 至晶体密度范围内时)，可用下式表示：

$$D_\rho = D_{1.0} + M'(\rho - 1.0) \qquad (4-74)$$

式中：D_ρ 为炸药密度为 ρ 时的爆速(m/s)；$D_{1.0}$ 为炸药密度为 1.0g/cm^3 时的爆速(m/s)；M' 为与炸药性质相关的系数，是炸药密度增加 1.0g/cm^3 时爆速的增长量$[(\text{m/s})/(\text{g/cm}^3)]$；$\rho$ 为装药密度(g/cm^3)。

对大多数猛炸药来说，M' 值一般处于 $3000 \sim 4000(\text{m/s})/(\text{g/cm}^3)$，即炸药密度每增加 0.1g/cm^3，爆速可提高 $300 \sim 400\text{m/s}$。

炸药的晶体密度越大，得到高爆速装药的可能性也就越大。

上式只适用于有机化合物类炸药。对无机化合物类炸药(如起爆药中的雷汞、叠氮化铅等)，虽然也存在密度增加爆速也相应增加的趋势，但它们的 M' 值均较小。故尽管它们的密度值很大，但爆速并不很高，仅为 5000m/s 左右。雷汞甚至还有"压死"现象。

作为一个实例，表 4-12 列有黑索今爆速与装药密度的关系值。

表 4-12　黑索今爆速与装药密度的关系

装药密度/(g/cm^3)	1.00	1.20	1.59	1.63	1.80
爆速/(km/s)	6.05	6.73	8.06	8.20	8.78

(2)爆压。关于爆压与装药密度的关系，人们已提出过多种表达式，都是认为爆压与炸药密度的平方相关联。其中具有代表性的有下述式：

$$p = a\rho^2 \qquad (4-75)$$

式中：a 为与炸药性质有关的常数。

$$p = 1.558\rho^2\varphi \qquad (4-76)$$

式中：φ 为与炸药有关的特性值。

$$p = K\left(\rho \cdot \sum N\right)^2 + L \qquad (4-77)$$

式中：K，L 为常数；$\sum N$ 为氮当量之和。

由于爆压与密度的平方有关，故爆压是随密度的增长而以指数关系迅速增长的。这样，晶体密度大的炸药，就可能达到高的爆压。例如，当装药密度接近晶体密度时，奥克托今的爆压可达 39GPa，而梯恩梯则只能达到 $18 \sim 19\text{GPa}$。

(3)爆热。爆热并不是一个定值，它强烈地依赖于装药密度和爆炸条件，装药密度增加时，爆热线性增长。从表 4-13 中黑索今爆热与密度的关系即可明显看出这种规律。

表 4-13   黑索今药柱在不同密度时测定的爆热值

密度 /(g/cm³)	爆热实测值 /(kJ/kg)	
	液态水	气态水
0.5	5401	4982
0.65	5527	—
0.70	5568	—
1.00	5736	—
1.15	5862	5443
1.70	6238	—
1.73	6238	5862
1.74	6280	—
1.78	6322	5862

炸药的爆热主要取决于炸药的组成、标准生成焓及其他分子结构因素，故上述密度对爆热的影响是指对同一炸药而言的，不同种类的炸药间并不存在密度高爆热就一定高的规律。

(4)爆容。密度的变化也会改变爆轰产物的体积和组成。随密度的增加，爆轰气体产物的总量减少，但 CO_2 在产物中的含量增加。这是由于密度增加时，爆轰波阵面上的压力增大，继而影响爆轰产物之间的平衡。压力增大时，气态产物体积减小，而 CO_2 和 C 的相对含量增加，CO 的相对含量减少。这种影响对负氧平衡的炸药是很明显的，但对正氧平衡和接近正氧平衡的炸药则比较微弱。表 4-14 列有不同初始密度的黑索今的爆容和爆轰产物中的 CO/CO_2 的比值。

表 4-14   不同密度黑索今的爆容和爆轰产物中的 CO/CO_2 的比值

初始密度/(g/cm³)	爆容 /(L/kg)		CO/CO_2
	液态水	气态水	
0.5	730	930	4.7
1.00	690	890	2.2
1.78	630	820	1.8

2）对力学性能及安全性的影响

炸药在生产、运输以及使用过程中不可避免地会产生摩擦、撞击等作用，可能会发生燃烧和爆炸，因此药柱各个部位的装药密度及其均匀性关乎弹体发射的安全性，主要影响因素为机械感度、热感度、抗过载能力等。

例如，赵娟等研究了装药条件对 B 炸药落锤撞击响应的影响。对于接近理论密度的药柱，其密度较高，孔隙率很小，颗粒之间较为密实，对撞击力的缓冲作用较小，因此，孔隙率的改变对热点的形成影响也不大，撞击感度较低。

密度分布不均的药柱最大加载落高和应力均明显小于均匀药柱。因为细观上不完全均匀的混合炸药，其晶粒或微晶粒的大小是不连续的，受到加载后容易产生热点，影响发射安全性。

密度增加会提高药柱强度，提高发射过程中装药起爆阈值，有效降低炸药对撞击、冲击波等外界作用的感度，从而有效提高炸药装药的抗过载能力，提升炸药装药在生产、运输及使用过程中的安全性及可靠性。

4.3 炸药装药结构设计

4.3.1 炸药装药结构设计概述

在现代高科技战争中，由于战场目标的多样化，根据目标特性，针对不同目标使用不同毁伤效果的战斗部可取得事半功倍的效果。随着战斗部技术的发展和毁伤目标的要求，战斗部装药结构需要适应不同毁伤方式的要求，如接触爆炸、打击空中目标或打击航母舰载机等要求战斗部有不同的装药结构。

毁伤效果取决于炸药的品种和能量、装药量和装药质量，同时与装药结构密切相关，除采用新炸药配方和调整装药结构外，研究新型的装药结构来提高炸药能量的利用率，从而提高毁伤效果。在确定装药结构时，必须考虑多方面的因素，既要使装药重量轻，又使毁伤效果好。

目标特性和战斗部装药形式明确时，毁伤效果则取决于装药的品种，装药品种的能量越高，对目标的毁伤威力就越大。在进行战斗部装药品种选型与应用时，还要重点考虑毁伤能力、装药安全性和装药的工艺性和经济性。

随着炸药研究的不断深入、起爆技术的飞跃发展、战斗部装药结构设计技术及新材料的不断涌现，战斗部打击目标的范围及毁伤能力必将大幅度提高。

4.3.2 爆破战斗部炸药装药

爆破战斗部是装有炸药的战斗部中结构最简单的一种，主要由金属壳体和装在其中的大量高能炸药组成，主要依靠炸药爆炸时产生的大量高温高压气体产物及其强力压缩周围介质造成的冲击波来毁伤目标。当高爆炸药爆炸时，它在零点几微秒内就被转化成大量高温高压气体。这些气体急剧膨胀，冲破金属壳体，并在战斗部周围的介质中产生一股冲击波。通常，这一冲击波压强约为20GPa，温度约为5000℃。冲击波在零点几微秒内就达到最大压强，然后在几百秒后降为大气压。随后压力降至低于大气压，最后恢复正常。压力先正后负的变化对目标产生破坏性的"推—拉"作用，摧毁目标。

爆破战斗部可打击的目标类型很广，包括空中、地面、地下、水上和水下的各种目标，如地下指挥所、机场、舰船、交通枢纽以及建筑等。一般认为，爆破战斗部摧毁目标，在空中和水中主要依靠冲击波作用，在土中主要靠局部破坏效应。

1. 装药结构类型

爆破型战斗部按照对目标的作用状态不同分为内爆式和外爆式两种类型。

1) 内爆式战斗部

内爆式战斗部是指进入目标内部后才爆炸的爆破战斗部。通过对目标产生由内向外的爆炸性破坏，并伴随着多种介质的爆炸毁伤效应。

内爆式战斗部有较厚的外壳，从而保证了在进入目标内部的过程中结构不被损坏；弹体应有较好的气动外形，以降低导弹飞行和穿入目标时的阻力。战斗部常采用触发延时引信，以保证其进入目标一定深度后再爆炸，从而提高对目标的破坏力。图4-8给出了此类战斗部的典型结构。

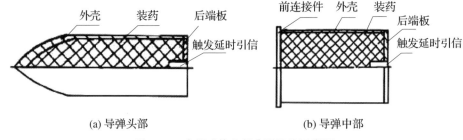

(a) 导弹头部   (b) 导弹中部

图 4-8   内爆式战斗部典型结构示意图

2) 外爆式战斗部

外爆式战斗部是指在目标附近爆炸的爆破式战斗部，它对目标产生由外向内的挤压性破坏。其外形和结构与内爆式战斗部相似，有两处差别较大：一是战斗部的强度仅需要满足导弹飞行过程的受载条件，其壳体可以较薄，主要功能是作为装药的容器；二是必须采用非触发引信，如近炸引信。典型外爆式战斗部结构示意图如图 4-9 所示。

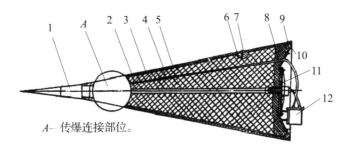

A— 传爆连接部位。

图 4-9　外爆式战斗部典型结构示意图

1—引信；2—壳体；3—隔热纸板；4—电缆；5—中心管；6—突耳；7—轴颈；

8—炸药装药；9—支座；10—辅助起爆药；11—电缆；12—引信控制器。

3）内、外爆式战斗部威力比较

内爆式战斗部由于是进入目标内部爆炸，因而炸药能量的利用率比较充分，不仅依靠冲击波而且还依靠迅速膨胀的爆炸气体产物来破坏目标。外爆式的情况不同，当脱靶距离超过约 10 倍装药半径时，爆炸产物已不起作用，仅靠冲击波破坏目标。而且由于目标只可能出现在爆炸点的某一侧（只单个目标），呈球形传播的冲击波只有部分能量对目标起破坏作用，因而炸药能量的利用率较低。在其他条件相同的前提下，要对目标造成相同程度的破坏，外爆式装药量是内爆式装药量的 3～4 倍。

内爆式战斗部由于壳体较厚，它实际上还具有一定的破片杀伤作用，而外爆式战斗部爆炸时，其薄外壳虽然也能形成若干破片，但由于爆点离目标有一定距离，这些破片的杀伤作用相对冲击波杀伤来说是次要的，一般不予考虑。

与内爆式结构相比，外爆式壳体质量小，因而可以增加装药量。一般，外爆式的壳体质量约为战斗部总质量的 15%～20%，而内爆式则为 25%～30%。但即使如此，内爆式的总体效果仍远优于外爆式。

2. 威力性能参数

1）对目标毁伤效能

冲击波是爆破式战斗部破坏目标的主要途径，对目标造成最终毁伤的是冲击波压力和冲量。通过分析目标毁伤的原理计算破坏目标所需的能量 E_T；通过将 E_T 与战斗部作用在目标上的爆轰能量 E_w 对比，可以分析造成目标毁伤的爆炸冲击波的关键参数。

以外爆式爆破战斗部对导弹的毁伤作用为例，图 4-10 给出了爆破式战斗部爆炸后爆轰气体和冲击波对目标的毁伤示意图，战斗部爆炸后形成的冲击波作用到距爆心 R 远处的圆柱形导弹上，导弹壳体上单位面积上爆炸能量为

$$E_w = \frac{\Delta pI}{2\rho_0 c_0} \qquad (4-78)$$

式中：Δp 为作用于目标表面上冲击波的超压；ρ_0 为气体密度；c_0 为气体声速。单位面积上的冲量（又称比冲量）I 可由下式计算：

$$I = \int_0^{t_+} \Delta p(t)\mathrm{d}t \qquad (4-79)$$

式中：t_+ 为冲击波正压持续时间。

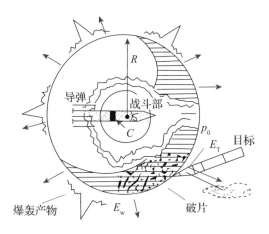

图 4 - 10　爆破战斗部爆炸后气体膨胀对目标的作用示意图

图 4 - 11 给出了爆炸能量作用下导弹目标的失效模式，即结构的局部屈曲和整体挠曲破坏。造成圆柱体目标结构坍缩破坏所需要能量为

$$E_T = \frac{\sigma_s\, trL}{\sqrt{3}}\left[\frac{\sqrt{3}(1-\lambda)}{2\varepsilon_s(1-v^2)}\overline{I}_1 + \lambda\,\overline{V}_1 - \lambda\,\sqrt{3}\pi\varepsilon_s\right] \qquad (4-80)$$

式中：r、L、t 分别为圆柱体的半径、长度和厚度；σ_s、ε_s 分别为圆柱体受力时产生的应力和应变；λ 和 v 分别为壳体材料的硬度参数和泊松比；$\overline{I}_1$、$\overline{V}_1$ 分别为结构变形的曲度参数和坍缩参数。

爆炸能 E_w 大于或等于 E_T 是目标毁伤的条件，临界状态由 $E_T = E_w$ 给出。联立式（4 - 78）和式（4 - 80）得

$$\frac{\Delta pI}{2\rho_0 c_0} = \frac{\sigma_s\, trL}{\sqrt{3}}\left[\frac{\sqrt{3}(1-\lambda)}{2\varepsilon_s(1-v^2)}\overline{I}_1 + \lambda\,\overline{V}_1 - \lambda\,\sqrt{3}\pi\varepsilon_s\right] \qquad (4-81)$$

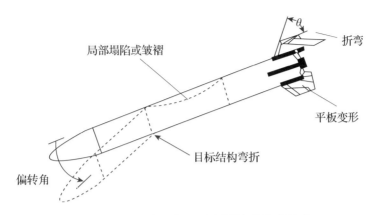

图 4 - 11   爆炸能量作用下导弹目标的失效模式

计算出目标毁伤所需要的冲量为

$$I = \frac{2\rho_0 c_0}{\Delta p} \cdot \frac{\sigma_s tr L}{\sqrt{3}} \left[\frac{\sqrt{3}(1-\lambda)}{2\varepsilon_s(1-\nu^2)} \overline{I_1} + \lambda \overline{V_1} - \lambda \sqrt{3}\pi\varepsilon_s \right] \quad (4-82)$$

由式(4-81)和式(4-82)可见,爆破战斗部炸药装药爆炸后形成的冲击波压力和冲量是造成对目标毁伤的根本原因,这也正是战斗部威力的具体体现。

2)冲击波威力参数

冲击波的威力参数有冲击波压力、冲量和正压时间。

(1)空中爆炸作用。

空中爆炸是爆破战斗部的主要作用形式,在空气中爆炸时,有 60%~70% 的炸药能量将通过空气冲击波作用于目标,给目标施加巨大压力和冲量。在爆炸的同时,爆破战斗部壳体还将破裂成破片,向周围飞散。在一定范围内,具有一定动能的破片也能起到杀伤作用,但与冲击波的作用威力相比,这种作用从属于第二位。图 4-12 是爆炸空气冲击波的形成和压力分布示意图。

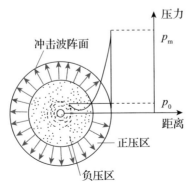

图 4 - 12   爆炸空气冲击波的形成和压力分布图

①冲击波超压。球形或接近球形的 TNT 裸装药在无限空中爆炸时，根据爆炸理论和试验结果，拟合得到如下超压计算公式，即著名的萨道夫斯基公式：

$$\Delta p_m = 0.84\left(\frac{\sqrt[3]{W_{TNT}}}{R}\right) + 2.7\left(\frac{\sqrt[3]{W_{TNT}}}{R}\right)^2 + 7.0\left(\frac{\sqrt[3]{W_{TNT}}}{R}\right)^3 \quad (4-83)$$

式中：Δp_m 的单位是 10^5 Pa；W_{TNT} 为 TNT 当量炸药质量（kg）；R 为测点到爆心的距离（m）。

一般认为，当爆炸高度系数 $\overline{H}$ 符合下列条件时，称为无限空中爆炸，即

$$\overline{H} = \frac{H}{\sqrt[3]{W_{TNT}}} \geqslant 0.35 \quad (4-84)$$

式中：H 为装药爆炸时离地面的高度（m）。

令

$$\overline{R} = \frac{R}{\sqrt[3]{W_{TNT}}} \quad (4-85)$$

则式（4-83）可写成组合参数 $\overline{R}$ 的表达式：

$$\Delta p_m = \frac{0.84}{\overline{R}} + \frac{2.7}{\overline{R}^2} + \frac{7.0}{\overline{R}^3} \quad (4-86)$$

式（4-86）适用于 $1<\overline{R}<15$，形式上与霍普金森缩放比例关系近似。

炸药在地面上爆炸时，由于地面的阻挡，空气冲击波只向一半无限空间传播，地面对冲击波的反射作用使能量向一个方向增强。图 4-13 给出了炸药在有限高度空中爆炸时，冲击波传播的示意图。有限高度空中爆炸后，冲击波到达地面时发生波反射，形成马赫反射区和正规反射区，反射波后压力得到增强，形成不对称作用。地面接触爆炸对应了 $H=0$ 的情况。

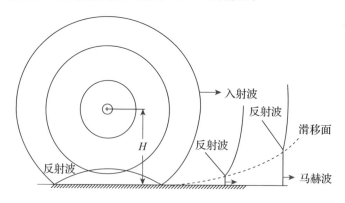

图 4-13　有限空中爆炸时冲击波传播示意图

当装药在混凝土、岩石类的刚性地面爆炸时，发生全反射，相当于 2 倍的装药在无限空间爆炸的效应。于是可将 $2W_{TNT}$ 代替超压计算公式 (4-83) 中根号内的 W_{TNT}，直接得出：

$$\Delta p_m = 1.06 \left(\frac{\sqrt[3]{W_{TNT}}}{R} \right) + 4.3 \left(\frac{\sqrt[3]{W_{TNT}}}{R} \right)^2 + 14 \left(\frac{\sqrt[3]{W_{TNT}}}{R} \right)^3 \quad (4-87)$$

当装药在普通土壤地面爆炸时，地面土壤受到高温高压爆炸产物的作用发生变形、破坏，甚至抛掷到空中形成一个炸坑，将消耗一部分能量。因此，在这种情况下，地面能量反射系数小于 2，等效药量一般取为 $(1.7 \sim 1.8)W_{TNT}$。当取 $1.8W_{TNT}$ 时，冲击波峰值超压公式 (4-83) 变为

$$\Delta p_m = 1.02 \left(\frac{\sqrt[3]{W_{TNT}}}{R} \right) + 3.99 \left(\frac{\sqrt[3]{W_{TNT}}}{R} \right)^2 + 12.6 \left(\frac{\sqrt[3]{W_{TNT}}}{R} \right)^3 \quad (4-88)$$

因为空气冲击波以空气为介质，而空气密度随着大气高度的增加逐渐降低，所以在药量相同时，冲击波的威力也随高度的增加而下降。考虑超压随爆炸高度的增加而降低，对式 (4-86) 进行高度影响的修正如下：

$$\Delta p_m = \frac{0.84}{R} \left(\frac{p_H}{p_0} \right)^{\frac{1}{3}} + \frac{2.7}{R^2} \left(\frac{p_H}{p_0} \right)^{\frac{2}{3}} + \frac{7.0}{R^3} \left(\frac{p_H}{p_0} \right) \quad (4-89)$$

式中：p_H 为某爆炸高度的空气压力；p_0 为标准大气压 $(1.01 \times 10^5 \text{ Pa})$。因此，打击空中目标时，随着弹目遭遇高度的增加，爆破战斗部所需炸药量迅速增加。

②冲击波正压持续时间。球形 TNT 裸装药在无限空中爆炸时，冲击波正压持续时间 t_+ 的一个计算公式为

$$t_+ = 1.3 \times 10^{-3} \sqrt[6]{W_{TNT}} \sqrt{R} \quad (4-90)$$

③冲击波比冲量 I。球形 TNT 裸装药在无限空中爆炸产生的比冲量 I 的一个计算公式为

$$I = 9.807A \frac{W_{TNT}^{2/3}}{R} \quad (4-91)$$

式中：A 为与炸药性能有关的系数，对于 TNT，A 为 $30 \sim 40$。

(2) 水中爆炸作用。

在水中爆炸时，以水中冲击波传播和气泡为主要特征，形成的水中冲击波和气泡脉动是对水下目标实施破坏作用的原因。

球形炸药装药在水中爆炸时，在爆炸产物的高压作用下将在爆炸气体与水的界面形成球面冲击波，向水中传播。爆炸释放出的能量，一部分随水中冲击波传出，称为冲击波能 E_s；一部分存在于爆炸产物气泡中，称为气泡能 E_b；

冲击波在传播时压缩周围的水，因此，另有一部分能量以热的形式散逸到水中，称为热损失能 E_r。炸药释放出的总能量 E_{tol} 为这三部分能量之和，即

$$E_{tol} = E_s + E_b + E_r \qquad (4-92)$$

其中，冲击波传播过程中损失的能量 E_r，无法直接测量，一般认为热损失能与冲击波的强度有关，但在总能量中占的比例不大。E_s、E_b 可试验测量，一般把 E_s 和 E_b 之和作为炸药总能量的近似值，即

$$E_{tol} = E_s + E_b \qquad (4-93)$$

对于猛炸药有一半的爆炸能以冲击波的形式传播，所以，冲击波是引起目标破坏的主要作用因素。与空气相比，水的基本特点是密度大、可压缩性差。可压缩性差使得水的声速较大，在 18℃ 时海水中声速为 1494m/s，也使得水中冲击波的传播和反射可以用声学近似。同时，水的密度比空气大很多，所以水的波阻抗很大，使得爆炸产物在水中膨胀要比在空气中慢得多，并且，在相同冲击波速度下，水中爆炸耦合产生的冲击波压力比空气中要高得多，压力衰减也慢得多。而气泡脉动作用时间长，它对目标的作用近似"静压"作用，只有当战斗部与目标处于有利位置时，气泡才能起到较大作用。

图 4-14 是水中爆炸形成的冲击波结构图。图中 p_m 为冲击波阵面峰值压力，波后压力呈指数衰减，T 为第一次气泡波的脉动周期。炸药在水中爆炸时，可以利用传感器测到距爆点不同距离处的峰值压力 p_m 及 $p(t)$ 曲线，气泡波第一次脉动的周期 T，然后通过测试的 $p-t$ 波形导出压力衰减的时间常数 θ。通常表示从峰值压力 p_m 衰减到 p_m/e（$e = 2.718$）所用的时间。再通过积分和计算可得到被测炸药的冲击波能 E_s 及气泡能 E_b，进而计算炸药的总能量 E_{tol}。这也是目前水下爆炸的常规研究方法。

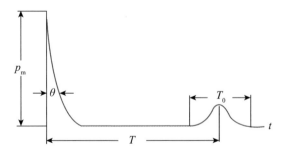

图 4-14　水中爆炸形成的冲击波结构图

① 冲击波压力、冲量和冲击波能。

水中冲击波的波后压力随时间变化的衰减规律可表示为

$$p(t) = p_{\mathrm{m}} \mathrm{e}^{-t/\theta} \qquad (4-94)$$

式中：p_{m} 为冲击波峰值压力；θ 为时间常数。p_{m} 随距爆心距离的增加而下降。θ 与炸药的种类、质量有关，与距爆炸中心的距离有关。

对于球形药包：

$$\theta = 10^{-4} W_{\mathrm{TNT}}^{1/3} \left(\frac{R}{W_{\mathrm{TNT}}^{1/3}} \right)^{0.24} \qquad (4-95)$$

对于柱形药包：

$$\theta = 10^{-4} W_{\mathrm{TNT}}^{1/3} \left(\frac{R}{W_{\mathrm{TNT}}^{1/3}} \right)^{0.41} \qquad (4-96)$$

式中：W_{TNT} 为炸药装药的质量（kg）；R 为距爆炸中心的距离。

冲击波冲量是压力对时间的积分，其形式为

$$I = \int_0^t p(t) \mathrm{d}t = p_{\mathrm{m}} \mathrm{e}^{-t/\theta} \mathrm{d}t = p_{\mathrm{m}} \theta (1 - \mathrm{e}^{-t/\theta}) \qquad (4-97)$$

根据研究成果，水下爆炸冲击波能的数学模型为

$$E_{\mathrm{s}} = K_1 \frac{4\pi R^2}{W_{\mathrm{TNT}} \rho_{\mathrm{w}} c_{\mathrm{w}}} \int_0^{6.7\theta} p^2(t) \mathrm{d}t \qquad (4-98)$$

将式（4-94）代入有

$$E_{\mathrm{s}} = K_1 \frac{4\pi R^2}{W_{\mathrm{TNT}} \rho_{\mathrm{w}} c_{\mathrm{w}}} \int_0^{6.7\theta} (p_{\mathrm{m}} \mathrm{e}^{-t/\theta})^2 \mathrm{d}t \qquad (4-99)$$

式中：ρ_{w}、c_{w} 分别为水的密度（kg/m³）和声速（m/s）；K_1 为修正系数，由 TNT 标定试验确定。

一般，对于同一批次试验，需在相同水环境下通过标准试样进行标定试验，以修正因忽略热损失带来的计算误差。标准试样可取密度为 $1.52\mathrm{g/cm^3}$ 的注装 TNT 炸药，其冲击波能的理论计算公式为

$$E_{\mathrm{s理论}} = 1.04 \times 10^6 \left(\frac{W_{\mathrm{TNT}}^{1/3}}{R} \right)^{0.05} \qquad (4-100)$$

经标定试验获得的测试结果，可计算得到冲击波能 $E_{\mathrm{s测量}}$ 如下：

$$E_{\mathrm{s测量}} = \frac{4\pi R^2}{W_{\mathrm{TNT}} \rho_{\mathrm{w}} c_{\mathrm{w}}} \int_0^{6.7\theta} (p_{\mathrm{m}} \mathrm{e}^{-t/\theta})^2 \mathrm{d}t \qquad (4-101)$$

于是式（4-99）中修正系数 K_1 求出为

$$K_1 = \frac{E_{\mathrm{s理论}}}{E_{\mathrm{s测量}}} \qquad (4-102)$$

　　通常上述公式中选取的时间积分上限为 $50 \sim 70$，它表示冲击波的持续时间，再加大积分上限对积分后的数值影响很小。因此，水下爆炸的冲击波能的数学模型中的积分上限通常取为 6.7θ。

　　②气泡脉动。

　　装药在无限水介质中爆炸时，爆炸产物所形成的气泡将在水中发生多次膨胀和压缩的脉动，气泡脉动引起的二次压力波的峰值一般不超过冲击波峰值的 20%，但其作用时间远大于冲击波作用时间，故两者比冲量比较接近。

　　TNT 装药水中爆炸形成的二次压力峰值 p_{mb} 为

$$p_{mb} - p_h = \frac{72.4 W_{TNT}^{1/3}}{R} \qquad (4-103)$$

式中：p_h 为与装药同深度处水的静压力。

　　二次压力波的比冲量为

$$I_b = 6.04 \times 10^3 \frac{(\eta Q)^{2/3}}{Z^{1/6}} \frac{W_{TNT}^{2/3}}{R} \qquad (4-104)$$

式中：Q 为炸药的爆热；η 为 $n-1$ 次脉动后留在产物中的能量分数；Z 为第 n 次脉动开始时气泡中心所在位置的静压力。

　　计算第一次气泡脉动周期 T 的经验公式为

$$T = \frac{K_e W_{TNT}^{1/3}}{(h+10.3)^{5/3}} \qquad (4-105)$$

式中：h 为炸药浸入水中的深度；K_e 为炸药特性系数，对 TNT 可取 $K_e = 2.11$，实验中，实际测量气泡第一次脉动的周期时可以以此为参照。几种常用炸药的 K_e 值如表 4-15 所列。

表 4-15　几种炸药气泡脉动周期计算参数

炸药	粉状 Tetryl	压装 Tetryl	注装 TNT	喷脱里特
$K_e / (s \cdot m^{5/3}/kg^{1/3})$	2.18	2.12	2.11	2.10

　　气泡能量可用炸药在水下爆炸时生成的气体产物克服静水压第一次膨胀达到最大值时所作的功来度量，即

$$E_b = \frac{4}{3} \frac{\pi r_m^3 p_h}{W_{TNT}} \qquad (4-106)$$

　　根据不可压缩流体的运动方程，在无限水域中爆炸气体第一次膨胀的最大半径 (r_m，m) 可按照下式计算：

$$r_{\mathrm{m}} = 0.5466 \frac{p_{\mathrm{h}}^{1/2}}{\rho_{\mathrm{w}}^{1/2}} T \tag{4-107}$$

将式(4-107)代入式(4-106)中，可得单位装药质量气泡能量为

$$E_{\mathrm{b}} = 0.684 \frac{p_{\mathrm{h}}^{5/2}}{\rho_{\mathrm{w}}^{3/2}} \frac{T^3}{W_{\mathrm{TNT}}} \tag{4-108}$$

像冲击波能量计算一样，为了修正气泡能量，在式(4-108)中加入修正系数 K_2，即有

$$E_{\mathrm{b}} = 0.684 K_2 \frac{p_{\mathrm{h}}^{5/2}}{\rho_{\mathrm{w}}^{3/2}} \frac{T^3}{W_{\mathrm{TNT}}} \tag{4-109}$$

系数 K_2 同样由标定试验确定，计算公式为

$$K_2 = \frac{E_{\mathrm{b理论}}}{E_{\mathrm{b测量}}} \tag{4-110}$$

式中：$E_{\mathrm{b理论}}$ 取密度为 $1.52\mathrm{g/cm^3}$ 的注装 TNT 炸药的气泡能，为 $1.99 \times 10^6 \mathrm{J/kg}$。$E_{\mathrm{b测量}}$ 根据标定试验的测试结果通过式(4-108)计算得到。将所得的 K_2 代入式(4-109)即可计算实际炸药装药的水下爆炸气泡能。

(3)岩土中爆炸作用。

爆破战斗部在土中爆炸时，形成爆炸波，产生局部破坏作用和地震作用。局部破坏作用造成爆腔，爆炸波的传播和由此引起的地震作用能引起地面建筑和防御工事的震塌和震裂。装药在无限岩土介质中的爆炸图如图 4-15 所示。

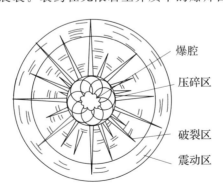

图 4-15　装药在无限岩土介质中爆炸图

①基本现象。

装药在无限均匀岩土中爆炸后，爆轰产物的压力达到几十万兆帕，而最坚固的岩石抗压强度仅为数十兆帕，因此直接与炸药接触的岩土受到强烈的压缩，结构完全破坏，颗粒被压碎，整个岩土受爆炸产物挤压发生径向运动，形成一

个空腔，称为爆腔。爆腔的体积约为装药体积的几十倍或几百倍。爆腔的形状取决于装药的形状，爆腔的尺寸取决于岩土的性质和炸药的能量。对于岩土介质，其性质首先是抗压强度、密度、颗粒组成和空隙容量等。与爆腔相邻接的是强烈压碎区，在此区域内原岩土结构全被破坏和压碎。随着与爆炸中心距离的增大，爆轰产物的能量将传给更多的介质，爆炸波在介质内形成的压缩波应力幅度迅速下降。当压缩波应力值小于岩土的动态抗压强度时，岩土不再被压坏和压碎，基本上保持原有的结构。图4-15中给出了几种特征破坏区域及其边界的图示。理论分析和经验表明，各特征区域边界的半径 r_i 与装药量 W_{TNT} 的立方根成正比，即

$$r_i = K_i \sqrt[3]{W_{TNT}} \qquad (4-111)$$

式中：K_i 为对应各特征边界的比例系数，比如压碎系数、破裂系数等，与介质的物理力学性能相关。

装药在有限岩土中爆炸时，由于边界的存在，当压力波到达自由面时反射为拉伸波；在拉伸波、压力波和爆炸气体压力的共同作用下，药包上方的岩土向上鼓起，地表产生拉伸波和剪切波。这些波使地表介质产生振动和飞溅，形成爆破漏斗。

图4-16给出了装药在有限岩土介质中爆炸形成爆破漏斗的各个阶段示意图。爆破漏斗的形成可分为以下几个阶段：鼓包运动阶段、鼓包破裂飞散阶段和抛掷堆积阶段。爆腔开始膨胀的同时，腔壁上产生一个球形冲击波向外传播

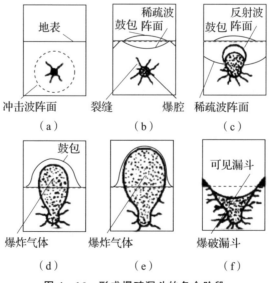

图 4-16　形成爆破漏斗的各个阶段

[见图 4 - 16(a)]；球面冲击波到达自由面后反射稀疏波，并由自由表面向内传播[见图 4 - 16(b)]；稀疏波在爆腔的表面反射为一压缩波，叠加到前述冲击波和稀疏波上，球形腔体产生变形，向上扩张，腔体内的爆炸产物仍起作用[见图 4 -16(c)]；从腔体表面反射回来的波在自由表面反射为进一步的稀疏波传向腔体，再反射为压力波向自由面传播，使腔体继续变形[见图 4 - 16(d)]。被气体排挤出来的上抛物体继续向上，向两边运动，腔体继续向上扩张直到最大值[见图 4 - 16(e)]；达到最大高度后，抛出来的土块回落，形成可见漏斗的表层[见图 4 - 16(f)]。

根据装药埋设深度的不同可呈现程度不同的爆破现象。定义最小抵抗线为装药中心到自由面的垂直距离，即爆点深度，将漏斗坑口部半径与最小抵抗线之比称为抛掷指数，用 n 表示。按抛掷指数可划分以下几种情况：a. $n > 1$ 为加强抛掷爆破，这时漏斗坑顶角大于 90°；b. $n = 1$ 为标准抛掷爆破，这时漏斗坑顶角等于 90°；c. $0.75 < n < 1$ 为减弱抛掷爆破，这时漏斗坑顶角小于 90°；d. $n < 0.75$ 为松动爆破，这时没有岩土抛掷现象。如果战斗部在这种情况下发生爆炸，则称为隐炸。

②冲击波压力和比冲量参数。

目前还没有精确的理论方法计算岩土中爆炸冲击波的参数，因此，试验研究岩土中爆炸波的传播显得十分重要。试验数据表明，土中爆炸产生的球形冲击波或压力波在传播过程中遵守"爆炸相似律"。对于球形 TNT 装药在自然湿度的饱和和非饱和的细粒沙介质中爆炸，基于试验结果和爆炸相似律，得到爆炸冲击波峰值压力的计算公式为

$$p_m = A_1 \left(\frac{1}{R}\right)^{a_1} \tag{4-112}$$

式中：$\overline{R}$ 之前已定义；A_1 和 a_1 为经验常数。

爆炸冲击波的比冲量 I 的计算公式为

$$I = A_2 \sqrt[3]{W} \left(\frac{1}{R}\right)^{a_2} \tag{4-113}$$

式中：A_2 和 a_2 为经验常数。

超压持续时间 t_+ 的计算公式为

$$t_+ = \frac{2I_m}{p_m} \tag{4-114}$$

3. 炸药装药设计

1)炸药装药参数计算

(1)装药体积。

图 4-17 给出了一种典型的爆破战斗部炸药装药结构图。图中，炸药装药半径为 r_e，壳体外半径为 r_0，炸药长度为 L_e，金属壳体长度为 $L(L = L_e)$，炸药密度为 ρ_e，壳体密度 ρ_m，因此，炸药装药质量 C 和壳体质量 M 的总和为战斗部质量 G_w，即

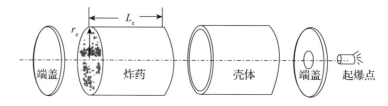

图 4-17　典型的爆破战斗部炸药装药结构

$$G_w = C + M \tag{4-115}$$

而且

$$G_w = V_e\rho_e + \rho_m\pi t(2r_0 - t)L \tag{4-116}$$

式中：t 为金属壳体的厚度。

战斗部起动前的初始炸药装药体积：

$$V_e = \frac{G_w - \rho_m\pi t(2r_0 - t)L}{\rho_e} \tag{4-117}$$

由于金属壳体、端盖和起爆序列的质量影响，战斗部的实际装药体积与装药质量都有所减少。

(2)装药质量(裸装药等效当量)。

战斗部都带有壳体，壳体的破裂、飞散要消耗能量，因而要把带壳装药换算成裸装药。将与包含金属壳体在内的实际战斗部产生相同爆破效应的裸装药的质量定义为裸装药等效当量，得到裸装药等效当量方程为

$$WE = CE - \frac{1}{2}Mv^2 \tag{4-118}$$

式中：W 为裸装药等效当量质量；C 为实际装药质量；E 为炸药单位质量的能量；v 为壳体运动速度；M 为壳体质量。

如果用 θ 表示装药分解时实际用于壳体运动的爆炸能量分数，则壳体破裂

产生的破片的速度可表示为

$$v_0 = \sqrt{2\theta E}\sqrt{\frac{C/M}{1 + C/(2M)}} \tag{4-119}$$

将式(4-119)代入式(4-118)中，经整理得

$$W = C\left(1 - \theta + \frac{\theta}{1 + 2M/C}\right) \tag{4-120}$$

式中：θ 由试验数据得到。

对于圆柱形壳体炸药装药，裸装药等效当量质量可表示为

$$W = \left(0.6 + \frac{0.4}{1 + 2M/C}\right)C \tag{4-121}$$

对于球形壳体炸药装药，裸装药等效当量质量可表示为

$$W = \left(0.6 + \frac{0.4}{1 + 5M/(3C)}\right)C \tag{4-122}$$

(3)装药 TNT 当量。

爆破战斗部一般装填的是高能炸药，如含铝炸药，应换算成 TNT 当量，有

$$W_{TNT} = W\frac{Q}{Q_T} \tag{4-123}$$

式中：W_{TNT} 为炸药的 TNT 当量(kg)；W 为炸药装药量(kg)；Q_T 为 TNT 炸药爆热(kJ/kg)；Q 为炸药爆热(kJ/kg)。

(4)装药形状及能量。

实际导弹战斗部一般为圆柱形而非球形，圆柱形战斗部在近距离的毁伤效果与球形战斗部不同，但在远距离处效果与球形相似。战斗部作用的有效能量与战斗部的初始几何形状相关，用 E_N 表示战斗部炸药装药的有效内能，符号 N 取 1、2、3，分别表示平板、圆柱和球形装药，能量的表达式为

$$E_1 = \rho_e hQ = \frac{CQ}{a}$$

$$E_2 = \pi\rho_e r_e^2 hQ = \frac{CQ}{L_e} \tag{4-124}$$

$$E_3 = \frac{4}{3}\pi\rho_e r_e^3 Q = CQ$$

式中：ρ_e、Q 分别为炸药密度和爆热；h、L_e 和 a 分别为炸药装药厚度、长度和面积；r_e 为炸药半径。

2）炸药装药选择

爆破战斗部一般装填的都是高能炸药，需要该类炸药具有较大的毁伤效应，通常采用爆热大和爆轰产物比容大的高威力炸药，该类典型的产品有 HBX 系列、78NH$_4$ClO$_4$/16 石蜡/6Al、50NH$_4$NO$_3$/20NQ/30Al 等，还有奥克托今等。

其中，含铝混合炸药是目前在杀伤爆破战斗部中应用非常广泛的一种高威力炸药。实践证明，炸药中加入廉价的金属铝粉可以提高爆热和爆容，这类炸药也被称为金属化炸药。如美国的"响尾蛇""麻雀Ⅰ""大力鼠"等导弹战斗部均装填了含铝炸药。

采用注装工艺的含铝炸药可通过载体混合均匀，直接装入战斗部弹体，工艺简单，容易操作，目前国内外装填含铝炸药的大型战斗部，均采用这种方法。

4.3.3 聚能破甲战斗部炸药装药

聚能破甲战斗部是利用空心装药（又称聚能装药、成型装药）的聚能效应压垮药型罩，形成高速、连续密实特性的金属射流或爆炸形成弹丸来击穿目标，广泛用于打击反装甲目标和复合结构战斗部的前期开坑。聚能破甲战斗部典型结构如图 4-18 所示，主要由起爆序列、波形调整器、主装药、药型罩、壳体等组成。

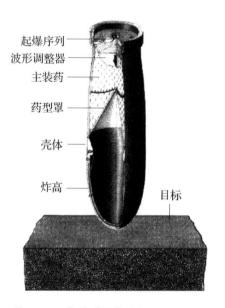

起爆序列
波形调整器
主装药
药型罩
壳体
炸高
目标

图 4-18 聚能破甲战斗部结构示意图

1. 聚能效应原理

利用爆轰波理论可知，炸药装药爆炸时产生高温、高压爆轰产物，将沿装药表面的法线方向向外飞散。通过角平分线可以确定作用在不同方向上的有效装药，如图 4-19(a)所示。

圆柱形装药作用在靶板方向上的有效装药仅仅是整个装药的很小一部分，又由于药柱对靶板的作用面积较大(装药的底面积)，能量密度较小，其结果只能在靶板上炸出很浅的凹坑，如图 4-20(a)所示。

然而，当装药带有凹槽后，如图 4-19(b)所示，虽然有凹槽使整个装药量减少，但按角平分线法重新分配后，有效装药量并不减少，而且凹槽部分的爆炸产物沿装药表面的法线方向向外飞散，在轴线上汇合，相互碰撞、挤压，最终形成一股高压、高速和高密度的气体流。此时，由于气体对靶板的作用面积减小，能量密度提高，故能炸出较深的坑，如图 4-20(b)所示。

在气体流的汇集过程中，总会出现直径最小、能量密度最高的气体流断面，该断面常称为"焦点"。焦点至凹槽底端面的距离称为"焦距"。气体流在焦点前后的能量密度都将低于焦点处的能量密度，因而适当提高装药至靶板的距离可以获得更好的侵彻效果。当锥形凹槽内衬有金属药型罩时(见图 4-19(c))，汇聚的爆轰产物压垮药型罩，使其在轴线闭合并形成能量密度更高的金属射流。由于金属的可压缩性很小，内能增加很少，金属射流获得能量后绝大部分表现为动能形式，避免了高压膨胀引起的能量分散，使聚能作用大为增强，大大提高了对靶板的侵彻能力，如图 4-20(c)所示。

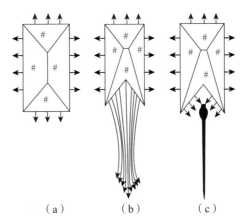

(a)　　　　(b)　　　　(c)

图 4-19　爆轰产物飞散与聚能气流汇聚

由于射流形成过程的特点决定射流存在速度梯度，射流头部速度可达到 7000～9000 m/s，能量密度可达典型炸药爆轰波能量密度的 15 倍；尾部速度在 1000 m/s 以下，称为杵。当钢板放在离药柱一定距离处时（一般将药型罩到目标之间的距离称为"炸高"），金属射流在冲击靶板前由于速度梯度的影响进一步拉长，将在靶板中形成更深的穿孔，如图 4-20(d)所示。

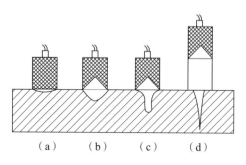

（a）　　（b）　　（c）　　（d）

图 4-20　不同药型结构的穿孔能力

2.装药结构类型

根据药型罩形状划分，一般分为小锥角形罩、大锥角形罩、喇叭形罩、郁金香形罩、半球形罩、球缺形罩等结构；根据毁伤元素划分，一般分为聚能射流、爆炸成型弹丸、聚能杆式侵彻体等结构。聚能装药所产生的破甲威力，在很大程度上取决于装药结构设计的合理性。下面根据毁伤元素划分对聚能破甲战斗部炸药装药结构进行简单介绍。

1）聚能射流战斗部

典型聚能破甲战斗部在导弹中布局如图 4-21 所示，其聚能射流装药结构如图 4-22 所示，作用原理如上节所述。

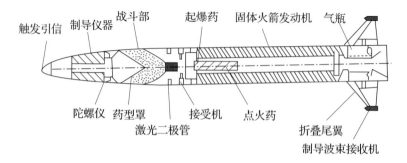

图 4-21　聚能射流战斗部在导弹中布局

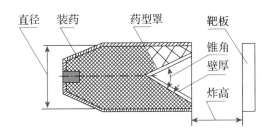

图 4 - 22　聚能射流战斗部装药结构示意图

2）爆炸成型弹丸战斗部

一般的聚能装药破甲弹在炸药爆炸后，将形成高速射流和杵体。由于射流速度梯度很大，被拉长甚至断裂，破甲弹存在有利炸高的问题，炸高的大小直接影响了射流的侵彻性能。作为一种改进途径，采用大锥角形药型罩、球缺形药型罩等聚能装药，在爆轰波作用下罩压垮、翻转和闭合形成高速弹体，无射流和杵体的区别，整个质量全部可用于侵彻目标。这种方式形成的高速弹体称为爆炸成型弹丸，也称为自锻破片。图 4 - 23 给出了爆炸成型弹丸战斗部结构原理图及形成的射弹形状。

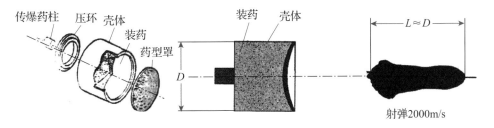

图 4 - 23　爆炸成型弹丸战斗部结构原理图及形成的射弹形状

3）聚能长杆射弹战斗部

聚能长杆射弹，通过改善药型罩的结构形状，使其在爆炸力作用下产生高速杆式弹丸。该战斗部集成了破甲战斗部、爆炸成型弹丸战斗部以及穿甲弹的优点，可用于反坦克武器系统，摧毁反应装甲和陶瓷装甲，也可作为串联战斗部的前级装药，为后级装药开辟侵彻通道。

聚能长杆射弹装药结构主要由药型罩、壳体、主装药、VESF 板、辅助装药、雷管等组成，如图 4 - 24 所示。VESF 板是形状特殊的金属或塑料板（具有特殊质量分布，在爆炸作用驱动下撞击引爆主装药），与主装药有一定间隙。雷管起爆后，辅助装药驱动 VESF 板撞击、起爆主装药，通过调节 VESF 板形状、材料及与主装药的距离，在主装药中形成所期望的爆轰波形，使药型罩接近

100%地形成高速杆式弹丸。图4-25给出了聚能长杆射弹装药在弹丸成型过程中药型罩压垮变形的几个典型时刻，药型罩受到炸药爆轰压力和爆轰产物的冲击和推动作用，开始被压垮、变形，向前高速运动的过程。

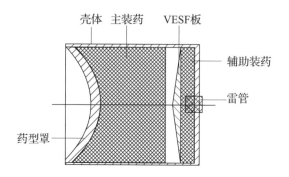

图4-24　聚能长杆射弹装药结构示意图

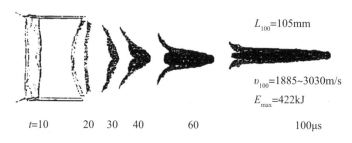

图4-25　聚能长杆射弹装药的弹丸成型过程

4）多聚能装药战斗部

多聚能装药战斗部是在圆柱形装药侧表面配置若干个聚能装药结构，爆炸后形成射流或射弹向四周飞散，以破坏目标。典型多聚能装药战斗部结构如图4-26所示。

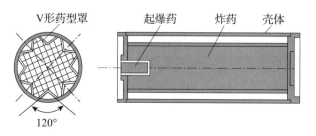

图4-26　典型多聚能装药战斗部剖面

多聚能装药战斗部基本上有两种结构类型：一种是组合式多聚能装药战斗部，它以"聚能元件"作为基本构件，"聚能元件"实际上就是一个与破甲战斗部十分相似的小聚能战斗部；另一种是整体式多聚能装药战斗部，它在整体的战斗部外壳上，镶嵌有若干个交错排列的聚能穴。由于体积的限制，实际的多聚能装药战斗部特别是小型战斗部，一般采用半球形药型罩。

(1)组合式多聚能装药战斗部。

组合式多聚能装药战斗部的结构如图 4-27 所示，聚能元件固定在支撑体上，其下端与扩爆药环相邻。聚能元件沿径向和轴向对称分布，元件的对称轴与战斗部纵轴间有适当的夹角，以使聚能射流或高速破片流在空间均匀分布。夹角的大小取决于对战斗部杀伤区域的要求。聚能元件间的排列应保证各束破片流之间互不干扰。聚能元件的结构如图 4-23 所示。根据聚能元件的长度和支撑体的直径，可估算出战斗部的直径；同样，根据聚能元件的大端直径和其间的合理间隙以及两端连接框架的尺寸，可定出战斗部的长度。

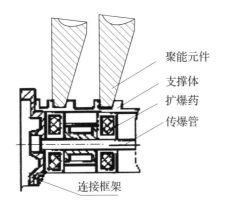

图 4-27　组合式多聚能装药战斗部示意图

(2)整体式多聚能装药战斗部。

整体式多聚能装药爆炸成型弹丸(MEFP)战斗部的典型外形如图 4-28 所示。MEFP 战斗部在壳体上镶嵌多个碟形或凹形药型罩，有的甚至是直接在壳体上冲压成需要的凹坑形状，沿壳体的周线围绕战斗部纵轴对称排列。药型罩的材料为钽或钢或铜。壳体内的爆轰波使其翻转，内凹底部突出，形成翻转射弹。选择合适的厚度和炸药直径，可使较重的射弹速度达 1600～2200m/s。如果凹形衬套直径相对厚度较小的话，即使爆轰波仅是掠过衬套，也会产生非常好的射弹。

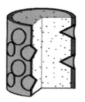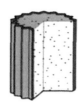

图 4 - 28   整体式多能装药(MEFP)战斗部示意图

3. 影响破甲威力的因素

聚能破甲弹主要用于对付坦克,因此要求聚能破甲弹有足够的破甲威力,其中包括破甲深度、后效作用及金属射流的稳定性。后效作用是指聚能射流穿透坦克装甲之后,还有足够的能力破坏坦克内部,使坦克失去战斗力。要求金属射流稳定,是指命中的破甲弹,发发都能穿透坦克装甲。

破甲威力是聚能装药战斗部作用后的最终效果,炸药装药、药型罩、炸高等参数是其主要影响因素。

1)炸药装药

(1)炸药性能。

理论分析和试验研究都表明,炸药影响聚能破甲炸药装药威力的主要因素是爆轰压力。随着炸药爆轰压力的增加,破甲深度与孔容积都增加,且与爆轰压力呈线性关系:

$$L = a_1 + b_1 p_{C-J} \qquad\qquad (4-125)$$

$$V = a_2 + b_2 p_{C-J} \qquad\qquad (4-126)$$

式中:L、V 分别为破甲深度和孔容积;p_{C-J} 为爆轰压力;a_1、b_1、a_2、b_2 为与装药有关的拟合系数。

由试验结果作图可得到图 4 - 29,从中可以看出,孔容积与爆轰压力的线性关系比破甲深度与爆轰压力的线性关系更明显。以综合参数 $p_{C-J}(\rho_0 Q)^{1/2}$ 来衡量炸药破甲能力,有如下的关系:

$$L/d = a p_{C-J}(\rho_0 Q)^{1/2} + b \qquad\qquad (4-127)$$

式中:d 为药型罩底径;ρ_0 和 Q 分别为炸药的装填密度和爆热;a、b 为与装药结构有关的系数。式(4 - 127)进一步说明,从破甲深度来看,爆轰压力起主要作用,爆热只起次要作用。事实上,药型罩压垮闭合过程很快,主要取决于最初 5~10 μs 内的爆轰能量,而爆轰压力反映了最初时刻爆轰能量的大小。

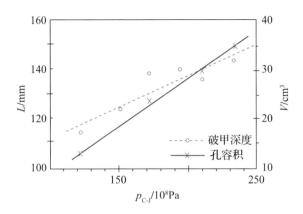

图 4-29　破甲孔深、孔容积与爆轰压力的关系

炸药爆轰压力是爆速和装填密度的函数，按照流体力学理论可知：

$$p_{C-J} = \rho_0 D^2 / 4 \qquad (4-128)$$

此外，对于同种炸药来说，爆速和密度之间也存在着线性关系，通常用下式表示：

$$D = D_{1.0} + k(\rho - 1.0) \qquad (4-129)$$

式中：D 为装药爆速；ρ 为装药密度；$D_{1.0}$ 表示装药密度为 1.0 g/cm³ 时的速度；k 为与炸药性质有关的系数，对于多数高能炸药，k 值一般取 3000～4000(m/s)/(g/cm³)。

因此，为了提高破甲能力，必须尽量选用高爆轰压力的炸药。当炸药选定后，应尽可能提高装药密度，以达到提高破甲效果的目的。

另外，聚能战斗部对装药的均匀性要求比其他战斗部更为严格，装药中气孔、杂质等疵病的存在将严重影响聚能射流的性能。因此，除了要求装药密度高外，还应尽可能保证装药均匀，没有气孔和杂质。

(2)装药形状。

聚能装药的破甲深度与装药直径和长度有关，随装药直径和长度增加，破甲深度增加。增加装药直径(相应地增加药型罩口径)对提高破甲威力特别有效，破甲深度和孔径都随着装药直径的增加呈线性增加。但是装药直径受弹径的限制，增加装药直径后就要相应增加弹径和弹重，在实际设计中是有限制的。因此，只能在装药直径和质量的限制下，尽量提高聚能装药的破甲威力。

随着装药长度的增加，破甲深度增加，但当药柱长度增加到 3 倍装药直径以上时，破甲深度不再增加。轴向和径向稀疏波的影响，使爆轰产物向后面和侧面飞散，作用在药柱一端的有效装药只占全部装药的一部分。理论研究表明，当长径比大于 2.25 时，增加药柱长度，有效装药长度不再增加，因此，盲目增加药柱长度不能达到同比提高破甲深度的目的。

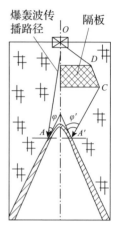

图 4 - 30   隔板的影响

为此，聚能装药常带有尾锥，有利于增加装药长度，同时减少装药质量。另外，装药的外壳可以用来减少爆炸能量的侧向损失，采用隔板或其他波形控制器来控制装药的爆轰方向和爆轰波到达药型罩的时间，可以提高射流性能。图 4 - 30 给出了装药中隔板位置的示意图，图中箭头所指为爆轰波传播的路径。

(3)炸药装药选择。

聚能破甲战斗部的炸药装药通常采用高爆压的炸药，如奥克托今、钝化黑索今、A - Ⅸ - Ⅰ、A - 4 炸药、A - 5 炸药、奥克塔斯梯Ⅳ、奥克塔斯梯Ⅷ、LX - 14 等。

通常采用压装方式进行炸药的装填，并采用添加钝化剂的 RDX 和 HMX 炸药，而注装充填时则采用熔梯黑（TNT/RDX）、熔梯奥（TNT/HMX）等炸药，当然也可使用含铝炸药。通常使用的炸药装药密度范围为 $\rho = 1.65 \sim 1.85\text{g/cm}^3$，爆轰速度范围为 $D = 8100 \sim 8800\text{m/s}$。典型聚能破甲战斗部装药如下：

① 钝化黑索今。其组分与配比为黑索今：钝感剂 = 95：5（钝感剂含苏丹红：硬脂酸：地蜡 = 12%：38%：60%），颜色为橙红色。压药密度为 $1.64 \sim 1.67\text{g/cm}^3$，对应的爆速 D 为 8271 ~ 8498m/s，冲击感度为 10% ~ 32%，摩擦感度为 28%。缺点是高温贮存性能较差，成型性能差，抗压强度较低。因此，该类炸药也只能以压装方式用于聚能破甲战斗部炸药装药。

② 以奥克托今为主体的塑料黏结炸药（PBX）。该类炸药按组分配比不同可分为许多种类。奥克托今具有优越的爆轰性能以及在高温下的热安定性，美国从 20 世纪 60 年代起，在许多混合炸药中以奥克托今代替黑索今，该类炸药也常以压装或注装方式装填于聚能破甲战斗部。

③ 梯恩梯与黑索今或奥克托今组成的浇注混合炸药。由于梯恩梯的存在大大改善了装药工艺性能，混合后热安定性好。由 TNT/RDX 以各种比例组成的炸药，是当前弹药中应用最广泛的一类混合炸药，聚能破甲等战斗部炸药装药也可用此类炸药装填。梯恩梯与黑索今混合后具有更高的爆速、爆压和威力，起爆感度也会提高，其提高程度与黑索今含量有关。两种炸药混合时常用的 TNT/RDX 质量分数有 40/60（又名 B 炸药）和 25/75，对应的冲击感度分别为 29% 和 33%。梯恩梯还可与奥克托今混合，如 TNT/HMX（25/75），其密度为

$1.80 \sim 1.82 g/cm^3$，爆速达 $8480 m/s$，冲击感度为 41%。

2）药型罩

（1）药型罩材料。原则上，药型罩材料应具有密度大，塑性好，在形成射流过程中不汽化等特性。试验研究结果也表明，传统药型罩材料紫铜的密度较高，塑性很高，破甲效果最好；生铁虽然在通常条件下是脆性的，但是在高速、高压的条件下却具有良好的塑性，所以破甲效果也相当好；铝作为药型罩虽然延展性好，但密度太低；铅作为药型罩虽然延展性好、密度高，但是由于铅的熔点和沸点都很低，在形成射流的过程中易于汽化，所以铝罩和铅罩破甲效果都不好。因此，传统的药型罩多用紫铜。目前，随着对破甲能力要求的不断提高，不少新材料加入到药型罩的选材中来，如钼、锆、铀、镍、贫铀、钨等大密度金属，它们的主要特点都是密度大、延展性好、不易汽化。

（2）药型罩锥角。射流速度随药型罩锥角减小而增加，射流质量随药型罩锥角减小而减小。

（3）药型罩壁厚。最佳壁厚随罩材料密度减小而增加，随锥角的增大而增加。

（4）药型罩形状。药型罩的形状多种多样，有锥形、半球形、喇叭形等。下面给出了几种典型的形状，如图 4 - 31 所示。

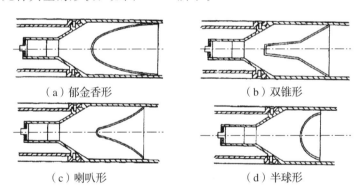

（a）郁金香形　　　　　　　　　　（b）双锥形

（c）喇叭形　　　　　　　　　　　（d）半球形

图 4 - 31　几种典型的药型罩结构示意图

①郁金香形罩装药。郁金香形罩装药能更有效地利用炸药能量，使罩顶部微元有较长的轴向距离，从而得到比较充分的加速，最终得到高速慢延伸（速度梯度小）的射流，以适应大炸高情况。在给定装药量的情况下，该种装药对靶板的侵彻孔直径较大。

②双锥形罩装药。双锥形罩顶部锥角比底部锥角小，可以提高锥形罩顶部区域利用率，产生的射流头部速度高，速度梯度大，速度分布呈明显的非线性，具有良好的延伸性，选择适当的炸高，可大幅度地提高侵彻能力。这种装药通

过变药型罩壁厚设计，可产生头部速度超过 10km/s 的射流。

③喇叭形罩装药。喇叭形罩装药是双锥形罩装药设计思想的扩展，顶部锥角较小，典型的是 30°，从顶部到底部锥角逐渐增大。这种结构增加了药型罩母线长度，增加了炸药装药量，有利于提高射流头部速度，增加射流速度梯度，使射流拉长。由于锥角连续变化，比双锥形罩装药更容易控制射流头部速度和速度分布，通常用于设计高速高延伸率的射流。喇叭形罩试验结果与圆锥形罩对比情况如表 4-16 所示，可见喇叭形罩可以明显提高破甲深度。在给定装药量的情况下，这种装药对均质钢甲的侵彻深度最深。

④半球形罩装药。半球形罩装药产生的射流头部速度低(4~6km/s)，但质量大，占药型罩质量的 60%~80%。射流和杆体之间没有明显的分界线，射流延伸率低，射流发生断裂时间较晚，适宜于大炸高情况。

表 4-16   喇叭形罩与圆锥形罩试验对比结果

药型罩	装药量/g		炸高/mm	破甲深度/mm			试验发数
	主药柱	副药柱		平均	最大	最小	
喇叭形	415	65	156~176	383	433	293	7
60°圆锥形罩	365	65	166~176	353	370	268	8

3)炸高

炸高对破甲威力的影响可以从两方面来分析。一方面随炸高的增加，射流伸长，从而提高破甲深度；另一方面，随炸高的增加，射流产生径向分散和摆动，延伸到一定程度后产生断裂现象，破甲深度降低。因此，对特定的靶板，一定的聚能装药都有一个最佳炸高对应最大破甲深度。图 4-32 给出了装药口

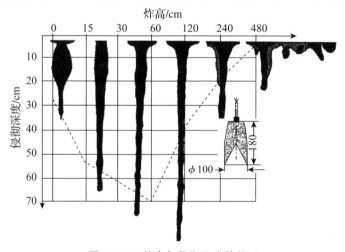

图 4-32   炸高与侵彻深度的关系

径为100mm、装药长度为 180mm 聚能破甲战斗部侵彻深度与炸高的关系，随着炸高的逐渐增大，侵彻深度逐渐增大；但当炸高达到某一高度以后，随着炸高的增加，侵彻深度逐渐下降，即存在最佳炸高，此时的侵彻深度最深，这个最佳炸高称为有利炸高。

4.3.4　杀伤战斗部炸药装药

杀伤战斗部是以杀伤有生力量和破坏各种器物与装备为目标的弹药装备，杀伤过程主要依靠炸药爆炸时产生爆轰波压力和高速飞散的金属破片或杆条的冲击作用。这种战斗部除了杀伤和破坏地面、水上目标外，还可以杀伤和破坏空中的飞机和飞航式导弹。

1. 装药结构类型

杀伤战斗部的结构形式决定了破片或杆条形成的机制。根据结构形式，杀伤战斗部分为破片杀伤战斗部、杆条伤战斗部、定向伤战斗部。

1）破片杀伤战斗部

破片战斗部主要利用战斗部内装药发生爆轰时释放的能量来产生高速的破片群，具有高动能的破片与目标发生高速撞击、引燃和引爆作用，以此来达到对目标的毁伤效果。通过调整战斗部的结构、材料、破片的形状，可以增加破片战斗部发生作用时生成的破片分布密度，以达到更好的毁伤效果。破片战斗部的作用效果包括破片侵彻效应和爆炸冲击波效应。

根据破片产生的途径可以将破片战斗部分为自然、可控（半预制）和预制三种结构类型。

（1）自然破片战斗部。

自然破片是指炸药装药被引爆后，在爆轰产物的作用下，战斗部的壳体发生膨胀、断裂、破碎，形成了大小和形状没有任何规律的破片。

自然破片战斗部的壳体由等壁厚的圆柱形钢壳制成，在壳体的表面都没有预设的薄弱环节。战斗部爆炸后，形成的破片数量和质量与战斗部内装药的质量和性能、战斗部壳体质量与装药质量的比值、战斗部壳体材料性能和热处理工艺以及战斗部的起爆方式等有关。提高自然破片战斗部威力性能的主要途径是选择优良的壳体材料并与适当装药性能相匹配，以提高速度和质量都符合要求的破片比例。图 4 - 33 为萨姆 - 7 战斗部示意图，属于自然破片战斗部。

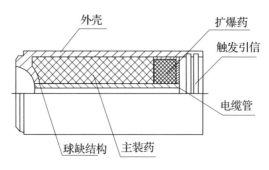

图 4-33   萨姆-7 战斗部示意图

（2）半预制破片战斗部。

可控破片是指采用壳体刻槽、装药刻槽、壳体区域弱化和圆环叠加焊点等方式，使战斗部的壳体局部强度减弱，以此来控制壳体破裂的位置，改善了破片性能，使破片的形状和大小分布均匀。

通常，半预制战斗部可以分为刻槽式、聚能衬套式和叠环式等。刻槽式破片战斗部是指在一定厚度的壳体上，按规定的尺寸和方向加工出相互交叉的沟槽，沟槽之间形成菱形、正方形、矩形或平行四边形的小块。战斗部装药爆炸后，壳体在爆轰产物的作用下膨胀、挤压，并且在刻槽形成的壳体表面上的薄弱环节处破裂，形成比较规则的破片。刻槽方向对破片的分布会产生影响，应该根据战斗部的结构和破片的形状选择合适的刻槽方向。另外，刻槽的深度和角度也对破片的形成性能和质量损失有影响，如果刻槽过浅，形成的破片容易连片，减少了破片的数量；如果刻槽过深，装药的爆轰产物对壳体的作用时间较短，降低了破片的初速。图 4-34 为一种地空导弹内壁刻槽的杀伤战斗部结构示意图。

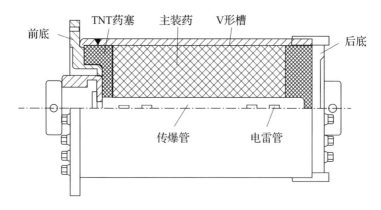

图 4-34   壳体内壁刻槽杀伤战斗部结构示意图

聚能衬套式破片战斗部，又被称为药柱刻槽式战斗部，通过带聚能槽的衬套来确保药柱上的槽，并不是在药柱上刻槽，典型结构如图 4-35 所示。该战斗部的外壳是无缝钢管，衬套由塑料或硅橡胶制成，其上带有特定尺寸的楔形槽。衬套与外壳的内壁紧密相贴，用注装法装药后，装药表面就形成楔形槽。装药被起爆后，楔形槽产生聚能效应，将壳体切割成所设计的破片。

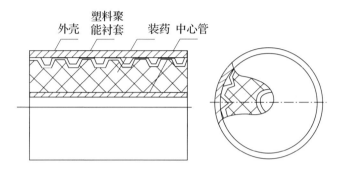

图 4-35 聚能衬套式破片战斗部示意图

叠环式破片战斗部壳体由钢环叠加而成，环与环之间通过点焊的方式形成整体，该方式通常在圆环上均匀分布三个焊点，整个壳体的焊点形成三条等间隔的螺旋线。装药被起爆后，钢环沿环向膨胀并断裂成长度不太一致的条状破片，对目标造成切割式破坏。典型结构示意图如图 4-36 所示。

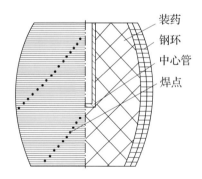

图 4-36 叠环式破片战斗部示意图

（3）预制破片战斗部。

预制破片战斗部的破片按照需要的形状和尺寸，如球形、立方体、长方体、杆状等，采用规定的材料预先制造好，再用黏结剂黏结在装药外的内衬上，破片层外面有一外套。装药被起爆后，预制破片在爆炸产物的作用下直接抛出。因此，壳体几乎不存在膨胀过程，爆炸产物较早逸出，产生的破片初速较低。壳体材料可以是薄铝板、薄钢板或玻璃钢板等。图 4-37 是一种典型预制破片战斗部的结构示意图。

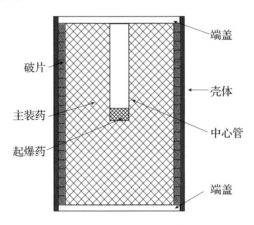

图 4 - 37　典型预制破片战斗部

2)杆条杀伤战斗部

杆条杀伤战斗部是以杆条形破片作为杀伤元的战斗部，严格意义上属于预制破片类型，但这类战斗部有其自身的显著特性，所以列为一类结构形式。典型的杆条式杀伤战斗部有离散杆战斗部和连续杆战斗部两种。

（1）离散杆战斗部。

离散杆杀伤战斗部的杀伤元素是许多金属杆条，典型离散杆战斗部结构如图 4 - 38 所示。金属杆条紧密地排列在炸药装药的周围，当战斗部装药爆炸后，驱动金属杆条向外高速飞行，在飞行过程中杆条绕长轴中心低速旋转，在某一半径处，杆条首尾相连，构成一个杆环，此时可对命中的目标造成结构损伤，从而实现高效毁伤的目的。离散杆飞散过程如图 4 - 39 所示。此类战斗部常用于对付空中的飞机类目标。

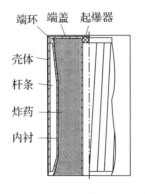

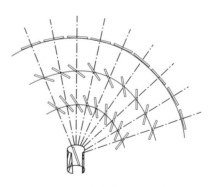

图 4 - 38　离散杆战斗部结构示意图　　**图 4 - 39　离散杆飞散示意图**

（2）连续杆战斗部。

连续杆式战斗部也是一种点焊式半预制破片战斗部，它的结构如图 4 - 40 所示。外壳是由若干钢条在其端部交错焊接并整形而成的圆柱体，连接方式如图 4 - 41 所示。当其受到爆轰产物的作用时，处于折叠状态的连续杆逐渐展开，形成一个随着速度增加而不断扩张的连续杆式杀伤环。它能切割与其接触的目标，使目标失去平衡或遭到致命的毁伤效果。具有该结构的战斗部有麻雀Ⅲ空空导弹战斗部等。

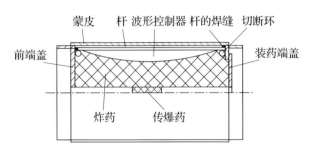

图 4 - 40　连续杆式破片战斗部结构示意图

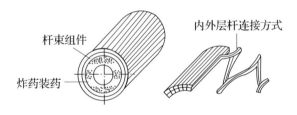

图 4 - 41　杆束结合示意图

3）定向杀伤战斗部

传统的破片杀伤战斗部的杀伤元素的静态分布沿径向基本是均匀分布的，当导弹与目标遭遇时，不管目标位于导弹的哪一个方位，在战斗部爆炸瞬间，目标在战斗部杀伤区域内只占很小一部分。也就是说，战斗部杀伤元素的大部分不能得到利用。因此，希望增加目标方向的杀伤元素（或能量），甚至把杀伤元素全部集中到目标方向上去。这种能把能量在某一方位相对集中的战斗部就是定向杀伤战斗部。

根据战斗部结构特点和方向调整机构的不同，定向战斗部大致可分为偏心起爆式、破片芯式、可变形式和机械转向式等多种形式。

（1）偏心起爆式定向战斗部。

偏心起爆式定向战斗部也称爆轰波控制式战斗部，一般由破片层安全执行机构、主装药和起爆装置组成，在外形上与环向均匀战斗部没有大的区别，但其内部构造有很大不同。偏心起爆结构在壳体内表面每一个象限都沿母线排列着起爆点，通过选择起爆点来改变爆轰波传播路径从而调整爆轰波形状，使对应目标方向上的破片增速20%～35%，并使速度方向得到调整，造成破片分布密度的改变，从而提高打击目标的能量。根据作用原理的不同，又可分为简单偏心起爆结构和壳体弱化偏心起爆结构。

①简单偏心起爆结构。

简单偏心起爆结构将主装药分成互相隔开的四个象限（Ⅰ、Ⅱ、Ⅲ、Ⅳ），四个起爆装置(a、b、c、d)偏置于相邻两象限装药之间靠近弹壁的地方，弹轴部位安装安全执行机构。结构的横截面示意图如图4－42所示。

②壳体弱化偏心起爆结构。

壳体弱化偏心起爆结构中带有纵肋的隔离层把壳体分成四个象限，隔离层与壳体之间装有能产生高温的铝热剂或其他同类物质。四个象限的铝热剂可分别由位于其中的辅点火器点燃。这种结构的横截面示意图如图4－43所示。

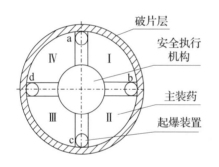

图4－42　简单偏心起爆结构

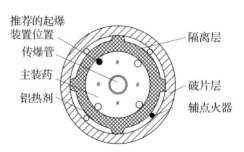

图4－43　壳体弱化偏心起爆结构

(2)破片芯式结构。

破片芯式结构定向战斗部与环向均匀战斗部有很大区别，一般由破片芯或厚内壳、主装药、起爆装置、薄外壳（仅作为装药的容器）等组成，杀伤元素位于战斗部中心。为了使破片芯产生所需的速度，并推向目标，偏心起爆是不可避免的。根据作用原理的不同可分为扇形体分区装药结构、胶囊式装药结构和复合结构等。

①扇形体分区装药结构。

扇形体分区结构将装药分成若干个扇形部分，图4－44给出了由6个扇形装药组成的结构及其作用过程示意图。各扇形装药间用片状隔离炸药隔开，片状装药与战斗部等长，其端部有聚能槽，用以切开装药外面的金属壳体。战斗部中心位置为预制破片，起爆点偏置。

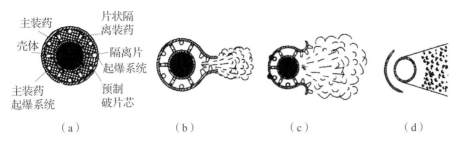

图 4 - 44　扇形体结构定向战斗部

②胶囊式装药结构。

　　胶囊式装药结构采用液态炸药或柔
韧性好的塑性炸药，并装在一个胶囊
内，但不装满，以便有足够的空间使炸
药在其中重新分配。战斗部的中心部位
为预制破片芯，胶囊外为在圆周上等间
隔分布的扁平炸药条和主装药起爆系
统，其横截面示意图如图 4 - 45 所示。

③复合结构。

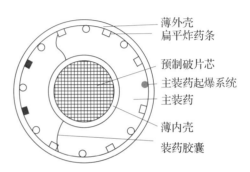

图 4 - 45　胶囊式结构定向战斗部

　　复合结构意指破片芯由厚内壳组成。在靠近薄外壳的圆周上均布若干个主
装药起爆系统(在图 4 - 46 的结构示意图中示出了 8 个)，在靠近内壁的圆周上，
与各主装药起爆系统的位置相对处，设有与战斗部等长的弧形药板，在弧形药
板接触的内壳上，有与之等长的弱化槽，两弧形药板之间有隔离筋。

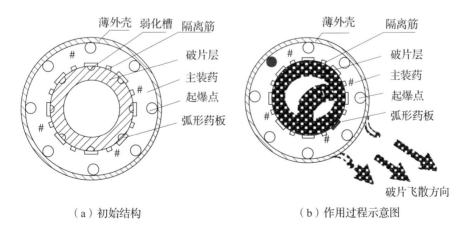

（a）初始结构　　　　　　　　（b）作用过程示意图

图 4 - 46　复合结构定向战斗部示意图

（3）可变形式结构。

①机械展开式结构。

机械展开式定向战斗部在弹道末段能够将轴向对称的战斗部一侧切开并展开，使所有的破片都面向目标，在主装药的爆轰驱动下飞向目标，从而实现高效的定向杀伤效果。机械展开式战斗部的结构及其作用过程示意图如图4-47所示。战斗部圆柱形部分为四个相互连接的扇形体的组合，预制破片排列在各扇形体的圆弧面上。各扇形体之间用隔离层分隔，隔离层中紧靠两个铰链处各有一个小型的聚能装药，靠中心处有与战斗部等长的片状装药。扇形体两个平面部分的中心各有一个起爆该扇形体主装药的传爆管，两个铰链之间有一个压电晶体。

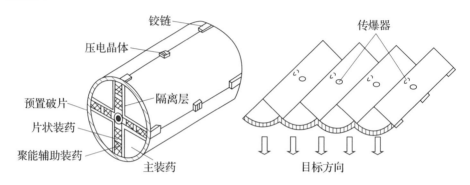

图4-47　机械展开式结构定向战斗部

②爆炸变形式结构。

爆炸变形式战斗部也称可变形战斗部，一般由主装药、辅装药、壳体、预制破片层、起爆装置、安全执行结构等组成，其典型的结构和破片飞散如图4-48所示。

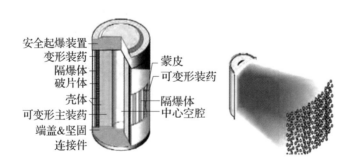

图4-48　爆炸变形式定向战斗部结构和破片飞散效果

（4）转向式结构。

①可控旋转式结构。

可控旋转式定向战斗部也称预瞄准定向战斗
部，通过特定装置实现预制破片定向飞散，典型
结构如图 4 - 49 所示。可控旋转式战斗部壳体可
以是圆柱形或半球形，预制破片位于装置的前端
面，装置的后部是一个万向转向机构，可以控制
破片的朝向。通过装药型面的张角设计可以控制
破片的飞散角度，获得高密度破片群。

②单向或双向抛掷结构。

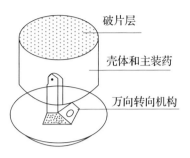

图 4 - 49　可控旋转式定向
战斗部结构示意图

如果目标方位与导弹有某种固定的关系，则可以把定向战斗部设计成在环
向 180°的两个方位或仅在目标方位上抛射破片，于是战斗部破片环向均匀分布
问题就变成了破片双向或单向抛掷问题。显然，这种单向或双向抛掷结构的定
向战斗部结构简单，能较快地将定向战斗部推向实用。双向抛掷的典型结构如
图 4 - 50(a)所示，炸药柱基本为长方柱体，破片层位于柱体的上下两个端面上。
单向抛掷的典型结构如图 4 - 50(b)所示，由于是单向抛掷，为合理利用装药，
药柱可做成截锥柱体。

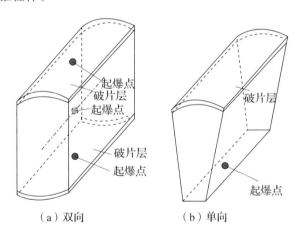

（a）双向　　　　　　　　（b）单向

图 4 - 50　双向和单向抛掷典型定向战斗部结构示意图

2. 威力性能参数

战斗部的金属壳体在炸药装药的爆轰产物的作用下形成破片，并具有一定
的速度，该速度被称为破片初速，为破片战斗部的主要威力性能参数。

破片初速的计算公式是在一定的假设条件下，利用壳体运动动力学方程和

能量守恒定律导出的。当忽略弹药壳体的破裂阻抗，不考虑爆轰产物沿装药轴向的飞散，可以将炸药装药爆炸释放的能量全部转化为破片的动能，同时假设壳体形成的破片具有相同的初速。基于此，可以推导出破片初速的计算公式：

$$v_0 = 1.236 \sqrt{\dfrac{Q}{\dfrac{1}{\beta} + \dfrac{1}{2}}} \tag{4-130}$$

式中：v_0 为破片初速（m/s）；Q 为炸药爆热（kJ/kg）；β 为装药质量比，$\beta = C/M$；C 为装药质量（kg）；M 为形成破片的壳体质量（kg）。

破片初速公式也可以用单位质量装药的古尼能量 E 来表示，即著名的古尼公式。对于圆柱形壳体，古尼公式为

$$v_0 = \sqrt{2E} \sqrt{\dfrac{\beta}{1 + \dfrac{\beta}{2}}} \tag{4-131}$$

式中：$\sqrt{2E}$ 为古尼常数。在相同的假设条件下，认为 $E = Q$，再利用爆轰理论公式：

$$D = \sqrt{2(\gamma^2 - 1)Q} \tag{4-132}$$

对于爆轰产物，取 $\gamma = 3$，可以推导出以炸药爆速表示的初速公式为

$$v_0 = \dfrac{D}{2} \sqrt{\dfrac{\beta}{2 + \beta}} \tag{4-133}$$

对于预制破片结构有

$$v_0 = D \sqrt{\dfrac{\beta}{5(2 + \beta)}} \tag{4-134}$$

式中：D 为炸药的爆速（m/s）。

上述提到的公式只能用于破片初速的初步估算。因为炸药爆炸现象的复杂性，所以影响战斗部破片初速的因素非常复杂，下面简单分析几个主要的影响因素：

(1)炸药装药性能。提高炸药装药性能对于提高破片初速是十分有利的。从式(4-134)可以看出，破片初速与炸药装药爆速成正比。提高装药性能的有效途径是提高装药的密度，试验表明，装药密度每提高 0.1g/cm^3，爆速可以提高 300m/s。因此，在满足安全性的前提下应尽可能地提高炸药装药密度。

(2)装药与壳体的质量比。装药质量比的提高对于提高破片初速是十分有利

的。但是在适用范围内，装药与壳体的质量比成倍增加时，破片初速的增加没有超过 18%，而且随着其质量比的继续增加，破片初速的增加量越来越小，所起的作用越来越小。

（3）壳体材料。弹药壳体材料的塑性决定了壳体在爆轰产物作用下的膨胀程度，塑性好的材料壳体膨胀破裂时，其相对半径大，可获得比较高的破片初速，而脆性材料则相反。

（4）装药长径比。装药长径比对破片初速也有重要影响。端部效应使战斗部两端的破片初速低于中间部位破片的初速。不同长径比时，端部效应造成的炸药能量损失的程度不同。装药长径比对破片初速的影响如图 4-51 所示。在战斗部总质量不变的情况下，长径比越大，装药能量损失的程度越小，破片初速越高。

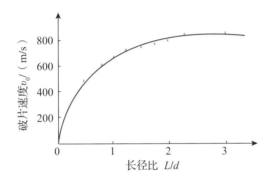

图 4-51　装药长径比对破片初速的影响

装药长径比不同时，破片初速沿轴向的分布也会有显著差别。上述提到的破片初速公式，由于都没有考虑端部效应，长径比较大时误差较小，长径比较小时误差较大，计算战斗部端部破片速度时误差更大。如果战斗部整体端部没有约束，考虑端部效应分别对起爆端和非起爆端做出不同的修正后，得到圆柱形战斗部在不同起爆情况下破片初速轴向分布的计算公式如下：

对于轴向一端起爆情况：

$$v_{0x} = \left[1 - \exp\left(-\frac{2.3617x}{d}\right)\right] \times \left\{1 - 0.28806\exp\left[-\frac{4.603(L-x)}{d}\right]\right\} \sqrt{2E}\sqrt{\frac{\beta}{1+\beta/2}}$$

$$（4-135）$$

对于轴向中心起爆情况：

$$v_{0x} = \left[1 - 0.28806\exp\left(-\frac{4.603x}{d}\right)\right] \times \left\{1 - 0.28806\exp\left[-\frac{4.603(L-x)}{d}\right]\right\} \sqrt{2E}\sqrt{\frac{\beta}{1+\beta/2}}$$

$$（4-136）$$

对于轴向两端起爆情况：

$$v_{0x} = \left[1 - \exp\left(-\frac{2.3617x}{d}\right)\right] \times \left\{1 - \exp\left[-\frac{2.3617(L-x)}{d}\right]\right\} \sqrt{2E} \sqrt{\frac{\beta}{1+\beta/2}}$$

$$(4-137)$$

式中：d 和 L 分别为炸药装药直径和长度；x 为所计算破片离基准端面的距离，一端起爆时起爆端面即为基准端面；v_{0x} 为 x 处的破片初速。

战斗部端盖的应用在一定程度上能延缓轴向稀疏波的进入，减少炸药装药的能量损失，从而改善装药长径比对破片初速的影响，使破片初速的轴向分布差别缩小。

3. 炸药装药的选择

破片战斗部的炸药装药大多采用具有高爆速的炸药，在提高破片初速的同时，增大破片打击目标的动能，同时使壳体质量与炸药质量的比例适配。国外空空、空地和地空型导弹战斗部大多为杀伤型战斗部，几种典型型号破片战斗部及其炸药装药情况如下。

1)"碱"(Alkali)AA-1

苏联研制设计，代号为"K-5"或"PC-2-y"航空导弹，AA-1代号及名称"碱"是西方定名的。K-5导弹采用半预制破片杀伤型战斗部，其外形为一平截锥体，战斗部壳体内外表面刻槽来预制破片。炸药装药为 TNT/RDX(40/60)，装药被引爆后，壳体膨胀、挤压，按预制沟槽破碎形成高速破片，向四周飞散摧毁空中目标。主装药采用注装法进行装填，爆速为 7888 m/s（$\rho = 1.726$g/cm^3），威力 112%（TNT 当量）。

2)"响尾蛇"空空导弹战斗部

"响尾蛇"导弹原名为 Sidewinder，有两种型号 1A 和 1C。"响尾蛇"1A 型导弹战斗部的主要特点是在圆柱形壳体内壁衬有带楔形凹槽的塑料衬套，采用注装法进行主装药的装填。主装药代号 HBX - 1，成分为 RDX38.01%，TNT43.20%，铝粉 19.6%，巴西棕榈蜡 2%～3%（外加）。"响尾蛇"1C 型导弹战斗部，采用新型装药和连续杆式破片结构，连续杆战斗部壳体是由双层方钢条组成，装药呈纺锤形。战斗部装药成分(PBXN - 3)：HMX86%，尼龙 14%。其爆速为 8300m/s（$\rho = 1.709$g/cm^3），威力 110%（TNT 当量）。

3)"麻雀"ⅢA 和ⅢB 空空导弹战斗部

原名为 SparrowⅢ，于 1946 年开始研究，于 1951 年定型，1952 年正式投产，其后改型为Ⅲ A 和Ⅲ B。两种型号战斗部结构基本相同，只是炸药装药不同。爆炸作用原理和"响尾蛇"1C 导弹战斗部相同，但是在壳体内壁与装药之间安放了镁铝合金曲面衬筒，而"响尾蛇"1C 战斗部没有。"麻雀"Ⅲ A 和Ⅲ B 导弹战斗部，壳体为双层连续杆预制方钢条，末端交错焊接。"麻雀"Ⅲ A 战斗部装药代号 HBX，成分为：TNT44%，RDX29%，铝粉 22%，地蜡 4%，表面活性剂 1%（内含卵磷脂等成分）。"麻雀"Ⅲ B 战斗部装药代号 PBXN-4，成分有：DATB93.92%，尼龙 5.85%，爆速 7230m/s（$\rho = 1.700g/cm^3$）。

4）马特拉空空导弹战斗部

马特拉（Matra）R530 为法国 60 年代产品，配备两种常规战斗部，一种是 T-150 条状连续杆杀伤战斗部，另一种 T-110 半预制破片杀伤战斗部。T-150 连续杆式杀伤战斗部，适用于摧毁轰炸机，爆炸作用原理同"响尾蛇"1C 型战斗部。T-110 半预制破片式战斗部，壳体为腰鼓形，属于叠环式破片战斗部，主装药（代号 HBX）的成分为 RDX/TNT = 60/40。

5）SA-1 地空导弹杀伤战斗部

SA-1 是苏联最早研制的地-空导弹。在壳体内表面刨成菱形沟槽，以形成均匀破片。主装药成分为 TNT/RDX = 40/60。

6）"百舌鸟"空地导弹战斗部

原文为 Shrjke，编号为 AGM-45A，美海军 1962 年开始研制，1963 年投产，1964 年装备海军舰载攻击机。"百舌鸟"导弹外形与"麻雀"Ⅲ导弹相似。主装药代号为 PBXN-101，成分为 HMX/聚酯黏结剂 = 81/19。爆速为 7903m/s（$\rho = 1.6962g/cm^3$），威力 119%（TNT 当量），猛度 109.5%（TNT 当量）。战斗部装药为热固性高强度塑料黏结混合炸药（PBX）。

7）奈基（Nike)-Ⅱ导弹战斗部

奈基Ⅱ为美国防空导弹，有两个型号，分别为 T-45 和 T-46。后来 T-45 战斗部由 T-46 战斗部所代替。T-46 是一种子母弹型结构，单个爆破弹中为 HBX-1 普通炸弹装药，HBX-1 炸药成分为 RDX39.6%，TNT37.8%，铝粉 17.1%，氯化钙 0.5%，D 钝感剂 5.0%。爆速 7410m/s（$\rho = 1.68g/cm^3$）。

8）苏联 20Ⅱ地空导弹战斗部

SA-1 地-空导弹的改型，战斗部壳体呈腰鼓形，炸药装药由 TNT/RDX40/60 改为 20/80。爆速为 7800m/s（$\rho = 1.67g/cm^3$）。改进后的战斗部 B-88M 仍为破片杀伤战斗部。为了保证制造和使用安全，在装药两端覆盖有厚度 25～30mm 的 TNT 药塞。

9)"尾刺"(Stinger)导弹战斗部

"尾刺"导弹 1972 年开始研制，1981 年开始服役。导弹战斗部主装药成分为：HMX50%，TNT25%，铝粉 25%，硅酸钙 0.3%（外加）。爆速为（7750 ± 41）m/s（ρ = 1.99～1.94g/cm³），威力为 128%（TNT 当量）。战斗部壳体是没有刻槽的长圆筒。

从杀伤战斗部的发展来看，战斗部结构从预制（或半预制）破片式发展为连续杆式乃至最新发展为定向爆破式战斗部，而就其炸药装药而言，现已普遍采用高能低易损以奥克托今为主的注装或压装的 PBX 混合炸药。

4.3.5　侵彻战斗部炸药装药

侵彻战斗部，又被称为半穿甲战斗部，主要利用硬质合金弹头在与目标接触时具有足够大的动能，撞击侵彻硬或半硬目标（如坦克、装甲车辆、舰艇及混凝土工事等），使其较容易地进入目标内部，依靠其灼热的高速破片或炸药爆炸来杀伤目标内的有生力量、引爆弹药、引燃燃料、破坏设施等。

侵彻战斗部具有穿甲能力强和穿甲后效好的特点，其中穿甲能力主要由战斗部命中目标瞬间的动能及其强度和命中角决定，穿甲后效主要指撞击、破片杀伤、爆炸和燃烧等作用。

1. 装药结构类型

侵彻战斗部属于内爆式爆破战斗部，主要由壳体、装药和引信等部分组成。与爆破战斗部的区别有三点：第一，要求战斗部侵入目标后再发生爆炸，所以侵彻战斗部的壳体壁较厚；第二，侵彻战斗部大部分采用延迟时间引信，而爆破战斗部普遍采用触发引信或者近炸引信；第三，侵彻战斗部在主装药前装有弹性炸药或者惰性装填物。侵彻战斗部分为以下三种：

1）动能侵彻战斗部

该结构形状主要有以下两种：尖卵形头部结构和平头形头部结构。

尖卵形头部结构的特点是弹体头部尖锐，壳体较厚，向后逐渐减薄，以此来保证侵彻时弹体的结构强度。另外，该结构的优点是战斗部在侵彻时受力状态较好，但是缺点是稳定性较差，战斗部斜撞击目标时容易发生跳弹，故需要采取防跳弹措施。图 4-52 为尖卵形侵彻战斗部结构示意图。"飞鱼"系列导弹战斗部、"鸬鹚"导弹战斗部、"小斗犬"导弹以及"战斧"巡航导弹等都是尖卵形头部结构。

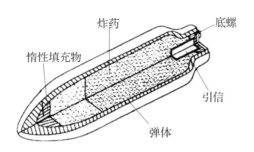

图 4-52 尖卵形侵彻战斗部典型结构

平头形头部结构的优点是战斗部与目标撞击时稳定性好，具有良好的防跳弹性能。但是这种结构的缺点是战斗部在穿甲过程中受力状态较差。因此，需要在战斗部头部壳体和装药之间设有惰性材料缓冲垫。"鱼叉"式反舰导弹战斗部就采用这种结构，如图 4-53 所示。

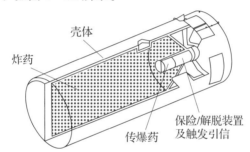

图 4-53 平头形头部结构战斗部示意图

2)串联侵彻战斗部

串联侵彻战斗部的毁伤原理：首先利用前级装药爆炸产生的高速射流在土壤、岩石、混凝土等介质表面制造一个较大直径的孔洞，然后使后续直径稍小的后级壳体顺着前级装药开出的孔洞进入目标内部后发生爆炸，造成毁伤效果。串联侵彻战斗部结构如图 4-54 所示。

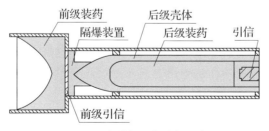

图 4-54 串联侵彻战斗部示意图

3）新概念侵彻战斗部

新概念侵彻战斗部是指采用新结构、新原理来提升战斗部侵彻能力和毁伤威力的战斗部，代表性的有共轭效应战斗部和串联助推战斗部。

共轭效应战斗部的基本结构是由前级、分离装置和后级组成，如图 4-55 所示，其作用原理为战斗部整体侵入目标内部后，分离装置根据预定时间发生作用使前后两级分离。在分离到合适距离后，智能控制系统同时起爆前后两级，形成共轭爆炸，对目标内部进行高效毁伤。在装药量不变的条件下，两点共轭爆炸所产生的冲击波将比一点爆炸所产生的冲击波强度提高 15% 以上。

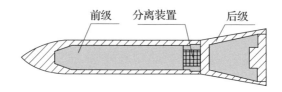

图 4-55　共轭效应战斗部示意图

串联助推战斗部由前级战斗部和后级推进器组成，如图 4-56 所示，其工作原理是导弹运送战斗部抵达目标附近区域，后级推进器开始点火，对前级战斗部进行速度提升，以此来增加前级战斗部动能，从而提高前级战斗部侵彻能力。

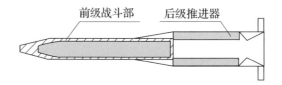

图 4-56　串联助推战斗部示意图

2. 威力性能参数

侵彻战斗部的威力参数主要用穿甲能力来表征。一般采用一定厚度和一定倾斜角的均质材料作为等效靶，来考核侵彻战斗部的穿甲能力，把对等效靶的击穿厚度和穿透一定厚度等效靶所需的弹着速度作为考核侵彻能力的威力参数。目前，击穿厚度和弹着速度主要用侵彻极限厚度和侵彻极限速度两个概念进行表示。

1）侵彻极限厚度

通过侵彻极限厚度来表征弹的侵彻能力或靶板的抗侵彻能力。可用在规定距离（如 2000m、5000m，不同国家有不同规范）处，以不小于 90%（或 50%）的穿透率，在法向角 β 斜侵彻情况下，穿透 δ 厚的均质靶板来表示。表示的具体形式为 δ/β。其中 δ 为靶板厚度，β 为靶板法向角。

2）侵彻极限速度

弹丸侵彻贯穿靶体的能力或靶体抵抗弹丸侵彻贯穿的能力，也可以用弹道极限 v_b 来表示。弹道极限是指弹丸以规定的着靶姿态正好贯穿给定靶体的撞击速度。通常认为弹道极限是以下两种速度的平均值：一个是弹丸侵入靶体但是没有贯穿靶体的最高速度；另一个是弹丸完全贯穿靶体的最低速度。对于给定质量和特性的弹丸，其弹道极限实际上反映了在规定条件下弹丸贯穿靶体所需的最小动能。

3）影响侵彻作用的因素

（1）弹丸着靶比动能。

穿孔直径、穿透的靶板厚度、冲塞和崩落块的质量取决于弹丸着靶比动能：

$$e_c = \frac{E_c}{\pi d^2} \tag{4-138}$$

式中：d 为弹体直径；$E_c = mv^2/2$。

在单位容积穿孔所需能量相同的条件下，穿透装甲所消耗的能量随着穿孔容积的增大而增加。因此，除了提高侵彻体的着靶速度外，还可以通过缩小侵彻体的直径来提高穿甲威力。

（2）弹丸的结构和形状。

弹丸的结构和形状，不仅影响其弹道性能，还影响侵彻战斗部的穿甲作用，可以通过调整弹丸的长径比来进行改善。对于旋转稳定的普通穿甲弹，长径比应该小于 5.5，这样既可保证其在外弹道上的飞行稳定性，又可防止弹丸着靶时跳弹。对于长杆式穿甲弹，则应该尽量增大其长径比，进而较大幅度地提高弹丸着靶比动能，最终达到提高穿甲威力的目的。

3. 炸药装药的选择

侵彻战斗部在侵彻坚固目标的过程中，战斗部装药需要承受较大过载，侵彻过程中装药的安定性成为战斗部炸药装药的重要指标。

侵彻战斗部炸药配方大致经历了三个阶段：

第一阶段：以 TNT 和 TNT 基含铝炸药为主，例如特里托纳尔（TNT 80%，铝粉 20%，熔注工艺），炸药密度较低，易损性较差，在保证装药侵彻安定性的前提下，装填比较低。

第二阶段：主要采用黑索今为基的浇注 PBX 炸药，例如 PBXN-109 炸药

（RDX 64%，铝粉 20%，黏结剂 16%）。浇注 PBX 炸药有以下优点：①提高了弹药威力，大致相当于 1.5 倍 TNT 当量；②提高了弹药装药的安全性和环境适应性，勤务处理简单且成本低廉、装备使用环境不受限制；③抗过载能力较好，优于其他品种的混合炸药。

第三阶段：随着对侵彻战斗部侵彻能力及毁伤威力的要求提升，原有战斗部装药已无法满足现代战争需要。在这一背景下，美国研制了 AFX - 757 炸药，具有较高的爆破能力和冲击波感度，毁伤威力达到 2.4 倍 TNT 当量。而国内目前以 TNT、黑索今（RDX）、奥克托今（HMX）三种炸药为基的钝感炸药均有应用，其中以奥克托今（HMX）为基研制的抗过载高能炸药性能最好，若能解决低成本生产问题并进一步提高抗过载性能，将会有广阔的应用前景。另外，对 TATB 的研究也在不断进行，主要集中在降低生产成本的工艺研究和进一步提高毁伤威力的性能研究上。同时，对 CL - 20 高能炸药的大规模生产及钝感化研究也在不断推进中。一些新型的高能钝感炸药也不断出现，如 GUDN（N -脒基脲二硝酰胺盐，也称 FOX - 12）、MAD - X1（1,1'-二羟基-3,3'-二硝基-5,5'-联-1,2,4 -三唑二羟胺盐）等。

4.3.6　串联战斗部炸药装药

1. 串联战斗部概述

串联战斗部，是把两种以上单一功能的战斗部串联起来组成的复合战斗部系统，又叫作复合战斗部、多模式战斗部、多功能战斗部、综合效应战斗部。典型串联战斗部的结构如图 4 - 57 所示。

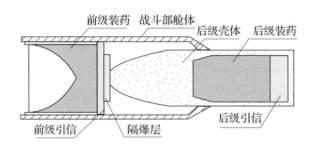

图 4 - 57　爆破型串联战斗部结构示意图

串联战斗部并不局限于对付反应装甲，由于串联战斗部利用了不同类型战斗部的作用特点，通过合理的组合达到对一些典型目标的最佳破坏效果，因此，与单一战斗部相比，在达到相同毁伤效果时往往战斗部重量可大大减轻。特别是在低空投放，战斗部着速较低时，对地下深埋目标及机场跑道、机库等硬目标，串联战斗部更具有独特的优势，而近几年来受到各国的普遍重视。

2. 串联战斗部设计要求

串联战斗部装药战斗部涉及的关键技术很多，主要有两级破甲战斗部的匹配、两级间的延时和第一级起爆后对第二级的隔爆等。

为了防止前装药（后文也称次级装药或第二装药）先起爆时对后装药（主装药或第一装药）的影响，必须有一个隔爆装置对后装药起保护作用，一般是在两级装药之间设置一个隔爆体。

前后两级装药的起爆必须有一个合理的延迟时间。以避免互相干扰并充分发挥各自的作用。最佳延迟时间应随目标性质（均质装甲、主动装甲等）、弹着角等而变化。

串联战斗部主装药的药型罩均按常规设计，但其前装药的设计则根据作用要求不同而有所不同。以对付反应装甲为例，当要求前装药引爆反应装甲时，其药型罩仍按一般要求设计；如果要求前装药只侵彻而不引爆反应装甲时，它可以是聚能装药或自锻破片装药。当采用聚能装药时，其药型罩直径为主装药直径的 25%～70%，罩的高度与直径之比在 0.5～1.5 之间，罩的厚度为其直径的 1%～5%，罩的材料可用铝合金或镁合金等。当采用自锻破片装药时，其药型罩可用头锥角或球缺形结构。如采用大锥角罩，其锥角应在 140°～170°范围内，其厚度为前装药直径的 1%～2%；如果用球缺形结构，罩的高度与直径比约为 0.05～0.15，其厚度约为装药直径的 1%～ 2%。

总之在设计串联战斗部装药时，其中最重要的设计要求包括：

(1)两股射流必须在非常接近的点上碰击靶板；

(2)弹丸在外弹道上的运动对射流的碰击点不应有太大的影响；

(3)必须尽可能地根据攻击目标比如装甲设计来选定距离靶板的炸高；

(4)必须严格选定两个起爆时间之间的延迟，选定时需考虑到炸高和两股射流相碰击的危险；

(5)在起爆期间，第一装药不应对第二装药造成损坏或使它位移太大；

(6)第一股射流与靶板的相互作用不应对第二装药影响太大。

3. 典型串联战斗部

串联战斗部的出现早期是为对付不断增厚的均质靶和新出现的复合靶板，反应装甲的出现进一步推动了串联装药技术的发展。目前应用较为广泛的串联战斗部有破－破式、破－爆式、穿－破式串联战斗部，此外还有穿－爆式、破－穿式、多级串联战斗部以及多用途串联战斗部等。

1）反击反应装甲的串联战斗部

反击反应装甲的串联战斗部通常采用破－破式两级串联战斗部，当命中目标时，第一级装药射流碰击爆炸装甲，引爆其炸药，炸药爆轰使爆炸装甲金属板沿其法线方向向外运动和破碎，经过一定延迟时间，待反应装甲板破片飞离弹轴线后，第二级装药主射流在没有干扰的情况下，顺利侵彻主装甲。典型破－破两级串联结构如图 4－58 所示。

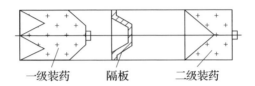

一级装药   隔板   二级装药

图 4－58   典型破-破两级串联战斗部结构示意图

2）反击混凝土目标的串联战斗部

反击混凝土坚固目标（机场跑道、混凝土工事等）的串联战斗部通常采用破-爆型战斗部，即前级为空心装药或大锥角自锻破片装药，后级为爆破战斗部。图 4－59 为破-爆型反跑道及反硬目标串联战斗部结构示意图。

前级 前级引信 隔爆体   后级   后级引信

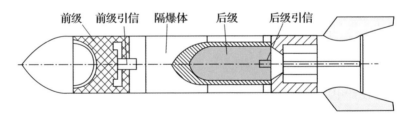

图 4－59   破-爆型反跑道及反硬目标串联战斗部结构示意图

该战斗部主要由前、后级装药和隔爆体三部分组成。其中前级是聚能装药，起开坑作用；后级为小于前级直径的侵彻战斗部，利于随进侵彻；隔爆体的作用是防止前级爆炸引起后级殉爆。前后级还分别设有引信，控制战斗部的起爆时间。

该类战斗部的工作特点是：前置的聚能装药在跑道路面打开一个大于随进战斗部直径的通道，随进战斗部在增速装药的作用下，通过该通道进入目标内部，从而实现高效毁伤。

3）多任务、多效应串联战斗部

在实战中反坦克导弹对付的目标几乎只有 30%～35% 是坦克或装甲车辆，而许多情况下是用于攻击地下掩体、野战工事及建筑物等目标。因而一种通过成型装药、侵彻装药与爆破/破片杀伤组合结构的多用途、多效应串联战斗部受到了青睐并发展起来。它通常是在现有串联战斗部技术基础上对战斗部结构、制导技术和引信技术加以改进和发展而形成的，既能用于摧毁重装甲，又能对轻装甲、砖石、墙壁、沙包等任何障碍物后的目标造成致命效果。典型多用途、多效应串联战斗部结构如图 4-60 所示。

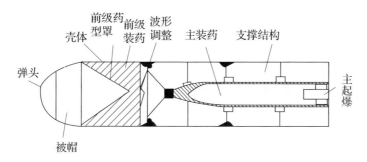

图 4-60 多任务、多效应串联战斗部结构示意图

当战斗部侵彻硬目标时，其原理与破-爆式战斗部基本类似，而当对付轻型装甲或软目标时，则依靠其头部结构实现动能侵彻后使装药爆炸。同时，该战斗部也可用于侵彻中等厚度目标，或对区域范围内进行毁伤等用途。该战斗部前后燃料舱中剩余燃料的爆炸及装药外壳中的预置杀伤破片可以大大加强杀伤威力和范围，后级装药也可为子母式战斗部，以增强爆炸威力，实现了多用途和多效应的目的，同时也减少了耗费。

三级或更多级的串联战斗部，如破甲-穿甲-爆破式、破甲-破甲-爆破式战斗部，也在发展之中，这种结构的战斗部第一级空心装药主要在目标上形成弹孔，第二级装药主要用于获得更大的侵彻深度。

4. 串联战斗部的发展方向

1）提高串联战斗部的侵彻能力

提高串联战斗部的侵彻能力主要有以下几个技术途径。

（1）改进炸药装药。

通过高密度、高爆速炸药提高压垮速度和射流速度。目前在破甲弹中大量使用的仍是以黑索今和奥克托今为主体的混合炸药，国外新推出的 LX-19 炸药装药由95.8%的 CL-20 炸药和4.2%的聚氨基甲酸乙酯弹性纤维黏合剂混合而成，能有效提高射流速度，从而增加侵彻深度，但缺点是较为敏感。

（2）研究新的药型罩材料。

传统的药型罩一般由单一金属材料组成，尤以铜或钼居多。近年来，国内外一直在寻求更高性能的药型罩材料，以适应高密度、高塑性、高声速的要求，因此钨铜合金、镍合金以及超塑合金等应运而生，但此类材料的制备工艺较为复杂。另外，双材料药型罩，如铜和聚四氟乙烯各占一半的药型罩，可产生两股射流分别破甲，为药型罩的发展开辟了一条新路。

（3）采用精密战斗部。

精密战斗部即采用精密装药、精密药型罩和精密装配组合的战斗部。其突出的优点是：精密战斗部的设计十分注意装药的对称性、均匀性和一致性。精密装药战斗部可大幅度提高战斗部的破甲威力，还可以改善产品的整体破甲稳定性，因而得到了重视和发展。

2）改进聚能装药结构

新开发的聚能装药结构有以下几种。

（1）紧凑聚能装药结构。

为减小武器系统的尺寸和质量，便于单兵携带作战，利用新型药型罩、先进阻隔材料或先进起爆技术，减小装药长度，以减轻负重。

（2）W 型装药结构。

为使串联战斗部的前级装药在目标表面开出较大直径的孔，以利于后级战斗部进入目标内部，发展了 W 型装药，利用所形成的环状射流对目标进行切割破坏。

（3）大炸高聚能装药结构。

采用较大的炸高可有效避免受主动防护系统的作用和破坏。国外研究出能产生长度为 80～100 倍罩直径的连续射流，具有较大的炸高，发展潜力很大。

3）引信智能化

引信配合始终是战斗部研制中的一项关键技术。对于结构更为复杂的串联战斗部而言，要面对复合穿甲、破甲过程，只有当后级装药经过最佳的延迟时间，并且达到特定位置时爆炸，才能充分发挥串联战斗部的优势，因此引信智能化一直是研究的重点。

4）多任务、多效应、多载体化

目前各类导弹的分工日益明确，虽然提高了针对性，但单一的用途和效应已不能完全适应现代战争的需求。国外针对这种情况发展了多任务、多效应战斗部，如德国 TDW 公司开发的将聚能装药、穿甲和冲击波/破片装药结合在一起的三重效应战斗部，既可用于破坏重装甲，又可利用其强大的冲击波效应杀伤各种障碍物后的目标，还可广泛应用于攻击雷达、卡车、直升机、小型护卫舰、巡逻快艇等多种目标。同时，针对不同的需要，此类战斗部模块化移植后还可以成为具有燃烧、温压等其他效应的多效应战斗部，以达到不同的毁伤效果。

4.3.7　水中兵器战斗部炸药装药

水中兵器(鱼雷、水雷、深水炸弹等)是海军重要的作战武器，要求对水下和水面目标具有较强的破坏能力。由于它具有与陆上和舰面武器不同的毁伤机理，因而对炸药装药的要求也有所不同。

1. 爆炸作用原理

水中兵器战斗部破坏水下、水面目标的能源是炸药，水下爆炸的能量释放方式为冲击波能(约占爆炸总机械能的 53%)和机械气泡能(约占爆炸总机械能的 47%)。在一定的深度下，战斗部装药发生爆炸后，会产生高压、高温气团，爆炸冲击波和气泡将对周围介质产生强烈作用。气泡的高压大大超过平衡流体静压力值，气泡迅速膨胀。随着这个过程的发展，气泡内压逐渐减小，当内压与静水压相等时，由于水流惯性的影响，气泡仍继续扩大。气泡膨胀到最大状态时，气泡内的压力低于周围介质的压力，周围的水反向运动压缩气泡，气泡开始收缩，收缩至内压与静水压相等时，还是由于水流惯性的影响，气泡收缩继续进行。当气泡被压缩到最小时，其内压再次大大超过静水压，气泡的内压又使气泡再次迅速膨胀，水的惯性和弹性，与气体的弹性共同构成这一系统产生振动的必需条件。由此，形成了气泡多次作膨胀与压缩的循环运动。

当战斗部装药在水中目标(潜艇)附近爆炸时，释放气体所产生的气泡如图 4 - 61(a) 所示，S 为气泡表面，P 为气泡内压，F 为静水压，G 为气泡形成前的冲击波表面。气泡达到最大状态时(见图 4 - 61(b))，其半径已超过到潜艇的距离，表面 S 部分与潜艇壳体相接触，由于气泡的非对称性，水流对气泡产生非对称压缩 (见图 4 - 61(c)) ，当潜艇壳体受到超过弹性限度的应力后，气泡就作非对称破裂，形成了图 4 - 61(d)中水流 W 突入喷射的现象。水喷射束 W 与潜艇壳体相垂直，其能量聚集于壳体极小截面上，对潜艇壳体施加了极大的冲击力，爆炸产生的其他气泡的膨胀—压缩循环运动形成猛力脉动波束撞击潜艇壳体，有效地将壳体穿孔。从战斗部引爆到形成气泡的脉动波束时间约为零点几秒。机械气泡能一般能维持 200～300 m/s。战斗部引爆后形成的气泡越大，持续时间越长，破坏目标的作用就越大。

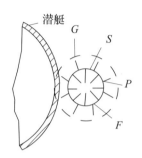

（a）装药爆轰后在水中产生的气泡

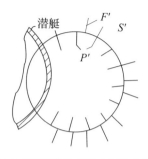

（b）气泡膨胀达到最大时的状态

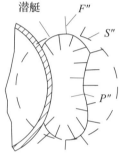

（c）气泡与潜艇壳体接触破裂

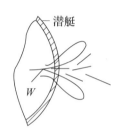

（d）水脉动波束使潜艇壳体穿孔

图 4－61　装药爆炸后水中气泡破坏目标过程

2. 装药结构类型

目前，主流的水中兵器战斗部类型有中心起爆战斗部、聚能装药战斗部和定向起爆战斗部。

1）中心起爆战斗部装药

目前，水中兵器一直采用中心起爆的爆破型战斗部，中心爆破型战斗部爆炸后毁伤能量仅有极小部分作用在目标上，绝大部分能量都以"无效"的方式在四周水中散失，造成了有效载荷的极大浪费。某中心装药的海上实爆实验场景如图 4－62 所示。

2）聚能战斗部装药

聚能装药战斗部是利用聚能效应对目标实施毁伤的战斗部。为有效提高对现代舰艇的毁伤能力，在提高水中兵器制导精度和命中概率的基础上，采用聚能型装药成为水中兵器发展的一个重要方向。

图 4－62　某中心装药裸炸药
海上实爆实验场景

聚能战斗部爆炸后形成的金属射流或自锻破片具有很强的侵彻能力,可以破坏舰艇装甲和内部纵深方向的设备和结构,其破甲深度可达数倍甚至 10 倍以上药型罩口径,如图 4 - 63、图 4 - 64 所示。

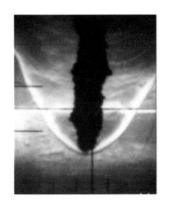 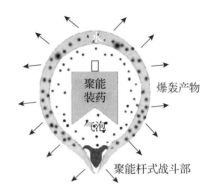

图 4 - 63　水中射流运动形成的图像　　图 4 - 64　聚能装药水下爆炸冲击波传播

聚能装药战斗部产生的爆炸成型弹丸在水中衰减很快,只有垂直接触命中目标才能很好地发挥作用。在炸药爆轰波的作用下,小锥角药型罩被压合形成高速聚能射流和速度相对较低的杆体,随着药型罩锥角不断增大,聚能射流的速度将减小,而杆体速度则相对增加。聚能战斗部对潜艇模拟结构的毁伤计算模型与侵彻情况如图 4 - 65 所示。

图 4 - 65　聚能战斗部对潜艇模拟结构的毁伤计算模型与侵彻情况

3)定向起爆战斗部装药

重型鱼雷战斗部多数属于爆破型。为了充分利用装药能量,提高化学能量转化为动能的效率,战斗部起爆方式是关键技术之一。

传统重型鱼雷战斗部采用中心一点或后端面平面起爆方式,战斗部爆炸后能量向鱼雷径向均匀分布或向鱼雷轴向前方汇聚,在反舰情况下,目标处于鱼雷上方,能量利用率较差。而采用定向起爆技术,使战斗部爆炸能量向位于鱼雷上方的舰船目标方向汇聚，能够产生定向聚爆的效果，大幅度提高鱼雷战斗部的能量利用率，加大对大中型舰船目标的毁伤。几种典型的定向起爆方式如图 4-66 所示。

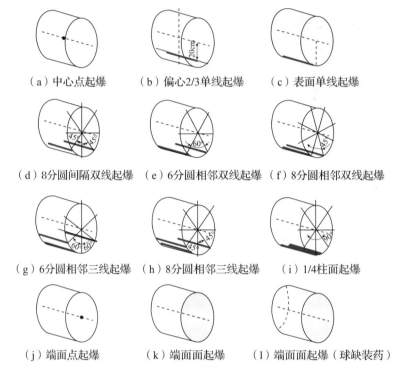

（a）中心点起爆　　　（b）偏心2/3单线起爆　　　（c）表面单线起爆

（d）8分圆间隔双线起爆　（e）6分圆相邻双线起爆　（f）8分圆相邻双线起爆

（g）6分圆相邻三线起爆　（h）8分圆相邻三线起爆　　（i）1/4柱面起爆

（j）端面点起爆　　　（k）端面面起爆　　　（l）端面面起爆（球缺装药）

图 4-66　几种典型的定向起爆方式

定向起爆战斗部只有在约 10 倍装药半径范围内的定向能量汇聚方向才能发挥效果。对于水中兵器定向战斗部，理论上来讲，采用圆柱装药、1/4 柱面起爆与后端面面起爆相结合的定向起爆方式，可以获得最大的定向能量增益以及最大的定向能量增益区域，但 1/4 柱面起爆与后端面面起爆工程上都不易实现。在实际工程中应用时，必须采用一种易于实现的定向起爆方式，综合考虑理论分析结果与工程实际应用，采用 8 分圆相邻三线起爆（轴线上均匀多点起爆代替线起爆）与后端面均匀多点起爆相结合的起爆方式将是一种切实可行的、也能获得较大的定向能量增益以及较大的定向能量增益区域的相对较优的定向起爆方案。某 TNT 炸药不同起爆方式下径向各点方位冲击波峰值压力关系曲线如图 4-67所示。

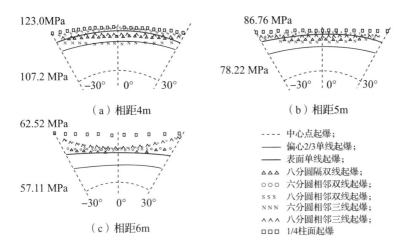

图 4 - 67　某 TNT 炸药不同起爆方式下径向各点方位冲击波峰值压力关系曲线

由此可见，为了使当前单装药水中兵器战斗部能够有效地毁伤水下目标，对交会距离与方位的要求都较苛刻，难以使战斗部的有限装药产生高效毁伤。

3. 炸药装药的选择

炸药的冲击力与炸药爆炸组分和炸药装药密度等因素有着直接的关系。采用高能炸药，有利于提高战斗部在水下产生的爆炸压力，从而大幅度提高对目标的毁伤能力。同时，采用高能炸药装药的战斗部，可以使在具有同样威力的前提下，减小装药量和装药体积，实现武器系统的小型化，特别在反鱼雷鱼雷（ATT）战斗部设计上有很大帮助。

早期的炸药以梯恩梯炸药（TNT）为主，第二次世界大战中逐步出现了特屈儿、黑索今（RDX）、太安（PETN）、奥克托今（HMX）等炸药。第二次世界大战后，出现了塑胶炸药（PBX 系列）和含金属粉的混合炸药（HBX 系列），目前水下炸药最新技术的代表是美国的 PBXN - 103，PBXN - 105 和 PBXN - 115 等。正在进行研究的有高气泡能量炸药及燃料空气炸药等。例如，二硝酰胺铵（ADN）炸药，它的气泡能量将比目前最常用的水下炸药（PBXN - 103）增加50%。环氧乙烷气体炸药，其爆破威力可达 2.7～5 倍 TNT 当量。一些新的燃料和氧化剂也正在研究中，如硼、铅、镀层金属（镀镁铝和镀钛硼）等燃料和 NF_2 硝酸盐等氧化剂。

目前，水中兵器所用炸药主要是含铝炸药，其主要成分都是 RDX（部分武器用 HMX 取代）、TNT 和铝粉。加入铝粉的目的是增加炸药的机械气泡能，增加炸药的冲击力。

4.3.8 其他类型武器战斗部装药

根据对目标的毁伤特点和作用机理，武器战斗部类型还有很多。如子母弹、云爆弹和内装发烟剂、照明剂、宣传品等填料的特种弹。本节重点介绍子母弹和云爆弹两种面杀伤战斗部的炸药装药。

1. 子母弹炸药装药

1）子母弹概述

子母弹是以母弹作为载体，内装有一定数量的子弹，发射后母弹在预定位置开舱抛射子弹，以子弹完成毁伤目标和其他特殊战斗任务的弹药。用于对付集群目标，如集群坦克、装甲车辆、技术装备等。

与质量相同的其他整体结构战斗部相比，子母式战斗部的主要优点是威力范围较大。整体结构战斗部的杀伤作用特别是冲击波和聚能射流作用，随着爆点至目标距离的增加而迅速衰减，而子母式战斗部中的子弹要抛射一定距离后才爆炸，因而在母弹脱靶量相同时，子弹破片到达目标的实际距离要小得多，因此破片密度的下降和破片能量的衰减也小得多。对于爆破式子弹或聚能式子弹，要与目标发生碰撞或穿入目标后才引爆，所以子弹的抛射距离可以弥补制导系统的误差，更有利于摧毁目标。

子母弹按控制方式主要分为集束式多弹头、分导式多弹头、机动式多弹头等几种类型。集束式多弹头子母弹，又称集束式战斗部，是最简单的一种子母弹。其子弹既没有制导装置，也不能作机动飞行，但可按预定弹道在目标区上空被同时释放出来，用于袭击面目标。分导式多弹头子母弹通过一枚火箭携带多个子弹分别瞄准多个目标，或沿不同的再入轨道到达同一目标，母弹有制导装置，而子弹无制导装置。机动式多弹头子母弹的母弹和子弹都有制导装置，母弹和子弹都能作机动飞行。

常规武器子母弹主要采取集束式多弹头结构，战略导弹多采用分导式多弹头和机动式多弹头结构。多弹头战斗部的类型可以多种多样，但其设计原则和作用原理，大多是相同或相似的。子母弹战斗部一般由母体和子弹、子弹抛射系统、障碍物排除装置等组成，典型的内部结构如图 4-68 所示。

图 4-68 集束式战斗部内部结构示意图

　　子母弹的作用原理是当战斗部得到引信的起爆指令后，抛射系统中的抛射药被点燃，子弹以一定的速度和方向飞出，在子弹引信的作用下发生爆炸，以冲击波、射流、破片等杀伤元素毁伤目标。本部分主要以集束式子母弹战斗部为例，介绍有关集束式战斗部的结构和原理，以及对目标的毁伤效率等内容。

　　2）集束式子母弹结构类型

　　集束式子母弹又可分为炮射子母弹、航弹子母弹、导弹子母弹三类。下面分别介绍这三类子母弹的典型结构。

　　（1）射子母弹典型结构。

　　炮射子母弹主要由弹体、引信、抛射药、推力板、支杆、子弹和弹底等部分组成，如图 4 - 69 所示。弹体是盛装子弹的容器，通常称为母弹。在外形上，母弹与普通榴弹相同或接近。母弹的头部常采用尖锐的弧形，目的是为了减少空气阻力，提高射程。

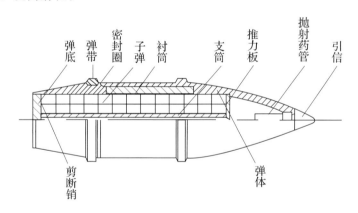

图 4 - 69　炮射子母弹典型结构示意图

　　抛射药一般装于塑料筒内，放置在引信下部。子弹是子母弹战斗部毁伤目标的基本单元，以密实的方式装入母弹的弹体内。根据毁伤机理，子弹有爆破式、破片杀伤式和聚能破甲式等多种类型。当子母弹飞行到目标上空时，引信按照装定的时间发火，点燃抛射药，依靠火药气体的压力作用于推力板，通过推力板和支杆破坏弹底的连接螺纹，打开弹底把子弹从弹底部抛出。此时，离心力的作用将使子弹偏离母弹的弹道散开。在子弹从母弹中抛出时，子弹的引信解脱保险，当子弹碰击地面时引信发火，子弹爆炸形成破片，杀伤目标。根据飞行性能，子弹可分为稳定型和非稳定型两种，如图 4 - 70 所示。

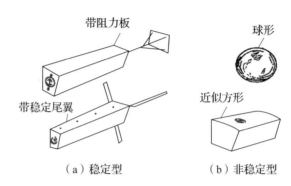

（a）稳定型　　　　　　（b）非稳定型

图 4 - 70　子弹的形状

　　最常见的非稳定型子弹是钢制球形结构，内装高能炸药。稳定型子弹通过稳定器来控制运动，但稳定机构与子弹紧密装配必然会使质量和体积增加，子弹的装药量减少。与非稳定型子弹相比，这样不仅造成在母弹舱内装填子弹时的困难，而且对一定质量的集束战斗部来说，子弹的装填量也减少了。

　　(2)航弹子母弹典型结构。

　　图 4 - 71 是空投反装甲子母弹打击地面目标的作战原理图和模拟试验照片。图中，运用投弹箱装载有聚能装药的破甲子弹，通过飞机投放。投弹箱在目标坦克群的上空解爆，开舱释放出子弹，之后子弹分散飞行，攻击坦克的顶装甲，在直接命中目标后有效地击穿装甲并毁伤坦克内部。杀伤子母弹在目标上空爆炸后，释放出多个杀伤子弹，子弹落地后主要完成对有生力量的杀伤作用。

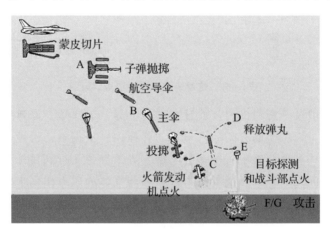

图 4 - 71　航弹子母弹攻击地面目标

　　(3)导弹子母弹典型结构。

　　导弹子母弹战斗部中，通过弹射装置实现子弹的抛撒。弹射装置的种类也有多种，如枪管法(见图 4 - 72)、爆炸法弹射装置(见图 4 - 73)等。其中在由枪管法弹射子弹的集束战斗部中，子弹按一定次序分层组装在战斗部舱内，如图 4 -74(a)所示。当导弹飞行至目标上空一定高度时，首先战斗部舱的蒙皮被打开[见图 4 - 74(b)]，然后利用枪管弹射装置，将各子弹沿弹体径向抛射出去[见图 4 - 74(c)]。

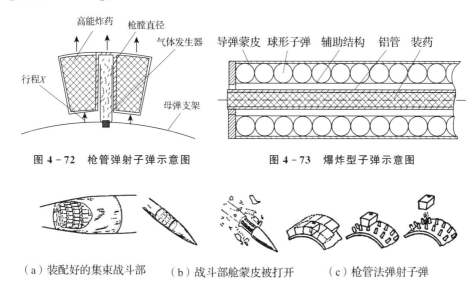

图 4 - 72　枪管弹射子弹示意图　　　　图 4 - 73　爆炸型子弹示意图

（a）装配好的集束战斗部　　（b）战斗部舱蒙皮被打开　　（c）枪管法弹射子弹

图 4 - 74　导弹集束式战斗部结构和作用方式

2. 云爆弹装药

云爆弹(fuel air explosive，FAE)，又称燃料空气弹、汽油炸弹等，作为一种新型常规弹药已得到迅速发展。

不同于一般的传统炸药，它是以挥发性液体碳氢化合物或固体粉质可燃物为燃料，以空气中的氧气为氧化剂组成的非均相爆炸性混合物，具有能量高、分布性爆炸、原料来源广泛等特点，是一种新的爆炸能源。使用时，将装有燃料的弹体投掷或发射到目标上空，在一次引信点火和中心抛撒装药爆炸作用下，把燃料抛撒到周围空气中，燃料迅速扩散并与空气混合形成爆炸性云雾。然后，由二次引信引爆该云雾，实现云雾爆轰，可产生爆炸冲击波，并随之产生约 2300℃ 左右的高温火球，起到大面积摧毁目标和杀伤人员的作用。由于这类炸弹爆炸后会产生威力无比的气浪，同时爆炸过程中会消耗大量的氧气并造成局部空间缺氧而使人窒息，故它又被形象地称为"气浪弹"和"窒息弹"。图 4 - 75 为典型的云爆装置简化结构图。

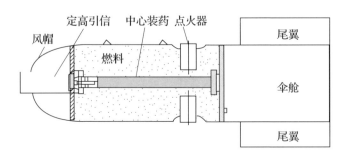

图 4-75   云爆装置简化结构图

1)云爆弹炸药装药的原理

FAE 武器可分为两次引爆型 FAE 和一次引爆型 FAE,虽同为云爆武器,但两者的作用原理是有区别的。

(1)两次引爆型 FAE。

两次引爆型 FAE 武器是以爆炸抛撒的形式将其容器内装填的燃料分散到空气中,气化(或液滴、或粉尘状态)的燃料与空气充分混合形成云雾团,在一定能量激发下发生爆炸产生超压,获得大面积毁伤和破坏效果,其作用过程如图 4-76所示。

图 4-76   两次引爆型的作用过程

使用该类云爆弹时,将装填燃料的战斗部运载到目标上方,降落到一定高度时,通过一次定距引信的引发和中心炸药装药的爆炸作用,把燃料抛撒到战斗部四周,燃料迅速弥散成雾状细小质点,并与周围空气充分混合形成云雾团,然后被战斗部释放出的二次引信对云团实施强起爆,利用云团的爆轰波及其引起的冲击波达到对大面积目标的破坏作用。云雾区域内的爆炸超压可达 2~

3MPa，爆速达 2km/s 左右。云雾区外的冲击波超压和传播速度随距离增加而衰减，但这种衰减在时空两方面均比同质量的常规炸药缓慢许多。

（2）一次引爆型 FAE。

为简化两次引爆型武器的复杂结构，提高作用的可靠性，从 20 世纪 70 年代开始，一些国家开始了一次引爆的研究。图 4-77 所示为一次引爆型 FAE 战斗部与 B 炸药战斗部爆炸现象的对比。早期的一次引爆技术采用光化学催化和化学催化引爆两种方法，即向燃料中添加催化剂 ClF₃ 或 BrF₃，促使燃料与周围的空气发生燃烧，进而转变为爆轰。但由于这类催化剂在操作上有困难，同时存在不安全因素，继而研发了新型催化剂：正己基碳硼烷、异丁基碳硼烷、二茂铁、正丁基二茂铁等。后来又相继开展了湍动热喷流法、燃烧转爆轰法等。但在武器化应用中有很多需要解决的问题，作用可靠性不高。直到俄罗斯专家奥西金开展的几种一次引爆模式，才从真正意义上开展了一次引爆的研究。在这里主要介绍实施方便并已有应用实例的复合相特种爆炸混合物（温压药剂）的作用原理。

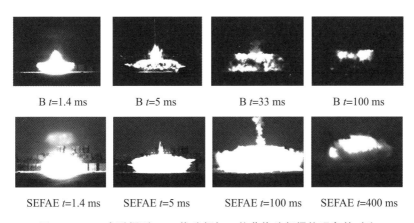

图 4-77　一次引爆型 FAE 战斗部与 B 炸药战斗部爆炸现象的对比

复合相特种爆炸混合物准确地说是一种富含燃料的高爆炸药，同时在爆炸过程中从周围空气中大量吸取氧气，混合物中添加的高能金属粉在加热、加压状态下起燃并释放能量，从而大大增强该爆炸物的压力效应和高温持续效应。

其爆炸过程由以下三个方面组成：

① 最初的无氧爆炸反应，不需要从周围空气中吸取氧气，持续时间为数百万分之一秒，主要是分子形式的氧化还原反应。此阶段仅释放一部分能量，并产生大量富含燃料的产物。

② 爆炸后的无氧燃烧反应，不需要从周围空气中吸取氧气，持续时间为数

万分之一秒，主要是燃料粒子的燃烧。

③ 爆炸后的有氧燃烧反应，需要从周围空气中吸取氧气，持续时间为几十毫秒，主要是富含燃料的产物与周围空气混合燃烧。此阶段释放大量能量，延长了高压冲击波的持续时间，并使作用范围越来越大。

这三个方面确定了一次引爆型云爆弹的基本性能。最初的无氧爆炸反应，确定了其高压性能，以及对装甲的侵彻能力。爆炸后的无氧燃烧反应确定了其中超压性能及对墙壁工事的穿透能力；爆炸后的有氧燃烧反应确定了冲击波强度和热性能，以及对人员和装备等软目标的损伤能力。

2)爆炸超压和冲量参数计算

云雾爆轰对目标的爆炸破坏作用主要是通过云雾的爆轰波及由此引起的超压及云雾爆轰的冲量实现的。云爆剂爆轰时，由于云雾的不均匀性，各处的超压峰值稍有差异，云雾区是维持高压的强作用区，云雾边缘外是空气冲击波作用区。冲击波对目标的毁伤作用通常用超压峰值 ΔP、正压作用时间 t_+ 和冲量 i 三个参量来度量。

当目标所处位置的冲击波超压峰值、冲量大于该目标的临界负载曲线的对应值时，则此冲击波对目标具有毁伤效果。为此，采用超压-冲量准则来评估云爆弹的爆炸威力是一种比较合理的方法。此处以小剂量云爆战斗部为对象，介绍爆炸超压和冲量的工程计算。

从应用工程角度出发，对弹丸爆炸后不同距离上的超压峰值、正压作用时间及冲量进行近似计算，方便快捷地给出云爆弹的毁伤效果闭。云爆弹爆炸后，其爆炸产物与空气混合成云雾状半椭球体，云雾区半径按式(4-139)计算：

$$R_0 = k \times Q^{0.39} \tag{4-139}$$

式中：R_0 为云雾区半径(m)；k 为修正系数，不同的云爆剂其修正系数不同；Q 为云爆剂的等效环氧丙烷质量(kg)。

(1)超压峰值的计算方法。

根据国内外大量的试验数据，可以得出云爆弹在一定距离处爆炸时的超压峰值计算式：

当 $0 \leqslant R/R_0 \leqslant 0.86$ 时，有

$$\Delta p_m = 4.66 \times \eta_p \tag{4-140}$$

当 $0.86 \leqslant R/R_0 \leqslant 1.36$ 时，有

$$\Delta p_m = 2.30 \times (R/R_0)^{-4.81} \eta_p \tag{4-141}$$

当 $1.36 \leqslant R/R_0 \leqslant 2.20$ 时，有

$$\Delta p_m = 1.06 \times (R/R_0)^{-2.27} \eta_p \qquad (4-142)$$

当 $2.20 \leqslant R/R_0 \leqslant 4.20$ 时，有

$$\Delta p_m = 0.892 \times (R/R_0)^{-2.03} \eta_p \qquad (4-143)$$

当 $4.20 \leqslant R/R_0 \leqslant 8.82$ 时，有

$$\Delta p_m = 0.431 \times (R/R_0)^{-1.53} \eta_p \qquad (4-144)$$

式中：Δp_m 为地面超压峰值（MPa）；η_p 为弹型影响系数；R 为地面某点至云雾中心的水平距离（m）；R_0 为云雾区半径（m）。

（2）超压正压作用时间的计算方法。

同样，超压正压作用时间根据式（4-145）～式（4-147）计算：

当 $0.174 \leqslant R/R_0 \leqslant 0.944$ 时，有

$$t_+ = 2.71 \times 10^{-4} (R/R_0)^{-0.429} R_0 \qquad (4-145)$$

当 $0.944 \leqslant R/R_0 \leqslant 2.49$ 时，有

$$t_+ = 3.11 \times 10^{-4} (R/R_0)^{1.84} R_0 \qquad (4-146)$$

当 $2.49 \leqslant R/R_0 \leqslant 8.82$ 时，有

$$t_+ = 8.25 \times 10^{-4} (R/R_0)^{0.744} R_0 \qquad (4-147)$$

式中：t_+ 为地面超压正压作用时间（s）。

（3）冲量的计算方法。

一定距离处的冲量根据式（4-148）～式（4-151）计算：

当 $0 \leqslant R/R_0 \leqslant 0.49$ 时，有

$$i = 4.50 \times 10^{-3} \eta_p \qquad (4-148)$$

当 $0.49 \leqslant R/R_0 \leqslant 1.15$ 时，有

$$i = 1.91 \times 10^{-4} (R/R_0)^{-3.75} R_0 \eta_p \qquad (4-149)$$

当 $1.15 \leqslant R/R_0 \leqslant 1.40$ 时，有

$$i = 1.49 \times 10^{-4} (R/R_0)^{-1.99} R_0 \eta_p \qquad (4-150)$$

当 $1.40 \leqslant R/R_0 \leqslant 8.82$ 时，有

$$i = 9.65 \times 10^{-5} (R/R_0)^{-0.687} R_0 \eta_p \qquad (4-151)$$

式中：i 为冲击波冲量（N·s/mm²）。

3）云爆弹装药

云爆弹的主装药最初主要是易燃且易挥发的液体，如环氧乙烷、环氧丙烷、甲烷、丁烷、丙炔/丙二烯混合物、硝基甲烷等。其中，环氧乙烷是最为常用的有效燃料。环氧乙烷化学性质非常活跃，在高温下产生的气体与空气混合后，形成气溶胶混合物，爆炸时产生有窒息作用的二氧化碳，同时产生强大的冲击波。

后来的云爆剂由液态燃料与固体金属颗粒混合而成，液固混合燃料与液态燃料相比，能量密度高，具有良好的武器化性能。但固液混合燃料在使用和贮存过程中会出现质量分层现象，战斗部会出现质量偏心，质量偏心不仅直接影响弹体发射的精确性，对战斗部爆轰能量的释放也有不利的影响。

随着云爆武器的发展，其组成成分也在不断升级，由最初单一的可燃液体转化为多组分的混合药剂，形态也由液态向固态发展。固体云爆剂是针对液固复合云爆剂的不足而研制的，固体云爆剂以固态的混合药剂装填于战斗部中，形成了固-气两相燃料空气炸药，其作用机制和爆炸性能保持不变，但精度和稳定性得到提高，便于生产、运输、贮存等。表 4 - 17 所示为部分燃料发展情况。

表 4 - 17   部分燃料发展情况

型号	装填燃料	投放方式
CBU - 55B	环氧乙烷	直升机空投
CBU - 72B	环氧丙烷	A - 4、A - 7 高速飞机空投
MADFAE	丙烷、乙烷	直升机空投
BLU - 82/B 及其改进	碳氢化合物及高分子聚合物粉末	C - 130 武装运输机空投、激光或 GPS 制导
BLU - 118/B	碳氢化合物及高分子聚合物粉末	飞机投掷或 GPS 制导

在云爆弹武器化方面，安全是一个重要的因素，液体燃料最大的问题是容易渗漏，为此，美国制订了环氧丙烷和环氧丁烷的凝胶化研究计划，研究出 BLU - 95/B、BLU - 96/B 炸弹，其装填燃料是将环氧烷烃类凝胶化，降低了液体燃料的流动性，降低了蒸汽压和挥发性，从而消除因密封不严、弹体破裂或其他因素造成的燃料溢出，降低着火等事故的发生率，使弹药的安全性得到了改善。

参考文献

[1] 卢芳云,李翔宇,林玉亮.战斗部结构与原理[M].北京:科学出版社,2009.

[2] 崔庆忠,刘德润,徐军培.高能炸药与装药设计[M].北京:国防工业出版社,2016.

[3] 任务正,王泽山.火炸药理论与实践[M].北京:中国北方化学工业总公司,2001.

[4] 赵雪,芮久后,冯顺山.颗粒形态对 RDX 基熔铸炸药性能的影响[J].南京理工大学学报(自然科学版),2011,35(5):714-716.

[5] RUTH M D,DUNCAN S W. Relationship between RDX properties and sensitivity[J]. Propellants Explosives Pyrotechnics,2008,33(1):4-13.

[6] 刁小强,王彩玲,赵省向,等.分步压装装药工艺参数对装药密度及密度分布的影响[J].兵工自动化,2013(11):52-56.

[7] 刘艳萍,马燕,张晶,等.工业 CT 技术在炸药装药质量检测中的应用[J].计测技术,2013,33(0z1):69-72.

[8] 吕春绪,惠君明."3021"炸药的成型性能和相容性的研究[J].南京理工大学学报:自然科学版,1980(04):119-129.

[9] 詹春红,屈延阳,王军,等.HMX 颗粒特性对 PBX 炸药包覆及成型的影响[J].火工品,2019(03):58-60.

[10] 姜继勇,张建虎,刘佳辉.造型粉制备工艺对 TATB 基 PBX 力学性能的影响[J].广州化工,2019(21).

[11] 朱丽华,陈尚龄.关于现代炸药装药的要求[J].现代兵器,1987(01):42-45.

[12] 胡庆贤.炸药热安定性的讨论[J].兵器装备工程学报,2000,21(4):22-25.

[13] 松全才.研究炸药贮存热安定性时的几个问题[J].爆破器材,1982(04):1-6.

[14] 韩小平,张元冲,沈亚鹏,等.含能材料在冲击载荷下动态响应的有限元分析及热点形成机理的数值模拟[J].火炸药学报,1996(2):17-22.

[15] 赵省向,王晓峰,王浩,等.环境温度对熔铸炸药圆柱体装药热安全性的影响[J].爆炸与冲击,2003,23(2):147-150.

[16] MERZHANOV A G,ABRAMOV V G. Thermal explosion of explosives and propellants. A review[J]. Propellants,Explosives,Pyrotechnics,1981,6(5):130-148.

[17] 欧育湘.炸药学[M].北京:北京理工大学出版社,2014.

[18] 肖忠良,胡双启,吴晓青,等.火炸药的安全与环保技术[M].北京:北京理工大学出版社,2006.

[19] 徐鹏,范锦彪,祖静.高速动能弹侵彻硬目标加速度测试技术研究[J].振动与

冲击，2007,26(11):118-122.

[20] 杨青山，郭建新，郝云峰，等. 战斗部装药热胀特性试验与分析[J]. 兵工自动化，2018,237(07):95-99.

[21] FRANCO R J，PLATZBECKER M R. Miniature penetrator（MinPen）acceleration recorder development test[J]. Office of Scientific & Technical Information Technical Reports，1998.

[22] 黄正平，张锦平. 炸药装药发射安全性新判据[J]. 兵工学报，1994(03):13-17.

[23] 韩小平，张元冲，沈亚鹏，等. B炸药中绝热剪切带形成机理的细观研究[J]. 火炸药学报，1997(02):5-7.

[24] 周培毅，徐更光，张景云，等. 改性B炸药装药发射安全性实验研究[J]. 火炸药学报，1999(04):37-38+32.

[25] 严涵，于艳春，芮筱亭，等. 炸药底隙对炸药装药发射安全性的影响[J]. 弹道学报，2019(03):46-52.

[26] 李文彬，王晓鸣，赵国志，等. 装药底隙对弹底应力及发射安全性影响研究[J]. 弹道学报，2001,13(03):64-67.

[27] FENG Z . Critical Energy Criterion For The Shock Initiation Of Heterogeneous Explosives[J]. explosion and shock waves，1993,13(2):35-41.

[28] 楚士晋. 炸药热分析[M]. 北京：科学出版社，1994.

[29] 刘耀鹏. 火炸药生产技术[M]. 北京：北京理工大学出版社，2009.

[30] 周长省，鞠玉涛，陈雄，等. 火箭弹设计理论[M]. 北京：北京理工大学出版社，2014.

[31] 冯晓军，王晓峰，韩助龙. 炸药装药尺寸对慢速烤燃响应的研究[J]. 爆炸与冲击，2005,25(03):285-288.

[32] GUENGANT Y，HOUDUSSE D，BRIQUET B. Pyrolysis and self-heating characterizations to predict the munitions responses to slow cook off[C]. 30 th International Annual Conference of ICT . 1999.

[33] 智小琦，胡双启. 炸药装药密度对慢速烤燃响应特性的影响[J]. 爆炸与冲击，2013(02):112-115.

[34] 张亚坤，智小琦，李强，等. 烤燃温度对凝聚炸药热起爆临界温度影响的研究[J]. 弹箭与制导学报，2014,34(01):69-72.

[35] ATWOOD A I，CURRAN P O，BUI D T，et al. Energetic material response in a cook off model validation experiment[C]. Proceedings of Twelfth International Detonation Symposium . 2002.

[36] 王洪伟，智小琦，刘学柱，等. 限定条件下聚黑炸药烤燃试验及热起爆临界温

度的数值计算[J].火炸药学报,2016,39(01):70-74.

[37] GARCIA F,VANDERSALL K S,FORBES J W,et al. Thermal cook-off experiments of the HMX based high explosive LX-04to characterize violence with varying confinement[C]. 14th APS Topical Conference on Shock Compression of Condensed Matter,2006.

[38] 郝志坚,王琪,杜世云. 炸药理论[M]. 北京:北京理工大学出版社,2015.

[39] 黄寅生. 炸药理论[M]. 北京:北京理工大学出版社,2016.

[40] 沈飞,屈可朋,王胜强,等. 慢烤过程中热应力对HMX基含铝炸药装药响应特性的影响[J]. 含能材料,2018,26(10):869-874.

[41] 王新颖,卢熹. 温升对水雷主装药安全性影响的数值模拟[J].科学技术与工程,2019,19(15):125-129.

[42] YANG H W,YU Y G,YE R,et al. Cook-off test and numerical simulation of AP/HTPB composite solid propellant[J]. Journal of Loss Prevention in the Process Industries,2016,40:1-9.

[43] GROSS M L,MEREDITH K V,BECKSTEAD M W. Fast cook-off modeling of HMX[J]. Combustion & Flame,2015,162(9):3307-3315.

[44] 冀腾宇. DNAN基熔铸炸药装药发射安全性研究[D]. 北京:北京理工大学,2016.

[45] 王豪. 炸药装药发射安全性计算研究[D]. 南京:南京理工大学,2011.

[46] 谢辉. 发射环境下炸药装药安全性仿真与试验研究[D]. 南京:南京理工大学,2015.

[47] 芮筱亭,王燕,王国平. 弹药发射安全性试验方法进展[J]. 兵工自动化,2012,31(12):81-84+92.

[48] 金大勇,王亲会,蒋秋黎,等. 一种DNAN基熔铸炸药压滤装药工艺安全性分析[J]. 爆破器材,2015,44(03):16-21.

[49] 尹俊婷,罗颖格,陈智群,等. 一种弹药PBX装药的贮存老化机理及安全性[J]. 含能材料,2015,23(11):1051-1054.

[50] PETERSON P D,FLETCHER M A,ROEMER E L. Influence of pressing intensity on the microstructure of PBX 9501[J]. Journal of Energetic Materials,2003,21(4):247-260.

[51] PETERSON P D. Microstructural characterization of energetic materials[C]. 29th International Pyrotechnics Seminar. 2002.

[52] 岳彩新,秦婷,高玉刚,等. 高频振动对工业数码电子雷管延期时间的影响[J]. 煤矿爆破,2019,37(04):8-12.

[53] 金韶华，松全才. 炸药理论[M]. 西安：西北工业大学出版社，2010.

[54] 张恒志. 火炸药应用技术[M]. 北京：北京理工大学出版社，2010.

[55] 赵娟，徐洪涛，冯晓军. 装药条件对 B 炸药落锤撞击响应的影响研究[J]. 爆破器材，2014，43(06)：6 - 10.

[56] DUBOVIK A V. Analysis of standard indices of impact sensitivity of solid explosives[J]. Doklady Physical Chemistry，2007，415(2)：218 - 220.

[57] LICHT H H. Performance and sensitivity of explosives[J]. Propellants Explosives Pyrotechnics，2000，25(3)：126 - 132.

[58] 郭晓燕，王俊琦. 炸药装药安全性对膛炸的影响研究[J]. 兵工安全技术，1999(02)：12 - 14.

[59] 梁国祥. 熔铸工艺对炸药装药质量的影响研究[D]. 太原：中北大学，2014.

[60] WANG D L，XIE Z Y，SUN W X，et al. Solidification simulation of melt - cast explosive under pressurization[J]. Materials Science Forum. 2012 (704).

[61] JI C C，LIN C S. The solidification process of melt casting explosives in shell [J]. Propellants Explosives Pyrotechnics，1998，23(3)：137 - 141.

[62] 马田，李鹏飞，周涛，等. 钻地弹动能侵彻战斗部技术研究综述[J]. 飞航导弹，2018(04)：83 - 86 + 92.

[63] 党爱国，李晓军. 国外钻地武器发展回顾及展望[J]. 飞航导弹，2014(06)：35 - 39.

[64] 王宝成，袁宝慧. 防空反导破片杀伤战斗部现状与发展[J]. 四川兵工学报，2013，34(09)：20 - 24.

[65] LIU T，QIAN L X，ZHANG S Q. Study on fragment focusing mode of air-defense missile warhead[J]. Propellants Explosives Pyrotechnics，1998，23(5).

[66] KENNEDY D R. A historical review of aimable air def ense warhead technology. In：18th International Symposium on Ballistics[C]. 1999.

[67] WAGGENER S. Relative performance of antiair missile warheads[C]. 19th International Symposium on Ballistics. 2001.

[68] 王涛，余文力，王少龙，等. 国外钻地武器的现状与发展趋势[J]. 导弹与航天运载技术，2005(05)：51 - 56.

[69] 席鹏，南海. 串联侵彻战斗部装药技术及发展趋势[J]. 飞航导弹，2014(06)：87 - 90.

[70] WENDY B，ROBERT H. CL-20 aluminized PAX explosives formulation development，characterization，and testing[C]. NDIA 2003 IM/EM Technology Symposium . 2003.

[71] 高金霞，赵卫刚，郑腾. 侵彻战斗部装药抗过载技术研究[J]. 火工品，2008(04)：4 - 7.

[72] 王淑华,高瑞,蔡炳源.导弹战斗部及其装药的发展研究[J].火炸药,1991 (01):43-54.

[73] 郭涛,吴亚军.鱼雷战斗部技术研究现状及发展趋势[J].鱼雷技术,2012,20 (01):74-77.

[74] 吴晓海,温向明.提高鱼雷破坏威力的前景展望[J].鱼雷技术,2001,9(02):6-8.

[75] 李向东.弹药概论[M].北京:国防工业出版社,2017.

[76] 尹建平,王志军.弹药学[M].北京:北京理工大学出版社,2014.

[77] 鲁忠宝,黎勤,胡宏伟,等.水下集束式装药爆炸威力特性研究[J].兵工学报, 2018,39(1):4-11.

[78] 宋浦,肖川,梁安定,等.不同起爆方式对 TNT 水中爆炸作用的影响[J].火炸 药学报,2008(02):87-89+104.

[79] SWISDAK M M J. Explosion effects and properties. Part II. Explosion effects in water[J]. explosion effects & properties. part ii. explosion effects in water, 1978.

[80] 李兵,房毅,冯鹏飞.聚能型战斗部水中兵器毁伤研究进展[J].兵器装备工程 学报,2016,37(2):1-6.

[81] ZHANG A M, YANG W S, HUANG C, et al. Numerical simulation of column charge underwater explosion based on SPH and BEM combination [J]. Computers & Fluids, 2013, 71(3):169-178.

[82] WU J, LIU J, DU Y. Experimental and numerical study on the flight and penetration properties of explosively - formed projectile[J]. International Journal of Impact Engineering, 2007, 34(7):1147-1162.

[83] 鲁忠宝,南长江.水下战斗部定向起爆方式与威力场关系仿真研究[J].鱼雷技 术,2007(06):28-31.

[84] 陈国光.弹药制造工艺学[M].北京:北京理工大学出版社,2014.

[85] 张国伟.终点效应及应用技术[M].北京:国防工业出版社,2006.

[86] 曲大伟,王团盟.影响鱼雷定向战斗部威力的偏心起爆仿真与试验[J].鱼雷技 术,2015,23(02):129-133.

[87] 汪德武,曹延伟,董靖.国际军控背景下集束弹药技术发展综述[J].探测与控 制学报,2010,32(04):1-6.

[88] 谢卓杰.航空子母弹打击大型水面舰艇的毁伤评估[J].电光与控制,2016,23 (04):37-41.

[89] 胡宏伟,宋浦.两个装药空中爆炸冲击波相互作用的实验研究[C].南京:智能 弹药技术学术交流会.中国兵工学会弹药专业委员会,2012:247-250.

[90] 蒋文禄,马峰,王树山.水中子弹群反鱼雷可行性分析[J].鱼雷技术,2015,23 (05):374-378.

[91] 沈哲.鱼雷战斗部与引信技术[M].北京:国防工业出版社,2009.

[92] 许会林,汪家华.燃料空气炸药[M].北京:国防工业出版社,1980.

[93] 吴晓海.美国 MK48 系列鱼雷发展历程带给我们的启示[J].鱼雷技术,2006 (03):7-9,24.

[94] 张正彬.海军水中兵器战斗部装药特点及发展[J].科技展望,2014(19):150.

[95] An Assessment of Undersea Weapons Science and Technology[R]. National Academy Press Washington D.C.,2000.

[96] 张彤,阳世清,徐松林,等.串联战斗部的技术特点及发展趋势[J].飞航导弹, 2006(10):51-54.

[97] 许通通.串联聚能装药水下作用研究[D].北京:北京理工大学,2017.

[98] 孙业斌,惠君明,曹欣茂.军用混合炸药[M].北京:兵器工业出版社,1995.

[99] 曹柏桢.飞航导弹战斗部与引信[M].北京:宇航出版社,1995.

[100] 陈熙蓉,许丽云,陈书言,等.炸药性能与装药工艺[M].北京:国防工业出版社,1988.

[101] 郭美芳.战场新宠——温压弹[J].现代兵器,2003(05):14-16.

[102] 郭学永.云爆战斗部基础技术研究[D].南京:南京理工大学,2006.

[103] IVANDAEV A I,KUTUSHEV A G,NIGMATULIN R I. Numerical investigation of the expansion of a cloud of dispersed particles or drops under the influence of an explosion[J]. Fluid Dynamics,1982,17(1):68-74.

[104] 薛社生,刘家骆,彭金华.液体燃料爆炸抛撒的近场阶段研究[J].南京理工大学学报,1997,21(4):333-336.

[105] 李林.温压弹的原理与实践[J].现代军事,2005(1):55-58.

[106] KNYSTAUTAS R,LEE J H,MOEN I,et al. Direct initiation of spherical detonation by a hot turbulent gas jet[J]. Symposium on Combustion,1979,17 (01):1235-1245.

[107] 金泽渊,詹彩琴.火炸药与装药概论[M].北京:兵器工业出版社,1988.

[108] 惠君明,郭学永.燃料空气炸药及其武器的现状与发展[J].2020年前火炸药技术发展战略研究论文汇编.中国兵器工业集团公司火炸药局,2003(07):218-223.

[109] 阚金玲,刘家骢.一次引爆云爆剂的爆炸特性——后燃反应对爆炸威力的影响[J].爆炸与冲击,2006,26(05):404-409.

[110] 王海福,王芳,冯顺山.基于靶板毁伤效应的燃料空气炸药威力评价方法探讨[J].含能材料,1999(01):32-34.

[111] 孙业斌. 爆炸作用与装药设计[M]. 北京:国防工业出版社,1987.

[112] 郭学永,惠君明. FAE 战斗部爆炸威力评价方法的分析[J]. 弹道学报,2000 (09):37-42.

[113] 李定国,邢晋湘,冒建军. 云爆战斗部云爆剂装填量设计的探讨[J]. 弹箭与制导学报,2004(05):158-160.

[114] 刘娟,沈晓军. 小剂量装药云爆战斗部爆炸威力评价研究[J]. 弹箭与制导学报,2003(S6):61-63.

[115] 李纬航. 浅谈子母弹抛撒技术[C]. 重庆:中国兵工学会、重庆市科学技术协会. OSEC 首届兵器工程大会论文集. 中国兵工学会、重庆市科学技术协会:兵器装备工程学报编辑部,2017:178-181.

[116] 孙业斌,许桂珍. 从炸药装药装备现状看 21 世纪发展趋势[J]. 火炸药学报,2001(01):69-72.

[117] 黄凤军,赵晋宏. 国外炸药装药新技术的发展[J]. 水雷战与舰船防护,2013,21(02):55-58.

[118] 孙华,郭志军. PBX 炸药技术特性及在水中兵器上的应用[J]. 装备指挥技术学院学报,2009,20(3):108-111.

[119] 徐露萍,李邦贵,胡米. 国外高效毁伤技术简析[J]. 飞航导弹,2010(12):71-75.

[120] 高拥军,刘江. 塑料黏结炸药的生产、性能及其应用[J]. 山西化工,2017(02):44-47.

[121] 王亲会,熊贤锋,谢利科. 新型注装含铝混合炸药研究[J]. 火炸药,1997(01):3-5.

[122] 戎园波,肖磊,王庆华,等. 微/纳米 HMX 粒度级配对 TNT 基熔铸炸药性能的影响[J]. 火炸药学报,2018,41(01):36-40.

[123] LIU J, JIANG W, LI F, et al. Effect of drying conditions on the particle size, Dispersion state, and mechanical sensitivities of nano HMX[J]. Propellants Explosives Pyrotechnics,2014,39(1):30-39.

[124] SIVIOUR C R, GIFFORD M J, WALLEY S M, et al. Particle size effects on the mechanical properties of a polymer bonded explosive[J]. Journal of Materials Science,2004,39(4):1255-1258.

[125] GRAU H, GANDZELKO A, SAMUELS P. Solubility determination of raw energetic materials in molten 2,4 - dinitroanisole[J]. Propellants Explosives Pyrotechnics,2014,39(4):604-608.

[126] LEE P D, CHIRAZI A, SEE D. Modeling microporosity in aluminum-silicon alloys: a review[J]. Journal of Light Metals,2001,1(1):15-30.

[127] 郎集中，王德高，肖代刚. 高固相熔注炸药装药技术[J]. 兵工自动化，2013 (01):96-97.

[128] 焦云多，曾晓华，陈洋，等. 大当量 DNAN 基熔铸炸药装药质量控制方法[J]. 兵工自动化，2019，38(08):23-26.

[129] 王利侠，戴致鑫，周涛，等. 压装工艺对 CL-20 基炸药性能及聚能破甲威力的影响[J]. 火炸药学报，2016，39(04):56-60.

[130] NAN Y X,JIANG J W,WANG S Y,et al. Penetration capability of shaped charge loaded with different high-energy explosives. 28th International Symposium on Ballistics[C]. 2014.

05 第5章
火炸药民用技术

火炸药作为含能材料，由于其快速的放热、放气、不需外界物质参与等化学反应特征，除了在军事上具有广泛的应用外，在国民经济中也发挥着重要的作用。目前，火炸药在民爆产品、石油工业、烟花爆竹、航空航天等民用领域得到广泛应用。火炸药的民用技术主要利用火炸药三个方面的特性：

(1)利用炸药爆炸释放的能量进行机械加工和工程施工；

(2)利用火药燃烧短时间内产生大量气体和释放大量热的性质；

(3)利用火炸药的声、光、烟效应。

5.1 火炸药在民爆产品的应用

民爆器材是民用爆炸物品的简称，指各种民用炸药、雷管及类似的火工产品。民用爆破器材是各种工业火工品、工业炸药及制品的总称，共分为八大类400多种产品，是具有易燃易爆危险属性的特殊商品。民用爆破器材产品广泛应用于煤炭、冶金等采矿、建材开采、机械加工、水电工程、农村基础设施及城市建设和国防施工等多个国民经济领域。

民爆器材的八大类分别是：①炸药；②震源药柱；③起爆药柱；④工程雷管；⑤塑料导爆管；⑥导火索；⑦导爆索；⑧聚能射孔弹。其中炸药主要为工业炸药(民用炸药)。起爆药柱、工业雷管、塑料导爆管、导火索、导爆索均为起爆器材。

5.1.1 起爆器材简介

民用起爆器材是民用爆破器材中的一大类，主要包括工业雷管和索类火工产品，前者主要有火雷管和电雷管两类，后者有导火索、导爆索和继爆管等。

起爆器材是指能够在外界很小能量刺激下发生燃烧、爆炸等一系列动作的元器件。即能按设定要求发火或爆炸的元件、装置或制品。它的作用是产生热冲能或爆炸冲能，同时伴有高温高速气体、灼热颗粒、金属飞片等，并能够传给火药或炸药，将其点燃或引爆，特殊场合也可作为独立能源对外做功。起爆器材属于火工品中的一部分。起爆器材爆炸产生的能源一般不直接用于工程爆破，在工程方面主要用来起爆各种矿用炸药或其他工程爆破使用的炸药，再由炸药爆炸释放能量完成各种爆破工程。

起爆器材应用的药剂主要有起爆药和猛炸药。

起爆药的作用是起爆猛炸药，使其达到稳定的爆轰。由于起爆药是首先爆炸的装药，所以常称为主药、第一装药、原发装药等。起爆药是炸药的一个类别，因此起爆药具备炸药的一切基本性质，但也具有区别于一般炸药的特征，主要是感度高、爆速增长快、具有一定的起爆能力、生成热多为负值等。

猛炸药是由起爆药激发而爆炸，它的作用不仅是传递起爆药已形成的爆轰波，而且还能把它提高到更大的速度，从而形成稳态爆轰压力并持续一定时间。猛炸药比起爆药钝感得多，并且爆速高、爆热和威力大，被引爆后会释放出比起爆药更大的能量，以保证其具有较大的起爆力。装有起爆药及猛炸药的起爆器材，猛炸药常称为副药、被发装药、第二装药及传爆药等。由于起爆器材的起爆力主要取决于猛炸药，因此也有人称它为基本装药。

1. 雷管

1）火雷管

火雷管的引爆方式是用火焰直接激发。在工业火雷管中，这个火焰是通过导火索来传递的。它具有结构简单、使用方便、不受地下杂散电流和空中雷电威胁等优点。

火雷管的基本结构为：在一个一头敞开、一头封闭的铜管内，装压有黑索今作为猛炸药柱，然后装入爆粉作起爆药，扣入一个中部带有传火孔，其外径与铜管内径作紧配合的铜加强帽，然后再将起爆药压紧。为了安全，在起爆药上面和加强帽接触处放一个绸质圆垫，将传火孔封住。图 5-1 是我国 20 世纪 60 年代以后生产的火雷管结构。管体改用纸管，两头敞口，猛炸药柱经装压后，固定在管体下部，药柱外露的底面用防潮剂保护（见图 5-1）。

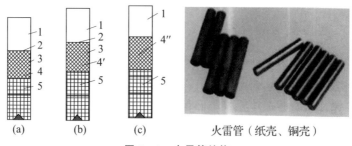

图 5-1　火雷管结构

1—管体；2—传火孔；3—加强帽；4—压装爆粉；4′—压装二硝基重氮酚；4″—松装二硝基重氮酚；5—猛炸药柱。

所有雷管的底部，都做成圆锥形或半圆形凹底。引爆火雷管时，将一段导火索插入雷管上部的空段，直至导火索插入端面与加强帽接触，用火柴或香火点燃另一端，导火索药芯随即燃烧并将火焰传递到另一端，通过加强帽的传火孔，使起爆药着火，起爆药很快由燃烧转为爆轰，爆轰波将下面的猛炸药激发，完成了整个雷管的爆炸。

2）电雷管

电雷管是由电能作用而发生爆炸的一种雷管。在爆破作业中，使用电雷管可远距离点火和一次起爆大量药包，使用安全、效率高，便于采用爆破新技术。它具有如下的安全优越性：

（1）可以控制远距离点火，保证人员能撤离到安全地方。

（2）引火药头与管壳部分紧紧相连，避免因使用导火索而带来的诸多问题和不便。

（3）只要切断电源后，通常不会发生火雷管出现的缓燃、速燃和透火等事故。

（4）可以在有水和渗水岩层爆破作业中使用。

（5）可以在爆破之前，用仪器仪表将爆破网络进行检查，保证器材和网路起爆的可靠性与安全性。

电雷管最大的特性是瞬间性和延时性。在微差爆破作业时，优势更加明显，它可以一次起爆多个装药，并且能够有效地控制每个装药的起爆顺序和时间，先爆的炮孔为后爆的炮孔提供了相当有利的自由面，而且先爆的炮孔产生的冲击波的应力还没有完全消失之前，后爆的炮孔跟着起爆，产生了应力叠加，这种应力的叠加是在几十至几百毫秒内完成的，应力的叠加大大提高了爆破效果。

图 5-2、图 5-3、图 5-4 分别为瞬发电雷管、秒延期电雷管和毫秒延期电雷管的结构示意图。

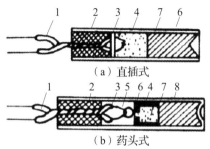

（a）直插式

（b）药头式

图 5-2 瞬发电雷管

1—脚线；2—密封塞；3—桥丝；4—起爆药；5—引火药头；6—加强帽；7—加强药；8—管壳。

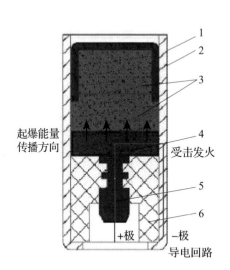

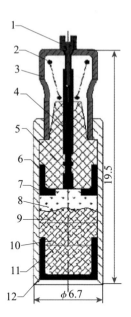

图 5 - 3　秒延期电雷管

导电线路：芯杆电极→导电药(黑索今)→金属外壳

1—管壳；2—底帽；3—黑索今；4—导电氮化铅；

5—芯杆电极；6—塑料塞。

图 5 - 4　毫秒延期电雷管

1—短路螺钉；2—短路弹簧；3—短路帽；

4—芯杆；5—电极塞；6—管壳；7—极帽；

8—起爆药；9、10、11—猛炸药；12—底帽。

2. 导火索

导火索是一种以黑火药为药芯，外面包缠有棉、麻纤维和防潮层的绳索状点火材料。它的用途是在一定时间内将火焰传给火雷管或黑药包，使之由于火花的作用而引爆；在秒延期雷管中，还用它作为延期元件而装入雷管中；在花炮、军工制品中，也常用它作延期元件。

我国的秒延期雷管仍以导火索为主要延期元件，在矿业开采中，导火索仍然是不可缺少的点火材料，根据使用的需要，还发展了防水导火索、安全导火索、缓燃导火索和高秒导火索等品种。缓燃导火索和高秒导火索则是相对于速燃导火索而言的，速燃导火索的每米燃时在 100s 以下，普通缓燃导火索在 100~200s 之间，而高秒导火索为 200s 以上。

导火索的结构如图 5 - 5 所示。最中心是由三根芯线 1 和黑药芯 2 组成的索芯，索芯的直径在 2.2mm 以上，导火索就是靠索芯来传送火焰的。药芯外顺次裹缠若干层外皮：紧裹药芯的是内线层 3，其作用是将药芯围拢住，使成连续的圆条；其外是中线层 4，缠线的方向与内层线相反，其作用是裹住内层线，不让它散开，还可以将药芯进一步裹紧，增加药芯的密度；中线层的外面是(沥青)防潮层 5，起到防潮和黏结中层线，以防松动的作用；防潮层的外面是纸条层 6，它和沥青严密黏结，可以使导火索硬挺一些，而且还有防止药芯燃烧火焰透出索侧的功用；纸条层的外面再包裹以外线层 7，目的是将纸条层缠住；最外层是涂料层 8，其作用是将外层线与纸条层粘在一起，防止在切断导火索时散开，还借助此层着色，以区别不同品种的导火索。经过这样逐层缠绕，索径也逐渐变粗，成索时，其外径为 5.2～5.8mm。

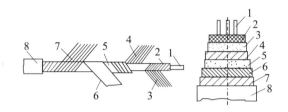

图 5-5　工业导火索结构

1—芯线；2—黑药芯；3—内线层；4—中线层；5—防潮层；6—纸条层；7—外线层；8—涂料层。

导火索药芯的黑药可以是小粒状的，也可以用粉状的，我国目前大都采用粉状药。卷索的线层多采用棉纱，其他如亚麻纤维，化学纤维的线纱也可使用。

3．导爆索

导爆索也是一种起爆材料，但它本身需要由另一种起爆材料来引爆。在导爆索的一端引爆一个雷管，导爆索就会被激发，将爆轰传递到另一端，而达到起爆与其相连的药包或另一根导爆索的效果。从表面上看，除了颜色不同之外，导爆索和导火索一样，也像一条细长的绳索。它同导火索的根本区别是其药芯用黑索今。

导爆索的具体结构如图 5-6 所示。从图可以看出，它的各层包覆材料和顺序与工业导火索大体上是一样的，各层所起的作用也相同。

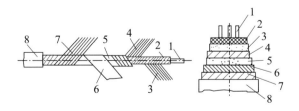

图 5-6　导爆索结构

1—芯线；2—药芯；3—内线层；4—中线层；5—防潮层；6—纸条层；7—外线层；8—涂料层。

4. 毫秒继爆管

毫秒继爆管简称继爆管，是一种专门和导爆索配合使用的延期起爆材料。借助于继爆管的毫秒延期继爆作用，可以和导爆索一起实施毫秒延期起爆。继爆管实际上就是一个装有延期元件的火雷管和一根消爆管的组合。最简单的继爆管是单索单向继爆管，

如图5-7所示。导爆索1与消爆管3由连接套2紧密相连，消爆管的另一端插入一个装有毫秒延期元件的火雷管的管体内，经过卡口，互相紧密相连。将它与网路的导爆索按图5-7的顺序串接起来，当主爆导爆索的爆轰波传过来，引爆继爆管的起爆导爆索之后，爆轰波继续前进，遇到消爆管，其高温高压气流部分通过消爆管的小孔，到达减压室4降温降压，点燃了雷管内的延期药5，经过一定延期时间（十几至几十毫秒）后，雷管的起爆药柱和猛炸药柱爆炸，又将后面的被爆导爆索引爆，爆轰波再沿着这根导爆索向后传播。经过继爆管，主爆导爆索的爆轰波可以传给被爆导爆索，但是延滞了一定的时间。

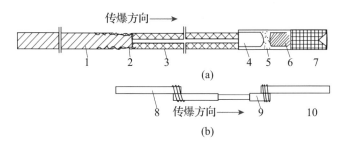

图5-7　单索单向继爆管及其与导爆索的联接法

1—起爆导爆索；2—连接套；3—消爆管；4—减压室；5—延期药；
6—起爆药；7—猛炸药；8—主爆导爆索；9—继爆管；10—被爆导爆索。

无论是单索的或双索的单向继爆管，它的传爆是有方向性的，只能是由消爆管一端传向雷管一端，反之则爆轰由此中断。

5.1.2　工业炸药

工业炸药指在工业和工程爆破上使用的炸药，也称为工业爆破炸药，俗称民用炸药。工业炸药是以氧化剂、可燃剂以及添加剂等按照氧平衡原理构成的爆炸混合物，属非理想炸药。工业炸药具有良好的爆炸性能，同时也具有适当的感度，以保证生产和使用的安全性。

工业炸药与军用炸药相比具有以下特点：

(1)根据不同的使用要求具备不同的爆炸性能。

（2）有足够低的机械敏感度和适当的爆轰感度。

（3）物理化学性能满足不同使用条件的要求。

（4）制造工艺安全可靠，其原材料来源广泛，价格低廉。

工业炸药的分类，有按用途、药体形态和主要成分等分类方法。

（1）按用途分类有：岩石炸药、露天矿用炸药、煤矿炸药、地震勘探炸药等，而每种类型中还可根据具体的工作场合分为普通型和抗水型等。在每种类型中还可分成不同的级别，如一号岩石、二号岩石；二级煤矿、三级煤矿等。

（2）按药体形态分类有：粉状炸药、粒状炸药、胶质炸药、浆状炸药、乳化炸药、液体炸药等。

（3）按主要成分分类有：硝化甘油炸药、硝胺炸药、液氧炸药、氯酸盐炸药、高氯酸盐炸药、硝酸基液体炸药、硝酸液体炸药等。表 5-1 列出了一些工业炸药的类别、简称及代号。

表 5-1 工业炸药的类别、简称及代号

炸药类别		简称	代号
硝化甘油类炸药	胶质硝化甘油炸药	硝甘胶	XGJ
	粉状硝化甘油炸药	硝甘粉	XGF
铵梯类炸药	铵梯炸药	铵梯	AT
	铵梯油炸药	铵梯油	ATY
铵油类炸药	粉状铵油炸药	铵油粉	AYF
	多孔粒状铵油炸药	铵油粒	AYL
	膨化硝胺炸药	铵油膨	AYP
	乳化铵油炸药	铵油乳	AYR
	铵松蜡炸药	铵松	AS
	铵沥蜡炸药	铵沥	AL
含水炸药	浆状炸药	浆状	JZ
	水胶炸药	水胶	SJ
	乳化炸药	乳化	RH
	粉状乳化炸药	乳化粉	RHF
其他	太乳炸药	太乳	TR
	粒状黏性炸药	黏粒	NL
	液肼炸药	液肼	YJ

我国现行生产的工业炸药产品主要有乳化炸药、铵油类炸药、含水工业炸药、硝化甘油炸药、其他工业炸药等五个系列。

1. 乳化炸药

该系列的产品，一种是以含氧的无机盐（如硝酸铵）水溶液为水相，以矿物油和其他可燃剂为油相，经乳化和敏化制成的油包水型乳胶状含水炸药。按其用途不同，分为岩石型乳化炸药、露天型乳化炸药和煤矿许用型乳化炸药等。另一种是将乳化基质通过喷射降温或快速冷却后制成药粉，即粉状乳化炸药，因在制粉过程中，水分被挥发，制成的炸药的威力和猛度值相对比较高。

乳化炸药具有以下特点：

（1）良好的爆炸性能。通常乳化炸药中不含猛炸药成分，但作为普通含水的硝铵类炸药却具有相当高的爆速值。特别是具有雷管感度的系列产品，其殉爆距离、猛度等性能指标往往接近或高于同类的其他工业炸药。

（2）良好的抗水性能。乳化炸药具有独特的油包水型内部结构，其外相油质材料有阻止外界水浸蚀的作用，或者说具有保护内相不易被稀释与破坏的功能。因而其抗水性能明显优于浆状炸药、水胶炸药。

（3）安全性能较好。大多数乳化炸药（产品）中不含猛炸药成分，机械（撞击、摩擦）感度、热感度等与其他品种工业炸药相比都相对较低。同时，炸药爆炸后有毒气体量也明显较小。

（4）对环境污染较小。乳化炸药系列产品中基本不含有毒成分；同时，在生产过程中采用连续、密闭、管道化流程，因而很少出现"三废"问题。

（5）炸药原材料成本低廉，来源广泛。乳化炸药可以与其他工业炸药掺和，从而衍生出多种与乳化炸药有关的系列产品。由于掺和比例不同，常常改变了乳化炸药基本外观形态，其中最典型的是多孔粒状铵油炸药与乳胶基质（乳化炸药的半成品）掺和后外观呈粒状。

2. 铵油类炸药

铵油类炸药主要包括普通铵油炸药、铵沥蜡炸药、铵松蜡炸药。另一类是改性铵油炸药，其主要代表是膨化硝胺炸药，还有采用高温重碗压硝法生产的体积能量密度较高的改性铵油炸药等，改性铵油炸药的生产一般采用气流粉碎和干燥硝酸铵，而后采用螺旋混药的方法来实现。铵油类炸药因其成本低廉，生产方法相对简单，容易实现爆破现场的现混现用。

铵油炸药是以硝酸铵和油类（轻柴油、重油或机油）为主要成分混合而成的不含敏化剂的爆炸混合物。铵油炸药与具有以下优点：

（1）原料来源丰富，成本低廉，与铵梯类炸药相比，具有优越的经济性。

（2）组成简单、容易制造。混合过程一般不需要特殊的生产技术和设备。

（3）使用方便。特别是多孔粒状铵油炸药，通过现场混装车，进行混制和装填炮孔。

（4）安全性好。由于铵油炸药的组分中没有专用的敏化剂，它的起爆感度低、临界直径和极限直径较大，使用时借助于传爆药柱才能可靠起爆。

3. 含水工业炸药

含水炸药组分中含有一定比例的水分。含水工业炸药是以硝酸盐水溶液为氧化剂，以硝酸甲胺为主要敏化剂，加入可燃剂、胶凝剂、交联剂等制成的凝胶状含水炸药。含水炸药有浆糊状、软体状、固体粉状等多种形态。

按用途不同，可分为岩石型水胶炸药、露天型水胶炸药和煤矿型水胶炸药。含水工业炸药产品的具有如下优点：

（1）抗水性强，可抵抗水的浸蚀。

（2）密度大，可提高装药量。

（3）容积威力大，增大了爆破能力。

（4）安全性好。炸药中含有大量的水，对火花、摩擦不敏感。

（5）生产工艺简单，便于机械化加工，生产效率高，成本低。

4. 硝化甘油炸药

硝化甘油炸药按其药体形态又分为胶质和粉状两种，但粉状硝化甘油炸药因不具有优势已经停止使用。胶质硝化甘油炸药是硝化甘油或混合硝酸酯被氧化剂和可燃剂等吸收后组成的胶质混合炸药。其特点是：密度大，做功能力大，猛度高，可塑性和抗水性能好，适用于无沼气、无矿尘爆炸危险的爆破工程，特别适用于海水、深水、涌水量大、矿床坚硬的爆破作业，并已广泛用作铵油炸药、浆状炸药的中继起爆具及地质勘探用震源药柱。

5. 其他工业炸药

其他工业炸药主要包括太乳炸药和粒状黏性炸药。

太乳炸药产品是以太安为主要成分，加入适量的乳胶等成分制成的挠性炸药。这类炸药可用于电力线路、金属线材（板材）的爆炸压接。虽然产量不大，但具有较广泛的实用性。

粒状黏性炸药产品是以多孔粒状硝酸铵、粉状硝酸铵为主要成分，加入梯恩梯、黏结剂及其他物质混合而制成的。它的突出特点是，适合于顶部炮孔风动机械化装药，因其具有一定的黏性，装入顶部炮孔后，不易撒落。但一般情况下乳化炸药也可实现顶部炮孔装药，所以该系列在逐渐减少。

5.2 火炸药在石油工业的应用

油、气田开发是一项复杂的系统工程，它涉及许多学科领域。从地震勘探、测井、射孔、完井、修井到压裂增产改造，使用了种类繁多的燃爆技术，应用了大量的火炸药，对石油工业的发展起着极其重要的作用。

5.2.1　石油地震勘探

1. 石油地震勘探技术

地震勘探技术是 20 世纪发展起来的一种重要的石油勘探技术。它是通过在地面人工激发地震波，使用精密仪器记录反射和折射地震波（主要是反射地震波），利用计算机数字处理记录到的反射地震波，建立地下构造图像和预测地下岩石性质，利用地下的地质图像确定石油的位置。如图 5-8 所示。世界上许多著名油田都是通过地震方法找到的，如波斯湾油田、我国大庆油田等。目前，地震勘探技术已经从二维发展到了三维，从单纯寻找地质构造发展到了地层预测和采油监测。地震勘探技术除了在石油勘探开发领域的应用外，还广泛应用于煤田勘探、水文勘探、地壳研究和工程勘测等领域，成为勘探和地质研究领域一种不可缺少的重要技术。

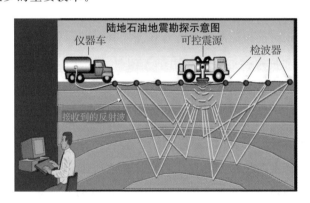

图 5-8　陆地石油地震勘探示意图

地震勘探是以岩石的弹塑性为基础，用炸药或非炸药震源，在沿被测点的不同位置用地震勘探仪探测大地震动的一种地球物理方法。勘探震源按激发方式可分为两类：一类为爆炸震源，如硝胺炸药、高能成型药柱、导爆索、电火花引爆气体等；一类为非爆炸震源，如撞击震源、气动震源等。

目前，在我国地震勘探中使用的震源大多是爆炸震源，爆炸震源的工作原理是：炸药在雷管的冲击作用下，发生剧烈爆炸，爆炸形成的高压气团急剧膨胀，在瞬间作用于周围物体，在爆炸中心，周围物体被破坏，形成破坏带，在破坏带以外，物体只产生形变，形成岩石震动带，此时冲击波转化成地震波。

地震脉冲的强弱与形状取决于激发源的规模、炸药的性质及介质的性质；地震脉冲显示出了地震波的能量和勘探频率。

1）地震波的能量

炸药量的大小影响地震波的强度和形状。试验表明，炸药量 M 与地震脉冲的振幅 A 有如下关系：

$$A = \kappa_1 M^{\kappa_2} \tag{5-1}$$

式中：A 为振幅(m)；κ_1，κ_2 为试验系数；M 为炸药质量(kg)。

当炸药量较小时，κ_2 趋于 1，地震脉冲振幅与炸药量成正比关系；炸药量大时，κ_2 可减至 $0.5\sim1$。这是因为炸药量很小时，对岩石的破坏作用很小，爆炸的大部分能量转化为地震波；而炸药量大时，一部分能量用于破坏周围的岩石，分配于地震波的能量比例减小。

2）地震波的频率

试验表明，地震脉冲的主频 f 与炸药量 M 之间有如下关系：

$$\frac{1}{f} = R_1 M^{R_2} \tag{5-2}$$

式中：R_1、R_2 为常数；f 为频率(Hz)。

大炸药量激发时产生的地震波频率低，视周期大。随着炸药量增大，会使脉冲的延续度增大，相位数目增加，但炸药量的改变对不同相位的振幅比影响较小。

爆速与频率的关系也相当密切，爆速越高，整个药包爆炸的时间就越短，地震脉冲窄；爆速越低，地震脉冲就要宽些。从傅里叶分析可以知道，一个脉冲波越窄，频率成分就越丰富，地震波主频就越高。

石油地震勘探对炸药的基本要求主要有以下四个方面：

(1)要求炸药的爆炸能量大，方向性强，其目的是使炸药爆炸后的能量主要用于地下矿产资源的勘探。

(2)炸药起爆后，能提供多种勘探频率。在勘探油气资源时，要求地震波的主要频率在 $25\sim100\mathrm{Hz}$，对深部地层探测需要低频成分多一些，这样地震波可以传递到地下几十千米的深度。

(3)要求炸药的防水性好，可以使用于较为复杂的工作环境，并能有效减少半爆、拒爆现象的发生。

(4)从经济角度考虑，要求炸药的成本低廉，性能安全可靠。

2. 震源药柱

震源药柱是通过炸药爆炸作为震源激发地震波的爆破器材。震源药柱通常由壳体、炸药柱和传爆药柱组成。震源药柱按其装药的种类可分为：铵梯炸药震源药柱、胶质炸药震源药柱、乳化炸药震源药柱、其他震源药柱；按其使用性能可分为：高密度震源药柱（$\rho \geqslant 1.40 \mathrm{g/cm^3}$）、中密度震源药柱（$\rho = 1.20 \sim 1.40 \mathrm{g/cm^3}$）、低密度震源药柱（$\rho = 1.00 \sim 1.20 \mathrm{g/cm^3}$）、高威力震源药柱、高分辨率震源药柱、地面定向震源药柱等。如图5-9所示。

图 5-9 震源药柱实物照片

震源药柱用炸药大部分使用散装单质炸药，如TNT、2#岩石炸药等，它们密度低，能量小，易吸湿，爆炸不完全，现场操作危险性大。而新研制的震源药柱多采用混合炸药，混合炸药除了克服上述缺点之外，还能满足对地质作用时间长、信噪比高、做功能力强等要求。

炸药的爆速随着药柱直径的增大而增大。一般有

$$D_R = D_\infty - \frac{K}{R} \tag{5-3}$$

式中：D_R为药柱直径为R时的爆速（m/s）；D_∞为对应于无穷大直径药柱的爆速（m/s）；R为药柱直径（m）；K为常数。

对于单质高能炸药，随着装药密度的增加，其爆速也会相应提高。当装药密度为$1.0\mathrm{g/cm^3}$时，爆速随密度增加呈线性关系，而在接近炸药晶体密度时，其爆速趋于极限值。大量实验结果表明，在一定密度范围内，炸药密度与爆速存在以下关系：

$$D = D_{1.0} + M(\rho_0 - 1.0) \tag{5-4}$$

式中：D为装药密度为ρ_0时的爆速（m/s）；$D_{1.0}$为装药密度为$1.0 \mathrm{g/cm^3}$时的爆速（m/s）；M为装药密度对爆速的影响系数，一般取$3000 \sim 4000\mathrm{m/s}$；$\rho_0$为装药密度（$\mathrm{g/cm^3}$）。

震源药柱用炸药常采用TNT、RDX或TNT/RDX混合炸药，装药采取浇

注工艺,以增加装填密度,提高爆炸威力。壳体采用塑料或纸质作为首选材料,在防水密封条件下,尽可能选用廉价材料,以降低生产成本。壳体接近弹头部位带有外螺纹,弹尾也有空心内螺纹,以便弹与弹之间的连接和雷管的正确安装起爆。

5.2.2 聚能射孔与石油射孔弹

采用爆破技术手段打开油气层的石油射孔技术,以其快速、高效、成本低、作用效果显著等特点在完井作业方面占据着重要地位。这种爆破技术就是以石油射孔弹为核心,利用射孔弹爆炸过程中产生的高温高速射流,在短暂的时间内(微秒级或毫秒级)把井筒环境与地层环境相互沟通,以形成有效的流油通道。

油气井射孔井段通常由套管、水泥环和地层构成,在井筒内有高压井液,射孔器则在几千米深的高温高压环境下工作。对于有枪身聚能射孔而言,要打开地层,首先必须依靠聚能射流穿透射孔枪,然后射流经过射孔枪与套管之间的高压水层,穿透套管,再经过水泥环,最后到达地层。对于石油射孔弹而言,要在井下高温高压双重因素和复杂地质条件下完成爆炸做功过程,对其整体性能的发挥提出了严格的要求。

通常石油射孔弹是由炸药、药型罩、弹壳组成(见图 5-10)。炸药提供爆炸所需要的能量,药型罩在爆轰冲击作用下形成射流完成穿孔,而弹壳主要起着满足药柱和药型罩的合理装配以及调整爆轰波波形结构的作用。

影响射孔弹穿孔深度及稳定性的主要因素有:炸药的药量、性质及装药密度的均匀一致性;弹壳强度及其结构的完整性;药型罩质量密度分布;炸高(指射孔弹药型罩的底径端面到靶板之间的垂直距离);射孔弹的运输振动;环境温度;环空高压井液的影响。

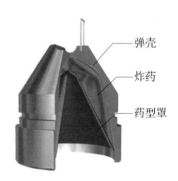

弹壳
炸药
药型罩

图 5-10 石油射孔弹结构图

5.2.3 高能气体压裂

高能气体压裂是一项新型的油田油层改造技术。其本质是利用发射药和火箭推进剂燃烧产生的高温高压气体压裂油层,使致密或堵塞的油层形成多条辐射状裂纹,从而使油层中的天然裂缝与井筒相沟通,有效改善油层渗透率和导流能力,以提高油气井采收率的工艺方法。

以火药为主要药剂的高能气体压裂技术,为油田的增加产量带来了经济社会效益。在高能气体压裂火药体系中，经常使用的火药有：单基火药、双基火药、硝基胍火药等。

高能气体压裂的作用机理是：火药迅速爆燃而产生大量的高温高压燃气，这些高温高压燃气对井壁产生脉冲加载，其作用包括振动机械作用、脉冲作用、热作用以及化学作用四个方面。

（1）机械作用。火药燃烧产生高压气体，在超过岩石破裂压力的条件下，在近井带产生多条径向裂缝，并形成有效流油通道。

（2）热作用。火药爆燃后，燃烧点处的燃气的温度可以高达 2000℃，经地层、流体传热后，可以使油井的温度提升近百度，爆燃 1～3h 后仍然可以提升 20～50℃，这些能量可融化近井的沥青质、蜡质，进而改善了地层的渗透率与孔隙度。

（3）振动脉冲作用。火药爆燃后，伴随其发生的是压力脉冲的波动过程，该脉冲波动对降低孔隙界面张力以及冲刷近井的堵塞物有明显的作用。

（4）化学作用。火药燃烧后产物主要是 CO_2、CO、H_2O、NO_2 和部分 N_2，这些气体在高压条件下都会溶于原油，这进一步降低了原油的黏度和表面张力，达到增产的目的。

目前使用的压力发生器有三种类型：有壳火药压力发生器、无壳火药压力发生器和液体火药。

1）有壳火药压力发生器

装置示意图如图 5－11 所示。药柱外面有金属外壳保护，用电缆传输，磁定位确定点火位置，通过电缆地面点火。具有施工安全、成本低、周期短、易下井等优点。

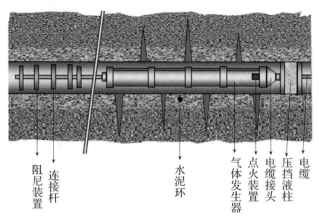

阻尼装置　连接杆　水泥环　气体发生器　点火装置　电缆接头　压挡液柱　电缆

图 5－11　有壳火药压力发生器示意图

2)无壳火药压力发生器

无壳火药压力发生器的典型结构如图 5－12(a)所示。

全部表面都涂以防水层,外表覆以防磨损的保护层的药柱装在铝制中心管上,中心管的两端有螺纹可以通过短节将药柱连在一起,在最下部药柱的底部拧死堵头,电缆头内装点火盒,在中心管内装有点火药,点火盒点燃后,引燃点火药,加热中心管,再引燃药柱。由于中心管为铝质,导热性很好,各药柱几乎同时燃烧。

另一类型的无壳火药压力发生器如图 5－12(b),没有密封外壳,靠药柱外表面轴向槽用钢丝绳连接,药柱下面有托盘托住,有的药柱有中心孔,有的无中心孔,二者都用密封的电阻丝加热点火,有中心孔的底部还装有点火器。药柱开始是端面燃烧,随后变成全面燃烧。这类火药压力发生器一次用药量比装有中心孔的无壳压力发生器高 20%～40%。

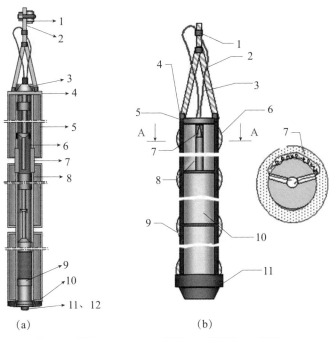

(a)   (b)

1－测压蛋;2－电缆;3－电缆头;
4－垫圈;5－药柱;6－点火药;
7－短节;8－密封盒;9－丝堵;
10－底盘;11－螺栓;12－螺帽。

1－绳卡;2－钢丝绳;3－导线;
4－细丝;5－压盖;6－套箍;
7－电热线圈;8－点火药柱;
9－套筒;10－药柱;11－底座。

图 5－12 无壳火药压力发生器的典型结构

3）液体火药

由于受固体火药性质的限制，装药量不能太大，其总的增产效果不及水力压裂，而液体火药压裂技术，与无壳火药压力发生器相比，具有成本低、能量高、燃烧时间长，压裂效果显著等优点。

5.2.4　复合射孔技术

复合射孔技术是近几年兴起的一项集射孔与高能气体压裂于一体的高效射孔技术。能够一次完成射孔和高能气体压裂两道工序，能大大提高射孔效率、水力压裂效率和油井的产能。该技术利用了炸药爆炸和火药燃烧的时间差，聚能射孔弹的射流在井壁上射孔并进入地层形成射孔孔道；火药装药随后燃烧，所产生的大量高温高压气体随井内液体一起进入射孔孔眼，对地层近井区域产生机械、物理化学和热力学作用，从而使近井区域的地层性质得到改善，清除近井地层的污染，达到增产增注的目的。

目前，常用的复合射孔器有一体式复合射孔器、分体式复合射孔器、二次增效复合射孔器、高孔密复合射孔器等。

1. 一体式复合射孔器

一体式复合射孔是将火药与射孔弹一体化装入射孔枪内，实现复合射孔压裂。将火药填入弹架内，利用导爆索引爆射孔弹，射孔弹爆轰形成射流，同时点燃射孔枪内的火药，产生大量的气体，通过射孔孔眼作用于近井地带，使近井地带产生多条裂缝，提高近井地带的导流能力。这种复合射孔器的火药直接填充在弹架内，产生的气体直接作用于射孔孔眼，能量的利用率提高，气体达到峰值压力的时间也较短，容易在射孔孔眼周围形成多条裂缝。但装药量有限，产生的气体是有限的，气体压力的作用时间短，最终影响裂缝的延伸效果。

2. 分体式复合射孔器

分体式复合射孔器是把火药压力发生器接到射孔枪下部，作业时，射孔器首先在目的层射孔，射孔弹爆轰产生的能量通过能量转换装置作用于火药压力发生器，使之发生稳定的燃烧反应，产生气体，实现压裂作用。由于其具有独立的火药压力发生器，可根据不同的地层条件及施工要求设计合理的火药用量，达到最佳的施工效果。分体式的装药量是不受限制的，装药量大，气体压力持续作用的时间长，有利于裂缝的延伸和扩展。

3. 二次增效复合射孔器

将一体式和分体式联合应用于同一射孔作业中,在原一体式复合射孔器下部安装分体式的能量转换装置和火药压力发生器。作业时,上部一体式复合射孔器首先对目的层射孔、压裂,对地层进行一次加载,然后通过能量转换装置作用于火药压力发生器,引燃火药压力发生器内的火药,对地层持续加载,形成二次压力冲击,提高裂缝的长度和导流能力。二次增效射孔技术保留了一体式和分体式原有各自的优势,同时又补充了双方的不足之处,达到了既提高升压速度又延长了气体压力作用时间的目的。

4. 高孔密复合射孔器

密复合射孔器射孔孔密设计在 26 孔/m 以上,射孔弹壳体采用低熔点复合材料,在射孔弹爆轰过程中,壳体由于受高温高压作用,燃烧和气化,产生大量气体,释放热量,在枪身内产生高温高压气体通过枪身射孔孔眼形成高压气流,对射孔孔眼冲刷、加深,并在射孔孔眼前端地层形成多条裂缝,达到复合射孔的目的。

5.2.5 其他应用技术

(1)油井深度测量声弹:在油田生产中,用声弹爆破击发产生冲击波,靠声反射原理测量油井的液面深度。采用传感器接收信号,借助配套回声仪可获得理想的井深曲线。

(2)油管、套管、钻杆、钻铤的爆炸松扣:爆炸松扣是指利用炸药爆炸产生的作用力使油管、套管、钻杆或钻铤螺纹连接部位产生震击松动的一种作业工艺。爆炸松扣技术的应用为油田井下作业的顺利实施提供了技术支撑。

(3)油井清蜡弹:应用弹体内火药燃烧产生的大量气体,通过热作用、力学作用或酸化作用,达到清洗油层孔道、压裂解堵等作用。

(4)石油套管及爆炸整形:指利用炸药在充满泥浆的套管内爆炸后产生的作用力使弯曲或颈缩的套管恢复到初始状态,以达到重新采油,恢复通径的一种快速、简捷而有效的方法。

(5)石油套管补贴:利用金属管材的塑性变形来达到套管破损部位密封、堵漏与焊接加固的目的。

石油套管爆炸补贴:利用气体发生器产生的高温、高压气体排空套管与焊接管之间的井液,利用焊接管内的炸药爆炸释放的能量完成环焊、扩径以及传送管柱分离等动作,达到破损套管焊接密封加固的目的。

石油套管燃气动力补贴：以含能材料作动力源，替代地面大型动力设备的补贴加固器，补贴加固器由悬挂系统、点火系统、动力系统和加固系统四部分组成，工作时修井设备将加固器投输到套损部位，点火系统引燃动力药，由动力系统中火药动力源产生的高温高压气体转化为金属锚的扩径力，推动工具做功，使加固系统工作，两端金属锚受挤压膨胀，最后紧紧贴在套管上，起到固定和密封作用，当膨胀力达到几百千牛时，释放套解卡，用修井设备从井筒中起出投送管柱及传动工具，完成整个补贴工艺。

(6)油田井下爆炸切割：利用炸药面对称聚能效应，把线性聚能切割转化为环形聚能切割，使切割弹被引爆后形成呈360°分布的环形高速聚能射流，对目标实施切割分离。

5.3 火炸药在烟花爆竹中的应用

火炸药是烟花装药的基本成分。一般情况下，黑火药的用量占烟花药剂总量的30%～50%，有些甚至超过50%。黑火药的主要成分是硝酸钾（作氧化剂）、木炭粉（作可燃剂）和硫磺粉（作可燃剂和黏合剂），各种成分所占的比例为75：10：15。黑火药的工作原理是在外界能量作用下，自身能迅速燃烧并产生大量高温气体，若是处于密封环境下，就会因高温高压气体迅速膨胀而发生爆炸。

5.3.1 烟花爆竹的组成

烟火药的基本组成包括可燃剂、氧化剂和黏合剂，同时还有产生特殊效应（如火焰着色）的附加成分。

1. 可燃剂

制造烟火剂用的可燃剂有：金属、非金属、硫化物、硅化物等无机可燃剂，油类、碳水化合物、聚乙醛等有机可燃剂，三乙基铝、硬脂酸镁等有机金属可燃物和氢化锂等氢化物可燃剂。

2. 氧化剂

烟火药燃烧时的氧化作用属于自供氧系统，可以在隔绝空气的条件下燃烧，把反应进行到底。作为烟火药的组成基础，烟火药与氧化剂分解生成物有直接关系。例如：

$$Ba(NO_3)_2 \longrightarrow BaO \text{ 辐射绿色火焰}$$

$$Sr(NO_3)_2 \longrightarrow SrO \text{ 辐射红色火焰}$$

则它们适合用作绿光和红光信号剂的氧化剂。氧化剂常用氯酸盐类、高氯酸盐类、硝酸盐类及金属氧化物等。常见的氧化剂有 $KClO_3$，$BaCrO_4$，K_2CrO_7，C_2Cl_6，$Ba(NO_3)_2$，KNO_3，BaO_2，Fe_2O_3，$KClO_4$ 等。

3. 黏合剂

黏合剂主要用于增强烟火制品的机械强度；减缓烟火药剂的燃烧速度等。黏合剂成分主要是脂油类比较多。

4. 附加成分

主要是染色剂和成烟剂等。

5.3.2 烟花爆竹的烟火效应

根据燃烧效果分为烟花与爆竹两种，究其原理，烟花主要是利用火炸药在爆炸燃烧时的焰色效应、光效应、气动效应等，爆竹则主要利用其声响效应。

1. 焰色反应

某些金属或它们的化合物在无色火焰中燃烧时，会使火焰呈现出不同的颜色。该反应主要涉及物理变化，即燃烧时原子中的电子吸收能量后在轨道间振动，并将多余的能量以光的形式释放出来，在可见光光谱范围内的波长和谱带，会使火焰呈现一定的颜色。为了获得五颜六色的烟花，常在烟花药剂中加入这种金属发色剂。常用的一些金属发色剂及其对应颜色变化如表 5-2 所示。

表 5-2 金属离子颜色对应表

Na^+	Li^+/Cs^+	K^+	Rb^+	Mg^{2+}/Al^{3+}	Ca^{2+}	Sr^{2+}	Cu^{2+}	Ba^{2+}	Pb^{4+}	Fe^{3+}
黄	紫红	浅紫	紫	白	砖红	血红	蓝绿	黄绿	蓝	金黄

除这些颜色外，还有些组合颜色。例如紫色火焰是蓝色与红色复合而成，故常选用 Cu^{2+} 与 Sr^{2+} 组合；橙色火焰是由红色和黄色复合而成，故常选用 Sr^{2+} 与 Na^+ 组合。

2. 光效应

光效应主要由有色闪烁药剂和有色喷波药剂产生。"闪烁"是药剂被点燃后强烈地燃烧产生一定的亮光和变色，并产生一亮一熄的脉冲现象。有色闪烁药剂在配制时除了加入金属粉之外，还加入了燃烧时易产生大量固体、液体产物的材料。"雪花飘飘""红星闪闪"等烟花制品即利用这种效果生产出来的。

"喷波"是由于药剂中木炭颗粒或金属颗粒燃烧时未完全反应即被带出后与空气中的氧进行二次反应形成的。有色喷波药剂的组成大部分是以黑火药系列的药剂为基础调配而成，除了火星外，"火花分支"也是利用的这种"喷波"效应。

3. 气动效应

烟花的气动药剂是使烟花制品产生旋转、升空、前进、后退、抛射、喷撒等作用的烟火剂，也称推进剂。旋转类的药剂主要是黑火药或者喷波剂或哨音剂；升空类的药剂是在黑火药的基础上加染色剂和含氯化合物；前进后退类的药剂主要是燃速慢的黑火药加燃速快的喷波剂；抛射类的药剂采用黑火药或粒状黑火药或烟花用炸药。目前，为解决黑火药使用中的环境污染问题，正在研究采用无烟火药取代黑火药的技术与方法。

4. 声响效应

音响效果主要分为爆音剂和哨音剂两种，爆音剂主要用于安全鞭炮、黑药炮、礼炮的生产等，哨音剂则更多地用于烟花类产品。它们都是氧化剂在包装和密封的有限空间下爆炸产生的气体冲出喷孔时产生的声音效果。爆音剂按氧化剂的选用主要分为氯酸钾系列、高氯酸钾系列、氧化铅和氧化铜系列和硝酸钾（黑火药）系列；哨音剂则通过氧化剂和含有苯环结构的有机金属化合物组成。

5.3.3　烟花中火炸药的化学反应

烟火药除了肉眼常见的燃烧化学反应外，还会发生固体化学反应和爆炸化学反应，每种反应所呈现的概念、反应过程和性能都各有不同。

1. 烟花中烟火药的燃烧化学反应

燃烧就是指可燃物着火后的烧火现象。烟火药的燃烧反应过程通常分为三个阶段，即点火、着火与燃烧。烟火药的燃烧属于自供氧体系，且过程中能产出光、声、烟、热等特种效应。

烟火药的燃烧形态分为连续燃烧、脉动（或振荡）燃烧和爆炸燃烧三种：

连续燃烧的特征主要表现在燃烧的均匀性上，燃烧过程由表及里不间断地进行。其特征量是匀速燃烧速度，可利用这一点来满足烟花制品的燃烧时间要求。作为观赏性产品，较低的燃烧速度能够延长烟花制品在空中的燃烧时间，可以得到更为丰富的燃放效果。

脉动燃烧的特征主要表现在燃烧的振荡性上，燃烧过程由表及里断续进行。其燃烧示数是脉动频率，主要用于烟花药剂中的闪烁药和笛音药的制作。闪烁药剂多由硝酸钡和镁铝合金制成，镁铝合金的含量越高，闪烁频率越快，18%左右含量时得到的闪烁效果较为良好，其实用频率为 3~5 次/s。笛音药剂由氯酸钾或高氯酸钾和苯类化合物组成，其脉动频率可以高达 3000~5000 次/s。

爆炸燃烧的特征主要体现在其爆发性上，燃烧经过一段"延滞时间"后爆发性地燃烧。其示性数是"延滞时间"，主要用于制作两种新效果的烟花药剂——"炸花"和"响花"。"炸花"药剂组成与闪烁剂类似，硝酸钡和镁铝合金的配比为 1:1 时即可得到爆发性燃烧的"炸花"药剂。"响花"药剂则由氧化铜和镁铝合金制成，在其"延滞时间"内，氧化铜通过分解完成热的积累和传递，最终迅速膨胀做功发出爆炸音。

上述三种燃烧形态中，以连续燃烧药剂的性能最为稳定。从闪烁药剂和"炸花"药剂的轻易转化关系可以看出，脉动(或振荡)药剂和"爆炸燃烧"药剂极不稳定，二者都容易受外加成分的影响而失去固有的燃烧性能。

2. 烟花中烟火药的固体化学反应

烟花中烟火药大多是数种固体粉状物质构成的固态混合物，这些粉状物质越细腻，燃烧速度就越快，混合得越均匀，反应性越好。

烟火中的发火前最初反应，称之为预点火反应（Preignition Reaction，PIR）。它是一种炽热的、自传播的固-固非均相的放热化学反应。反应速度加大，放热速度增快，反应呈指数关系加速，从而导致药剂发火燃烧或爆炸。

固相反应是在晶体物相中发生物质的局部输运时产生的。为了获得理想的反应速度和最佳的烟火效应，需将烟火材料充分粉碎并混合均匀，或者预先压制成团并烧结，目的在于增大反应物之间的接触面积，促使原子的扩散输运容易进行。

3. 烟花中烟火药的爆炸化学反应

烟火药的爆炸化学反应比较复杂，依据火炸药爆炸变化在炸药中传播速度快慢，分为爆轰、爆炸、爆燃和速燃四种情况。烟花的爆炸化学反应多属于"爆燃"或"速燃"，更接近于"快速燃烧"。主要是由于烟花药剂是非均质的混合药剂。烟花中烟火药的爆炸化学反应遵循爆炸"三要素"，即反应过程中要放出大量的热、反应速度要快、反应过程中要生成大量的气态生成物。其中烟花药剂爆炸反应放出的热量往往高于炸药的爆炸反应。

5.3.4　烟花爆竹的基本结构

1. 烟花结构

烟花制品的结构主要由引线、推进剂、起爆药、亮珠组成。引线的主要成分是延期药，其配方是根据需要的延期时间来调整硝酸钾、木炭、硫磺的质量分数。推进剂主要由前面所提的达到气动效果的药剂所制而成。起爆药主要是用来点燃烟花效果药的，与军用点火药要求一致。亮珠则是烟花的效果药，是烟花色彩、闪烁、声响药剂。烟花的整个燃烧过程是引线→推进剂→起爆药→亮珠。

烟花的结构形式主要有圆球状的和圆柱状的。结构示意如图5-13、图5-14所示。

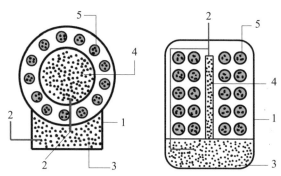

图 5-13　圆球形结构　　　图 5-14　圆柱形结构

1—包装纸；2—引线；3—推进剂；4—起爆药；5—亮珠。

两种结构各有特点，其中圆球状的烟花被公认为最具有艺术性。它主要有以下特征：同亮珠形状相关，球状结构的烟花绽放时的形状是整齐的大圆形；烟花花瓣的每个亮珠都有不同的颜色变化；同心圆中可以叠加多重芯，可以展现两种以上的不同颜色的圆轮。圆球状结构烟花效果如图5-15、图5-16所示。

图 5-15　单层菊花形圆球状烟花　　　图 5-16　四重芯的圆球状烟花

圆柱状结构的烟花绽放后的形状则较为自由，不是规则的圆形。同圆球状的类似，柱状的也可以展示不同层颜色的烟花，不同的是它的分层是纵向分布。圆球状结构烟花效果示意图如图 5 – 17、图 5 – 18 所示。

图 5 – 17　单层圆柱状烟花　　图 5 – 18　双层圆柱状烟花

2. 爆竹结构

爆竹结构整体比烟花简单。其简单结构如鞭炮的示意图如图 5 – 19 所示。而为了得到多种效应的爆竹(例如彩色烟雾效应、爆炸声音、闪光效果等)，需要添加不同效应的药剂，内里还会多添加安全引线或继发引线，如图 5 – 20 所示。

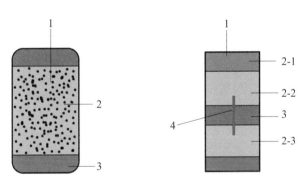

图 5 – 19　鞭炮简单结构示意图　　图 5 – 20　爆竹结构示意图

1—引信；2、2 – 1—起爆药；2 – 2—药剂 1；2 – 3—药剂 2；3—黏土栓；4—安全引信。

5.3.5　烟花技术的创新与发展

中国烟花发展历史悠久，随着科技的发展，烟花技术的产品也在不断翻新。烟花图案及文字的复杂、无烟烟花的出现等都体现了烟花技术的发展。烟花爆竹材料的安全环保问题是烟花技术的创新之本。

1. 烟花技术的安全问题

烟火剂有可燃剂、氧化剂、火焰着色剂，这些药剂的材料本身都是易燃物质，与其他物质接触后可能会变成爆炸性混合物。在生产和燃放过程中会存在一系列的安全问题。

烟火剂中氧化剂的不安定性是引起烟花爆竹事故的主要原因之一。$KClO_3$烟火药机械敏感度普遍高，发火点低，在高温达到其分解温度时$KClO_3$本身具有爆炸性。故以高氯酸钾、硝酸钾、硝酸钡氧化剂代替高感度的氯酸钾和易吸湿硝酸钠的氧化剂材料是安全技术的一大提高。传统氧化剂的感度较高、爆炸效果不尽人意。单类氧化剂优缺点共存，因而复合型氧化剂渐渐形成了新的发展趋势。

烟火药一般用机械敏感度来评价其危险性，感度越低的药剂其安全性越高。因此开发安全钝感药物配方是降低安全生产事故的有效手段之一。烟火药中含镁铝合金粉的烟火药机械感度高，而常用的黑火药机械感度相对较低。因而选择烟火药类钝感剂应该针对镁铝合金粉。火炸药钝感剂有两套成熟的理论：吸热与隔热理论、缓冲与润滑理论。烟火药常用钝感剂有石蜡、沥青、小苏打、碳酸锶、碳酸钙、高聚物系等钝感剂。同时出现了一种以自由基理论为基础的钝感理论，即加吸气剂来"扼杀"自由基，终止链反应，达到钝感的目的。

2. 烟花技术的环保问题

现有技术的烟花燃放时会产生PM10、PM2.5可吸入颗粒物、二氧化硫、氮氧化物、一氧化碳和重金属粒子，对环境空气造成严重污染，同时影响其观赏效果。此外，燃放烟花也会产生噪声污染。

环保烟花近些年发展很快，其基本方法主要是替换烟火剂中的污染组分。例如传统爆音剂主要是由铅化物组成，现已用氧化铜代替；有色发光剂曾使用六氯代苯，近年已用氯化石蜡、PVC代替；在可燃剂方面，环保型代硫可燃剂材料，海绵钛及其合金粉可燃剂材料应用于冷光烟花，铬锰钒镍钼钨铋以及稀土合金等可燃剂材料也有了一定发展；无烟焰火在舞台上的出现及发展。

3. 烟花技术的发展方向

烟花技术的发展主要依赖于创新，创新则主要从下面三个方面入手：

(1)突破理论技术：烟火药是由固-固粒子混合而成，其聚集状态是固-固相的，因而从固体化学角度研究烟火药的化学反应机理对烟火药的创新发展十分重要；

(2)拓展应用领域：现有的烟火药主要用于一般环境下的燃放，环境、介质的不同会影响烟火药剂的性能，因而极端环境(例如低温、低压、缺氧、高风速、大风雪)下的烟火技术应用亟需发展；

（3）研制新配方：配方研究要凸显新原理、新方法、新材料、新工艺，将最新的工艺材料等与烟花技术相结合，从而制备出更高性能的烟花制品。

5.4 火炸药在航空航天中的应用

火炸药在航空航天中的应用大部分与军用相关，已在前面章节详细描述。本节就弹射座椅与航天推力器做简要介绍。

5.4.1 弹射座椅

自 1783 年人类第一次实现气球载人飞行后，就产生了航空应急救生问题。1903 年美国莱特兄弟首次实现了动力飞行以后，在飞机失事时，如何挽救飞行员的生命便提上了议事日程。随着飞机飞行速度的不断提高，只靠飞行员的体力爬出座舱跳伞逃生越来越困难。当飞机飞行速度达到 500km/h 以上时，飞行员必须借助外力才能应急离机救生。

第二次世界大战快要结束时，德国首先把弹射座椅用作军用飞机飞行员的救生工具。弹射救生技术从 20 世纪中期开始应用于军机。图 5 - 21 为典型的弹射座椅和弹射火箭。到目前为止，已经历了四个发展阶段。

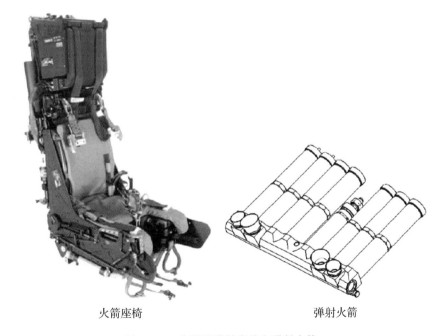

火箭座椅   弹射火箭

图 5 - 21　典型的弹射座椅和弹射火箭

第一代：弹道式弹射座椅。

第二代：火箭弹射座椅。

第三代：多态弹射座椅，其主要特点是采用了速度传感器，根据应急离机的飞行速度的不同，救生程序执行不同的救生模式，从而缩短了救生伞低速开伞的时间，提高了不利姿态下的救生成功率。国外现役机种装备的弹射座椅绝大部分为第三代弹射座椅。

第四代：实现人椅系统离机后的姿态控制的弹射座椅，其关键技术是可控推力技术和飞行控制技术。

现代高速飞机的弹射救生过程中，能让飞行员安全离开飞机的先决条件，都是要为座椅的飞行路线创造出一个干净的"通道"。这个过程中最大的阻碍，就是怎么处理座舱盖，不让它挡路。目前主流的两种方法，一种是直接抛飞座舱盖，另一种则是让弹射座椅从座舱盖框架中穿过去，如图 5-22 所示。传统设计上，抛盖弹射需要 0.3～0.4s 时间清空通道，而穿盖弹射只需要 0.1s，不过抛盖形成的通道要更通畅。

直接抛飞座舱盖　　　　　　　　　　　穿盖弹射

图 5-22　抛飞舱盖弹射与穿盖弹射

穿盖弹射的核心环节，是要用含有猛炸药的微型爆炸索，将整个座舱玻璃进行预先破裂；这个过程中，爆炸索会在距离飞行员头部极近的距离上爆炸。这种微爆索，通常是以黑索今（爆速 8640m/s）或者奥克托今（9110m/s）一类的顶级猛烈炸药，封装在含有 3%～5%锑的铅合金软管中制成；而软管外面还有铅箔和护套（玻璃钢或者高压聚乙烯材料）。常见的 TNT 炸药，其爆速仅有 6942m/s。当然为了保证飞行员的安全，微爆索的炸药虽然性质凶猛，但是总量是被严格控制的；通常的技术标准是，在玻璃厚度不超过 10mm 时，炸药用量不超过 1.1g/m。

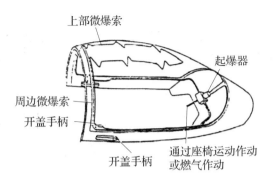

上部微爆索

起爆器

周边微爆索

开盖手柄

开盖手柄

通过座椅运动作动
或燃气作动

图 5 - 23　舱盖微型爆炸索布局示意图

以前的弹射救生技术主要用于高速飞行的军用固定翼飞机，随着弹射救生技术的发展，预计今后将向武装直升机、民用飞机以及载人航天飞行器等领域发展。

5.4.2　航天推力器

航天器推进系统包括冷气、固体、液体和各种电推力器等类型。冷气推进系统技术成熟，系统简单、可靠，但比冲很低。液体单组元肼推进系统的特点是可靠性和控制精度高，是当代航天器上的主流推进系统；液体双组元推进系统比冲高，寿命长，技术相当成熟，已广泛用于携带大型有效载荷的长寿命航天器上；近年发展起来的双模式推进系统兼有双组元推进系统比冲高和单组元推进系统推力小、控制精度和可靠性高的优点，目前它在不同的飞行任务中已得到广泛应用。电推力器有 50 多年的研制历史，技术日趋成熟，研究和应用前景十分看好。由于它所固有的高比冲和最小冲量的特性，所以对高精度、长寿命和性能好的航天器极具吸引力。除此之外，还有太阳能热推进、激光推进和核推进等，虽然它们技术上还不成熟，未达到实际应用，但也是航天器推进系统及其应用的重要发展方向。

推力器是目前航天器控制使用最广泛的执行机构之一。它根据牛顿第二定律，利用质量排出，产生反作用推力，这也正是这种装置被称为推力器或喷气执行机构的原因。

当推力器推力方向过航天器质心，可为航天器提供控制推力；当推力器推力方向不过航天器质心将同时产生控制推力和相对航天器质心的力矩，成为姿态控制执行机构。图 5 - 24 为航天器推力器作用过程示意图。

推力器作为姿态控制执行机构的特点：

(1)可以在轨道上任何位置工作，不受外界其他因素的影响。

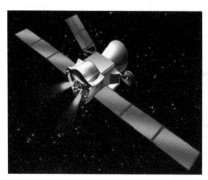

图 5 - 24　航天器推力器作用过程示意图

(2)沿航天器本体轴产生的控制力矩远大于耦合力矩，可以实现三轴解耦姿态稳定控制，使控制逻辑简单灵活。

(3)产生的力矩大，过渡过程时间短。相比之下外部干扰力矩和内部干扰力矩比喷气小得多，因此在姿态控制系统初步设计时，可以忽略干扰力矩的影响。

(4)所携带推进剂有限，适用于非周期性大干扰力矩的场合和工作寿命较短的低轨道航天器。

(5)推力器控制系统一般采用固定推力发动机和开关控制方式，推力不连续，一般不能用于高精度控制。

推力器应用范围：

(1)航天器刚入轨后的消除初始姿态偏差、速率阻尼、姿态捕获；

(2)航天器正常轨道运行期间的快速姿态机动；

(3)航天器轨控发动机工作期间的姿态稳定；

(4)大型航天器姿态控制、交会对接。

推进系统主要分为冷气推进系统、固体推进系统、液体推进系统、电推进系统四类，其各自主要应用情况如表 5 - 3 所示。

表 5 - 3　航天器推进系统应用情况

推进系统		轨道注入	离轨机动	轨道保持和机动	姿态控制
冷气推进					√
固体推进		√	√		
液体推进	单元推进		√	√	√
	双元推进	√	√	√	√
	双模式	√	√	√	√
电推进		√		√	

航天器通常都具有多个推力器组成的推力器系统，且承担的任务也有所不同，几种典型航天器推力器数量和用途如表 5-4 所示。

表 5-4　典型航天器推力器数量和用途

探测器	推力器数量/个	用途
"水手四号"金星探测器	12	只用作姿态控制
"阿波罗"登月舱	16	可完成质心与姿态的六维控制任务
"哥伦比亚号"航天飞机	44	完成姿态控制、辅助轨道发动机完成轨道控制

选取推力器时需要考虑因素主要有以下四点：

(1)为了降低推力器的质量和提高使用寿命，应选用高比推力的推力器。

(2)为了提高姿态控制精度和降低推进剂的消耗，推力器应选择脉冲工作方式，脉冲的冲量值要小，重复性要好。

(3)推力器能在真空、失重、温度交变的空间环境下可靠工作。

(4)推力器应具有长寿命和多次启动的能力，目前有的推力器启动次数在几十万次以上，使用寿命超过 10 年。

火炸药主要在固体推进系统和液体推进系统中应用。

固体推进系统是将燃料和氧化剂聚合在一起，利用固态推进剂产生推力。与液体推进系统相比，其结构简单，但比冲低，精度低。固体推进系统主要用于轨道注入和返回舱再入制动，或星际航行探测器或地球行星过渡轨道动力装置。

液体推进系统主要分为单组元推进系统、双组元推进系统、双模式推进系统三类。

(1)单组元推进系统采用无水肼作为推进剂产生推力，工作时推进剂组元自身分解后再燃烧产生高温气体，是航天器姿态控制和轨道控制最广泛使用的推进系统。在可靠性、寿命、使用历史、比冲、安全性、费用等综合指标上，具有显著优势。其主要缺点是比冲较低，一般适合用于中小型卫星。

(2)双组元推进系统发动机的推进剂包括氧化剂和燃烧剂(一般为四氧化二氮和甲基肼)，工作时由专门的输送系统分别送入燃烧室。其比冲高，在大型卫星、飞船和航天飞机等航天器中应用。能独立完成轨道注入、轨道保持、姿态控制和再入机动，功能全面。

(3)双模式推进系统是将单组元高可靠、低推力和双组元高比冲优点有机结合，构成的复合的先进控制系统。双模式推进系统采用双组元推进剂用于大力矩需求情况，采用单组元推进剂用于姿态稳定等小力矩需求情况；同样能独立完成轨道注入、轨道保持、姿态控制和再入机动；是一种性能高、功能全的推进系统。

5.5 火炸药在其他民用领域的应用

5.5.1 气体发生剂

气体发生剂是指燃烧后产生气体的物质，它一般由燃料、氧化剂及燃速调节剂、抗爆剂等添加剂组成。

目前气体发生剂主要可分为两大类，一类是叠氮类，另一类是非叠氮类。其中，非叠氮类气体发生剂大致包括唑类、嗪类和胍类等。另外还有一些其他特殊类型的气体发生剂。

传统的气体发生剂主要以 NaN_3/氧化剂体系等叠氮类气体发生剂为主。该类气体发生剂的优点是具有多种不同配方，产气速度易于调整；性能稳定，气体温度相对较低。但叠氮类气体发生剂反应后的残渣较多，同时有有毒气体（NO 和 NO_2）产生，自身毒性较大，对环境影响不利，加之其产气量并不算大，已经难以满足当今世界对气体发生剂的要求。鉴于叠氮类气体发生剂存在的上述问题，需要发展新型气体发生剂。目前国内外气体发生剂研究的发展方向为：含氮量高、产气量大、热稳定性好、高能钝感、燃烧产物无毒和绿色环保等。近十几年来，无毒绿色环保的非叠氮化物类气体发生剂成为研究者研究的热点。目前，无毒绿色环保的非叠氮类气体发生剂的研究主要包括唑类、胍类、嗪类和偶氮类等高氮含能化合物。

其中，唑类是一种新型的含能高氮化合物，具有能量高、特征信号低、密度大、摩尔生成焓高、产气量大、摩擦和静电感度低和环保无毒的特点，产生的气体为氮气，可达到无烟或少烟的目的。唑类化合物主要包含 1,2,4-三唑类化合物、1,2,4-三唑酮类化合物、5-氨基四唑、双四唑盐、偶氮四唑盐和吡唑类化合物。1993 年，LundGK 等人研究的气体发生剂配方包括 5-氨基四唑、金属锌和铜、氧化剂等。该气体发生剂燃烧时能够产生大量的 N_2，适用于汽车安全气囊的快速充气。

嗪类化合物主要包括三嗪类化合物和四嗪类化合物，是近年来国内外学者研究较多的高氮类化合物。其主要特点是热稳定性好、耐冲击和摩擦感度低。与此同时，由于嗪类分子结构中氮的含量高、含较少的碳氢，不仅使其产生的气体量多、燃烧时少烟或无烟，而且可使其更容易达到氧平衡。2000 年以来，日本大赛璐公司研究了三嗪类气体发生剂，气体发生剂的配方包括三嗪类衍生物、氧化铜、硝酸锶、硝酸钾、氧化钴和碱式硝酸铜等。表 5-5 列举了一些三嗪类气体发生剂的配方以及其燃烧性能。

表 5-5　三嗪类气体发生剂的配方以及其燃烧性能

配方组成	含量/%	燃烧速率/(mm·s^{-1})	生成气体量/(mol·100g^{-1})	燃烧温度/K
三肼基三嗪/CuO	17/83	3.2	1.19	1358
三肼基三嗪/Sr(NO$_3$)$_2$	27.8/72.2	14.0	2.29	2506
三肼基三嗪/KNO$_3$	28.7/71.3	18.8	2.11	2131
三肼基三嗪/硝酸胍/CuO	11.3/13.2/75.5	6.8	1.43	1603
密胺/BCN/CMCNa/Co$_3$O$_4$	17.99/74.01/3/5	15.26	2.16	1423
密胺/BCN/CMCNa/Al(OH)$_3$	15.68/66.32/3/15	—	2.06	1177

胍类化合物主要有硝基胍、硝酸胍及其衍生物。这类气体发生剂的特点是原料易得、稳定性好。其中应用最为广泛的是硝酸胍型气体发生剂。硝酸胍型气体发生剂具有产气量大、主要气体为 N$_2$ 环保无毒、燃烧温度较低的优点。

火药型气体发生剂具有占用空间小、反应放热、产气量大、反应速度极快、携带使用方便和可靠性高的性能，发展至今已趋于成熟。用它制造的气体发生剂，在出气口处不发生冻结现象，适合于在紧急条件下以及人员不易接近的场所使用。

根据气体发生剂的用途，可以将其大致规划为两大类，一是用作动力源做功的气体发生剂，二是作为充气源缓冲的气体发生剂。如图 5-25 所示。

作为动力源，即是利用药剂燃烧产生的高压气体推动一定的载荷做功，从而完成某一任务。作为充气源，一般用于气囊系统，即利用药剂燃烧产生大量气体为发生装置来充气(见图 5-26)，从而达到缓冲的目的。航空航海领域中，气体发生剂一般用于救生系统，如民航应急安全滑梯的快速充气(见图 5-27)、各种救生筏、紧急充气系统；气球、飞艇的救护装置，橡皮模、海上的救生衣等紧急救生系统。现也用于深海勘探和深海打捞，如测定温度、流速等。气体发生剂作为充气源的重要用途还有汽车的安全气囊(见图 5-28)。安全气囊会在汽车发生事故时，感知冲撞的瞬间，起动点火程序，点燃气体发生器中的气体发生剂，产生大量的气体，使气囊膨胀，从而减小撞击对人员的伤害。

图 5-25　某气体发生剂

图 5-26　海上自动充气救生装置

图 5-27　飞机应急安全滑梯的快速充气

图 5-28　汽车安全气囊

5.5.2　油漆

以棉花等植物纤维素进行改性的硝基纤维素，俗称硝化棉，其用途一是生产硝基漆，二是作为火药应用在国防军事上。下面列举了几种硝基漆配方，如表 5-6 所示。

表 5-6　几种硝基漆配方

配方组成	配比/%	
	铁红硝基底漆	白色硝基外用磁漆
铁红粉	19.77	—
钛白粉	—	10.38
蓖麻油树脂	22.22	19.88
邻苯二甲酸二丁酯	1.20	3.68
滑石粉	3.97	—
轻钙	7.98	—
底漆用硝化棉粉液	27.50	—
硝基漆稀释剂	15.18	1.57
外用磁漆硝化棉粉液	—	54.50
蓖麻油	—	1.22
其他	2.18	9.99

5.5.3 人工降雨

人工降雨有空中、地面作业两种方法。其中地面作业是用高射炮或者是发射火箭弹，人工降雨所使用的炮弹和火箭弹统称为"人雨弹"，其外壳使用一种新型的轻型材料而非钢铁，炮弹和火箭弹内装有增雨所用的催化剂碘化银等，增雨火箭弹发射后，会进入 6000m 左右的高空，炮弹在云中爆炸，碘化银剂开始点燃，随着火箭的飞行，碘化银受热（炸药爆炸提供大量热量）后就会在空气中形成极多极细小的碘化银粒子，这些微粒会随气流运动进入云中，在冷云中产生几万亿到上百亿个冰晶，增加云中冰晶浓度，以弥补云中凝结核的不足，达到降雨的目的。

5.5.4 射钉枪

射钉枪又称射钉器，由于外形和原理都与手枪相似，故常称为射钉枪。射钉枪是一种利用发射射钉弹产生的火药燃气作为动力，将射钉打入物体内的工具，广泛应用于汽车制造、造船、建桥、建筑等行业。射钉枪用于射钉紧固技术是一种先进的现代紧固技术，与传统的预埋固定、打洞浇筑、螺栓联结、焊接等方法相比，具有许多优点：自带能源，摆脱了电线和风管的累赘，便于现场和高空作业；操作快速、工期短，能较大程度的减少施工人员的劳动强度；节约资金，降低施工成本。

射钉枪的种类划分：①按照作用原理分为直接作用和间接作用射钉枪。击针击发射钉弹后火药燃气直接作用于射钉将被固件钉入基体称为直接作用射钉枪，如图 5 - 29 所示；击针击发射钉弹后火药燃气推动活塞杆，活塞杆再作用于射钉将被固件钉入基体称为间接作用射钉枪，如图 5 - 30 所示。②按照使用范围分为通用射钉枪和专用射钉枪。③按照射钉枪重量和威力大小分为轻型射钉枪和重型射钉枪。④按照射钉枪的初速范围分为高速射钉枪、中速射钉枪和低速射钉枪，一般射钉初速小于 100 m/s 的称为低速射钉枪，射钉初速在 100～150 m/s 称为中速射钉枪，射钉初速在 150 m/s 以上的称为高速射钉枪。

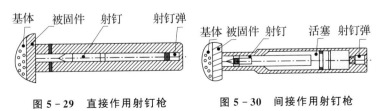

图 5 - 29　直接作用射钉枪　　　　图 5 - 30　间接作用射钉枪

一种射钉弹结构示意图如图 5 - 31 所示。射钉弹用击发药，目前多采用无雷汞击发药，通常用三硝基间苯二酚铅和四氮烯代替雷汞。射钉弹用发射药多为双基火药。由于射钉枪枪管较短，为了达到一定的能量，需要采用高能高燃速的发射药，如双迫药等。国内通常使用粒状双基发射药，国外多用片状发射药，也可由 NC 粉直接压制成型。

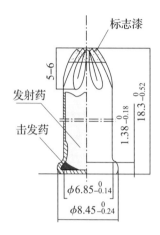

图 5 - 31　一种射钉弹
结构示意图

5.5.5　抛绳枪

抛绳枪，又名为抛投器、抛绳器、抛射救生枪、撇缆器、抛绳火箭等。抛绳枪是一种主要配备于海上船舶的应急情况下使用的救生抛投的设备，是一种用于需要快速准确撇缆的场所的救生设备。它由撇缆球、压缩装置和发射装置三大主要部分组成，近年来，随着世界各国经济的不断发展，抛绳枪不仅应用于海上船舶系泊，还应用到船与船之间的营救、船与岸之间的撇缆与受缆、火灾以及一些突发事件的相关救援领域。

按原动力的种类，目前抛绳枪可分为人工撇缆和机械能撇缆。其中机械能撇缆包括火药抛绳枪和气动抛绳枪。火药抛绳枪的作业形式主要以火药引燃后燃烧产生的能量为原动力，以此使得抛绳枪弹体获得初始动能，将撇缆球抛出。火药抛绳枪及发射药筒结构图如图 5 - 32、图 5 - 33 所示。

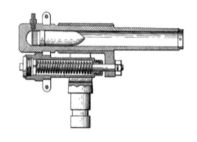

图 5 - 32　火药抛绳枪

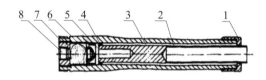

图 5 - 33　发射药筒结构图

1—口螺；2—导管；3—发射管；4—定位环；
5—密封体；6—药包；7—药盒体；8—电底火。

BBQ - 903 型抛绳枪为我国自行研制的以火药为原动力的微声、无光、无烟的抛投装置，由发射药筒、发射底座、锚弹、引绳、电源、瞄准具、握绳器、脚蹬以及绕绳器和背具等组成。通过火药爆炸释放的能量转化成弹体的动能，使其达到最大高度 50m，抛投水平距离 90m 的需求，主要应用于崩塌的矿区和雪山等地的营救行动中。

传统火箭抛绳器用发动机装药的结构如图 5-34 所示，在发动机主装药的内孔粘接一层黑火药，发动机主装药的外壁涂刷阻燃涂层。点火时，击发发动机后端底火，引燃黑火药，进而使发动机主装药点燃作用。该结构发动机装药的加工工艺相对复杂，由于黑火药不易黏接均匀，粘药量误差大，会使发动机点火压力一致性差。

一种抛绳用火箭发动机装药如图 5-35 所示。当底火击发后，产生的火焰穿过发动机主装药的内孔，点燃发动机主装药前端粘固的点火药饼，点火药饼燃烧并引燃发动机主装药，产生的燃气由发动机喷管喷出产生向前推力。该结构设计简单，成本较低，易于装配，点火性能可靠，点火压力一致性好，大大提高了抛绳器的可靠性。

由于抛绳过程需要的牵引力逐渐增加，抛绳用火箭发动机装药通常采用燃面渐增型装药结构（如表面包覆的内孔燃烧管状药）。

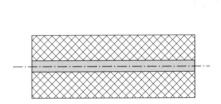

图 5-34　传统火箭抛绳器用发动机
装药结构示意图

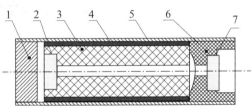

图 5-35　一种新型抛绳用火箭发动机装药

1—堵头；2—点火药饼；3—发动机主装药；
4—阻燃涂层；5—发动机壳体；6—喷管；7—底火。

5.5.6　爆炸焊接与爆炸切割

爆炸焊接的方法是美国的 L. R. Carl 在 1944 年首先提出来的。他第一个观察到了由炸药爆轰引起的两片黄铜圆薄片在高速碰撞下被焊接在一起，于是提出了利用爆炸和超声波技术把各种金属焊接在一起的设想。十几年后，美国的 V. Philipchuk 第一次把爆炸焊接技术引入到实际工业工程中，成功地实现了铝与钢之间的爆炸焊接。之后，这门新工艺的研究在英国、苏联、德国、日本等也相继展开。我国对爆炸焊接的研究开始于 20 世纪 60 年代，1968 年大连造船厂试制成功了第一块爆炸复合板。爆炸焊接的最大优点是能把不同的金属焊接在一起，并且焊接界面处的强度往往大于母体金属的强度，这是其他焊接方法所无法比拟的。

爆炸焊接炸药是一种用于双金属爆炸复合焊接的专用炸药（见图 5-36）。我国从 20 世纪 70 年代开始研究低爆速炸药，国内许多科研院所研究并制备了用于爆炸焊接的低爆速炸药，大多数采用在 TNT 或 RDX 中加入稀释剂。表 5 - 7 中列举了某种低爆速爆炸焊接炸药的配方。

表 5 - 7　某种低爆速爆炸焊接炸药的配方

配方/%			爆速/(m/s)	殉爆距离/cm	猛度/mm	爆热/(kJ/kg)
硝胺炸药	消焰剂	密度调节剂				
77～79.5	20～22	0.5～1.5	1900～2900	2～4	7～9	4056.2

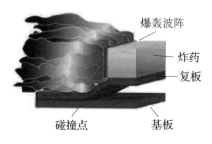

图 5 - 36　爆炸焊接

爆炸切割采用的是聚能原理，即在带有凹槽的金属药型罩外部装填炸药，炸药爆轰后压垮药型罩，使能量聚集形成高速金属射流，最后利用金属射流进行切割。在海上石油钻井等应用较多。

5.5.7　人造金刚石

炸药爆炸合成金刚石的原理是：炸药爆炸的瞬间能产生 40 万大气压、5000℃ 的超高压超高温状态，而混入炸药中的石墨（碳）因无氧不能燃烧，在这种高温高压条件下生成金刚石。

5.5.8　消防

固体气溶胶灭火剂是随着哈龙灭火剂的淘汰而开发出的一种灭火材料，具有无毒、贮存周期长、成本低等优点。气溶胶灭火剂属于烟火药，是一种合成的含氧固体燃料，该物质经点燃后产生高度分散的溶胶状粉体，均匀地分布在空间，达到快速、高效抑制火灾的目的。表 5 - 8 列举了几种气溶胶灭火剂配方。

表 5 - 8　几种气溶胶灭火剂配方

配方/%	1	2	3
氧化剂	82.96	88.31	68.70
木炭	8.53	7.96	—
黏合剂	—	—	20.00
黏合剂 I	8.51	—	—
黏合剂 II	—	3.73	—
燃速调节剂	—	—	11.30

在火灾之中最大限度地保证人们的生命财产安全，是消防的主要目的。采用远距离投射灭火弹可以达到良好的灭火效果。

灭火弹是采用爆炸瞬间所形成的能量均匀地抛撒干粉扑灭火灾的。由爆炸作用而产生的气体迅速将爆心周围的空气向四周推开，同时抛撒干粉，雾状干粉阻碍氧进入燃烧区，并降低火焰对燃烧物质的热辐射，减少燃料的蒸发，从而降低燃烧强度；干粉在反应过程中吸收大量的热，放出水蒸气和二氧化碳，二氧化碳比空气重，覆盖在燃烧物上，隔绝空气。干粉在整个灭火过程中起到隔热、窒息、冷却的作用，使燃烧中止。

干粉灭火弹是由壳体、发火机构、爆炸药剂和灭火药剂等主要部件和其他配件组成，其结构图如图 5 - 37、图 5 - 38 所示。

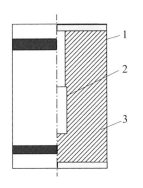

图 5 - 37　干粉灭火弹产品结构结构图

1—壳体；2—发火机构；3—干粉。

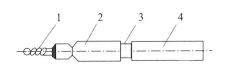

图 5 - 38　发火机构

1—摩擦簧；2—拉火管壳；

3—延期体；4—雷管。

一种消防炮弹结构示意图如图 5 - 39 所示。

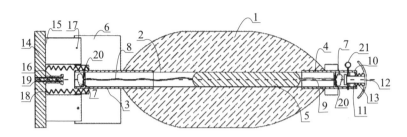

图 5 - 39   一种消防炮弹示意图

1—弹体；2—中央空腔；3—后筒体；4—前筒体；5—炸药；6—翼片；7—引火药；8—延时引线；

9—即时引线；10—固定环；11—活塞；12—弧形冒；13—复位弹簧；14—底板；15—连接板；

16—活塞；17—连接钢丝；18—复位弹簧；19—透气孔；20—隔板；21—保险锁栓。

图 5 - 40 为俄罗斯生产的 GAZ - 5903 灭火车。该车是以火药燃烧为动力来发射干粉灭火弹，其最大特点是拥有 22 个并排的发射筒，可同时携带 44 枚灭火弹。最小射程为 50m，最大可达到 300m。越野能力极强，适用于山地、森林等崎岖地形的火灾扑救。该车采用固体灭火弹，摆脱了液体的限制。射程很远，灭火弹在着火点引爆能够定点灭火，缺点是灭火弹在炮口处的初速度不能进行控制。

图 5 - 40   俄罗斯 GAZ - 5903 灭火车

5.5.9   机械驱动

油气田开发过程中，为了对油气井进行分层测试、开采，需要把某一井段暂时或永久地封闭起来，以便对敞开段实施加压或射孔等井下作业。封隔技术最早就是在这样的背景下产生的。电缆桥塞坐封作业是使用较为快捷，应用也较为广泛的一种封隔作业。该技术的核心是通过电缆桥塞坐封工具做功，完成坐封。该系统由电缆、磁定位仪、快换接头、桥塞坐封工具、桥塞连接组件、桥塞及桥塞火药驱动装置等组成；而火药驱动装置主要由桥塞点火器（一级）、传火药柱(二级)和桥塞主装药(三级)等三部件组成。电缆桥塞在使用时,首先通过电缆下放坐封工具至预定井深,然后再接通地面电源点燃工具内的动力火药,形成高压气体,利用气体作用在活塞杆上的轴向力实现坐封丢手,完成坐封。点火器结构示意图如图 5-41 所示。

电爆活门的结构如图 5-42 所示,其中电爆管内部装有点火药和烟火药,其底部有一个通孔,用于燃气通过。安装在活门体的电爆管相当于火炮中的发射药筒,当电爆管中的烟火药点燃后,药剂随即爆燃并产生高压气体,高压气体从传爆管孔流入药室腔体和活塞腔体,并作用于活塞,对活塞产生强大的推力,活塞带动杆体一起运动,当作用在杆体模片剪力大于模片的许用剪力时,模片与杆体分离(模片完全剪切断裂),此时活门驱动腔内的压力相当于火炮对弹丸底部的压力;如杆体不受摩擦力的作用,杆体作用在活塞上的高压燃爆气体驱动作加速运动,随着杆体的运动,扩大了活塞腔体的空间体积,与此同时烟火药的继续燃烧使药室内的压力进一步提高,当杆体运动到某一位置时,活塞腔体内的压力与电爆管药室内压力达到最大值;此后杆体继续运动,其后活塞腔体空间继续扩大,杆体作加速运动,这种相互作用过程,反过来又影响药室内未燃火药的燃烧过程和燃气压力变化规律。随着杆体的继续运动,杆体的速度在驱动力的作用下逐渐上升。当杆体的活塞上端运动到活门体导向口部的时候,杆体后的燃爆气体将从活塞边缘的缝隙泄漏出,使药室内的压力突然降低,杆体将转变成减速运动状态。中心杆的上部分斜锥柱与中心孔下面的斜锥孔部分接触时可使杆体停止运动。从而使活门通道处于"开"的状态。

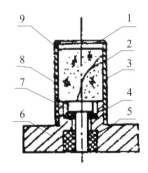 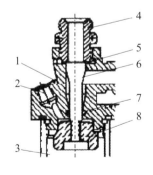

图 5-41　点火器结构示意图　　　　图 5-42　电爆活门结构图

1—密封胶;2—桥丝;3—外壳;　　　1—活门体;2—电爆管药室;3—排烟口;
4—O形密封圈;5—绝缘环;6—底座;　4—进气口;5—模片;6—中心杆;
7—芯杆;8—黑火药;9—盖片。　　　　7—密封圈;8—活塞。

参考文献

[1] 王泽山.火炸药科学与技术[M].北京:北京理工大学出版社,2002.

[2] AGRAWAL J P. High energy materials:propellants, explosives and pyrotechnics [M]. Hoboken,USA John Wiley & Sons, 2010.

[3] 刘自汤.我国工业雷管的现状与发展[J].爆破器材,1996(2):22-25.

[4] 彭强华.工业八号纸火雷管自动装填机[J].火工品,1991(1):38-39.

[5] 劳允亮,黄浩川.起爆药[M].北京:国防工业出版社,1979.

[6] 惠宁利,王秀芝.石油工业用爆破技术[M].北京:石油工业出版社,1994:315-328.

[7] 孙国祥,党兰.油气井射孔弹用炸药[J].测井技术,1996(4):297-302.

[8] 刘建军.低能导爆索的试制[J].山西化工,2006(5):56-58.

[9] 许碧英,王文玷.国外传爆药及起爆炸药发展述评[J].火工品,1992(3):41-42.

[10] KILMER E E. Review of shielded mild detonating cord performance-Ⅲ[R]. AD-A154729,1984.

[11] 黄寅生,等.小直径低爆速金属导爆索[J].火工品,1994(4):3-5.

[12] 龚翔.小药量柔性导爆索的传爆可靠性[J].火工品,1998(01):3-5.

[13] 洪有秋.现代工业炸药发展概况[J].爆炸与冲击,1982(4):75.

[14] 焦淑彦.2000年我国工业炸药展望[J].爆破器材,1986(3):30.

[15] 云庆夏.国外矿用工业炸药[J].北京:冶金出版社,1975.

[16] 卢华.硝胺炸药[M].北京:国防工业出版社,1970.

[17] 叶图强,郑旭炳,汪旭光,等.装药车制乳化炸药的试验研究[J].含能材料,2008(03):262-266.

[18] 马柏令.防水铵油炸药(WR-ANFO)[J].爆破器材,1991(2):32.

[19] 赖应得.含水炸药的应用前景与发展对策[J].中国煤炭.1999(07):3-5.

[20] 王俊.抗冻水胶炸药的研制[D].太原:中北大学,2017.

[21] MEYERS S, SHANLEY E S. Industrial explosives - a brief history of their development and use[J]. Journal of hazardous materials, 1990, 23(2): 183-201.

[22] SINITSYN V, MENSHIKOV P, KUTUEV V. Estimation of influence of explosive characteristics of emulsion explosives on shotpile width[C]//E3S Web of Conferences. EDP Sciences, 2018, 56: 01003.

[23] KELLY J. Gunpowder:alchemy, bombards, and pyrotechnics:the history of the explosive that changed the world[M]. New York:Basic Books (AZ), 2004.

[24] MAHADEVAN E G. Ammonium nitrate explosives for civil applications: slurries, emulsions and ammonium nitrate fuel oils[M]. Hoboken, USA John

Wiley & Sons，2013.

[25] MEYER R，KÖHLER J，HOMBURG A. Explosives[M].Hoboken，USA John Wiley & Sons，2016.

[26] YINON J，ZITRIN S. Modern methods and applications in analysis of explosives[M]. Hoboken，USA John Wiley & Sons，1996.

[27] COOK M A. The science of industrial explosives[M]. Salt Lake City，USA Ireco Chemicals，1974.

[28] RARATA G，SMĘTEK J. Explosives based on hydrogen peroxide – A historical review and novel applications[J]. Materiały Wysokoenergetyczne，2016(8)：56 – 62.

[29] 陆基孟，王永刚.地震勘探原理[M]，北京：中国石油大学出版社，2011.

[30] 廖红伟，张杰，王彦明. 石油燃爆技术[M]. 北京：中国石油出版社，2012.

[31] 张双计，王炜. 油气井燃烧爆破技术[M]. 西安：陕西科学技术出版社，2003.

[32] 陆明，吕春绪.低爆速震源药柱的配方研究[J]. 火炸药学报，2006(01)：14 – 16.

[33] 韩学军.地震勘探震源药柱技术进展[J]. 爆破，2002(04)：83 – 85.

[34] 黄文尧.震源药柱用低爆速炸药的研制[J]. 爆破器材，2001(02)：12 – 15.

[35] 付代轩.深穿透油气井射孔弹优化设计[J]. 测井技术，1998(05)：56 – 59.

[36] 孙灵安. 高能气体压裂火药体系及爆燃特性研究[D]. 青岛：中国石油大学，2011.

[37] 王安仕，秦发动.高能气体压裂技术[M]. 西安：西北大学出版社.1998.

[38] 王安仕，刘发喜.高能气体压裂液体火药理论配方优选设计[J]. 西安石油学院学报(自然科学版)，1994(04)：4 – 6 + 12.

[39] 孙新波，刘辉，王宝兴，等.复合射孔技术综述[J]. 爆破器材，2007(05)：29 – 32.

[40] 李克明，张曦.高能复合射孔技术及应用[J]. 石油勘探与开发，2002(05)：91 – 92 + 98.

[41] 王艳萍，黄寅生，潘永新，等.复合射孔技术的现状与趋势[J].爆破器材，2002(03)：30 – 34.

[42] 史慧生，王志信.高效复合射孔技术[J]. 爆炸与冲击，2001(04)：302 – 306.

[43] 赵开良，罗仁杰，于敬文.复合射孔技术及其应用[J]. 断块油气田，2000(02)：62 – 64.

[44] 李占利，宁永双.复合射孔技术简介[J]. 石油知识，1998(06)：19 – 20.

[45] LIU S，FENG C，CAI C，et al. Design and optimization of the architecture for high performance seismic exploration computers[C]. International conference on Big Data Analytics for Cyber – Physical – Systems. Springer，Singapore，2019：1934 – 1943.

[46] LI K，LI Y，HAN Y. Perforating gun detonation monitoring system based on

tubing vibration[J]. IEEE Access, 2020, 8: 5834 - 5839.

[47] LIU J, GUO X, LIU Z, et al. Pressure field investigation into oil&gas wellbore during perforating shaped charge explosion[J]. Journal of Petroleum Science and Engineering, 2019, 172: 1235 - 1247.

[48] CAI S. Study and application of multi - pulse composite perforation technology[C]. AIP Conference Proceedings. AIP Publishing LLC, 2019, 2066(1): 020062.

[49] 张恒志. 火炸药应用技术[M]. 北京:北京理工大学出版社, 2010.

[50] 阿格拉沃尔. 高能材料:火药、炸药和烟火药[M]. 北京:国防工业出版社, 2013.

[51] 谢兴华, 颜事龙. 推进剂与烟火[M]. 北京:中国科学技术大学出版社, 2012.

[52] 潘功配. 高等烟火学[M]. 哈尔滨:哈尔滨工程大学出版社, 2007.

[53] 潘功配. 烟花爆竹原理[M]. 南京:南京大学出版社, 2013.

[54] 潘功配. 固体化学[M]. 南京:南京大学出版社, 2009.

[55] 潘功配. 中国烟火技术的创新与发展[J]. 含能材料, 2010, 18(04):443 - 446.

[56] 范小花, 蔡治勇, 易俊, 等. 烟花爆竹用氧化剂的研究进展[J]. 中国安全科学学报, 2008, 18(6):80.

[57] 张晓成, 旷成. 烟火药钝感技术的研究[J]. 花炮科技与市场, 2011(3):5 - 10.

[58] 潘功配. 烟火药的创新与发展[J]. 含能材料, 2011, 19(5):483 - 490.

[59] LI J, TAN Y. A comprehensive review of the fireworks algorithm[J]. ACM Computing Surveys (CSUR), 2019, 52(6): 1 - 28.

[60] CONKLING J A, MOCELLA C. Chemistry of pyrotechnics: basic principles and theory[M]. Boca Raton, USA CRC press, 1985.

[61] DANALI S M, PALAIAH R S, Raha K C. Developments in pyrotechnics[J]. Defence Science Journal, 2010, 60(2): 152.

[62] 步健. 弹射座椅系统分析与优化[D]. 长春:吉林大学, 2017.

[63] 苏炳君. 弹射救生技术的回顾与展望[N]. 中国航空报, 2012 - 12 - 18(T03).

[64] 樊虎, 练兵, 王子田, 等. 浅析航空座椅弹射火箭的发展[J]. 航空工程进展, 2012, 3(03):279 - 283.

[65] 田佳林. 航空弹射座椅结构设计与仿真分析研究[D]. 长春:长春理工大学, 2011.

[66] CAMPBELL M, INTERIANO L G, Tulloch J, et al. Multiple aircraft seat ejection mode selector: U.S. Patent 10,384,788[P]. 2019 - 8 - 20.

[67] LEI H, WU M, DONG H, et al. Fault prediction of rocket ejection seat based on performance degradation [C]. 2018 IEEE International Conference on Prognostics and Health Management (ICPHM). IEEE, 2018: 1 - 4.

[68] 毛根旺,唐金兰.航天器推进系统及其应用[M].西安:西北工业大学出版社,2009.

[69] 解永春,雷拥军,郭建新,等.航天器动力学与控制[M].北京:北京理工大学出版社,2018.

[70] 周军.航天器控制原理[M].西安:西北工业大学出版社,2001.

[71] 周哲.固体脉冲推力器设计与性能仿真分析[D].南京:南京理工大学,2015.

[72] 张海博,梅杰,马广富,等.多航天器相对轨道与姿态耦合分布式自适应协同控制[J].控制理论与应用,2013,30(09):1086-1098.

[73] 张黎辉,李家文,张雪梅,等.航天器推进系统发动机动态特性研究[J].航空动力学报,2004(04):546-549.

[74] BURTON R L, BENAVIDES G F, Carroll D L. Space thruster using robust microcavity discharge and advanced propellants: U.S. Patent 9,242,747[P]. 2016-1-26.

[75] ZOU D. Explosives[M]//Theory and technology of rock excavation for civil engineering. Springer, Singapore, 2017: 105-170.

[76] PERSSON P A, HOLMBERG R, LEE J. Rock blasting and explosives engineering[M]. Boca Raton,USA CRC press, 1993.

[77] 曲艳斌,萧忠良.汽车安全气囊用气体发生剂[J].华北工学院学报,2003,24(6):428-431.

[78] 陈军.低温气体发生剂的点火研究[D].南京:南京理工大学,2017.

[79] 韩志跃,杨月桢,杜志明,等.一种烟火型气体发生剂组合物及其制备方法:中国,201611258307.7[P].2017.

[80] 张凯.气体发生剂产气燃料研究进展[J].含能材料,2015,23(6):594-605.

[81] 李一苇.气体发生剂[J].现代兵器,1986(1):53-57.

[82] 雷永鹏,阳世清,徐松林,等.新型气体发生剂用非叠氮化物可燃剂研究进展[J].化学推进剂与高分子材料,2006,4(6):20-24.

[83] 吉发祥.固态气体发生剂的发展和应用[J].爆破器材,1986(5):30-32.

[84] 李玉平.安全气囊用新型气体发生剂的研制[D].太原:中北大学,2010.

[85] 张银银,冯涛,姚俊.烟火式安全气囊气体发生器发展概述[J].汽车技术,2015(11):1-6,29.

[86] 吕焕婷.汽车安全气囊用某气体发生剂工艺及匹配研究[D].南京:南京理工大学,2008.

[87] 张宁,王小强,王秋雨,等.安全气囊用烟火式气体发生剂的配方设计[J].化学推进剂与高分子材料,2016,14(5):33-39.

[88] 刘亮,张宁,姚俊,等.制粒工艺对安全气囊气体发生剂颗粒性能的影响[J].中

国粉体技术,2016,22(1):67-70.

[89] 晋军. 退役炮弹发射药在涂料中的应用[J]. 技术与经验交流,2012,15(4):24-25.

[90] 钟顺弟. 按压式射钉器:中国,201610391669.7[P].2016.

[91] 刘邦泽. 射钉器介绍及其打击力的测定研究[J]. 机械,2012,39(5):26-29.

[92] 阎凤阁. 射钉紧固技术与射钉紧固器材的发展研讨[J]. 四川兵工学报,1997,18(4):6-10.

[93] 刘邦泽. 浅谈射钉器的新品研发与技术进步[C].2012年全国地方机械工程学会学术年会,2012.

[94] 张惠忠. 西湖牌JG01型射钉器[J]. 轻兵器,2001(3):21-22.

[95] 刘国良. 无锈蚀微烟微残渣射钉弹的研究[D].南京:南京理工大学,2009.

[96] STOCKETT J W. Line throwing gun:US,1483129A[P].1924.

[97] SEDGLEY R F. Line throwing mechanism for pistols:US,2111374A[P].1938.

[98] 邱润清. 弹性撒缆器的设计与分析[D].天津:天津理工大学,2016.

[99] 林茂祥. 国产BBQ—903型抛绳器[J]. 轻兵器,1996(3):17-18.

[100] 山西北方兴安化学工业有限公司. 一种抛绳用火箭发动机装药:CN201520886450.5[P].2016.

[101] 邵丙璜,等. 爆炸焊接原理及其工程应用[M].大连:大连工学院出版社,1987.

[102] 王克鸿,张德库,张文军. 爆炸焊接技术研究进展[J]. 机械制造与自动化,2011,40(2):1-4.

[103] 周兴喜. 爆炸法人工合成工业用金刚石工业化有望[J]. 火炸药,1990,13(4):53.

[104] 王华,潘仁明,张永丰. 配方组成对气溶胶灭火剂燃速的影响规律研究[J]. 化工时刊,2003,17(12):51-53.

[105] 汪克功,刘玉璞. 火炸药在消防器材中的应用—介绍干粉灭火弹[J]. 爆破器材,1983(2):21-22.

[106] 于国利. 一种消防炮弹:CN202409900U[P].2012.

[107] 连材. 森林灭火炮缓冲装置研究[D].太原:中北大学,2015.

[108] 兴隆,邓成中. 自动消防炮驱动系统的设计[J]. 消防科学与技术,2010,29(6):510-512.

[109] 王林根,吴泽林,武滨. 低残渣桥塞火药的研究和应用[J]. 油气井测试,2011,20(2):56-58.

[110] 周堃. 油气井电缆桥塞用Ⅰ号火药驱动装置[J]. 火工品,1994(2):13-17.

[111] 吴成,于国辉. 电爆活门活塞体驱动过程的研究[J]. 弹箭与制导学报,2005,25(2):151-153.